阅读成就思想……

Read to Achieve

变态心理学
经典入门

ABNORMAL
PSYCHOLOGY

Clinical Perspectives on
Psychological Disorders

心理障碍的
临床分析

第9版 Ninth Edition

［美］苏珊·克劳斯·惠特伯恩（Susan Krauss Whitbourne） 著

王建平 谢 童 钱文丽 等译

中国人民大学出版社
·北京·

图书在版编目（CIP）数据

变态心理学经典入门：心理障碍的临床分析：第 9
版 /（美）苏珊·克劳斯·惠特伯恩
(Susan Krauss Whitbourne) 著；王建平等译. -- 北京：
中国人民大学出版社，2025. 7. -- ISBN 978-7-300
-33878-1

Ⅰ．B846

中国国家版本馆 CIP 数据核字第 2025UQ4287 号

变态心理学经典入门：心理障碍的临床分析（第9版）

［美］苏珊·克劳斯·惠特伯恩（Susan Krauss Whitbourne） 著

王建平 谢 童 钱文丽 等译

BIANTAI XINLIXUE JINGDIAN RUMEN : XINLI ZHANGAI DE LINCHUANG FENXI (DI 9 BAN)

出版发行	中国人民大学出版社		
社　　址	北京中关村大街 31 号	邮政编码	100080
电　　话	010-62511242（总编室）	010-62511770（质管部）	
	010-82501766（邮购部）	010-62514148（门市部）	
	010-62511173（发行公司）	010-62515275（盗版举报）	
网　　址	http：//www.crup.com.cn		
经　　销	新华书店		
印　　刷	北京联兴盛业印刷股份有限公司		
开　　本	890 mm×1240 mm　1/16	版　次	2025 年 7 月第 1 版
印　　张	22.5　插页 2	印　次	2025 年 7 月第 1 次印刷
字　　数	610 000	定　价	135.90 元

王建平

北师师范大学心理学部二级教授
中国心理学会注册工作委员会首批注册督导师
国际认知治疗学院会士和认证治疗师

"抑郁""焦虑""社恐"等已经成为现代社会大众耳熟能详的心理学话题，也常常在新闻媒体上占据头条。但是，到底什么是"抑郁"和"焦虑"？什么样的人会被评估为"社交焦虑症"？正常的"抑郁情绪"和需要专业帮助的"抑郁症"之间如何区分？什么样的人容易罹患心理障碍？不同的心理障碍应该如何治疗？我们又该怎么预防？尽管变态心理学的相关话题越来越吸引社会的目光，但大众好像对这些心理障碍仍有很多疑问，对相关内容的认识也常常存在误区。

因此，科普和推广正确的、前沿的和科学的变态心理学知识之路似乎仍道阻且长。此外，在学生专业培养方面，临床与咨询心理学也在近期被新增为心理学的二级学科。该专业主要研究心理障碍及其评估，心理病理机制，心理疾病的预防、咨询与治疗，变态心理学是该专业学生的必修课程之一。学科的升级提示我们，国家和社会越来越重视心理健康服务的人才培养，因此，规范化的教材也必不可少。在从事临床与咨询心理学研究、教学和实践的 40 年时间中，我已经撰写和翻译过多本具有不同特色的《变态心理学》书籍。我认为本书兼具科学性与可读性，其知识、体系和结构不仅非常适合大众阅读与了解，也适合心理学专业学生和心理咨询服务人员学习。

本书共包括 15 章，围绕现代变态心理学研究与实践逐渐展开。本书行文的总体结构为：第 1 章至第 4 章，对变态心理学领域进行了提纲挈领的介绍，包括概论、心理障碍的诊断与治疗、评估与测量，以及不同理论流派，为后续章节打下了基础；第 5 章至第 14 章，介绍了具体心理障碍的诊断、机制及其治疗；第 15 章，探讨了与变态心理学相关的一些伦理与法律问题。本书

结构清晰、详略得当，以权威的《精神障碍诊断与统计手册（第五版）》（*Diagnostic and Statistical Manual of Mental Disorders, Fifth Edition, DSM-5*）为标准，系统性地介绍了对变态心理学领域的基础知识与最新进展。

在全面介绍变态心理学的同时，本书还具有以下特点。

- 综合总结诊断标准的发展沿革。本书在每一章都用单独的模块总结介绍《精神障碍诊断与统计手册（第五版）》与以往版本（如《精神障碍诊断与统计手册（第四版）》），以及与《国际疾病分类》（ICD）诊断系统的异同，帮助读者了解这些诊断标准的演变和影响。通过不同版本诊断标准的对比分析，读者能够更好地了解变态心理学领域的发展脉络，逐步理解诊断系统背后的思路以及正常与异常边界的变化。

- 以个案贯穿心理障碍的讲解。本书从临床视角出发，每一章都以一个个案开篇，对个案进行全面的介绍，包括基本信息、主诉、既往史、个案概念化及治疗方案。在每章的结尾，本书又会带领读者回到个案，对个案的诊断和治疗进行反思。此外，在知识点讲解时，本书也会穿插其他一些简短的案例介绍。与其他偏重理论讲授的著作不同，本书将知识点嵌于鲜活的个案中，力图帮助读者对心理障碍建立更加生动的理解，具有较强的可读性，同时对临床实务工作起到一定的参考与借鉴作用。

- 探讨心理障碍的社会议题。本书在每一章节都用单独的模块与读者探讨存在争议的社会议题，包括心理障碍对个体和社会的影响，以及社会对这些障碍的态度和应对策略。所涉及的问题往往与生活息息相关或具有重大的社会意义，引人深思。通过理论知识与现实

社会问题的结合，本书希望帮助读者更好地理解变态心理学领域在社会生活中的实际意义，促进读者对这一领域的深入思考。

综上，本书的三大特点将使读者对变态心理学及其临床与社会实践有更全面、深入的了解。我们希望本书能够成为读者学习和研究该领域的重要参考资料，为其在临床实践和学术研究中提供有益的指导和启示。

本书的翻译工作由我和在读的学生们共同完成。所有参与的译者均修读过我教授的变态心理学及心理病理学课程，掌握扎实的变态心理学知识，这保证了翻译的专业性。我们在翻译之初便建立了翻译的协作群，结合出版社的要求，对翻译风格和用词方面进行了统一，并提前讨论了翻译中可能遇到的共性问题。在具体翻译时译者定期开会，及时沟通，互相学习，讨论翻译中的问题，最大程度地保证了翻译的准确性和专业术语的统一性。

本书的翻译融合了多位译者的心血。我的博士生谢童、钱文丽在我的指导下制订了翻译工作计划，并在翻译过程中监督翻译进度，把控翻译质量。各章节翻译的执笔情况如下：第 1 章，吴凡；第 2 章，钟林玲；第 3 章，谢童、钱文丽；第 4 章、第 8 章，黄晶菁；第 5 章，刘旸；第 6 章，杜悦霄；第 7 章，高偲博；第 9 章、第 12 章，左天然；第 10 章、第 11 章，张维念；第 13 章，王薇；第 14 章、第 15 章，梁芃伟。在初稿完成后，首先进行译者之间两两的相互校对，并组织译者对存疑的地方进行讨论，形成第二稿。之后我们随机分配译者对章节进行读者角度的审阅。最终，谢童和钱文丽在我的指导下对留存的翻译问题进行确认，统一全书风格，形成终稿。

尽管在翻译的过程中我们力求准确，但由于能力有限，译作中难免存在不当之处，敬请各位专家和读者批评指正。我的邮箱是 wjphh@bnu.edu.cn，希望与大家共同交流，完善我们日后的工作。在此，向各位读者致以由衷的感谢！

给读者的一封信

我非常高兴你选择阅读我的这本书。变态心理学的话题从来没有像现在这样如此有吸引力和有意义。我们经常听到媒体报道有的名人因为自己获得的可能准确也可能不准确的快速诊断而情绪崩溃。鉴于这些公众心中的错误信息，我觉得学习变态心理学的科学知识和实践教育对你来说是十分重要的。与此同时，心理科学几乎在各种形式的新闻媒体上都能占据头条新闻，从行为方面的神经科学到最新治疗方法的有效性，大众似乎都想知道最新的研究发现。同时，大脑扫描方法和对心理治疗有效性研究的进步也极大地增加了我们对如何治疗和预防心理障碍的理解。

对我而言，特别有吸引力的是讲述《精神障碍诊断与统计手册（第五版）》中的改动。《精神障碍诊断与统计手册》的每次修订都会带来争议和挑战，《精神障碍诊断与统计手册（第五版）》也不例外。《精神障碍诊断与统计手册（第五版）》除了在对心理障碍定义和分类的新方法上面临着挑战，可能还比以往基于强有力研究的任何一个版本的争议都要多。科学家和实践从业者将继续对解释这些研究的最佳方式进行争论，我们也将从这些对话中受益。

临床心理学专业也在经历着快速的变化。随着卫生保健政策的改变，不论是心理学家还是心理咨询师，将来可能会有越来越多的专业人士能够提供行为干预。通过现在迈出学习变态心理学的第一步，你就开始在为自己的职业生涯做准备了，而这一职业越来越被认为是能够帮助不同年龄和职业的人实现最大成就的关键。

我希望你读这封信时感受到和我写信时一样的乐趣。如果你有任何问题或者对书中材料有任何反馈，请随时联系我的邮箱 swhitbo@psych.umass.edu。作为一名老师，我可以保证本书在帮助你掌握变态心理学内容方面是有效的。

再次感谢你选择阅读这本书！

祝好，

苏珊

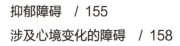

第 11 章

性心理与性功能障碍 / 239

第 12 章

物质相关及成瘾障碍 / 259

第 13 章

神经认知障碍 / 287

第 14 章

人格障碍 / 309

第 15 章

伦理与法律问题 / 329

第 1 章

异常行为概述

通过本章学习我们能够：

☐ 区分不寻常但正常的行为与不寻常且异常的行为；

☐ 描述异常行为的概念随时间变化的过程；

☐ 了解不同研究方法的优缺点；

☐ 描述不同研究方法类型。

▷ 个案报告

丽贝卡·哈斯布鲁克

人口学信息：18岁，单身，白人，异性恋女性。

主诉问题：丽贝卡是第一次离家的大学一年级新生，她自己来到大学咨询中心寻求帮助。丽贝卡称她在开学的第一周入睡困难，上课难以集中精力，并且常感到焦躁不安。她说课业上的困难让她十分沮丧，担心自己的成绩会受到影响。丽贝卡还表示，自己在学校很难结交朋友，并且由于没有亲近的朋友可以畅所欲言而感到孤独。丽贝卡与男友交往了三年，关系十分亲近，但现在他们在不同的城市上学。

丽贝卡在我们进行第一次咨询时一直在流泪，她说，这是她人生中第一次感到绝望，这让她感到不知所措。丽贝卡还说，尽管在学校的第一周她感到备受"折磨"，并且十分想念家人、男友及高中时的朋友，但她已经开始慢慢习惯新的生活方式了。

既往史：丽贝卡以前没有抑郁发作或其他心理健康问题的病史，也没有已知的心理疾病家族史。丽贝卡称，她的母亲偶尔会感到压力过大，但从未接受过心理治疗。

症状：情绪低落，入睡困难（失眠），难以专注于功课。有绝望感，但否认有任何自杀或自残的想法。

个案概念化：起初，丽贝卡看似患有重性抑郁发作，但她并不符合诊断标准。尽管抑郁障碍的发病年龄通常与丽贝卡的年龄差不多，但考虑到她没有抑郁障碍家族病史，并且症状是在重大压力源下产生的，临床医生最终诊断丽贝卡患适应障碍伴抑郁情绪。

治疗方案：咨询师建议丽贝卡参加每周的心理治疗。治疗应重点改善丽贝卡的情绪，还应给予她一个支持性的空间，以便丽贝卡能够谈论生活中重大变化给她带来的感受。

萨拉·托宾博士，临床医生

丽贝卡的个案报告中囊括了临床医生对患者初次评估时可能考虑的相关内容。本书的每一章均以与该章的主题相关的个案报告开头。萨拉·托宾博士，一位虚拟医生，将负责保证各种服务的临床专业性并撰写个案报告。其中一部分案例将由她负责，其他案例中，托宾医生将监督其他心理学家进行工作。对于每个案例，托宾医生均使用行业内官方手册《精神障碍诊断与统计手册（第五版）》进行诊断。

在本章的最后，当你对患者的病症有了更好的了解后，我们将回顾托宾医生对治疗结果的描述与患者的预后情况。我们还在案例中提供了托宾医生对该个案的解析，以帮助你进一步了解临床医生与心理障碍患者进行工作的过程。

变态心理学领域充斥着无数令人着迷的心理障碍案例。在本章中，我们将尝试向你传达一个事实，即每个人在生活中的某个时刻一定会在某种程度上接触到心理障碍。在学习的过程中，你将会逐渐意识到人们应对心理问题时的各种挑战。你将发现，精神健康问题会从各个方面影响个体、家庭和整个社会。并且，除了从情感层面上对变态心理学更加熟悉，你还将学习如何在科学理论的基础上理解和治疗饱受心理障碍困扰的患者。

什么是变态心理学

你很可能认识像丽贝卡这样的人，他们在大学中遇到的适应困难高于平均水平。你认为她有心理障碍吗？会给出什么样的诊断？如果她出现在你的面前，表现出想要伤害自己的倾向该怎么办？

在什么情况下，你会对心理障碍患者与像丽贝卡这样有适应障碍的人进行区分？我们有必要对丽贝卡进行任何诊断吗？诸如此类有关正常和异常的问题是增进我们对心理障碍理解的基础。

这位年轻女士明显绝望的神情可能是某种心理障碍的症状。
©wavebreakmedia/Shutterstock

也许你现在或曾经非常沮丧、恐惧或焦虑，或者你认识的人可能曾与心理障碍及其症状进行斗争，可能是你的父亲因酗酒而挣扎，你的母亲因重性抑郁障碍而住院，也可能是你的姐姐患有进食障碍，或是你的哥哥持有一种非理性的恐惧。如果你的直系亲属中没有人遇到过心理问题，那么在你的大家庭或朋友中也很可能有人曾患有某种心理障碍。你可能不知道这些问题的正式诊断，也可能不了解其性质或原因，但你知道问题是存在的，并且他们需要专业人士的帮助。

大多数人在被迫面对问题之前，都认为坏事只会发生在其他人身上。你可能认为遭遇车祸、死于癌症，或心理学领域中的阿片类药物成瘾等不幸只会发生在他人身上。我们希望阅读本书能帮助你克服这种"他人"综合征。心理障碍是人类经验的一部分，直接或间接地影响着每个人的生活。尽管如此，这些心理障碍并不一定会毁灭我们的生活。当你读到这些心理障碍患者的故事后，你会发现这些问题即使不能预防，也能够得到治疗。

心理障碍的社会影响

心理障碍既影响个体，也影响个体社交世界中的其他人。想象以下情况，你收到一条紧急短信，来自挚友杰里米的母亲。你打电话过去，得知杰里米已被当地医院的行为健康科收治，他想见你。杰里米的母亲说，只有你才能理解他所经历的一切。这个消息来得太突然，令你感到十分困惑和苦恼，你并不知道杰里米有任何的心理问题，你琢磨着见到杰里米时应该对他说些什么。杰里米是你最亲密的朋友，但现在你不知道你们的关系将会发生什么样的变化。询问他的经历时，你应该如何把握分寸？为什么你完全没能预料到现在的状况？你不确定到达那里后该怎么做，也不知道他现在是什么状况，能否与你正常交流。在这种情况下，见到杰里米会是什么情形？他会对你有什么期望，这对你们的友谊来说又意味着什么？

现在想象同样是收到短信的情况，但短信内容是杰里米由于急性阑尾炎刚被送进综合医院的急诊室。当你去见他时，你确切地知道应该如何应对。你会问他感觉如何、他到底出了什么问题，以及他什么时候能够恢复健康。即使你可能不太喜欢医院，但至少你对医院中患者的样子有所了解。阑尾切除术似乎没什么特别的，你几乎可能不会考虑杰里米出院后能否继续与他做朋友这种问题。几周后，杰里米将会焕然一新，而你们的关系将保持不变。

现在，我们比较了这两种情况，请考虑以下问题：患有心理疾病的人经常会遭遇像杰里米一样的情况，即

当心理障碍患者需要住院治疗时，他们的家属也面临着巨大的压力。
©Ghislain & Marie David de Lossy/Getty Images

使是关心他们的人也不确定该如何应对他们的症状。此外，即使症状得到控制，杰里米这样的个体在尝试恢复以往生活时仍会遭受严重而持久的情感和社会影响，而疾病本身也会给他们带来痛苦。就和本章案例中的丽贝卡一样，他们必须面对孤独和悲伤的感觉。

心理障碍几乎不可避免地与污名化（stigma）联系在一起。尽管现在人们对心理健康问题的认识普遍有所提高，但这种污名化仍然存在。社会上对患有心理障碍的人的态度可能会从一般性的不适到彻底的偏见不一而足。人们的一些言语、日常笑话和刻板印象都反映出对心理疾病患者的消极观点，并且，许多人担心心理障碍患者是暴力且危险的。

名词解释

污名化　一种负面标签，会导致某些个体被视为与众不同且有缺陷，并被排斥在社会主流成员之外。

人们总是希望与心理障碍尽可能地保持距离，而这样做的结果就是社会层面的歧视，这只会让患者痛苦的生活雪上加霜。更糟糕的是，心理障碍患者可能不愿意主动寻求帮助，因为他们自身也对精神疾病抱有污名化的看法。有些人能够抵制心理障碍的污名化，这是因为他们有能力将自己的身份与心理障碍区分开来，并拒绝接受他人给他们贴上的标签。

在接下来的章节中，我们将会介绍与情绪、焦虑、药物滥用、性行为和认知相关的各种心理障碍。你将通过案例描述设身处地地体会到心理障碍患者的感受和经历，你可能会发现，其中一些看起来与你自己或你认识的人相似。当你阅读相关障碍的章节时，请设身处地去体会这些患者的处境，想象他们的感受以及他们希望人们如何对待他们。我们希望你能意识到，我们的讨论并不是关于疾病，而是关于患有疾病的那些人。

定义异常

每个人对行为是否正常都有一个标准。你的标准是什么？你认为以下哪些行为是异常的？

- 当你参加考试的"幸运"考位被他人占上时，你会觉得很倒霉。

- 在男友对你说"我们之间结束了"之后，你好几天无法入睡、不想吃饭、不想学习或不愿与他人交谈。
- 一想到被困在电梯里就冒冷汗。
- 与室友起争执时骂人、扔枕头或用拳头捶墙。
- 为保持身材苗条，连续几天拒绝吃固体食物。
- 骑车回家后彻底洗手。
- 为了抗议大学学费上涨，加入校园行政大楼前的抗议人群。
- 总是认为他人在批评自己所做的一切。
- 为了在朋友面前显得更"合群"，每天要喝六瓶装的整箱啤酒。
- 为了逃避学习或工作，连续玩几个小时的电子游戏。

和大多数人一样，你可能会发现很难判断这些行为正常与否。很多情景在日常生活中经常发生，这就是为什么精神卫生专业人士需要努力寻找异常行为合理的定义。不管怎样，定义和标准是必要的，标准有了，才能给予患者相应的治疗方案。

回顾以上行为清单，接下来请思考，如果应用心理健康专业的五种心理障碍诊断标准，你将如何评价每种行为。

现实中，我们不会只根据单个行为来诊断心理疾病，但以下标准可以使你对临床医生的诊断过程有所了解。

心理障碍的第一条诊断标准是临床显著性（clinical significance）。比如，对于那些在考试中因没有坐到幸运考位而感到倒霉的人，只有在他们会因此完全无法集中精力考试，且每次考试时都会出现这样的情况下才符合此条诊断标准。

名词解释

临床显著性　指患者的行为损伤需达到临床医生可观测到的水平的诊断标准。

第二条诊断标准是，一个行为必须反映出一定程度的心理、生理或发育过程中的功能失调才可被作为心理障碍的证据。具体而言，这意味着研究者认为，即使有些功能受损的原因现在还不清楚，未来也能够被揭示。

诊断为异常的第三条诊断标准是，该行为必须在生活的一些重要方面给个体带来显著的痛苦或不便。这一标准听起来与临床显著性的标准相似，其不同在于这些痛苦和不便体现在个体自身的感受和行为上，而非临床医生的视角。个人可能受到行为的负面影响（"痛苦"），或者因此对生活造成负面影响（"不便"）。有人可能喜欢玩电子游戏，但是如果他们为了玩游戏而忽视了生活中其他应承担的义务，这就会对他们的生活产生负面影响。也可能他们为此感到痛苦，但仍然无法阻止自己继续玩下去。

第四条诊断标准是，仅在宗教、政治或性取向上与社会规范有所偏差的行为不能算作异常行为。比如一个由于信仰拒绝进食肉类的人根据该标准就不会被视为患有心理疾病。但是，如果该个体限制所有食物的摄入量，以至于健康受到威胁，那么该个体就可能符合异常的其他标准之一，例如临床显著性和 / 或痛苦 – 不便维度。

心理障碍的第五条也是最后一条诊断标准是，心理障碍需反映个体内部的功能障碍。公民与政府在政治信仰上的分歧不能作为心理障碍诊断标准。根据这个标准，希望大学学费用降低的校园抗议者不会被视为心理障碍患者。当然，如果他们为此不去上课，或者因侵害大学财产而被捕，那么他们将会面临其他的风险。

如你所见，确定行为是否正常并非易事。此外，现实中，在对来访者给出特定诊断时，精神卫生专业人员

这位女士由于难以入眠而感到痛苦，但这就意味着她患有心理疾病吗？
©tab62/Shutterstock

还必须权衡使用诊断标签的好处和危害。好处是该个体将得到相应的治疗（并能够获得保险报销），但是可能的危害是该个体将被标记为一种心理障碍的患者，成为他医疗记录的一部分。在以后的生活中，这种诊断可能会让个体难以取得某些工作的资格。

幸运的是，精神卫生专业人员有以上这些标准来指导他们，并且，大量专业手册使专业人士对做出合适的诊断具有一定的信心。这五条标准以及多种心理障碍的具体诊断条目，构成了本书的核心内容。

《精神障碍诊断与统计手册（第五版）》中有什么

精神障碍定义

将你认为构成异常行为的成分与临床医生进行诊断的的五条标准进行比较。这五条标准是《精神障碍诊断与统计手册（第五版）》的核心。构成心理障碍的症状必须具有临床显著性，涉及的行为不能只是暂时的症状或轻微困难。《精神障碍诊断与统计手册（第五版）》认为，精神障碍反映了生理 – 心理 – 社会影响，即将异常行为视为心理、生理或发育过程中的功能障碍。此外，特定生活事件带来的压力如果在社会期望和接受的规范内，也不能构成心理障碍。《精神障碍诊断与统计手册（第五版）》还规定心理障碍的诊断必须可"临床应用"，这意味着诊断需有助于临床医生做出与治疗相关的决策。在编写《精神障碍诊断与统计手册（第五版）》的过程中，作者告诫大家，在不考虑潜在收益和风险的情况下，在上一版手册的基础上增加或减少诊断条目是十分危险的。例如，添加新的诊断条目可能导致以前被认为是正常的行为现在被诊断为异常。采用新诊断条目的好处必须大于将"正常"人归类为"患者"的危害。类似地，删除特定需要治疗的障碍诊断标准（以及相关的医疗保险范围）可能会使仍然需要治疗的个体难以接受治疗或支付过多的治疗费用。考虑到这些事项，《精神障碍诊断与统计手册（第五版）》的作者还建议，仅凭诊断，不足以做出法律判决或是否符合保险赔偿资格的判断，这些决策需要诊断标准之外的更多信息。

异常行为的原因

现在，我们先将行为是否异常的问题放在一边，转向探讨个体患有某种心理障碍背后的潜在原因。你将会看到，我们可以从多种角度进行异常行为概念化。生理-心理-社会视角（biopsychosocial perspective）认为，异常行为反映了个体成长和发展过程中生理、心理和社会文化因素的共同作用。

名词解释

生理-心理-社会视角　一种将生理、心理和社会文化因素的相互作用视为影响个体发展的因素的视角。

生理因素

我们从生理因素开始。个体体内可能导致异常行为的因素包括遗传异常，遗传异常可以独自或与环境相结合影响个体的心理功能。生理因素还包括正常老化所造成的生理变化、个体发展过程中的疾病以及疾病给身体带来的损害。

在所有遗传影响中，我们最关注的是那些能够改变神经系统功能的遗传因素。但是，如果环境影响了大脑或相关器官，心理障碍也可能仅由环境因素引起。例如，患有甲状腺功能障碍的人可能会经历强烈的情绪波动。头部外伤引起的脑损伤也可能导致思维改变、记忆力衰退和情绪变化。

通过生理-心理-社会视角，我们可以看到社会因素与生理和心理因素的相互作用，环境影响（例如接触有毒物质或紧张的生活条件）也可能导致个人患有心理疾病。由贫困、营养不良或社会不公造成的环境剥夺也可能通过引起不良的生理结果来使个体面临心理疾病的风险。

心理因素

心理障碍的影响因素包括心理因素可能是一个显而易见的答案。然而，生理-心理-社会的视角认为不应该孤立地考虑心理因素，而是应该将心理因素视为更广泛的影响因素中的一部分，这些心理因素受生理因素影响，而生理上的改变又是由于暴露在特定环境中而产生的。

心理因素可以是个体生活中特定经历所造成的结果。例如，有些人可能会不断地重复某种习得行为，给自身带来极大的痛苦；也有人可能认为无法依靠父母或看护人来照顾自己，并因此表现出情绪上的波动。

虽然生理-心理-社会视角中没有纯粹的心理原因，但我们认为在学习过程、生活经历或重大生活事件中都是心理因素起到主要影响。这些因素包括难以应对压力、不合理的恐惧、情绪易失控以及其他许多导致个体达到心理障碍标准的不正常的思维、情感和行为。

社会文化因素

社会文化视角（sociocultural perspective）从个人亲密的朋友、家庭、国家乃至世界的机构及政策等多层次考察个体受到的影响，这些因素与生理过程及特定经历带来的心理过程相互影响而作用于个体。

名词解释

社会文化视角　强调个体受身边的人、社会制度和社会力量影响的理论视角。

歧视是对心理疾病产生影响的一个重要社会文化因素，不论是基于社会阶层、收入、种族、国籍、性取向或是性别，歧视不仅限制个体的心理健康水平，还会对个体的生理健康及发展产生直接的影响。比如，低收入及低阶层人群由于长期被剥夺教育及医疗资源而产生的压力可能会给他们带来更大的心理疾病风险。

并且，如上文所说，心理疾病患者可能会由于他们的症状和诊断标签而受到歧视，精神疾病污名化会给患病个体及其家人和朋友带来更大的压力。并且，患者可能因此不愿意寻求帮助，从而导致病情恶化，形成恶性循环。

不同种族的精神疾病污名化情况有所不同。比如，欧洲裔美国青少年及其监护人去寻求诊断和帮助的人数是其他少数族裔的两倍。对精神疾病的承认度也存在性别及年龄差异，年轻的个体及女性对各种症状的态度更开放，因此也更愿意参与各种心理咨询或心理干预。

由于各种形式的歧视的存在，患者不仅需要应对他们的症状及症状污名化，还需要应对他人对患者所属社会群体的消极态度。治疗被歧视群体的临床医生越来越认识到在诊断及治疗中考虑这些因素的必要性。我们将在本书中学习精神健康专家为保证临床医生受到充分的实践训练而制定的一些准则。

生理-心理-社会视角

表 1-1 总结了刚才讨论的心理障碍的三类影响因素。如你所见，这些功能中的任一方面受损都可能导致心理障碍的发展。尽管这种分类很有帮助，但请记住，这三类影响因素之间可能存在多种交互作用。

在学习本书的过程中，你将看到这些变量对不同心理疾病的影响各有不同。对于某些疾病，如精神分裂症，生理因素似乎起着特别重要的作用；对于其他疾病，如压力应激，心理因素的影响则占主导地位；而因遭受恐怖袭击所致的创伤后应激障碍，则主要受社会文化因素的影响。

表 1-1	异常行为的原因
生理因素	基因遗传 生理改变 接触有毒物质
社会文化因素	社会政策 歧视 污名化
心理因素	过往学习经历 不良思维模式 压力应对困难

生理-心理-社会视角中也蕴含了发展的观点。这意味着我们必须认识到这三种因素在个体一生中的影响是在不断发生变化的。有些情况在某些时候比在其他时候更能危及个体。幼儿可能特别容易受到营养不足、父母严厉批评和忽视等因素的影响；另一方面，保护性因素，例如关爱的照顾者、充足的医疗资源和早年的成功，都可以降低个体患病的可能性。这些个体发展早期的风险或保护因素成为个体疾病易感性的一部分，并在生命全程中都具有影响力。

在接下来的人生中，风险因素的具体形式和潜在严重程度都会发生变化。因持续的不良饮食习惯而产生了身体健康问题的个体可能更容易出现与心血管功能改变相关的心理症状；而另一方面，如果他们建立了广泛的社会支持网络，就可以在一定程度上抵消他们由于健康

状况不佳所带来的风险。

在生命全程中，生理、心理和社会文化因素持续相互作用并作用于个体的心理健康、幸福感水平以及特定心理障碍的表现。我们可以利用生理-心理-社会视角的框架来了解异常行为的原因，并且，同样重要的是，它们可以作为治疗的基础。

变态心理学历史中的重要主题

从古至今，世界上一些最伟大的思想家，都曾试图解释我们如今认为是心理障碍的表现的各种人类行为。纵观历史，三个重要的主题似乎反复出现：鬼神学、人道主义和科学。**鬼神学解释**（spiritual explanations）认为，行为异常是邪灵或恶魔附身的结果；**人道主义解释**（humanitarian explanations）将心理障碍视为虐待、压力或恶劣生活条件的结果；**科学解释**（scientific explanations）则寻找我们可以客观衡量的原因，如生理上的改变、不良学习过程或情绪压力源。

名词解释

鬼神学解释 认为心理障碍是邪灵或魔灵附体的产物。

人道主义解释 认为心理障碍是虐待、压力或恶劣生活条件的结果。

科学解释 认为心理障碍是由我们可以客观测量的原因，如生物改变、错误的学习过程 过程或情绪压力造成的。

希腊人在向传神谕者寻求建议，传神谕者是代表智慧的顾问，他们替神明传递旨意。

©ullstein bild Dtl./Getty Images

希罗尼莫斯·博斯（Hieronymus Bosch）的《移除疯狂之石》（Removal of the Stone of Folly），描绘了一位中世纪的"医生"从一名患者的头骨上切除所谓的疯狂来源的过程。当时人们普遍认为，心理障碍的原因是被附身。
©PAINTING/Alamy Stock Photo

我们将追寻这些观点在历史发展中的轨迹。正如你将看到的，每种观点都有其盛行的时期，但在某些方面，今天的问题与古代相同，因为心理障碍的实际原因仍然未知。诚然，科学方法对于发现心理障碍的原因是关键的一步，但对于精神卫生专业人士来说，遵循人道主义的原则仍然很重要。鬼神学解释的方法也可能永远不会完全消失，但如果心理障碍能够被很好地解释，那么就有希望将对疾病的理解转化为实际治疗方案。

鬼神学方法

我们从最古老的心理障碍治疗方法开始，心理治疗可以追溯到史前时代。大约公元前 8000 年的考古证据表明，当时对心理疾病的鬼神学解释是被最为广泛接受的。在史前人类居住的洞穴中，发现头骨上存在切口，显示出**环钻**（trephining）的痕迹。

这个证据表明人们试图从人的头部释放"恶灵"。考古学家从远东和中东到英国和南美洲的许多国家和文化中发现了环钻头骨。环钻在整个历史进程中甚至现代都在继续使用，但它在古代的使用似乎仅与"恶灵"有关。

第二种认为灵魂附身是心理障碍原因的表现是**驱魔**（exorcism）。在实际操作中，萨满、祭司或其他受委托的人（如"巫师"）主持仪式，使个体处于极端的躯体与精神压力之下以驱赶恶魔。在中世纪，人们使用各种神奇的仪式和驱魔来"治愈"心理障碍患者。然而，这些治疗也同时采取了将患者塑造成罪人、女巫或魔鬼化身的形式。因此，患者都受到了严厉的惩罚。在 1486 年出版的《女巫之槌》（Malleus Maleficarum）一书中，可以很清晰地看到认为患者是恶灵附身的观点，书中两名德国多米尼加修道士认为患者使用"巫术"，并以此罪名对患者施加惩罚。该书作者将患者描述为教会为了保护基督教而必须消灭的异端和魔鬼，建议采取诸如驱逐、折磨和火刑等"治疗方法"。

名词解释

环钻　在头骨上钻洞以驱逐"恶灵"的过程。
驱魔　一种被认为通过驱邪来治疗心理障碍的仪式。

图为当今在女巫审判的重现场景中，一名妇女正在为她所谓的罪行受折磨。
©Tom Wagner/Alamy Stock Photo

从 16 世纪到 17 世纪后期，大多数被指控使用巫术的人是女性。美国清教徒对女巫的火刑和绞刑直到臭名昭著的塞勒姆女巫审判案（1692—1693）后终于结束，当时的市民开始怀疑对这些妇女指控的真实性。

尽管鬼神学方法不再是西方文化中对心理障碍的普遍解释，但仍有一小部分信徒认为，患有心理障碍的人需要精神"净化"。在其他文化中，那些扮演驱魔师角色的人仍然存在，这反映了持续存在的文化与宗教信仰。

人道主义方法

从某种程度上来说，人道主义方法的发展是对鬼神学方法及其对心理障碍患者迫害的反抗。这些患者经常被家人排斥，无家可归，从中世纪开始，欧洲的济贫院和修道院开始成为他们的避难所。

虽然收容所不能提供治疗，但最初它们仍为患者提供了一些保护。然而不幸的是，久而久之，收容所越来越拥挤，条件也变得难以忍受。讽刺的是，这些地方非但不再为患者提供保护，反而成了充满忽视、侮辱和虐待他们的场所。人们普遍认为，患有心理障碍的人缺乏正常的感官能力，因此不为患者提供暖气、干净的生活条件和充足食物的做法十分普遍。在 16 和 17 世纪，人们对医学的看法普遍来说还比较原始。因此，与躯体疾病的治疗一样，对心理障碍患者的治疗包括放血、催吐和清肠等。

到了 18 世纪末，在法国、苏格兰和英格兰的医院中，一些勇敢的人开始认识到收容心理障碍患者的济贫院和修道院的条件是不人道的。他们发起了全面改革，试图废除这些残酷的做法，道德治疗（moral treatment）的想法开始占据上风。人们相信，如果能给患者提供安静而平和的环境，他们就能够逐渐控制自己的行为。遵循这种模式的机构仅在绝对必要时才使用约束装置，并且即使在这些情况下，患者的舒适度也是第一位的。

名词解释

道德治疗　该观点认为，如果患者有一个安静而平和的环境，他们就能对自己的行为进行自我控制。

在接下来的 100 年里，政府按照迪克斯首次倡导的

人道主义模式在美国各地建造了数十家州立医院。然而，医院人满为患、人手不足也只是时间问题。道德治疗所提出的善意但无效的干预措施，根本不可能治愈患者。然而，迪克斯所倡导的人道主义目标对精神卫生系统产生了持久的影响。20 世纪，精神卫生（mental hygiene）运动的倡导者继续传承她的工作，目标是帮助个体保持心理健康并阻止心理障碍的发展。

公众对日益恶化的精神病院环境的愤怒最终促成了精神卫生服务需要巨大变革的共识。1963 年，随着开创性立法的通过，美国联邦政府采取了强有力的行动。当年通过的《精神障碍设施和社区精神卫生中心建设法》（The Mental Retardation Facilities and Community Mental Health Center Construction Act）引发了一系列变革，这些变化持续影响了未来几十年的精神卫生服务。立法者开始推行将患者从机构转移到社区中限制较少的项目中的政策，例如职业康复设施、日间医院和精神病诊所。出院后，患者进入过渡性疗养院（halfway house）。这项立法为去机构化运动（deinstitutionalization movement）铺平了道路，也为改善社区治疗、使社区治疗成为机构护理的替代做好了准备。

多萝西娅·迪克斯（Dorothea Dix）是美国马萨诸塞州的一位改革家，19 世纪中期，迪克斯试图改善心理障碍患者的治疗方案。

图片来源：Library of Congress, Prints & Photographs Division, Reproduction number LC-USZ62-9797（b&w film copy neg.）。

名词解释

精神卫生　精神病学的重点是帮助个人保持心理健康并预防心理障碍。

过渡性疗养院　一种为已经离开医院等机构，但尚未准备好独立生活的患者设计的社区治疗设施。

去机构化运动　从 20 世纪 60 年代开始，数十万名精神病患者从精神病院获释。

尽管去机构化的目的是提高在公立精神病院关押多年的患者的生活质量，但许多人离开机构后却只能过着贫穷和被忽视的生活。
©Gary He/McGraw-Hill Education

得稳定感与尊重。尽管从精神病院释放患者的目的是为了解放这些被剥夺基本人权的患者，但结果是他们可能并不像许多人所希望的那样自由。很多时候，那些过去在精神病院的患者将在收容所、康复计划、监狱与牢房中流转，其中许多人长期无家可归，过着被社会边缘化的生活。

今天，人道主义方法的支持者倡导对心理障碍患者实施新的具有同情心的治疗方案，他们鼓励精神障碍患者在选择治疗方法时发挥自主性。各种倡议团体不遗余力地尝试改变公众对精神病患者的看法以及在各种社会背景下的处理方式，这些团体包括全国精神病联盟（National Alliance for the Mentally Ill, NAMI）、心理健康协会（Mental Health Association）、消除歧视与污名化中心（Center to Address Discrimination and Stigma）以及消除障碍倡议组织（Eliminate the Barriers Initiative）。

使去机构化成为可能的另一个原因是，20 世纪 50 年代，药物治疗首次成功地控制了心理障碍的症状。接受治疗的患者能够在精神病院外独立生活更长的时间。到 20 世纪 70 年代中期，曾经病患众多的州立精神病院基本上已经荒废了。数十万被限制在机构中的患者获得自由，开始有尊严和自主地生活。

为了进一步落实精神卫生服务的实施，美国联邦政府设立了总统新自由心理健康委员会（President's New Freedom Commission），其中包括参与一些反污名化项目。2017 年底，美国卫生与公众服务部（Department of Health and Human Services）公布了实现这些目标的进展情况（见表 1–2）。

不幸的是，去机构化运动并没有完全实现倡导者的理想。它非但没有消除不人道的待遇，反而造成了另一系列的不幸。许多被称为机构化替代方案的承诺和计划，由于规划与资金不足而最终并未实现。患者在医院、收容所和简陋的寄宿家庭之间来回穿梭，从未获

表 1–2	健康人群 2020 目标
目标	**进展**
降低自杀率	–7%，远离目标
降低 9 ~ 12 年级的学生自杀未遂人数	–19%，远离目标
为 18 岁以上的精神疾病患者提供精神健康服务	–33%，远离目标
降低 9 ~ 12 年级的学生进食障碍行为	0%
增加提供现场治疗或转诊心理健康治疗的初级保健设施	200%，达成目标
在青少年收容机构提供心理健康问题筛查入院服务	60%，接近目标
按州追踪消费者对心理健康服务的满意度	0%
确保各州心理健康计划考虑了老年人的心理健康问题	12%，向目标迈进

注：2015 年，美国联邦政府评估了在实现 2020 年"健康人群"心理健康和精神疾病每一项目的进展情况。以上是美国疾病控制和预防中心（Centers for Disease Control and Prevention）报告的各项目标及 2017 年的进展情况。
表格来源：http://www.healthypeople.gov/2010/data/midcourse/html/tables/pq/PQ-18.htm。

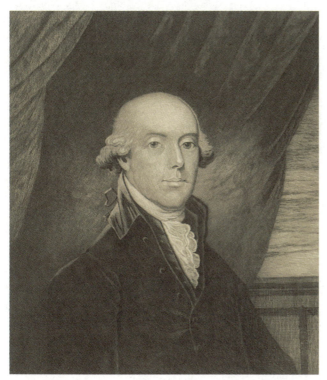

美国精神病学的创始人本杰明·拉什医生，一生都是一位热忱的改革者，促进了心理障碍的科学研究。

图片来源：Library of Congress, Prints & Photographs Division, Reproduction number LC-DIG-pga-06328（digital file from original item）。

科学方法

回到古代，令人惊讶的是，早期的希腊哲学家就采用了科学方法来理解心理障碍。希波克拉底（Hippocrate，约公元前 460—377）被认为是现代医学的奠基人，他认为四种重要的体液影响身心健康，并形成四种人格倾向，治疗心理障碍需要适当排出多余体液。尽管希波克拉底的观点是错误的，但他提出心理健康反映了生理因素而非恶灵附身的观念，远远领先于他的时代。

数百年后，罗马医生克劳狄乌斯·盖伦（Claudius Galen，公元 130—200）开发了一套基于解剖学研究的医学知识体系，这种方法也有助于巩固疾病起源于身体机能异常的观点。

接下来的数百年中，治疗心理障碍的科学方法逐渐消退，取而代之的是植根于鬼神学视角的解释，直到美国精神病学的创始人本杰明·拉什医生（Benjamin Rush，1745—1813）重新点燃了人们对科学解释的兴趣。1783 年，拉什加入宾夕法尼亚医院，对该医院治

疗心理障碍患者的糟糕状况感到震惊，并主张进行改进，如将患者安置在自己的病房里，给予他们专业的治疗，并禁止寻求娱乐的好奇者到医院探访。

不过，与当时流行的方法相同，拉什也支持在治疗心理障碍时使用放血和清肠法，以及所谓的镇静椅，旨在通过捆绑患者的头部和四肢来减少血液流向大脑。拉什还建议将患者浸入冷水浴中，并用死亡威胁恐吓他们。拉什认为，通过激发恐惧可以抵消患者偶尔的暴力行为。

接下来的重大进展发生在 1844 年，13 名精神病院管理人员创立了美国精神病院医疗监督协会（Association of Medical Superintendents of American Institutions for the Insane），该组织最终更名为美国精神医学协会（American Psychiatric Association）。成立一年后，即 1845 年，德国精神病学家威廉·格里辛格（Wilhelm Griesinger）出版了《精神障碍的病理学与治疗》（*The Pathology and Therapy of Mental Disorders*）一书，提出"神经病理学"是心理障碍的原因。接下来，德国精神病学家埃米尔·克雷佩林（Emil Kraepelin，1856—1926）推广了一种类似于医学诊断的分类系统，使得该领域取得了进一步的进展。克雷佩林提出，可以通过症状模式来识别疾病。最终，这项工作为现在的诊断系统提供了科学基础。

尽管医学和精神病学取得了这些进展，但直到 19 世纪初期，欧洲医生尝试使用催眠进行治疗时，心理治疗方法才开始萌芽。最终，这些努力促成了维也纳神经学家西格蒙德·弗洛伊德（Sigmund Freud，1856—1939）的开创性工作。弗洛伊德于 20 世纪初期创立了精神分析，这是一种强调潜意识、压抑的性冲动与早期发展的理论系统。

20 世纪，心理学家基于对实验动物的观察继续提出理论模型，以发现经典条件反射而闻名的俄罗斯生理学家伊万·巴甫洛夫（Ivan Pavlov，1849-1936）的工作成果成为后来约翰·华生（John Watson，1878—1958）在美国发起行为主义运动的基础。斯金纳（Skinner，1904—1990）制定了操作性条件反射的系统方法，详细说明了强化的类型与性质，及其作用于行为改变的方式。在 20 世纪，这些模型继续演变为阿尔伯

特·班杜拉（Albert Bandura，1925—2021）的社会学习理论、亚伦·贝克（Aaron Beck，1921—2021）的认知模型和阿尔伯特·埃利斯（Albert Ellis，1913—2007）的理性情绪行为治疗方法。

积极心理学强调通过冥想和其他自我发现的途径实现个人成长。
©Ben + Marcos Welsh/AGE Fotostock

目前，变态心理学领域受积极心理学（positive psychology）运动的影响，该运动将心理疾病视为阻碍个体实现高度主观幸福感和满足感的障碍。此外，积极心理学强调对疾病进行预防而不是干预。尽管其目标与人道主义方法的目标相似，但积极心理学运动在实证研究方面拥有强大的基础，因此在变态心理学领域获得了广泛的支持。

这些较新的模型连同采用生理－心理－社会方法的综合模型组成了理解心理障碍成因的实证视角（基于证据的视角），十分具有前景。尽管并非所有模型都是有效的，但它们有助于确保我们应用科学的观点获得既人道又有效的治疗方法。

变态心理学的研究方法

正如我们刚刚所学，科学方法使得对异常行为

的理解和治疗取得了重大进展。**科学方法**（scientific method）的本质是客观性，即对心理现象的本质进行检验的过程，在这个过程中，科学家在接受某种观点作为充分的解释之前，需要不抱偏见地对观点进行检验。

名词解释

积极心理学　强调一生中成长和改变的潜力。
科学方法　在接受有关心理现象本质的观点作为充分解释之前，不带偏见地检验这些观点的过程。

科学方法依赖于一系列从提出所关注的问题到与科学界分享结果的步骤。在应用科学方法的过程中，保持客观性是科学方法的标志。这意味着研究者不会让他们的个人偏见干扰数据收集的过程或调查结果的解释，并愿意接受与他们研究结果不同的观点。为此，研究人员如今将他们的数据上传至开放式的资料库中，让其他科学家可以检查他们的研究程序、分析过程与研究结论。

尽管科学方法基于客观性，但这并不意味着科学家对研究内容毫无个人兴趣取向。实际上，许多研究者选择与自己生活相关的领域进行研究，特别是在变态心理学领域。研究者的亲属可能患有某些疾病，或者研究者本人可能是通过临床工作对变态心理学产生了兴趣。无论是什么促使他们研究特定主题，变态心理学研究者都必须与研究保持距离，做到无偏见地看待他们的发现。

在提出感兴趣的问题时，心理学研究者可能想知道是不是某种特定的经历导致了个体的症状，或者可能会对特定生理因素的作用进行推测。临床心理学家也关注某种特定治疗方案是否能有效控制疾病的症状。不管是哪种情况，理想的方案都是通过科学方法的步骤进行，研究人员提出假设、进行研究、收集数据并对数据进行实证分析。当这些阶段完成后，研究人员通过在科学期刊上发表文章来交流结果，且最好通过同行评审以确保研究的有效性。

实验设计

在实验设计这种科学研究方法中，研究人员建立假设检验以确定一个变量或因素是否影响另一个变量。实验方法是唯一可以检验因果关系的方法，因为它允许研

究人员操纵变量 A 以探究变量 A 是如何影响变量 B 的。

例如，研究者可能希望检验某种特定的治疗是否能降低寻求治疗的患者的焦虑水平。接下来，研究者为一部分患者提供治疗，而另一部分患者则不接受治疗。在这种情况下，治疗是自变量（independent variable），"实验组"接受治疗，"对照组"不接受治疗。患者报告的焦虑水平是因变量（dependent variable），其水平是实验者操纵自变量得到的结果。研究人员希望，如果将治疗前后进行对比，可以发现实验组被试的焦虑水平比对照组降低得更多，但无法确定焦虑水平实际上是多少。根据特定研究的性质，研究中可能有多个实验组。例如，研究人员可能希望将两种不同的治疗相互比较，并与第三个对照组进行比较评估。在这种情况下，自变量将有三个水平：处理一、处理二和无处理。

名词解释

自变量 是可被实验者调整或控制水平的变量。

因变量 其水平是实验者操纵自变量得到的结果。

临床心理学研究的金标准是**随机对照实验**（randomized controlled trial，RCT），这种方法的关键是使用随机化，随机化最大程度地减少了决定被试接受哪种治疗上可能存在的偏差。由于这是一个如此强大的设计，随机对照实验是**循证治疗**（evidence-based treatment）的基础，循证治疗中，来访者根据临床研究的结果接受干预。

名词解释

随机对照实验 这是一种将被试随机分配到干预组的实验方法。

循证治疗 指根据受控临床研究的结果对客户进行干预的治疗。

理想情况下，在随机对照实验中，研究人员在进行研究之前需要定义一个主要关注的结果（即特定的因变量）。研究者也可定义次要关注结果，但他们需要首先明确研究的主要关注点，如之前例子中的焦虑程度；否则，他们可能会犯错误，以一种扭曲发现的方式挑选和选择他们报告的结果。试想一下，研究人员发现临床治疗焦虑的方法对焦虑障碍没有任何效果，

但又发现该方法减轻了被试的抑郁程度，尽管这个结果可能会引起人们的兴趣，但它不是根据研究的理论框架推导而成的，因此没有合理的逻辑依据，可能只是偶然因素所致。

为了确保随机对照实验的研究符合可接受的标准，研究者在开始研究之前需要将他们的工作在公共实验登记处进行登记。如果他们不这样做，那么他们的研究将没有资格在任何知名的期刊上发表，这些期刊只报告通过该领域其他专家审查的研究结果。不幸的是，这些标准并没有完全实施。据 2015 年的报告可知，在健康心理学和行为医学领域，已发表研究中只有一半的研究进行了登记，21% 的研究报告了最初的研究结果。也许心理健康服务消费者应该在寻求新的干预措施之前检查这些研究对行业标准的遵守情况。

心理健康服务消费者还应警惕在开放获取期刊上发表的研究结果，因为这些期刊未实施严格的同行评审。研究人员在这些期刊上发表他们的研究通常需要支付相当高的费用，相比在科学协会或知名编辑委员会赞助的期刊上发表的文章，这些研究结果更容易受到怀疑。其中一些期刊现在被称为"掠夺性"期刊，因为它们以研究人员为猎物，提出可以发表他们的文章，但需要支付高昂的提交费用。你还应该对在新闻或每日在线文摘中读到的文章保持怀疑的态度，因为这些可能也没有经过同行评审。

还需记住，临床心理学中良好的研究也需要包括**安慰剂组**（placebo condition）。与对照组不同，安慰剂组接受的实验条件与所关注的治疗条件相似。如果研究希望评估药物的有效性，安慰剂将含有无效的成分。如果研究关注的是治疗的有效性，安慰剂组的研究者则不进行实际干预。当被试被随机分配到安慰剂组与治疗组时，该设计被称为**随机安慰剂对照临床实验**（placebo-controlled randomized clinical trial）。

名词解释

安慰剂组 被试接受类似于干预组的治疗，但治疗中不包括研究所关注的治疗方案的特征。

随机安慰剂对照临床实验 指被试被随机分配到安慰剂组和治疗组的实验方法。

在评估治疗有效性的研究中，科学家们必须设计出一种与实际治疗不同却相似的安慰剂。理想情况下，研究人员希望安慰剂组的被试接受与心理治疗实验组的被试相同频率和持续时间的治疗。在药物研究中，完全惰性的安慰剂可能不足以建立真正的实验对照。在"活性安慰剂"的条件下，研究人员将实验药物的副作用也纳入安慰剂。如果他们知道药物会导致口干、吞咽困难或胃部不适，那么安慰剂也必须模仿这些副作用；否则，被试就会知道他们正在服用安慰剂。

对实验结果的预期会影响研究者和参与者。这些所谓的"需求特征"可能会使干预的有效性受到损害。显然，研究者应该尽可能地不带偏见，但是他们还是可能会以某种微妙的方式影响被试的反应。被试私下也可能想要尝试验证或推翻实验真实的目标，消除需求特征的最好方法就是使用**双盲实验**（double-blind）。为了实现这一点，研究者会聘请一名不熟悉研究目的的研究助理或研究员，让他们向被试介绍这些实验条件。

名词解释

双盲实验　一种在实验过程中研究者和被试都不知道被试所属实验组或对照组的实验程序。

在变态心理学领域使用实验方法存在的问题是，心理学家最感兴趣的许多变量是研究者无法控制的，因此他们不是真正"独立"的变量。例如，抑郁障碍永远不能成为自变量[①]，因为研究者不能操纵它。一个对衰老的影响感兴趣的研究者不能通过随机分组来使一组人比另一组人老。针对不是通过随机分组而产生的组间差异的研究被称为"准实验"研究。在这样的研究中，我们可以比较年长和年轻群体，但我们不能说是衰老导致了任何观察到的他们之间的差异。

相关设计

相关设计（correlational design）关注研究人员无法通过实验操纵的变量之间的关系。在正相关中，随着一个变量值的增大，另一个变量也随之增大。在负相关中，随着一个变量值的增大，另一个变量的值减小。例如，抑郁的影响之一是正常睡眠模式紊乱，所以我们期望抑郁程度的得分与睡眠紊乱程度的得分正相关。如果在这项研究中睡眠使用的指标是睡眠时长，我们就可以预测这个值与抑郁的关系为负相关。两个变量之间也可能没有相关性，换句话说，这两个变量之间没有系统的关联。例如，抑郁与个体的身高无关，我们也没有理由期望这两个变量在现实中存在相关。

名词解释

相关设计　指研究人员测试他们无法通过实验操纵的变量之间关系的研究。

相关研究中使用的统计数据是一个以小数表示的数字，介于 +1 与 -1 之间，正数（例如 +0.43）表示正相关，这意味着随着一个变量分数的增加，第二个变量的分数也会增加。负数（例如 -0.43）表示相反的关系，也就是随着一个变量的增加，另一个变量减少相似的程度。数字本身必须与统计显著性一起呈现，这意味着考虑了研究被试的数量（以及其他因素）后，这种相关是由于偶然性产生的概率很低。

无论相关的大小或显著性如何，使用这种方法研究的关键特征是它们无法确定因果关系。仅仅知道两个变量之间存在相关性并不能告诉你一个变量是否是导致另一个变量变化的原因。相关性只能告诉你这两个变量以特定的方式相互关联。睡眠障碍可能会导致抑郁程度加重，就像抑郁越严重越可能会造成睡眠障碍恶化。也有可能是另一个你没有测量的变量可以解释你所研究的两个变量之间的相关性。抑郁障碍和睡眠障碍都可能是由于一种可以对身体激素水平造成影响的潜在因素造成的，例如一种未被发现的疾病，它会导致生理和心理上的障碍。在研究中使用相关设计的研究人员必须时刻警惕能够对结果产生影响的未观测变量的存在。

然而，越来越复杂的统计建模程序使我们不仅可以简单地将两个变量联系起来，看看它们是否相关，还可以使用这些方法来评估自尊、性别、睡眠模式和社会阶层等变量用于预测抑郁时各自的相对贡献。

---

① 原文是 depression can never be a dependent variable（抑郁障碍不可能成为因变量），但依据文章内容的含义译者认为此处应该是自变量。——译者注

你来做判断

精神病院中的正常人

20 世纪 70 年代初，心理学家戴维·罗森汉（David Rosenhan）开始进行一项开创性的研究，该研究使人们开始重新认识"精神正常"和"精神失常"之间的区别。罗森汉认为，当时的精神疾病诊断系统会导致一些人被误诊为精神分裂症并进入精神病院，因此罗森汉和他的同事决定用实验来测试这个系统。请你来判断他们的实验是否能证明罗森汉的观点。

实验中，八名从事各行职业、没有任何精神病史的人到精神病院进行检查，表示出现了内容为"空虚""空洞"和"砰"的幻听，这些都是精神病相关文献中从未报道过的症状。除姓名和工作地点外，这些假患者在其他方面都提供了自己的真实信息，每个人都被送往各自的精神病院，一旦入院，他们就不再继续反映进一步的症状。然而，医院的医护人员从未质疑过他们是否需要住院；恰恰相反，他们在医院病房完全"正常"的行为，却被认为是需要继续住院的进一步证据。尽管这些假患者努力说服医护人员他们没有任何问题，他们也花了 7 ~ 52 天才全部出院。出院时，他们的诊断是"精神分裂症缓解期"（意味着当下暂时不被诊断为精神分裂症）。

罗森汉的研究在精神病界产生了巨大的反响。如果将非患者纳入医疗机构是如此容易，那么诊断系统是不是存在什么问题？没有任何问题的个体也会被贴上"精神分裂症"的标签，即使他们不再表现出任何症状，医院也会坚持认为他们存在精神疾病。为什么会这样？这些假患者还报告说他们感到被医护人员侮辱，并且没有得到任何积极的治疗。出院后，他们可能会向其他人讲述精神病院未能提供适当治疗的情况，而真正的患者并不会受到如此多的同情。因此，这项研究的发现才得以对民众对住院的态度产生了广泛的影响。

现在，你来做判断。你认为罗森汉设计这样的研究是不道德的吗？医院的心理健康专家并不知道他们是研究对象，他们对自愿入院的个人所表现出的严重心理症状做出了反应，出院时，医生将这些假患者标记为病情缓解，也就是认为他们没有表现出症状，医护人员没有理由怀疑他们病情的真实性；但另一方面，如果医护人员知道他们正在被研究，他们的反应可能会非常不同，研究也就不会产生影响。

另外，从科学的角度来看，这项研究的质量如何？实验中没有控制条件，所以这不是真正的实验研究。并且，该研究没有对医护人员的行为进行客观测量，也没有研究者可以直接进行统计分析的测量结果。

你来做判断：罗森汉的研究虽然有缺陷，但值得吗？这样的研究结果能够合理化他的研究方法吗？

研究的类型

我们已经学习了基本的研究分析程序，现在让我们看看调查人员是如何收集用于分析的数据的。根据研究问题、研究者可用的资源以及研究对象，数据收集方法可以采用多种形式中的一种或多种，表 1–3 总结了这些方法。

表 1–3 变态心理学中的研究方法

研究类型	目的	举例
调查	获得群体数据	为政府机构工作的研究者通过电话调查问卷来确定疾病的流行率
实验室研究	在控制条件下收集数据	通过实验比较被试对中性刺激和引起恐惧的刺激的反应时间
个案研究	针对单个或少数被试进行密集研究	咨询师对一个家庭成员都患有相同障碍的个案进行描述
单被试实验设计	单个被试在实验和控制条件下进行研究	研究人员对一名精神病院的患者在受到关注（实验条件）和被忽视（对照条件）两种条件下发生攻击性行为的频率进行报告
行为遗传学	试图识别特定行为遗传中的遗传基因模式	遗传学研究者对有和没有特定心理障碍的个体的 DNA 进行比较

调查

研究者使用调查法（survey）从代表特定人群的样本中收集信息。通常，研究人员使用调查法收集数据，并进行相关分析。调查法中，研究者会设计一系列的问题来探究所关注的变量，被试可通过评分量表（"同意"到"不同意"）、开放式回答或多项选择来回答这些问题。例如，研究者可以调查在控制健康状况的影响下，年龄是否与主观幸福感相关。在这种情况下，研究者可能会假设老年人的主观幸福感更高，但只有在考虑到健康的作用之后才能够这样进行假设。可以将调查问题提供的回答转化为变量并进行统计分析。研究人员还利用调查来收集心理症状发生频率的数据。例如，美国药物滥用和精神健康服务管理局（Substance Abuse and Mental Health Services Administration of the U.S. Government，SAMHSA）每年进行一次调查，以确定人们使用非法药物的频率。世界卫生组织（World Health Organization，WHO）进行调查来比较各国心理障碍的发生频率。通过每次提出大致相同的问题，这些机构和数据库的使用者可以对健康和健康相关行为随时间的变化进行追踪。

名词解释

调查法　一种研究工具，用于从被认为代表特定人群的样本中收集信息，被试被要求回答有关所关注主题的问题。

本书中一些最重要的调查数据都是出自大规模的流行病学研究，这让我们能够了解有多少人可能患上疾病，以及哪些人是高危群体。用于达到这些目地的数据可以分为两类：（1）新病例数量；（2）曾经存在的病例数量之和。这两种类型的数据都是针对整个群体或群体中的一部分进行计算的，比如按性别、年龄组、地理区域或社会阶层进行划分。

疾病的**发病率**（incidence）是指在给定时间段内新病例出现的频率。受访者对他们现在是否患有以前未患过的疾病、是不是第一次经历这些疾病进行报告。发病率信息可能涉及任何长度的时间段，流行病学家倾向于以一个月、六个月和一年为单位进行报告。当研究人员希望确定疾病传播的速度时，将会使用发病率数据。例如，在流行病传播期间，卫生研究人员需要知道如何计划好控制疾病，那么发病率数据就至关重要。

疾病的**患病率**（prevalence）是指在一段特定时间内曾经患有该疾病的人数占总人数的比例。为了收集患病率数据，调查人员要求受访者说明在这段时间内他们是否经历过这种疾病的症状。调查的时间段可以是调查当日，在这种情况下称之为"点患病率"；还有"月患病率"，针对的时间段是调查前30天；以及"终生患病率"，针对受访者的整个生命全程。例如，研究人员可能会询问受访者，他们是否在过去一个月内的任何时间吸烟（月患病率），或者他们是否曾在生命的任一时间段使用过香烟（终生患病率）。通常，终生患病率高于月或点患病率，因为终生患病率涵盖了一生中所有相关障碍或症状的经历。

名词解释

发病率　指在给定时间段内新病例出现的频率。
患病率　指在一段特定时间内曾经患有该疾病的人数占总人数的比例。

实验室研究

研究者在心理实验室中开展大部分的实验，实验室中，被试需在控制条件下提供数据。例如，研究人员可能会在电脑屏幕上向被试展示刺激，并要求他们根据刺激做出反应，比如被试需要识别电脑上出现的单词或字母、向左或向右箭头等。收集到的数据可能包括对不同刺激的反应速度或记忆等。实验室研究还可以比较被试在不同条件或指示下做出反应时的脑部扫描记录（例如，要求被试看到"A"而不是"C"时按键反应）。另一种类型的实验室研究可能会在小组环境中观察人们的行为，研究人员对人们对特定指令或提示的互动过程进行研究，例如讨论有争议的问题或解决分歧。

实验室不仅是进行以上实验的理想场所，同时也适用于收集自我报告数据，特别是如果研究人员希望能在固定时间内或最小干扰的条件下收集数据，也就是要求被试在实验室中填写问卷。实验室也是被试通过电脑进行自我报告的理想场所，在实验室中，调查人员能够以系统且统一的方式收集数据。

个案研究

早期变态心理学的许多经典研究都采用了**个案研究法**（case study），研究者或临床医生会深入访谈、观察和测试一个人或一小群人。例如，弗洛伊德大部分的理论都是基于他的患者的报告，试图分析他们回忆中的经历、症状的发展及最终治疗进展间的关系。

在现在的研究中，研究者进行个案研究的原因有很多。个案研究中，研究者可以对罕见的病例进行报告，或记录某研究对象的障碍随时间演变的过程。例如，一位临床心理学家可能会在出版的杂志上报告他是如何为一位患有罕见恐怖症的来访者提供治疗的。

个案研究的深入性也是其潜在的缺点，由于个案研究不依赖于实验控制类型或样本量等对现有文献有用的补充信息，因此使用个案研究的研究者必须在方法上极其精确，并尽可能做到客观和公正，相比在依赖大样本

或实验数据的期刊上发表文章，他们可能更倾向于在专门针对案例研究的期刊上发表文章。

然而，个案研究也可以将两种方法的优势结合起来。在**质性研究**（qualitative research）中，研究人员使用严格的方案对数据进行编码，并应用客观的标准总结数据。例如，一名研究人员可能会采访几个家庭，并采用明确界定的分类标准对他们的回复进行总结，且最终分类需反映不同编码员的一致意见。

名词解释

个案研究法　对一个人进行深入研究并予以详细描述的方法。

质性研究　是一种分析数据的方法研究，人员使用严格的方法对数据进行编码，并以一种反映客观应用标准的方式总结信息。

真实故事

文森特·梵高：精神病患者

文森特·梵高（Vincent van Gogh）是出生于荷兰的后印象主义画家。梵高一生大部分时间都生活在贫困之中，身心健康状况不佳。在梵高过世后，他的作品才名声大增。如今，梵高极具个人特色的画作售价高达数千万美元，而他有生之年却主要靠弟弟提奥（Theo）给他寄送绘画用品和生活费维生。梵高一生中的大部分时间都在与精神疾病进行抗争，他生命的最后一年是在一家精神病院度过的。1890 年，37 岁的梵高自杀，结束了自己的生命。

虽然梵高精神疾病的具体性质尚不清楚，但我们可以从梵高给提奥的 600 多封信中了解他的生活。1937 年出版的《亲爱的提奥：梵高自传》（*Dear Theo: The Autobiography of Vincent van Gogh*）毫无保留地向我们展示了他生活的方方面面，包括艺术、爱情和心理上的种种困难。梵高从未得到过正式的诊断，直到今天，许多心理学家都在争论他是否患有精神障碍。心理学家们提出了多达 30 种可能的诊断，从精神分裂症、双相情感障碍到梅毒和酗酒。持续的营养不良、过量的苦艾酒，以及总是持续工

作到精疲力竭的程度，无疑都是梵高心理问题恶化的原因。

梵高的爱情生活以一系列失败的关系为标志，他从未有过孩子。1881 年，当梵高向有孩子的寡妇凯·沃斯－斯特里克（Kee Vos-Stricker）求婚时，凯和她的父母拒绝了他，他们认为梵高在经济上难以自立，更无法养家。被拒绝后，梵高将手放在灯焰上，要求凯的父亲允许他见心爱的女人，梵高事后无法清晰地回忆起这一事件。对梵高来说不幸的是，他的感情从未得到回报。所知梵高最长的一段浪漫关系持续了一年，期间他与一位妓女和她的两个孩子生活在一起。

梵高首次学习绘画是在中学。他没有通过阿姆斯特丹神学院的入学考试，后来也未能成功进入福音传道学校。1880 年，他决定毕生致力于绘画。在布鲁塞尔上完艺术学校后，梵高在荷兰四处游荡，并逐渐精进他的绘画技巧，他经常生活在贫困和肮脏的环境中。梵高与父母在一起生活了一段时间，但由于与父亲冲突不断，他从未持续和父母一起待过很长时间。1885 年，作为艺术家的梵高开始逐渐获得认可，并完成了他的第一部

主要作品《吃土豆的人》（The Potato Eaters）。次年，梵高搬到巴黎，在那里与他的弟弟住在一起，并开始沉浸在这个城市繁荣的艺术世界中。由于生活条件恶劣，梵高的健康状况开始恶化，因此他搬到了法国南部的农村。在那里，他与同是画家的好友保罗·高更（Paul Gauguin）一起生活和工作了两个月。两人在艺术上的分歧使他们频繁地争吵，并逐渐侵蚀了他们的友谊。在《亲爱的提奥：梵高自传》一书中，提奥的妻子约翰娜·梵高（Johanna van Gogh）讲述

梵高的《罗纳河上的星夜》（Starry Night over the Rhone），创作于1888年，也就是他去世前一年。
©SuperStock/Getty Images

了1888年12月23日发生的臭名昭著的事件："梵高在极度兴奋和高烧的状态下，割下了自己的一只耳朵，并把它作为礼物送给了妓院里的一个女人。当时的场面十分血腥，邮差鲁林（Roulin）试图把梵高送回家，但警察来了后，发现梵高躺在床上，血流不止，昏迷不醒，就将他送到了医院。"

事件发生后，梵高被送往法国普罗旺斯圣雷米的一家精神病院，为期约一年。在医院期间，他经常在给弟弟的信中反思自己的精神健康状况："过去的三个月对我来说真的很奇怪，有过无法形容的痛苦情绪。有些时候，我感到时间的面纱和命运般的境遇似乎一眨眼就断裂开来。不管怎样，你肯定是对的，完全正确。即使抱有希望，也要接受灾难般的现实。我希望能再次全身心地投入到我的工作中去，我的工作已经落下了。"

在住院期间，梵高努力地从他的"发作"中恢复过来，他大部分时间都在狂热地绘画，经常从精神病院周围的风景中寻找灵感。对梵高来说，绘画是一种解脱，他希望通过绘画治愈自己的疾病。对

于自己精神疾病的经历，他曾写道："我开始将精神失常视为与其他疾病相同，并接受这样的事情；但在病情严重的时候，我认为我所想象的一切都是真实的。"从他的许多信中可以清楚地看出梵高一直存在幻觉和妄想，这是精神病性心理障碍（如精神分裂症）的两个标志性症状。

梵高离开精神病院后，参加了在布鲁塞尔和巴黎举行的艺术展。尽管他仍然保持艺术创作，但他的抑郁却不断加重，直到1890年7月29日，他走进一片田野，用一把左轮手枪击中了自己的胸部，两天后死亡。据临终赶到他身边的提奥说，梵高的遗言是"悲伤永无止境"。

文森特·梵高在世时只卖出过一幅画。1990年，也就是梵高去世100年后，他的《加谢医生的肖像》（Portrait of Dr. Gachet）以8250万美元的价格售出，成为有史以来最昂贵的画作之一。梵高宝贵的画作在世界画廊中熠熠发光，在艺术界有着不可估量的影响力。如果梵高的故事发生在对精神病性症状和抑郁障碍都有许多心理治疗选择的当下，他的生命可能就不会如此悲剧性地短暂。

单被试实验设计

在单被试实验设计（single case experimental design, SCED）中，单个个体在实验和对照条件下同时作为被试。这种研究方法尤其适用于针对治疗效果的研究，单被试实验设计通常在基线条件（"A"）和干预条件（"B"）间交替进行。SCED 的另一种称呼是 ABAB 设计，反映了条件 A 和 B 之间的交替。图 1-1 是 SCED 研究自伤行为的示例（在 ABAB 设计中，研究者在 A 阶段观察行为，B 阶段进行治疗，然后重复这个过程。在本例模拟研究中，可见在上图中自杀意念随着治疗而改善，但在下图中没有显示出治疗的效果）。

名词解释

单被试实验设计 指在实验条件和控制条件下由同一个人担任被试的设计。

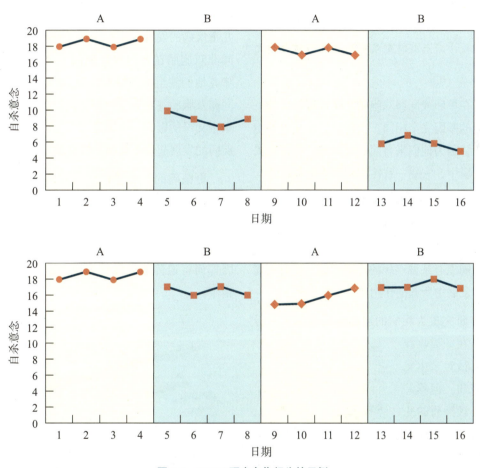

图 1-1　SCED 研究自伤行为的示例

图片来源：Rizvi, S. L., & Nock, M. K. (2008). Single-case experimental designs for the evaluation of treatments for self-injurious and suicidal behaviors. *Suicide and Life-Threatening Behavior*, 38, 498–510。

然而，在有些情况下，如果在"B"阶段终止治疗可能会出现伦理问题，因为这意味着研究者必须故意终止有效治疗，这种情况下会采用多基线方法。在多基线方法中，研究者在不同的被试、不同的行为或不同的环境中交替进行治疗和终止治疗。例如，在对一个有自杀想法的被试进行治疗时，研究者可能首先针对自杀想法，再针对自杀行为。这种研究设计的重点在于只有当研究者引入针对改变特定行为的治疗方法时，该行为才会发生改变。

行为遗传学

行为遗传学（behavioral genetics）的研究目标是确定遗传因素在心理疾病中的作用。随着研究者开始探究生理-心理-社会模型中生理因素对心理病理学的影响，这一研究领域在心理学中变得越来越重要。

行为遗传学家通常在发现疾病表现出明显的家族遗

传模式后开始调查疾病的遗传性。这个过程要求研究者要获得表现出症状的患者的完整家族史。接下来，研究者对被诊断患有该疾病的人与其亲属之间的**一致性比率**（concordance rate）进行计算。例如，研究者可能发现，在 10 对双胞胎的样本中有 6 对被诊断出患有相同的心理障碍，这意味着在本样本中的一致性比率为 0.60。

名词解释

行为遗传学 该研究领域集中在确定遗传因素在心理障碍中的作用。

一致性比率 指被诊断患有特定疾病的患者与其亲属之间的一致程度。

遗传性疾病在单卵或同卵双胞胎之间具有最高的一致性，因为他们的基因完全相同。次高的应该是兄弟姐妹或异卵双胞胎，因为他们来自同一对父母。在彼此关系越来越远的亲属中，家庭一致性比率应该越来越低。

双生子研究中有一个有趣的主题就是，比较在同一家庭中养育的同卵双胞胎和由两组不同父母养育的同卵双胞胎间的一致性比率。如果分开抚养的双胞胎和一起抚养的双胞胎共同患有某种疾病的比率相似，就表明遗传因素在疾病的发展中所起的作用比环境因素更大。

类似的收养研究也为疾病的遗传基础提供了十分有价值的信息。在一类收养研究中，研究人员对亲生父母诊断出心理障碍，但养父母没有诊断出心理障碍的儿童的发病率进行调查。如果这些孩子和他们的亲生父母患有同样的疾病，则表明遗传因素比环境更重要。在另一类被称为**交叉养育研究**（cross-fostering）的收养研究中，研究者调查了亲生父母没有疾病，但养父母患有疾病的儿童的发病率。如果这些孩子和他们的养父母共同患有这种疾病，则表明环境因素对这种疾病的发展起

着重要作用。

名词解释

交叉养育研究 该研究指研究人员在其亲生父母没有患病，但其养父母有患病的儿童中调查患病的频率。

通过双生子与收养研究，研究者们能够推断出生理因素和家庭环境对心理障碍发展的相对贡献。然而，两种研究设计都具有严重的弱点，因此得出的结论并不全面。在收养研究中，未被测量的养父母特征可能会影响儿童疾病的发展。而对双生子研究最大的问题是大多数同卵双胞胎在产前发育期间不共享同一羊膜囊，这意味着他们甚至可能并不共享 100% 相同的 DNA。因此，同卵双胞胎并不完全相同。同样，在收养研究中，除了亲生父母的影响，可能还有一些原因对被收养儿童特定疾病的发展起着不可估量的作用。

更精确的行为遗传学方法利用了新的基因检测技术。例如，在**基因图谱**（gene mapping）中，研究人员检查染色体的变异，并将其与心理测试或特定障碍的表现联系起来。**分子遗传学**（molecular genetics）研究基因如何将遗传信息转化为在细胞中制造蛋白质的具体指令。

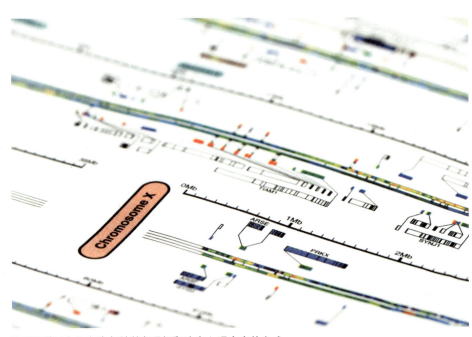

基因图谱正在彻底改变科学家理解和治疗心理疾病的方式。

©*Martin Shields/Alamy Stock Photo*

名词解释

基因图谱 这是生物学研究人员使用的方法，他们检查染色体的变异，并将其与心理测试的表现或特定疾病的诊断联系起来。

分子遗传学 该方法研究基因如何转化遗传信息。

随着变态心理学研究方法的发展，有关遗传信息如何转化为具体的行为障碍的文献也越来越丰富，例如，我们对自闭症、精神分裂症和各种焦虑障碍的理解取得了广泛的进展。我们希望，这一领域的发展能让研究者进一步了解许多迄今为止无法攻克的严重心理障碍，找到这些疾病的生物学原因以及最终的治疗方案。

归纳整理：临床的视角

本章即将结束，此时你应该对变态心理学研究的核心问题有了一定的认识，也应该了解了定义异常的复杂性，因为在你阅读本书后面具体疾病的内容时，这个问题将反复出现。在接下来的章节中，我们将详细阐述历史上针对特定障碍的治疗方案及理论。变态心理学领域正在以令人难以置信的速度向前发展，这要归功于应用本章所述技术的研究者们的努力。你将在有关特定障碍的介绍中了解更多关于这些研究方法的信息，你还将了解像萨拉·托宾博士这样的临床医生是如何对影响个体生命全程的心理障碍进行研究的。我们将重点解释疾病的发展过程以及临床医生是如何进行治疗的。心理障碍对个体的影响构成了本书的中心主题，我们将一次又一次地回顾人们自身对心理障碍的体验。

 个案回顾

丽贝卡·哈斯布鲁克

咨询中心的一名实习咨询师每周与丽贝卡见面一次，持续了12周。在最初的几次治疗中，丽贝卡经常流着泪，尤其是在谈到她的男朋友和她感到多么孤独的时候。在治疗中，她和实习咨询师一起尝试识别自己的情绪，寻找应对压力的技巧。最终，丽贝卡悲伤的情绪缓解了，她逐渐适应了校园生活，并结交了几个亲密的朋友。由于丽贝卡感觉好多了，她的睡眠问题也得以改善，这有助于她在课堂上集中注意力，更好地表现自己，随之丽贝卡对自己作为一名学生的身份也感到更自信了。

托宾医生的反思： 在我们第一次咨询中，我就很清楚，丽贝卡是一位在大学生活初期出现适应困难的年轻女性，这种现象很常见。丽贝卡被面前许多全新的经历打倒了，她似乎尤其无法适应独自一人的生活，无法习惯与包括家人和男友在内的社会支持网络分离。她对学术的高追求增加了她的压力，由于她没有社会支持，所以无法谈论她所遇到的困难，这也使她的问题难以解决。我很高兴她在情况恶化之前尽早寻求了帮助，并且她的治疗效果也很好。

总结

◎ 关于正常和异常的问题是我们理解心理障碍的基础。心理障碍与我们每个人的生活密切相关。

◎ 社会对心理障碍患者的态度从不适到偏见。人们的一些言语、日常笑话和刻板印象中都折射出对心理

障碍患者的消极看法。刻板印象会导致社会歧视，且只会使患者的生活更加困难。

◎ 心理健康界目前使用五种诊断标准来衡量异常：（1）临床显著性；（2）心理、生理或发育过程中的功能失

调；（3）严重的主观痛苦或不便；（4）不包括由于社会与政治不同而造成的行为异常；（5）必须存在反映个体功能障碍的行为。虽然这五个标准可以作为定义异常的基础，但它们之间经常相互影响。

◎ 异常的原因包括生理、心理和社会文化因素。科学家们使用"生理－心理－社会"一词来指代这些因素之间的相互作用及其在个体症状发展中的作用。

◎ 有关心理障碍的原因，历史上有三个突出的主题：鬼神学、人道主义和科学。鬼神学解释认为，异常行为是邪恶或恶魔附身的产物。人道主义解释认为，心理障碍是暴行、压力或恶劣的生活条件的结果。科学解释则寻找我们可以客观衡量的原因，如生理变化、不良学习过程或情绪压力。

◎ 研究人员使用各种方法来研究心理障碍的成因和治疗方案，这些方法都依赖于科学方法，也就是从提出感兴趣的问题到与科学界分享结果的一系列步骤。两种研究设计包括实验设计，即通过操纵关键变量来检验假设；以及相关设计，即关注无法通过实验操纵的变量之间关系的研究类型。

◎ 研究类型包括调查法、实验室研究和个案研究。调查使研究人员能够对心理障碍的发病率和患病率进行估计。在实验室中，根据实验操纵的性质，被试参与各种条件下的研究。而个案研究使研究者能够深入研究单个个体，个案研究也可以是单被试实验设计，研究者一次只研究单个被试，该被试交替参与不同控制条件的实验。

◎ 行为遗传学领域的研究试图确定心理障碍遗传的程度。不同类型的研究使研究者能够对生理与家庭环境因素对心理障碍发展的相对贡献进行推断。

第 **2** 章

诊断与治疗

通过本章学习我们能够：

☐ 描述来访者和临床医生的经历；

☐ 评估《精神障碍诊断与统计手册》在心理疾病治疗中的优缺点；

☐ 识别国际疾病分类系统；

☐ 阐述诊断过程中的步骤；

☐ 描述治疗计划和目标；

☐ 阐述治疗过程和结果。

©Anton Samsonov/123RF

个案报告

佩德罗·帕迪利亚

人口学信息： 28 岁，未婚，美籍拉丁裔，异性恋男性

主诉问题： 佩德罗的女友纳塔利娅将他带到社区心理健康诊所的门诊部接受治疗。佩德罗目前在一家小型律师事务所担任辩护律师，今年是他入职的第二年。纳塔利娅表示，大约六个月前，佩德罗的父母开始办理离婚手续，从这时候开始，她注意到佩德罗的行为发生了一些变化。尽管佩德罗的工作极具挑战性，但他是一个勤勉认真的人，自学生时期他就专注于学业，对工作也富有热情。然而，自父母决定离婚之后，纳塔利娅发现佩德罗每晚只睡几个小时，并且常常在完成工作任务时力不从心。鉴于佩德罗在业务上的表现越来越糟，律师事务所有解雇他的打算。

在门诊部就诊时，佩德罗表示，过去六个月他过得很艰难。尽管他认为自己平时是个"爱操心"的人，但如今他每时每刻都会想到父母离婚的事，这影响了他无法集中精力，也无法很好地完成工作。在阐述他的忧虑时，佩德罗绝大部分时间都会提到离婚将会毁掉父母的生活，也会毁了他本人的生活。他还担忧，父母做出离婚决定从某种程度上来说可能是他的错，而一旦这个念头进入脑海，它就像坏了的唱片一样反复播放。佩德罗还解释说，纳塔利娅曾扬言，如果他再不振作起来的话，就要和他分手，他同样花了很多时间担心这件事；与此同时，他还会经常担心自己毁了纳塔利娅的生活。

在整个就诊过程当中，佩德罗表现得非常焦虑和烦躁，尤其是在提到父母或纳塔利娅时。刚开始他就表示自己整天都很紧张，并且有肠胃不适的情况。就诊期间他坐立不安，频频从椅子上起身。佩德罗表示自工作以来，他变得脾气暴躁，常常觉得压力很大，因此难以集中精力工作，睡得也不安稳。他还提到，自己已经记不清上一次保持心态平和或一整天不感到担忧是什么时候的事了。与此同时，即便他努力地想摆脱困境，但除了父母离婚的事以及与纳塔利娅的关

系问题之外，他无法思考其他任何事。

佩德罗表示，在得知父母准备离婚之前，他主要是对自己的工作"着迷"，这与他在读大学时一心扑在学习上的情况类似。由于害怕犯错，他担心失败的时间比实际完成工作的时间要多。如果将精力用于玩乐而不是工作当中，他会感到非常羞愧，结果就是他没有时间经营友情及爱情。而在前女友厌倦了他对工作的"痴迷"以及对恋爱关系的忽略之后，他们长达四年的交往宣告结束。目前，面对失业和另一段恋爱关系告急的状况，佩德罗表示，他第一次意识到自己的焦虑可能会影响他的生活。

既往史： 佩德罗提到，他的母亲有惊恐发作史，父亲曾服用过抗焦虑药，但他无法回忆起有关其家庭的更多细节。他还表示，自有记忆开始，他总是感到恐慌，常常比其他人更容易感到焦虑。他回想起上高中时的一个特殊例子，为了准备好校辩论队的一场辩论赛，当时他几乎两个星期没有睡好觉。佩德罗说他从未接受过任何心理治疗或服用过任何精神药物。尽管对事情的担忧常常使他感到心情低落，但他从未感到极度抑郁，也不曾有过自杀意图。

症状： 在过去近六个月中，佩德罗越来越难以保持睡眠状态，常常感到烦躁不安、易激惹，且注意力难以集中。他发现自己很难控制对事件或活动的担忧，并将大部分时间用于担心父母的离婚、工作或与纳塔利娅的关系上。

个案概念化： 佩德罗符合《精神障碍诊断与统计手册（第五版）》中关于广泛性焦虑障碍（generalized anxiety disorder, GAD）的所有诊断标准。在过去至少六个月的多数日子里，佩德罗对于诸多事件或活动表现出过分的担忧，并且他难以控制这种担忧；同时，他的焦虑以及担心与广泛性焦虑障碍六种主要症状中的四种有关。此外，佩德罗所表现出的担心与害怕惊恐发作（如惊恐障碍）、在社交或公共场合中的恐惧（如社交焦虑障碍）无关。他的焦虑导致他在工作

中以及与纳塔利娅的关系上都出现了严重的问题。最后，佩德罗的焦虑不是物质使用造成的。

治疗方案：佩德罗的治疗计划结合了两种治疗方法。首先，他将被转介给精神科医生，通过服用抗焦虑的药物以缓解躯体症状。与此同时，佩德罗将接受认知行为治疗，该疗法已被证实是目前针对 GAD 最有效的治疗方式。

萨拉·托宾博士，临床医生

焦虑症状的恶化严重影响了佩德罗的生活，使他面临着失去工作和关系破裂的风险。托宾医生在治疗计划中提出了一系列步骤，以在短期内消除佩德罗的躯体症状，并达到长期的缓解效果。在本章中，你将了解到临床医生是如何进行诊断及制定治疗方案的。为了帮助你理解这些内容，我们将介绍一些相关的基本概念。

心理障碍：来自来访者以及临床医生的体验

在精神卫生领域中，专业人士的教育背景多种多样。他们的工作包括检查异常行为出现的原因，以及了解治疗过程中涉及的复杂问题。在本章中，我们将重点介绍治疗方法。首先，你将了解到这一过程的相关参与者：来访者和临床医生。

来访者

变态心理学领域的工作者一般将寻求心理干预以及治疗的个体称呼为"来访者"（client）或"患者"（patient）。而在本书中，我们更喜欢使用"来访者"一词来指代寻求心理治疗的人。这一定义反映了这样一种观点：即接受治疗的人与治疗者是合作关系。一些心理学家更喜欢使用"患者"一词，这是基于医学模型的术语，以指代正在接受治疗的人。在医疗服务机构工作的心理学家可能会发现，使用"患者"一词更有利于他们与其他医疗服务人士所使用的术语保持一致。通常情况下，临床医生会根据其工作环境的标准调整其术语，以指代接受治疗的个体。

名词解释

来访者 寻求心理治疗的人。
患者 在医学模型中，指接受治疗的人。

无论使用什么术语来指代接受治疗的个体，我们需要注意自己面对患有特定疾病的个体时的措辞。我们强烈建议你将对方称为患有某种疾病的"来访者"（或"患者"），而不是用该疾病来称呼他们。也就是说，如果你称呼某人为"精神分裂症患者"，则是将个体与其所患疾病等同起来。然而，人们并不仅仅是其所患疾病的总和，也不是所有患特定疾病的个体都相同。通过注意自己的言辞，我们可以更好地表达出对每个个体的尊重。

临床医生

在本书中，我们将提供治疗的人员称为临床医生（clinician）。根据所选方向和接受的培训，临床医生分为多种类型，并以不同的方式从事临床工作。心理学家（psychologist）是在取得相关执照后提供心理服务的医疗保健人员。精神病学家（psychiatrist）是拥有医学博士学位的医生，他们在诊断和治疗心理疾病方面接受了专门的高等培训。临床心理学家（clinical psychologist）是接受过行为科学培训的精神卫生领域专业人士，可以直接为来访者提供心理健康服务。截至 2017 年，心理学家在美国艾奥瓦州、爱达荷州、伊利诺伊州、新墨西哥州、路易斯安那州以及公共卫生署（Public Health Service）、印第安人卫生服务局（Indian Health Service）、美国军方、关岛拥有处方权，具备处方权的心理学家必须接受临床课程之外的专业培训。

名词解释

临床医生 指提供治疗的人员。
心理学家 指提供心理服务的有执照的保健专业人员。
精神病学家 指拥有医学博士学位的医生，他们在诊断和治疗心理疾病方面接受了专门的高等培训。
临床心理学家 指接受过行为科学培训的精神卫生领域专业人士，可以直接为来访者提供心理健康服务。

治疗师和来访者之间相互信任、积极的关系对于良好的治疗结果至关重要。

©Tetra Images/Getty Images

心理学博士学位分为三种。获得哲学博士学位（PhD）需要在一个研究型的项目里完成研究生训练。为了积累实践经验，取得临床心理学 PhD 的人员还必须完成住院医实习，并在督导处接受至少一年的博士后培训。心理学博士（PsyD）是心理学专业院校授予的学位，通常不需要在一个研究型的项目里完成研究生训练。为了积累实践经验，取得心理学博士学位的人员也必须完成住院医实习。具有教育学博士学位（EdD）或哲学博士学位的咨询心理学家（counseling psychologists）也可以担任临床医生，但需要通过相关考试以获得执业资格。

具有硕士学位的专业人员也能够提供心理健康服务。这些专业人员包括社会

工作者、心理咨询师、婚姻及家庭治疗师、临床护理医生以及学校心理学家。精神卫生领域还包括一大批没有接受过研究生培训，但在医疗保健系统的运作和管理中起着重要作用的人员。这些人包括在社会机构、政府机构、学校以及家庭中工作的职业治疗师、娱乐治疗师和心理咨询师。每个细分领域内的临床医生必须根据其学科的标准接受培训，并获得由州（省）或国家要求的执业证明（执照），以便提供心理健康服务。

诊断流程

治疗心理疾病的前提是临床医生能够对其进行诊断。诊断流程要求临床医生使用系统的方法对来访者的疾病进行分类。诊断手册的作用在于，医生能够通过判定一组特定症状的存在与否，为个体提供一致的诊断。如果没有一部准确的诊断手册，临床医生就不可能为特定的来访者确定最佳治疗方案。通过使用标准形式的诊断手册，专业人士为研究人员提供了一致的术语，以便他们在报告研究发现时使用。这些手册可能与临床医生所使用的手册一致，也可能来源于基于行业内公认的研究标准所编制的、可以用于临床实践的术语。

诊断手册能否完成上述功能取决于两个标准。第一个标准是信度（reliability），在用于诊断时，其指的是

诊断流程要求临床医生以敏感和全面的方式进行评估。

©Wavebreak Media Ltd/1v23RF

临床医生对具有一组特定症状的个体中做出诊断结果的一致性程度。每个临床医生在对症状相似的来访者进行诊断时，结果需要保持一致；不同的临床医生在对症状相似的来访者进行诊断时，其结果也需要相对一致。举例来说，针对心境低落这一症状，如果手册导致一位临床医生做出某种诊断，而另一位医生做出完全不同的诊断，那么该手册有用与否就值得质疑。第二个标准是效度（validity），即在测试、诊断或评分过程中能够准确而清晰地表征个体的心理状况的程度。

名词解释

信度　指临床医生诊断时，对具有一组特定症状的个体做出诊断结果的一致性程度。

效度　指在测试、诊断或评分过程中能够准确而清晰地表征个体的心理状况的程度。

当前的诊断手册基于医学模式，以此为临床医生提供资源，给具有相同症状的来访者提供一个标准的诊断标签；同时，这类标签有助于临床医生得出治愈可能性最大的治疗方案。尽管这似乎是一套合理的步骤，但精神卫生领域的一部分人认为，这套步骤的弊大于利。要做出诊断结果，就需要将个体的行为分类为正常或异常，而不是在一个连续体上进行评分。对心理健康服务人员而言，这种判断方式让他们很容易将个人与其所患疾病等同起来。正如我们前面所讨论的，这时个体并不被作为"人"来尊重。比起不做出任何诊断，在上述情况下个体受到污名化的风险更大。

尽管存在一些批评的声音，但精神卫生专业人员仍然必须使用目前的诊断系统，只有这样，来访者才能够在医院接受治疗，并从卫生保健服务人员那里获得报销，因为保险公司需要使用诊断系统的编码来确定来访者在医院和门诊部的付款安排。就本书而言，我们认为应当意识到那些针对诊断系统的批评，因为它提醒我们，应当将"人"而不是"疾病"作为临床医生的关注焦点。

《精神障碍诊断与统计手册（第五版）》

临床医生采用的是美国精神医学学会（American Psychiatric Association，APA）出版的《精神障碍诊断与统计手册》中规定的标准术语和定义。在本书的编写过程中，我们主要参考了该手册的最新版本《精神障碍诊断与统计手册（第五版）》。先前的版本《精神障碍诊断与统计手册（第四版-修订版）》使用五个独立的轴来组织诊断流程，它将"轴"（axis）定义为与个体功能的某个维度有关的信息类别。多轴系统（multiaxial system）是之前各版《精神障碍诊断与统计手册》中的多维分类系统和诊断体系，它汇总了有关个体生理和心理功能的信息。如今，《精神障碍诊断与统计手册（第五版）》包含了"第三部分"，其中包含了一些被编者认为不够完善、无法纳入主要系统的评估措施和诊断方法；如果这些内容得到了临床实践和研究数据支持，它们可能会被并入下一版《精神障碍诊断与统计手册》（如《精神障碍诊断与统计手册（第五版-修订版）》）中。

名词解释

轴　《精神障碍诊断与统计手册（第五版）》以前的版本中与个体功能的某个维度有关的信息类别。

多轴系统　《精神障碍诊断与统计手册（第五版）》以前的版本中的多维分类系统和诊断体系，它汇总了有关个体生理和心理功能的相关信息。

在精神卫生领域的专业人员日益依赖在线工具和移动 App 的趋势下，临床医生如今可以在苹果和安卓设备上查阅《精神障碍诊断与统计手册（第五版）》。在电子版中，诊断标准背后的信息变得更难查看；但与纸质版相比，临床医生能够更便捷地滚动浏览疾病类型和症状类别。

无论临床医生使用哪种查阅形式，《精神障碍诊断与统计手册（第五版）》均分为 22 章，每章包括一系列相关障碍。这些章节的编排方式是，疾病在手册中的出现顺序越相近，它们之间的联系就越紧密。此外，由于心理疾病和生理疾病通常是相互关联的，因此《精神障碍诊断与统计手册（第五版）》在许多诊断依据中嵌入了医学诊断，例如神经系统障碍会产生认知方面的症状。《精神障碍诊断与统计手册（第五版）》疾病分类示例详见表 2-1。

表 2–1　　　　　　　　　　　　《精神障碍诊断与统计手册（第五版）》疾病分类示例

类别	描述	诊断举例
神经发育障碍	神经发育障碍一般出现在发展早期，主要涉及个体的异常发育及成熟	孤独症谱系障碍 特定学习障碍 注意缺陷 / 多动障碍
精神分裂症谱系及其他精神病性障碍	涉及的症状包括现实感知出现扭曲以及思维、行为、情感和动机方面的功能损害	精神分裂症 短暂精神病性障碍
双相及相关障碍	一组与高涨的心境相关的疾病	双相障碍 环性心境障碍
抑郁障碍	一组与低落的心境相关的疾病	重性抑郁障碍 持续性抑郁障碍（恶劣心境）
焦虑障碍	涉及过度焦虑、担忧、害怕及恐惧等特征	惊恐障碍 广场恐怖症 特定恐怖症 社交焦虑障碍（社交恐惧症）
强迫及相关障碍	强迫及相关障碍以存在强迫思维和 / 或强迫行为为特征	强迫症 躯体变形障碍 囤积障碍
创伤及应激相关障碍	涉及对创伤性事件的反应	创伤后应激障碍 急性应激障碍 适应障碍
分离障碍	分离障碍的特征是意识、记忆、身份或自我感知的正常整合的破坏和 / 或中断	分离性身份障碍 分离性遗忘症
躯体症状及相关障碍	涉及躯体症状的反复主诉，这些症状不一定与生理状况有关	疾病焦虑障碍 转换障碍（功能性神经症状障碍）
喂食及进食障碍	以进食或进食相关行为的严重紊乱为特征	神经性厌食 神经性贪食 暴食障碍
排泄障碍	涉及不恰当的尿液或粪便的排泄	遗尿症 遗粪症
睡眠 – 觉醒障碍	涉及紊乱的睡眠模式	失眠障碍 发作性睡病
性功能失调	以个体在做出性反应或体验性愉悦的能力上具有临床意义的紊乱为特征	勃起障碍 女性性高潮障碍 早泄
性别烦躁	指个体体验或表现出的性别与被分配的性别之间不一致的痛苦	性别烦躁
破坏性、冲动控制及品行障碍	以出现情绪和行为的自我控制问题为特征	偷窃狂 间歇性暴怒障碍 品行障碍
物质相关及成瘾障碍	与物质滥用相关的疾病	物质使用所致的障碍 物质诱发性障碍
神经认知障碍	涉及由药物或躯体疾病引起的思维过程损害	重度神经认知障碍 轻度神经认知障碍

续前表

类别	描述	诊断举例
人格障碍	与个体的人格有关的疾病	边缘型人格障碍 反社会型人格障碍 自恋型人格障碍
性欲倒错障碍	性欲倒错会导致个体的痛苦和损害	恋童障碍 恋物障碍 易装障碍
其他精神障碍	导致个体寻求专业帮助的疾病或问题	由其他躯体疾病所致的其他特定的精神障碍
药物所致的运动障碍及其他不良反应	和药物使用相关的问题	迟发性运动障碍 药物所致的体位性震颤
可能成为临床关注焦点的其他状况	导致个体寻求专业帮助的疾病或问题	与虐待或忽视相关的问题 职业问题

美国和加拿大以外的大多数精神卫生领域专业人员不使用《精神障碍诊断与统计手册（第五版）》，而是根据《国际疾病分类》（*International Classification of Diseases, ICD*）这一世界卫生组织的诊断系统进行诊断。世界卫生组织将《国际疾病分类》作为比较其 110 个成员国之间的疾病发生率的工具，它确保了各成员国出于一致性的考虑而采用相同的术语。在这种情况下，《国际疾病分类》不仅涉及心理障碍的相关信息，还包括了有关健康条件的信息。目前正在使用的是《国际疾病分类（第十版）》（*ICD-10*）；它正在进行一次重大修订，新的《国际疾病分类（第十一版）》（*ICD-11*）已于 2018 年出版。尽管在特定领域存在差异，《精神障碍诊断与统计手册（第五版）》与《国际疾病分类》在诊断类别上的相容率超过 90%。

名词解释

《国际疾病分类》 世界卫生组织编写的诊断系统。

诊断流程中的附加信息

作为诊断流程的一部分，临床医生可能会希望添加有关其来访者治疗情况的信息。如果某一疾病主要是躯体疾病，《精神障碍诊断与统计手册（第五版）》中并未指明该疾病的类型，在这种情况下，临床医生可以使用《国际疾病分类》来做出诊断。通过明确疾病的类型，

临床医生可以提供具有重要医疗意义的信息。例如，许多药物会产生副作用，有可能会改变来访者的认知状况、心境或是警觉水平。此外，知悉来访者的生理状况有助于临床医生了解他的心理症状。对于一名因抑郁障碍入院治疗的中年男子来说，临床医生如果得知他在六个月以前经历过首次心脏病发作就会很有用，因为心脏病发作可能是导致抑郁的风险因素之一，尤其是对于没有精神病史的个体来说。

为了为来访者提供有关心理障碍的全面诊断，临床医生可能需要明确影响个体心理状况的特定生活压力来源。在这种情况下，临床医生可以使用《国际疾病分类》中的 Z 代码（Z codes）来表示现存的心理社会问题以及环境问题。我们在表 2–2 中列出了几个《国际疾病分类（第十版）》的 Z 代码示例。这些代码可能是很重要的，因为它们会影响来访者心理障碍的诊断、治疗以及最终结果。与一个生活条件稳定并且对其心理症状没有显著影响的个体相比，如果一个个体在失业后不久开始表现出焦虑障碍的症状，那么应该对其做出不同的诊断。

名词解释

Z 代码 在《国际疾病分类》中，用以指明现存的社会心理问题和环境问题的一组代码。

表 2-2　　　　　　　　　　　　　　　《国际疾病分类（第十版）》的 Z 代码示例

问题	示例
与教育及读写能力有关的问题	在校期间表现不佳
与就业及失业有关的问题	工作变动 职场性骚扰 军事部署问题
与居住环境及经济条件有关的问题	露宿街头 极端贫困 低收入
与社会环境有关的问题	文化适应困难
与主要支持网络（包括家庭环境）相关的其他问题	亲密关系方面的问题 家庭成员的离开或死亡 家族中的酒精成瘾及物质成瘾问题
与特定社会心理环境有关的问题	意外怀孕

在大多数情况下，环境中的压力源指的是本质上负面的事件，例如家庭成员的死亡、突发事故或是高强度的工作。然而，积极的生活事件（如工作晋升）有时也会被视作压力源。比如说，工作上的大幅晋升伴随着更大的责任和更高的要求，这可能会使个体遭遇心理困境。临床医生的工作是评估压力事件或压力环境对来访者当前症状的影响。

临床医生还可能希望添加他们对来访者的心理功能、社交功能及工作能力的整体评定。《精神障碍诊断与统计手册（第五版）》将世界卫生组织残疾评定量表（WHO Disability Assessment Schedule, WHODAS）包含在内，临床医生能够使用这一工具进行上述评定。例如，临床医生可以从世界卫生组织残疾评定量表中提出以下问题："在过去的 30 天里，保持 10 分钟的专注状态对你来说有多大困难？"量表选项为"无""轻度""中度"以及"严重"。还有一些问题会涉及来访者在做家务、参加社区活动以及进行穿衣洗漱等活动时的困难程度。

《精神障碍诊断与统计手册（第五版）》中有什么

有关《精神障碍诊断与统计手册（第五版）》结构改变的探讨

《精神障碍诊断与统计手册》的各个版本都在学界产生了较大争议，第五版也不例外。争论的焦点在于，《精神障碍诊断与统计手册（第五版）》是否符合信度和效度这两条诊断手册所必须达到的标准。当前这一版本展现出了临床医生和研究人员的集体智慧，他们坚信，目前提供的诊断标准能够被一以贯之（信度）地用于确切诊断出（效度）来访者实际罹患的疾病。尽管在这两条标准上，《精神障碍诊断与统计手册（第五版）》都遭受了质疑，但它的编写方式使其科学性和临床价值得以最大化。下文提到的争议内容大部分围绕《精神障碍诊断与统计手册（第五版）》的效度展开，但其信度也存在质疑。任何诊断系统的建立者都面临着这一挑战：确定商定好的症状谱系，并将它们转化为任何接受过系统培训的人都可以应用的术语。

《精神障碍诊断与统计手册（第五版）》最显著的改变涉及多轴系统，即沿五个独立轴对疾病进行分类。《精神障碍诊断与统计手册（第五版）》编制组决定取消《精神障碍诊断与统计手册（第四版-修订版）》所应用的多轴系统，转而遵循世界卫生组织《国际疾病分类》所使用的诊断系统。在《精神障碍诊断与统计手册（第四版-修订版）》当中，轴 I 包含主要的"综合征"或疾病群；轴 II 包含对人格障碍和当时所谓的"精神发育迟滞"的诊断；轴 III 用于记录来访者的躯体情况；轴 IV 用于对来访者的社会心理压力进行评级；轴 V 对来访者进行整体功能评估。编制组还考虑过使用多维度模型，在该模型中，疾病作为连续统一体进行评定，而不是像《精神障碍诊断与统计手册（第四版－修订版）》中那样分类评定。然而，他们最终选择了不这样做。《精神障碍诊断与统计手册（第五版）》的内容编排如下：从神经发育障碍开始，接着是"内化"障碍（以焦虑、抑郁和躯体症状为特征），最后是"外化"障碍（以冲动、破坏性行为和物质使用症状为特征）。我们衷心希望，未来能够产生相应的研究成果，支持诊断手册基于症状产生的原因而不仅仅是症状本身做出诊断。

心理问题的文化因素

在特定的文化背景中存在特有的症状模式，这些症状模式可能与诊断分类之间没有直接的对应关系。《精神障碍诊断与统计手册（第四版－修订版）》将一系列疾病定义为**文化依存综合征**（culture-bound syndromes），以指代那些仅在特定文化中才存在的行为模式。例如，在马来西亚，存在一种残暴疯狂文化依存综合征（amok），它用来表示个体遭受侮辱后所产生的异常反应：先是陷入沉思，随后突然出现攻击和暴怒行为。《精神障碍诊断与统计手册（第五版）》将文化依存综合征的相关概念扩展为更普遍的**痛苦的文化概念**（cultural concepts of distress），即特定文化群体中的个人经历、理解以及交流他们的痛苦、行为问题、令人困扰的想法和情绪的方式。与文化相关的诊断信息包括三个主要类别：文化综合征、痛苦的文化习语以及文化的解释。我们在表 2-3 中定义和说明了这三个关键概念。

名词解释

文化依存综合征　仅在特定文化中才存在的反复出现的异常行为模式。

痛苦的文化概念　特定文化群体中的个人体验、理解以及交流生活困难、行为问题、烦恼及情感的方式。

表 2-3	《精神障碍诊断与统计手册（第五版）》中的心理问题的文化因素	
痛苦的文化概念	**问题说明**	**示例**
文化综合征	趋向于在具有相同文化背景的特定群体当中发生的一系列症状和特征	神经发作（Ataque de nervios），拉丁裔美国人中的一种文化综合征，表现为强烈的情绪不安、攻击性行为和昏厥发作等症状
痛苦的文化习语	在特定文化或群体中表达痛苦的方式	Kungfungisisa，在津巴布韦的绍纳语中意为"想太多"，患者会出现抑郁、焦虑和一些生理症状
文化的解释	特定文化中的人们对症状、疾病产生的原因贴标签及归因的方式	Dhat 综合征，南亚人认为精液流失会导致年轻男性出现多种症状，例如疲劳、焦虑、体重减轻和抑郁情绪

从上述内容可知，《精神障碍诊断与统计手册（第五版）》从最广义的角度出发看待文化因素，并将除国籍以及民族以外的因素也纳入了考察范围，以便临床医生更为全面地看待来访者。这些因素可能是症状的潜在来源，但也有可能是支持因素的潜在来源，它们包括人种、宗教、移民身份以及与家庭和社区的关系等。

诊断流程中的步骤

在整个诊断流程当中，临床医生将综合运用所有相关信息，以得出最切合来访者情况的诊断结果。相关信息包括给来访者提供的测试结果、从访谈中收集到的资料以及来访者的个人史。

诊断程序

诊断程序的关键是让临床医生尽可能清楚地做出有关来访者症状的描述，包括来访者报告的症状和临床医生观察到的症状。在本章节的个案报告中，托宾医生在听到佩德罗说自己"焦虑"时，设定他可能患有焦虑障碍。然而，来访者不一定能够准确描述其心理状态。因此，临床医生还必须密切关注来访者的行为、情绪表达和显露出的心理状态。来访者可能会表示自己很焦虑，然而，他的行为可能表明他正在经历心境障碍。因此，托宾医生认为，除了焦虑障碍之外，佩德罗的诊断可能还涉及心境障碍。此外，托宾医生还需要将可能影响佩德罗症状以及对症状的理解的文化因素考虑在内。

在诊断开始时，临床医生会聆听来访者自己对于症状体验的描述。这一初始阶段能够确保诊断方法更系统，从而使临床医生能够对来访者的症状具备初步了解。正如你将在第3章"评估"中了解到的那样，各种评估工具为临床医生提供了一个框架，用以确定来访者的症状与特定心理障碍的诊断标准之间的符合程度。临床医生必须确定来访者症状的具体情况、这些症状出现了多久，以及来访者未报告出的可能说明了重大症状的其他行为、想法或感受。在此过程中，临床医生还会获得有关来访者的个人史、家族史、文化背景以及身份的相关信息。通过上述提问方式，临床医生开始做出**主要诊断**（principal diagnosis）。

对于许多来访者而言，他们的症状表明临床医生需要做出不只一种主要诊断。在这种情况下，我们采用"**共病**"（comorbidity）这一术语。涉及共病的诊断非常常见。美国国家共病研究（The National Comorbidity Study, NCS）及其重复性研究（NCS-R）是一项分两阶段连续进行的国际合作项目，该项目旨在记录在普通人群当中同时做出两种或两种以上精神疾病诊断的比率。最常见的共病是物质滥用与其他精神疾病。例如，有研究发现，在有生理残疾的人群中，物质使用障碍常常与反映其暴露于创伤事件的心理障碍联系在一起。

鉴别诊断（differential diagnosis）是系统地排除其他可能的诊断结果的过程，是诊断程序中的关键步骤。临床医生通过将来访者的症状与类似疾病相关的症状进行比较来进行鉴别诊断，直到其他可能的诊断结果被排除。这一过程非常重要，因为通过鉴别诊断，临床医生可以确保其治疗方案是恰当无误的。临床医生还必须排除那些可能产生与心理障碍类似的症状的医学诊断。

名词解释

主要诊断　与个体寻求专业帮助的主要原因最为符合的疾病。

共病　两种（或两种以上）疾病同时发生于同一个体。

鉴别诊断　系统地排除其他可能的诊断结果的过程。

在佩德罗的个案报告当中，其主要症状是焦虑，这表明他应该被诊断为焦虑障碍。接下来，托宾医生必须确定焦虑障碍谱系下的哪一类型与佩德罗的症状最为相符。同时，她需要考虑佩德罗是否患有可能产生类似症状的躯体疾病。佩德罗的症状也可能表明，他存在与父母离婚或在工作中遭受的压力有关的适应困难。除此之外，他还可能患有与物质滥用相关的疾病。托宾医生在进行初步诊断时，必须针对这些可能性进行检查，然后她才能继续为佩德罗提供最有可能使其症状得以缓解的治疗方式。

诊断程序可能需要花费几小时到几周的时间，这具体取决于来访者症状的复杂程度。来访者和临床医生不需要等到诊断完成才能开始治疗，尤其是当来访者情况紧急时。诊断结果大致确定后，治疗过程可以随之进行调整。

个案概念化

在做出正式诊断之后，临床医生仍然面临着描绘出疾病演变的具体图景这一重大挑战。通过做出诊断，临床医生可以为来访者的症状贴上标签。尽管贴标签能够为治疗提供丰富的信息、对治疗来说必不可少，但其并不能讲述出来访者的完整历程。

为了全面了解来访者的病情，临床医生需要进行**个案概念化**（case formulation）。通过个案概念化，诊断能够从标签和诊断代码集转换为关于来访者个人史更为详细的描述。有了这些描述性信息，临床医生可以更好地设计出一个关注来访者症状、特殊的过去经历以及未来成长潜力的治疗计划。

个案概念化　指临床医生对来访者的发展历程以及可能影响他当前心理状况的因素进行的一项分析。

一项全面的个案概念化的基础是：从生物 – 心理 – 社会的角度去理解来访者，同时将来访者的成长史考虑在内。此外，临床医生还需要了解有关来访者的文化概念化、家族史以及其他背景信息、社会相关信息。

在佩德罗这个案例中，当托宾医生在初始治疗阶段对来访者有了进一步了解之后，她开始为其个案概念化补充细节。个案概念化的内容扩充至包含佩德罗的家族史，并将重点放在他父母的离婚以及造成他的完美主义和对学业表现的担忧的可能成因上。同时，托宾医生还将尝试了解他为何在工作中感到不堪重负，并探究他与纳塔利娅的关系恶化的原因。最后，托宾医生需要查明他母亲的惊恐发作在其病情当中可能起到的作用，以及它们与佩德罗出现焦虑症状是否有关联。为了进行鉴别诊断，托宾医生还需要评估佩德罗的物质使用模式以及在初始评估阶段没有发现的任何可能的躯体疾病。正如我们将在下文中看到的，托宾医生还希望在个案报告中包含与文化概念化有关的信息。

文化概念化

做出诊断需要综合考虑多种因素，包括来访者的社会文化背景。文化概念化（cultural formulation）包括临床医生对来访者对他的原籍文化的认同程度、与心理障碍相关的文化观念、文化中解释特定事件的方式以及来访者可利用的文化支持等进行的一系列评估。

文化概念化　一种诊断工具，其中包括临床医生对来访者对当地文化的认同程度、与心理障碍相关的文化观念、文化中解释特定事件的方式以及来访者可利用的文化支持等进行的一系列评估。

我们可能认为，对于强烈认同其原籍文化的来访者而言，文化规范和文化观念将产生较大的影响。来访者对使用某种语言的熟悉程度和偏好是文化认同的重要指标。对于文化认同度较强的来访者来说，某种文化下关于行为产生的原因的理解方式可能起一定作用。与之相应地，长期处在这样的观念体系下，来访者表达其症状的方式也可能会因为受到该观念的熏陶而发生改变。

心理障碍的症状通常因文化背景而异。
©wavebreakmedia/Shutterstock

即便来访者的症状并不符合某类文化依存综合征，临床医生也必须将个体的文化背景视作解释症状的框架。举例来说，特定文化下的成员会为特定事件赋予重大意义。如前所述，在特定的亚洲文化中，当受到侮辱时，某些个体可能会出现被称为"残暴疯狂文化依存综合征"的情况。如果不考虑这一背景，临床医生很可能会得出错误的结论，认为这些症状反映了个体内部的混乱失衡，而实际上它们反映的是受文化影响而产生的结果。

以佩德罗为例，尽管他出身于中产阶级白人家庭，但有可能是文化因素影响了他对学业表现的极度关注。也许家人对他取得成就施加了压力，因为他们坚信阶级向上流动的重要性。他们可能要求佩德罗在学校表现出色，而这给他增添了许多负担，并让他最终认为，一个人的自我价值取决于他的成绩。如今作为一个成年人，他无法摆脱这种过于苛刻和完美主义的价值观。

临床医生在考察来访者的文化背景时，不仅应当出于诊断目的，还应当将其作为确定他们可以获得哪些文化支持的一种方式。将大家庭网络与宗教联结相融合的文化可以为来访者提供情感资源，以帮助个体应对压力事件。

从上述内容中可知，文化概念化对我们从生物－心理－社会的角度理解心理障碍至关重要。心理障碍因社会背景而异，这一事实支持了社会文化观点的主张，即文化因素能够影响异常行为的表达方式。

制订治疗计划

临床医生通常通过制订治疗计划（treatment plan），来跟进诊断阶段。在治疗计划中，临床医生将对治疗目标、医疗机构、治疗模式和理论方法进行描述。在制订治疗计划时，临床医生做出的决定反映了他当时对来访者的需求和可用资源的了解。不过，在看到预设的干预方法的实际效果后，临床医生通常会对其做出修改。

名词解释

治疗计划　指治疗应该如何进行的大纲。

治疗目标

对于临床医生来说，治疗计划的第一步是建立治疗目标，范围包括能够造成直接后果的目标到具有长期性质的目标。理想情况下，治疗目标反映了临床医生对所患疾病、相应疗法以及个别来访者的特殊需求和担心的了解。

对于处在危机中的来访者来说，治疗的即时目标是

确保其症状得到控制，特别是在他们可能对自己或他人造成威胁的情况下。例如，佩德罗就需要进行精神治疗以控制他的焦虑症状。临床医生可能需要将具有严重抑郁及自杀倾向的来访者收治入院。在临床医生进一步了解来访者的情况之前，治疗计划当中可能只包括这一首要目标。

短期目标旨在通过解决有问题的行为、思维模式或情绪来减缓来访者的症状。此时，治疗计划包括在临床医生和来访者之间建立合作关系，以及为治疗改变设定具体目标。另一个短期目标是在服药期间稳定来访者，如果第一轮治疗不成功，这一安抚过程可能需要持续数周或更长时间。在佩德罗的案例中，托宾医生需要确保佩德罗服用的药物实际上有助于缓解他的焦虑，她还需要与精神病学家共同处理该个案，以监测副作用的出现。她与佩德罗的短期目标还将包括检查焦虑症状出现的原因、学会如何通过心理干预来控制他的症状。

长期目标包括对来访者的心理健康进行更根本、更根深蒂固的改变，这也是有利于治疗转变的最终目标。理想情况下，任何来访者的长期目标都是达到康复，或

在危机干预中心，电话咨询员全天 24 小时提供服务。
©*PeopleImages/E+/Getty Images*

至少学会应对疾病的症状。根据来访者疾病的性质、可得的支持和生活压力，这些长期目标可能需要一些时间才能实现。托宾医生对佩德罗设定的长期目标是让他停止服药。同时，她还计划帮助他了解症状产生的原因；即便不能完全消除这些症状，了解原因的过程能够降低症状的严重程度。

在许多情况下，临床医生按顺序执行治疗目标。临床医生首先处理危机，然后在不久的将来处理问题，最后解决未来几个月需要进行大量工作的问题。然而，许多来访者经历了周期性的治疗。治疗过程中可能会出现新的危机或短期目标；随着治疗过程的进展，临床医生也可能会重新定义长期目标。因此，与其将上述三个阶段视为连续进行的，不如将其视为不同级别的治疗重点。

医疗机构

在向来访者推荐最适合他的医疗机构时，临床医生需要兼顾多个事宜。各个医疗机构在提供受控环境的程度以及来访者可得服务的性质上各不相同。处在危机中的来访者以及有自伤或伤人风险的来访者都需要待在受控环境中。然而，还有许多因素需要纳入考虑范围，包括成本、保险范围、额外医疗护理的需求、可得的社区支持以及预计的治疗时长，等等。根据症状以及上述支持的可得性，临床医生建议来访者在门诊、学校或工作场所进行治疗。

精神专科医院

来访者在精神专科医院将接受医疗干预和密集的心理治疗。这类治疗环境最适合那些有自伤或伤人风险以及难以自我照料的来访者。在某些情况下，临床医生可能会通过法院命令强制来访者入院治疗，直到他们能够控制自己的症状（对此，我们将在"伦理与法律问题"一章中进行更详细的讨论）。

专科住院治疗中心

某些来访者可能需要的是严格的监督而非实际的医院护理，对于这类来访者来说，专科住院治疗中心能够为其提供支持性服务以及全天候监测，这类单位包括面向寻求治疗物质成瘾的成年人开放的康复治疗中心。对于因严重行为障碍而需要持续监测的儿童，临床医生也可能对其推荐该治疗单位。

门诊治疗单位

到目前为止，最常见的治疗单位是私人治疗师的门诊或办公室。**社区心理健康中心**（Community Mental Health Centers, CMHCs）是为特定地区的居民提供浮动收费的心理服务的诊所。私人执业的专业人士能够提供个体或团体治疗。无论是找私人治疗师还是向就职于健康维护组织（Health Maintenance Organization, HMO）的临床医生做咨询，一些预付费的健康保险计划都能涵盖此类费用。部分或完全由公共资金资助的机构也可以提供门诊治疗。托宾医生会在门诊处问诊佩德罗，就是因为他的症状还没有严重到需要入院治疗的地步。

名词解释

社区心理健康中心 为居住在某一特定区域内的个人提供按浮动收费标准的心理服务的门诊诊所。

就所涉时间、来访者与临床医生之间的接触性质来看，相比在医院能够得到的医疗护理，接受门诊服务的来访者能够得到的护理必然更为有限。因此，临床医生

社区治疗中心为心理疾病患者提供急需的护理服务。
©James Shaffer/PhotoEdit

可能会建议他们的来访者接受额外的服务，包括职业咨询、家庭服务或自助组织的支持，如嗜酒者匿名互戒会（Alcoholics Anonymous, AA）。

过渡性疗养院以及日间治疗计划

对于患有严重心理疾病的来访者而言，在社区生活可能需要一些设施的额外支持，以满足这类特定人群的需求。这些设施可能与医院、公营机构或私营公司有关。其中，过渡性疗养院是为已经从精神专科医院出院但尚未准备好独立生活的来访者而设的。过渡性疗养院为这些出院者提供了一个生活环境，其中配备了专业人士，他们与来访者共同合作，以培养他们就业所需的技能，帮助他们创设独立生活的环境。而日间治疗方案（day treatment programs）专为之前住过院的来访者以及不需要住院但确实需要日间的结构化项目的来访者设计，以提供类似于医院的服务。

当学生遇到困难时，辅导员通常是他们寻求专业帮助的首要对象。
©Yellow Dog Productions/Getty Images

名词解释

日间治疗方案　社区医疗机构中的一项结构化项目，提供类似于精神专科医院提供的医疗活动。

其他医疗单位

临床医生可能会建议他们的来访者在其工作或上学的地方接受治疗。学校心理学家接受过培训，可以与需要接受进一步评估或行为干预的儿童和青少年一起工作。而在工作场所，员工援助计划（employee assistance programs, EAP）为员工提供了一个私密环境，他们可以在其中接受咨询、寻求物质滥用方面的援助以及接受家庭治疗，等等。对于希望长期为来访者提供尽可能多帮助的临床医生来说，上述资源是很重要的。

治疗模式

治疗计划的另一个重要

组成部分是治疗模式（modality），根据来访者症状的性质以及是否将他人牵涉在内，临床医生会推荐一种或多种治疗模式。

在个体心理治疗（individual psychotherapy）当中，来访者接受的是一对一的治疗。在夫妻治疗中，关系中的双方伴侣都需要参与治疗；而在家庭治疗（family therapy）中，几个或全体家庭成员都需要参与治疗。在家庭治疗中，家庭成员可能会将其中一人视作"病人"。然而，治疗师会将整个家庭系统视作治疗的目标。团体治疗（group therapy）也是一种心理治疗方式，在该方式当中，治疗师会促进几个共同谈论某个问题的来访者

环境疗法需要来访者们参与到社区之中。
©John Moore/Getty Images

之间的讨论。通过这种方式，来访者有机会与他人分享他们的困难、获得反馈、建立信任并提高他们的人际交往能力。

临床医生可以在任何情况下推荐任何一个或所有上述治疗方式。特定在精神专科医院使用的是**环境疗法**（milieu therapy），它基于环境是治疗的主要部分这一前提。理想情况下，环境的组织方式允许来访者从所有在那里生活和工作的人那里得到一致的有助于放松精神的和积极的反应。除了传统的心理治疗之外，来访者还通过团体或同伴咨询、职业咨询和娱乐治疗等方式参与其他治疗活动。

名词解释

治疗模式　临床医生提供心理治疗的方式。

个体心理治疗　一种心理治疗方式，指在个体心理治疗当中，治疗师对来访者进行一对一的咨询。

家庭治疗　一种心理治疗方式，指在家庭治疗中，治疗师将对几个或全体家庭成员进行咨询。

团体治疗　一种心理治疗方式，指治疗师在几个来访者之间促进讨论，让他们一起谈论他们的问题。

环境疗法　一种在设有住院部的精神病院中使用的一种治疗方法，在这种治疗方法中，环境的各个方面都是治疗的组成部分。

你来做判断

心理学家作为开处方者

2002 年，美国新墨西哥州成为第一个批准心理学家拥有处方权的州。2004 年，路易斯安那州紧随其后，而伊利诺伊州、艾奥瓦州和爱达荷州分别于 2014 年、2016 年及 2017 年也批准了该事宜。这些具有里程碑意义的立法事项为其他州采取类似行动铺平了道路。然而，这类举动仍然存在争议。2010 年，俄勒冈州立法机构通过了一项法案（SB 1046），授予心理学家处方权，但州长泰德·库隆戈斯基（Ted Kulongoski）否决了该法案，以应对来自包括精神病学家在内的各种游说团体的压力。

针对赋予心理学家处方权这一事宜，有如下几种反对观点。与精神科医生不同，心理学家没有接受过医学培训，因此没有在本科接受过医学预科培训，也没有医学院、住院医和实习等医学生相关经历。从哲学意义上讲，以研究为导向的心理学家认为，授予处方特权将使该行业不再将关注点放在科研上，转而强调心理学家作为实操者的身份。他们辩称，心理学家不应该从事派发药物的工作。反对处方权的第二个观点涉及药物在心理治疗中的作用。从这个角度出发，心理学家应该专注于心理治疗。这些批评者认为，对于包括重度抑郁、焦虑障碍以及其他非精神病性障碍在内的大多数心理疾病而言，心理治疗的长期益处相当大甚至比药物治疗更大。在与重性精神疾病相关（如精神分裂症和双相情感障碍）的特殊个案中，心理学家可以与精神科医生共同合作，确保来访者能够长期遵守用药方案。

支持给予处方权的观点也很有说服力。如果心理学家有能力开药，在将药物治疗与心理治疗相结合这件事上，他们可以做得比精神病学家更好。从来访者的角度出发，因为不需要咨询一位以上的心理从业者，个体得到的护理连续性会更强。持支持观点的心理学家还指出，临床心理学家需要经过专门培训才能开出治疗心理疾病的药物。因此，开具处方的心理学家具备与临床医生同等的知识基础。第二个支持的观点认为，还有其他非医学博士级别的医务人员拥有这种法律权力，包括精神科执业护士、专科护理师等，尽管他们所具备的权利的具体性质因州而异。

美国心理学会实践理事会（The American Psychological Association's Practice Directorate）持续游说各方支持在美国更广泛地赋予心理学家处方权。然而，正如俄勒冈州的案件所示，这项立法行动在其他州的前景堪忧。

你来做判断：拥有处方权会降低心理学作为一个行业的科学地位吗？如果你将会接受心理学家的治疗，你是否希望他将药物治疗纳入其中？

确定最佳治疗方案

临床医生无论推荐哪种治疗模式，都必须建立在对最适宜的理论观点或观点组合的选择上。许多临床医生需要根据一组有关心理疾病的来源以及最佳疗法的特定假设来接受相关培训。通常，这种理论取向构成了临床医生的治疗决策的基础。然而，同样普遍的是，临床医生会调整他们的理论取向，以适应来访者的需求。

经过几十年关于哪种治疗最有效以及对谁最有效的争论，心理学家采用了循证心理实践（evidence-based practice in psychology）的原则，以指导心理学的具体实践。越来越多的循证实践培训成为研究生课程和博士后继续教育课程的基础。

名词解释

循证心理实践　在考虑文化背景、偏好和来访者特征的情况下，整合最好的、可供使用的研究证据和临床专业的临床决策。

当你在本书中查阅各种疾病及其最有效的治疗方法时，请记住，临床医生需要遵循以实证为基础的科研成果。然而，循证实践也意味着，临床医生应结合来访者的背景、需求以及先验经验，根据其个人特征，在最先进的研究成果的基础上制定治疗方案。

治疗过程

治疗如何进行取决于临床医生和来访者的共同努力，以提升来访者的心理健康和幸福感。每个个体及其个性、能力、期望和背景之间的独特相互作用，都可以在决定个案的治疗结果上发挥作用。

临床医生在治疗中的作用

除了临床医生使用的治疗技术之外，来访者与临床医生之间的关系质量也是决定疗效的关键因素。优秀的临床医生不仅仅会客观地为来访者进行治疗，最出色的临床医生会在治疗关系中加入其对来访者深切的个人兴趣、关心以及尊重。

在治疗开始的最初几周，托宾医生将与佩德罗一起努力，为进一步合作打下坚实基础。随着治疗的深入，她将持续评估干预措施的有效性，并做出相应调整。

来访者在治疗中的作用

在最理想的情况下，心理治疗应当是一个联合体，来访者在其中发挥着能动性。心理治疗在很大程度上需要来访者描述和确定其疾病的性质、在治疗过程中阐述其反应，并在变化出现后对其进行跟进。

在整个治疗过程中，来访者对待治疗和治疗师的态度是来访者影响治疗关系的重要体现。对于来访者寻求的心理援助而言，其特殊之处在于：它需要来访者暴露其不习惯与专业人士分享的、可能令人尴尬和痛苦的个人资料。因此，对于一些来访者来说，治疗其中的一部分工作是学会更自在地与治疗师或其他心理健康专家讨论他们的症状。

基于来访者的文化背景，社会对于心理疾病的态度也会影响到来访者参与治疗的难易程度。来访者可能来自严禁承认悲伤或焦虑情绪的文化当中。在这种文化下，来访者的家人可能会传递"不应该依赖治疗师来康复"的思想，他们可能会认为人们不应该寻求心理援助。尽管在当前的西方文化下，人们对心理治疗的接受度越来越高，但在一定程度上，来访者仍然需要承受潜在的羞耻或尴尬情绪。对于已经在生活中受到严重困扰的人来说，由于担心寻求心理治疗背后的涵义，他的焦虑程度可能会加深，进而阻碍其寻求心理援助。

由于有如此多的潜在因素阻止个体寻求治疗，因此，迈出第一步有时候是最困难的。据此，治疗关系要求来访者自愿与临床医生建立合作关系，并做好忍受暴露自我时的痛苦、尴尬的准备。此外，来访者要有打破固有模式并采用新方式来看待自我、看待自己与他人的关系的意愿。

治疗结果

在所有可能性当中，最好的结果就是治疗能够起效。也就是说，来访者接受治疗，直到疗程结束；接下来，他的症状得到改善，并且能够保持改善后的功能水平。当个体的症状不再干扰其行为，且低于《精神障碍诊断与统计手册》的诊断要求时，就可以说该个体的症状得到了缓解（remission）。尽管这是最为理想的结果，但达到缓解的过程并不是一帆风顺的：有时是因为来访者没有完成治疗计划的目标，有时是因为出现一些意想不到的情况。

名词解释

缓解 指个体的症状不再干扰其行为，且低于《精神障碍诊断与统计手册》的诊断标准的情况。

改变是非常困难的，许多来访者已经习惯了症状的存在，以至于在他们看来，解决问题需要付出的努力是其难以承受的。当遭遇到上述消极态度时，或者当来访者不愿意根据其表现出的改变意愿做出后续行动时，临床医生会感到格外挫败。有时，临床医生也会因现实中的限制而感到沮丧。他们可能会推荐一种有信心可以治疗成功的方案，但该方案会超过可用的保险报销额度，或者由于来访者当前的生活状况而变得不可行。在一些情况下，在来访者生命中占核心地位的个体会拒绝在治疗过程中给予支持。

久而久之，心理健康领域人员会意识到，在改变向其求助的个体的生活时，他们所起的效果是有限的。然而，正如你将在本书中了解到的，治疗其实是有效的，而且大多数治疗确实能带来显著的改善。

真实故事

丹尼尔·约翰斯顿：双相情感障碍

丹尼尔·约翰斯顿（Daniel Johnston）生于 1961 年 1 月 22 日，作为一名美国创作歌手，以其独特的音乐天赋以及与双相情感障碍的终生斗争而闻名。2005 年的纪录片《魔鬼诗篇》（*The Devil and Daniel Johnston*）描绘了他从西弗吉尼亚州的童年直到如今的不可思议的人生故事。尽管约翰斯顿拥有非凡的音乐成就，但与其他众多患有严重心理障碍的人相比，他与精神疾病的艰难斗争之路没有什么不同。通过他的音乐作品，约翰斯顿表达了他一生所面临的高涨的、有时达到妄想程度的狂热，以及黑暗的、难以忍受的抑郁程度。

他的母亲梅布尔回忆道，丹尼尔是五个孩子中最小的那个，"他是与众不同的……我从一开始就注意到了这一点。"十几岁的时候，他主要受到漫画书的启发，进行了无数的艺术创作，包括绘画和制作有关他的家庭生活的有趣电影。他的创造力帮助他获得了朋友和同学的关注，但这也不断地使他的父母感到挫败：作为高度宗教化、传统化的父母，他们宁愿约翰斯顿把时间花在去教堂、工作和帮助家庭上面。约翰斯顿对创作的热情贯穿了他的一生。用约翰斯顿最好的朋友戴维·索恩伯里（David Thornberry）的话来说，他散发着艺术气息……他不能停止创作艺术作品。

与许多患有严重的心境障碍的人一样，在离家

上大学后，约翰斯顿的行为举止开始恶化。他的家人习惯了他异于同龄人的表现，但在大学期间，约翰斯顿开始变得状态混乱、迷失方向。在拜访了家庭医生后，医生对他做出了躁郁症（双相情感障碍）的诊断。面临在学校的诸多挑战，他无力继续学业，于是回到家中，选

通过丹尼尔·约翰斯顿的歌曲，我们得以一窥他与心理疾病的抗争。
©Gary Wolstenholme/Getty Images

择就读于俄亥俄州附近的一所小型艺术学院。在这所艺术学院，约翰斯顿认识了同学劳里，并对她产生了爱意。尽管他们从未建立过恋爱关系，而且她后来嫁给了另一个男人，但对她的单恋一直是约翰斯顿最强大的灵感来源之一，同时，这场单恋也导致了他的第一次重性抑郁发作。他的母亲回忆道，正是在这个时候，他开始弹钢琴、写歌。

在艺术学院中，约翰斯顿遭遇了学业困难，因此，他的家人再次让他辍学。这一次，他们把约翰斯顿送到了休斯顿，让他和他哥哥住在一起，希望他能重新开始、积极生活。约翰斯顿在当地一家游乐园做兼职，并开始在他哥哥的车库里录制音乐。由于约翰斯顿一直没有找到固定工作，他的哥哥感到非常沮丧，并将他送去和姐姐玛吉住在一起。一天早上，玛吉注意到约翰斯顿前一天晚上没有回家。在这之后，他的家人几个月没有约翰斯顿的消息。后来他们得知他之前给自己购买了一辆电动自行车，并且参加了一个旅行嘉年华。当嘉年华在得克萨斯州的奥斯汀结束时，约翰斯顿在集市上遭到袭击，并逃到当地教堂寻求帮助。他在奥斯汀找到了住处，并开始将他自制的录音专辑发给当地的音乐家和报社。在当地，他遇到了音乐家凯西·麦卡锡（Kathy McCarthy），两人有过短暂的约会。在见到他后，凯西回忆说："不可否认，在我们见面的一两个星期后，他的状态出现了严重问题。"

在《魔鬼诗篇》其中的一幕里，约翰斯顿详细描述了一位躁郁症患者的特征，并且说道："现在你知道了。我是一名伴有妄想的双相情感障碍患者。"他的大部分妄想本质上是偏执的、带宗教色彩的，这也许是由于他从小处于浓厚宗教氛围中。尽管约翰斯顿对自己的病情一清二楚，但在发病的当下，他几乎没有办法去控制它。在奥斯汀，他开始吸食大麻，并定期吸食迷幻药，这导致了几次异常的、有时甚至是暴力的疾病发作。与此同时，他的音乐事业开始蓬勃发展，因为音乐作品和常常"怪诞"的现场表演，约翰斯顿在获得认可的同时也遭致了骂名。

1986年，约翰斯顿将他与哥哥姐姐的圣诞节聚会变成了可怕的事情。他开始向家人传讲撒旦，并且攻击了他哥哥，打断了他的肋骨。他的哥哥姐姐被他的行为吓得不知所措，只好开车送他到附近的公交车站。不久之后，警察在奥斯汀大学找到了约翰斯顿，他当时在池塘中戏水，并再次传讲撒旦。自此之后，他的朋友和家人开始意识到，正如一位朋友所说的那样，他病得很重。虽然音乐是他过滤脑海中的恶念的一种方式，但约翰斯顿的疾病开始在他的生活中肆虐，因此，人们认为必须采取严厉措施，以确保他不会进一步伤人伤己。医生给约翰斯顿开了抗精神病药物氟哌啶醇，1987年的一整年时间，他都在床上度过（他称之为"遗失的一年"）。虽然病情稳定下来了，约翰斯顿却发现自己在此期间无法创作任何音乐。实际上，和许多双相情感障碍患者一样，约翰斯顿终其一生都挣扎于药物依从性这件事上。他认为，比起服药期间头脑麻木的状态，当他能够天马行空地自由思考时，他能够更好地进行创造和表演。

因为经常停药，约翰斯顿经历了为期五年的病情反复，他在伴妄想的躁狂和达到临床标准的抑郁之间徘徊，这导致他多次住院，其中一次持续了数月。第一次停药时，他的行为和心境在几天内是正常的，直到其出人意料地变为异常状态。特别是在得克萨斯州奥斯汀的一次音乐节当中，约翰斯顿需要在大礼堂进行演奏，演奏前他停止了服药。而这场演出是他职业生涯中最受好评的表演之一。然而，不久之后，当他和他父亲登上双人座飞机并飞往西弗吉尼亚州时，约翰斯顿从父亲手中夺走了控制装置，导致飞机向地面坠落。幸运的是，约翰斯顿的父亲及时夺回了飞机的控制权，他们降落在了树梢上，得以幸存。约翰斯顿的父亲回忆道，当时约翰斯顿坚信他是卡斯帕（一部儿童卡通片中的友好鬼魂），并且认为接管飞机是一种英雄行径。

在人生的至暗时刻之后，约翰斯顿的精神状态一直很稳定，这在很大程度上得益于家人和朋友的支持。他和父母现在住在得克萨斯州的沃勒，继续创作音乐并在世界各地巡回演出。许多人将他视作美国历史上最杰出的创作歌手之一。他与心理疾病之间令人心碎的斗争模糊了艺术创造力和心理疾病之间的边界，成为了他作品中一股具有破坏性的同时又振奋人心的力量。

个案回顾

佩德罗·帕迪利亚

心理健康诊所的精神科医生为佩德罗开具了抗焦虑药物。在四周内，他报告说他能够整夜处于入睡状态，并且不再感到那么烦躁。他的心理治疗侧重于放松技巧（如深呼吸）以及认知技巧，例如给他的担忧贴上标签并加以挑战、提出各种应对压力的方法，而不是去过度担忧。治疗也有助于佩德罗讨论和整理他关于父母离婚这件事的感受，并了解他的焦虑如何影响恋情的。

托宾医生的反思： 作为一名典型的广泛性焦虑障碍患者，尽管佩德罗一直觉得自己是一个"多虑的人"，但近段时间，父母离婚这一压力事件加剧了他的焦虑程度。此外，睡眠不足可能导致他难以集中注意力，无法达到职场所需的工作标准。由于到目前为止，佩德罗一直在工作中表现出色，因此他可能并不觉得焦虑是什么大事。同时，因为所有该领域内的职场人士都面临着巨大的压力和牺牲，可能无人察觉到他的焦虑。然而，相较处于该情景的其他人而言，佩德罗所担心的问题要显而易见地多。在接受治疗时，他显然无法控制对父母和女友的担忧，这给他的工作和社交生活造成了严重困扰。不仅如此，过去他的焦虑也造成了一些他当时未曾察觉的问题。对于许多广泛性焦虑障碍患者来说，拖得越久，病情可能会越糟。对佩德罗来说，幸运的是，他的女友意识到他饱受困扰，并且能够为他的过度焦虑寻求帮助。迄今为止，我对治疗进展感到满意；同时，基于他的诸多优势，我希望佩德罗能够运用他正在掌握的心理学方法来控制症状。佩德罗有望成为一名成功的律师，而且鉴于他与纳塔利娅稳固的关系，我希望他能够改善自己的生活，尽量避免病情复发。

总结

◎ 变态心理学这一领域不仅仅是对行为进行学术上的关注，它涵盖了大量人类问题，这些问题涉及来访者和临床医生合作解决来访者的心理难题。

◎ 变态心理学领域的工作人士会使用"来访者"和"患者"来指代那些使用心理服务的个体。我们倾向于使用"来访者"这一术语，这反映出临床干预是一项合作性的工作。

◎ 提供治疗的人被称作临床医生，以受训内容及方向进行区分，不同类型的临床医生会以不同方式对待临床工作。临床医生的类型包括精神病学家、临床心理学家、社会工作者、心理咨询师、治疗师和护士。该领域还包括那些没有接受过研究生培训的人，其中包括在社会机构、政府机构、学校和家庭中工作的职业治疗师、娱乐治疗师和心理咨询师。

◎ 临床医生和研究人员使用《精神障碍诊断与统计手册（第五版）》，其中包含对所有心理疾病的描述。在最新版中，作者努力使该手册达到信度标准，以使临床医生在面对具有一组特定症状的任何个体时，能够做出相对一致的诊断结果。同时，研究人员努力确保分类系统的效度，以使各种诊断结果能够代表真实且独特的临床现象。

◎《精神障碍诊断与统计手册（第五版）》将诊断内容组织为22章，该分类系统是描述性的而非解释性的；同时，它是划分类别、而非划分维度的分类系统。

◎ 诊断过程中需要使用所有相关信息，以得出表征来访者疾病的标签。诊断的关键在于尽可能清楚地描述来访者的症状，包括来访者报告的症状和临床医生观察到的症状。鉴别诊断，即对其他可能的诊断的排除，是诊断过程中的关键步骤。

◎ 为了全面了解来访者的病情，临床医生需要进行个案概念化：即对来访者的发展历程以及可能影响他当前心理状况的因素进行分析。

◎ 在做出诊断时，文化概念化能够说明来访者的文化背景。

◎ 文化依存综合征指的是仅在特定文化中才存在的行为模式。

◎ 临床医生通常通过制订治疗计划（即如何进行治疗的大纲）来跟进诊断阶段。对于临床医生来说，治疗计划的第一步是制定从近期到长期的治疗目标。

◎ 各个医疗机构在提供受控环境的程度以及来访者可得服务的性质上各不相同，其中包括精神专科医院、专科住院治疗中心和门诊治疗单位，门诊治疗单位有私人治疗师的门诊或办公室、社区心理健康中心。其他医疗机构包括过渡性疗养院、日间治疗方案、工作场所和学校。

◎ 治疗模式，或者说临床医生提供心理治疗的方式，也是治疗计划的重要部分。治疗模式可以是个体心理治疗、家庭治疗、团体治疗或环境疗法。临床医生无论推荐哪种治疗模式或疗法，都必须建立在对最适宜的理论观点或观点组合的选择上。

◎ 在最理想的情况下，心理治疗应当是一个联合体，来访者在其中发挥着能动性。在所有可能性当中，最好的结果就是治疗能够起效。来访者接受治疗，直到疗程结束；接下来，他的症状得到改善，并且能够保持改善后的功能水平。尽管治疗并不总是成功的，但它通常是有效的，大多数治疗确实会带来显著的改善。

第 3 章

评估

通过本章学习我们能够：

- ☐ 定义评估的关键概念；
- ☐ 描述临床访谈；
- ☐ 识别精神状态检查；
- ☐ 解释智力测试；
- ☐ 描述人格测试；
- ☐ 认识行为评估。

©otnaydur/123RF

个案报告

本·罗布萨姆

人口学信息：22 岁单身白人男性，异性恋。

主诉问题：本·罗布萨姆在驾驶地铁时撞到了头部，他的主管让他去雇主的员工援助项目（employer's employee assistance program）接受评估。本·罗布萨姆报告说，他上到地面刚行至一个行人可穿行的十字路口时，刹车出了故障。本·罗布萨姆紧急刹车成功让地铁停了下来，但急刹车使他的头部撞到了玻璃窗上，并暂时失去了知觉。他记不起来撞到头后发生了什么事。事故发生后，本·罗布萨姆请了两周的假，又在此后的两周内没去上班。当本·罗布萨姆的主管给他打电话时，本说："我不敢离开家，他们会来抓我的。"

既往史：本·罗布萨姆没有接受过精神科治疗。他说自己从未有过抑郁或焦虑的经历，通常都感觉"良好"，因此最近心理状态的变化令他更加不安。本报告说，自己从未使用过毒品，只是偶尔会在一些社交场合喝酒。此外，本·罗布萨姆说他的外祖父和舅舅都被诊断患有精神分裂症。最后，本·罗布萨姆报告说，他过去和现在都没有明显的病史。

个案概念化：本·罗布萨姆的症状都出现在事故发生之后，需要做神经心理学测试来排除可能的创伤性脑损伤。

诊断：排除因创伤性脑损伤导致的轻度神经认知障碍和行为障碍。

治疗方案：在员工援助项目的初次访谈后，本·罗布萨姆被转介到神经心理学家安特旺·华盛顿（Antwan Washington）医生处进行进一步的心理评估和精神科会谈。华盛顿医生进行的测试见表 3-1。

表 3-1　　　对本·罗布萨姆进行的测试

临床访谈
韦克斯勒成人智力量表，第四版（WAIS-IV）
连线测试，A 和 B 部分
画钟测试
同步听觉系列加法测试（PASAT）
波士顿命名测试，第二版（BNT）
韦克斯勒记忆量表（WMS）
明尼苏达多相人格问卷 -2（MMPI-2）

萨拉·托宾博士，临床医生

心理评估的特点

心理评估（psychological assessment）包含多种测量技术，这些技术需要人们提供有关其心理功能的可测量的信息。可以看到，在本·罗布萨姆的案例中，综合性的评估有助于我们了解他的症状特征以及可能的治疗方向。

名词解释

心理评估　包含有多种测量技术，所有这些技术都需要人们提供有关其心理功能的可量化的信息。

尽管各种评估方法的基本原则是相同的，但一些类型的评估会根据临床上所使用的目的不同而有所差异。

诊断评估用于对个体心理障碍的诊断，或至少是初步诊断。司法评估用于需要依据心理学家的调查结果做出法律决定的刑事案件中。在就业背景中，评估能够帮助招聘者获得判断求职者是否适合某职位的信息。还有的评估用于评估个体是否因事故或疾病而遭受脑损伤。无论评估的准确目的是什么，进行评估的心理学家都必须客观、深入，并了解最合适的评估工具。

在本·罗布萨姆的案例中，临床医生必须评估出可能是受伤本身造成的症状和其他与地铁事故无关的症状。托宾医生进行的初步评估结果是，决定将本·罗布萨姆转介给创伤性脑损伤领域的专家。

临床医生在评估过程中所使用的测试工具必须具有

高度的一致性和准确性。为了达到高信度，测试应该有相同的结果，即无论何时施测，个体应该以合理且相似的方式回答测试中相同子量表内的项目。测试的效度反映了该测试对所要测量内容的正确测量程度。例如，智力测试应该测试的是智力，而不是性格。在使用给定的测试之前，临床医生应从已发表的文献内有关该测试工具的信息中了解其信度和效度。

一项测试在不同人之间施测和评分过程都相似，它才会是可靠且有效的。换句话说，它应该满足**标准化**（standardization），即该测试具有明确的施测和评分说明。每个受测者都应该以相同的方式作答，并且测试需要按照相同的标准以相同的方式为每个人评分。此外，测试中要给分数一个明确的含义，这样才能够将不同的分数区分开。同样地，无论是谁，只要获得了相同的分数都应该具有相同的含义。理想的情况是该测试的设计者应该拥有充足的数据库，这样便于临床医生能够肯定地做出以上判断。

名词解释

标准化 一种心理测量标准，明确规定了测试的施测和评分。

除了确保测试的信度和效度外，临床医生还要考虑测试对不同背景的受测者的适用性。设计测试的人要根据不同的能力水平、母语、文化背景和年龄为个体设计不同的测试标准。例如，临床医生可能要为需要更大字体和较慢时间的老年人或者需要特殊书写工具的关节炎

一位来访者正在完成视觉空间任务，它是神经心理学评估的一部分。
©Will & Deni McIntyre/Science Source

来访者更换评估工具。除此之外，临床医生仍需确保为来访者使用的是最合适的施测工具。例如，在老年人群中如果使用针对年轻人的标准化测试是不合适的，除非该测试在各年龄组之间具有被证实了的等效性。

解释测试结果时，临床医生可能会进入一个被称为**巴纳姆效应**（Barnum effect）的常见陷阱。该效应以传奇马戏团的老板 P. T. 巴纳姆（P. T. Barnum）命名，据说，他说过"每分钟都有一个傻瓜诞生"这样的话。来访者之所以会相信这一说法，是因为这种陈述太笼统了，无法证明它是错误的。

名词解释

巴纳姆效应 指临床医生在无意中会倾向于对来访者做出概括的和模糊的陈述，而没有明确地描述来访者的特征。

下面是一个巴纳姆效应的例子：

朱莉娅在他人面前经常害羞，但有时她会非常外向。当面对挑战时，她通常表现得很好，但有时会变得紧张和害怕。

这两句话可能适用于朱莉娅，但同样适用于大多数其他人，所以这些话没有对朱莉娅的特定评价。此外，大多数人会发现很难不同意这种描述，朱莉娅"可能"是怎么样的，或者她"偶尔"会紧张。因为任何人在某个时间点都"可能"是某种样子，而且几乎每个人时不时地都会紧张。

在阅读自己的星座或幸运签饼（在美国，中国餐馆里的折叠形小饼，内藏有预测运气话语的纸条）的内容时，你最有可能遇到巴纳姆效应。它们的描述都是非常笼统的，因为这些内容需要能够适用于所有人。它们相对来说是没有什么害处的，除非你因为星座说这是你的幸运日而决定进行巨额投资。在临床中，问题在于这些描述不是特别有洞察力或启发性，也不能为评估过程提供有用的信息。尽管临床医生已经接受过避免该陷阱的培训，但他们还是很容易相信这种关于某位来访者"可能"的描述。

当临床医生遵循**循证评估**（evidence-based assessment）的原则时，可以避免以上以及其他缺点。

与循证实践一样，循证评估需要：（1）依靠研究结果和科学可行的理论；（2）使用在心理测量学方面强有力的工具；（3）实证地评价该评估过程。临床医生遵循了这几条标准，就能确保会使用最新和最合适的可用工具来评估来访者。

循证评估　该评估需要临床医生：（1）依靠研究结果和科学可行的理论；（2）使用心理测量学强有力的测量方法；（3）实证地评价评估过程。

例如，一名经验丰富的临床医生如果仍依赖其20年或30年前读研究生时学到的评估方法，而不用批判的眼光来评价它们。尽管这些方法可能仍适用于他的工作目的，但他也应该关注由最新的技术或研究发展出的新评估方式。根据第三条标准，他还应制定评价方法，来确定他的评估方法是否仍能提供有关来访者的有用的信息，或者是否另一种最新评估方法会更有效。

临床访谈

临床医生通常以**临床访谈**（clinical interview）为开始进行评估，他们和来访者面对面进行交流并提出一系列问题。这些问题的答案提供了重要的背景信息，此时允许来访者用自己的话描述自己的症状，临床医生在这个过程中对来访者进行观察，来决定下一步的做法，如是否进行进一步的测试。

临床访谈非正式的版本是**非结构化访谈**（unstructured interview），包括一系列关于来访者症状、健康状况、家庭背景、生活史和寻求帮助原因的开放式问题。除了关注这些问题的答案外，临床医生还要观察来访者的舒适程度、明显的情绪、无关的评论以及所有其他行为，这些行为都可能对临床医生了解来访者的心理状态有帮助。例如，通过观察来访者的身体运动、眼睛注视和面部表情，临床医生可以了解来访者是否焦虑、有就诊困难、不愿合作或对测试过程本身感到过度担忧。临床医生也可以从来访者的外表中提取线索，这些线索可进一步揭示患者的症状。外表异常凌乱的人可能会出现影响个人卫生的认知症状。个人的衣着和整体外表中的其他线索也可能蕴含了他们的态度、价值观和兴趣。

临床访谈　指临床医生在与来访者面对面交流时提出一系列问题进行的评估方法。

非结构化访谈　指通过询问一系列关于来访者症状、健康状况、家庭背景、生活史和寻求帮助原因的开放式问题的评估方法。

表3-2列出了典型的临床访谈所包含的内容。临床访谈比那些已经预先设定了问题和作答范围的测试更自由，临床医生可以改变问题顺序和措辞来获取信息。即使面对不同来访者收集信息的问题有差异，但主要目的还是让临床医生你获得到信息。

表3-2　　　　　　　　　　　　　　　　　临床访谈涉及的内容

主题	目的
年龄和性别	获取基本的人口学信息
寻求帮助的原因	倾听来访者用自己的话讲述其寻求治疗的原因
教育史和工作史	获取社会经济状况并确定来访者是否还在工作
社交现状	了解来访者目前是否在恋爱中以及有多少可能获得的社会支持
身心健康既往史	确定来访者是否患有任何疾病以及最近健康状况是否有变化 了解当前问题的病史，包括过去的诊断和治疗以及治疗是否有用
物质/酒精使用和当前药物治疗	确定来访者是否正在使用精神活性物质（包括酒精和咖啡因）。获取处方清单，避免与任何精神类药物发生潜在的相互作用
家庭史	了解来访者家属是否有生理和心理疾病，尤其是与来访者当前症状相关的疾病
行为观察	注意行为，包括那些表明来访者是否正在经历焦虑或情绪改变的非言语行为。还要注意来访者是否在注意力或遵守规则方面有问题。尝试确定来访者的精神状态。将来访者的外表与真实年龄进行比较。确定来访者是否有时间定向力、地点定向力和人物定向力。观察是否有异常的运动行为

一次临床访谈大约 30 ~ 45 分钟。由于来访者提供的是非常私人的信息，所以临床医生要用尊重的、但也要基于事实的问题来尝试引导来访者回答。与普通的谈话不同，临床访谈是为了获得用于评估和治疗的材料。因此临床医生要将提问重点放在来访者身上，而不是和来访者相互分享信息。这点十分重要。

在本·罗布萨姆的案例中，临床访谈为托宾医生提供了有关其教育史、职业背景和恋爱史的关键信息。她发现本·罗布萨姆在事故之前喜欢与他人交往，所以他目前的孤立状态说明其之前的社会功能模式发生了改变。本·罗布萨姆的外表有些不整洁，他的衣服是皱的而且他没有刮胡子。但我们很难准确地知道这代表着什么，因为我们不了解本·罗布萨姆在事故发生前是什么样的，因此托宾医生可能会注意到这些特征，但保留对其含义的判断。

在托宾医生和本·罗布萨姆访谈结束后，华盛顿医生对他进行了更为详细的临床访谈。在进一步询问本·罗布萨姆的症状后，本·罗布萨姆报告他难以集中注意力，主要的症状是出现了"非常奇怪的想法"，这令他感到十分不安。具体来说，他说自己害怕离开家，因为他相信作为对"他所做的事"的惩罚，警察会来逮捕他。虽然在事故中他没死，但本·罗布萨姆担心其他人会因为他杀死乘客而责怪他，如果他回去工作，乘客也会对他产生反感，而这些事情会导致他被逮捕。本·罗布萨姆说自己每天花好几个小时在担忧事故的后果，有时他会听到指责他伤害了别人并说他是一个"怪物"的声音。他报告，在过去四周里只听到过几次这样的声音。

尽管本·罗布萨姆对自己最近的心理问题感到苦恼，但他表示自己没有自伤或自杀的想法。他还说自事故发生以来，他总是无法睡一整晚的觉。有时他无法入睡，而当他终于入睡了，频繁会被与事故相关的噩梦惊醒，他觉得那些他认为被自己杀死的人在"缠着"他。

本·罗布萨姆说，尽管他对自己最近的经历很害怕，害怕自己"疯了"，但他一直不好意思告诉任何人。因为他没有和朋友或家人待在一起，也没有去上班，所以事故发生后他身边的人并不知道他心理问题的严重程度。本·罗布萨姆在事故发生后的头两周就请了假，此

后每天都请病假。本·罗布萨姆说，希望出来的心理测试的结果能有助于揭示他问题症状的本质。

从本·罗布萨姆的案例中可以看出，临床访谈是诊断过程中的一个关键步骤，因为它提供了有关来访者当前症状、既往史和社会支持等信息。此外，这对华盛顿医生来说也有额外的好处，可以让他和本·罗布萨姆建立起融洽的关系，这在评估的进程中很有必要。

与临床访谈不同，结构化访谈（structured interview）提供了一系列有事先确定好的措辞和题目顺序的评估问题。结构化访谈不仅可以为提供进一步的基础治疗诊断，还可以将来访者的症状归类为《精神障碍诊断与统计手册》中的障碍。

一个专为评估《精神障碍诊断与统计手册（第五版）》症状而设计的临床访谈是《精神障碍诊断与统计手册（第五版）》障碍定式临床检查-临床版（Structured Clinical Interview for Disorders-CV，SCID-5-CV）。《精神障碍诊断与统计手册（第五版）》障碍定式临床检查-临床版是结构化的，因为它指导了临床医生在《精神障碍诊断与统计手册（第五版）》诊断过程中的每一步。临床医生直接阅读与《精神障碍诊断与统计手册（第五版）》诊断标准相对应的访谈问题，这使得临床医生直接评估每个症状是否存在成为可能。《精神障碍诊断与统计手册（第五版）》障碍定式临床检查-临床版也有一些灵活性，体现在临床医生可以对来访者描述的其正在经历的特定症状继续问问题。例如，如果一个来访者说他有焦虑的症状，访谈者就继续问有关这些症状的问题，否则会"跳过"或进入下一个访谈环节。正如该书作者所说，对一个从来没有经历过这些症状的人问这些问题是没有意义的。根据来访者症状的复杂程度，使用一次《精神障碍诊断与统计手册（第五版）》障碍定式临床检查-临床版需要 45 ~ 90 分钟。

名词解释

结构化访谈 指通过询问一系列有预先确定的措辞和顺序的、标准化的问题进行的评估方法。

《精神障碍诊断与统计手册（第五版）》障碍定式临床检查-临床版 是一个专为评估《精神障碍诊断与统计手册（第五版）》症状而设计的结构化临床访谈。

这类访谈的一个优点是，它是一种系统化的方式，比非结构化访谈受到更少的临床医生的影响。此外，任何接受过有关该工具的适当培训的人都可以使用《精神障碍诊断与统计手册（第五版）》障碍定式临床检查－临床版，而像需要更多临床判断的访谈一样只能是持有执照的精神卫生专业人员。这就使得它具有实用价值，因为来访者可以在开始治疗前接受初步筛查。此外，还有其他版本的《精神障碍诊断与统计手册（第五版）》障碍定式临床检查－临床版可用于研究或评估特定的障碍，如人格障碍。这些版本的存在意味着研究者可以使用符合其不同目的的《精神障碍诊断与统计手册（第五版）》障碍定式临床检查版本，他们也有了更多机会发表其会随样本类型变化而不同的研究结果，因为都是用同一类工具进行评估的。

精神状态检查

临床医生使用精神状态检查（mental status examination）来评估来访者当前的精神状态。精神状态检查可以客观地评估来访者在多个领域的行为及功能，尤其关注与心理障碍相关的症状。在进行精神状态检查时，临床医生评估来访者的一些特征，包括外貌、态度、行为、情绪、情感、言语、思维过程、思维内容、知觉、认知、洞察力和判断力。精神状态检查的结果是对患者的外表、认知、感觉和行为的全面描述。

简易精神状态检查量表（mini-mental state examination，MMSE）是一个结构化的工具，被临床医生用作一个简短的筛查工具来评估神经认知障碍。临床医生给来访者一组短时记忆任务，并将来访者的分数与既定的常模分进行比较。如果来访者的分数低于某一临界值，临床医生将继续进行测试来更精确地评估分数偏低的本质和潜在原因。

名词解释

精神状态检查 是一种客观评估来访者在多个领域的的行为以及功能的方法，该方法尤其关注与心理障碍相关的症状。

简易精神状态检查量表 是一个结构化的、简短的筛查工具，临床医生用以评估来访者的神经认知障碍。

在本·罗布萨姆的案例中，华盛顿医生指出本·罗布萨姆在接受访谈时并没有精神状态的改变。他到达准时，很警觉，对周围环境很了解，他说话的音调、节奏、音量和语速都很正常。换句话说，他与华盛顿医生对话时没有任何明显的障碍。本·罗布萨姆在理解华盛顿医生的能力上也没有问题，他能够明白在进行的每个测试的指导语。他的情绪是合适的，即他的外显情绪状态与预期相符，尽管有一次他在发现测试很难时感觉沮丧却开了几个自嘲的玩笑。总的来说，在整个测试过程中，本·罗布萨姆都很配合施测者，并且对测试本身表现得积极和有兴趣。华盛顿医生之后直接进行下一阶段的测试。

智力测试

智力测试提供了多种功能，包括整体认知评估、学习障碍诊断、天赋或智力障碍的确定，以及对未来学业

正在进行智力测试的来访者。
©*Media for Medical SARL/Alamy Stock Photo*

成绩的预测。临床医生可以将智力测试作为更全面的评估程序的组成部分，应用于神经和精神疾病诊断。人力资源部门在挑选人员时经常使用智力测试来评估员工在特定情况下的潜力。当然，智力测试也应用于教育领域，尤其是必须做一些有关年级或教室安排的决定时。

对临床医生来说，智力测试使他们可以拿到一个标准化的分数来评估来访者的认知优势和弱势，而不只是简单地给一个分数。临床中最常用的智力测试是一对一进行的，是对来访者执行一系列感知、记忆、推理和计时任务能力的全面评估。

斯坦福 – 比奈智力测试

20 世纪初阿尔弗雷德·比奈（Alfred Binet）首次开发了斯坦福 – 比奈智力测试量表，现在已是第五版，被称为斯坦福 – 比奈第五版（Stanford-Binet 5，SB5）。参加这项测试的儿童会获得一个**智力商数**（deviation

intelligence），该分数是将他们的原始分数转换为标准化分数得到的，它反映了一名儿童与其他年龄和性别相同的儿童之间的关系。智力商数的平均分为 100，标准差是 15。如果一个孩子的在斯坦福 – 比奈 5 的智力商数得分为 115，说明该孩子的智力达到或高于人口的84%。

名词解释

智力商数　是一种智力指数，通过将个体在智力测试中的得分与该个体参照组的平均得分进行比较得出。

除了能得到智力商数的总分以外，斯坦福 – 比奈第五版还能获得流体推理、知识、定量推理、视觉空间处理和工作记忆等量表的分数（见表 3–3）。这些量表旨在更好地了解那些不一定在智商总分中体现出来的儿童的认知优势和劣势。

表 3–3　　　　　　　　　　　　　斯坦福 – 比奈第五版评估的内容

量表	定义	举例
流体推理	解决新问题的能力	将图画碎片分成三组
知识	对一般信息的积累	做出指定的动作
定量推理	能用数字或数字概念解决问题	清点一组物品
视觉空间处理	能够分析空间关系和几何概念	拼图
工作记忆	在短期记忆中存储、转换和检索信息的能力	回忆一系列拍子

韦克斯勒智力量表

研究者开发的第一个测量成人智力的综合个人测试是**韦克斯勒成人智力量表**（Wechsler Adult Intelligence Scale，WAIS）。最初戴维·韦克斯勒（David Wechsler）在 1939 年开发的是韦克斯勒 – 贝勒维测试（Wechsler-Bellevue Test），而后韦克斯勒成人智力量表在 1955 年首次出版，现已发行至第四版（WAIS-IV）。研究人员之后按照与成人量表相同的格式为儿童开发了相同的测试。目前，大家使用的是韦克斯勒儿童智力量表第四版（Wechsler Intelligence Scale for Children-Fourth Edition，WISC-IV）和韦克斯勒学龄前及幼儿智力量表第三版（Wechsler Preschool and Primary Scale of Intelligence-Third Edition，WPPSI-III）。

名词解释

韦克斯勒成人智力量表　是为研究人员专门设计的第一个全面的个人测试，用于测量成年人的智力。

韦克斯勒最初试图开发一种在临床上可以为精神病理学的诊断提供辅助手段使用的工具。他还认为重要的是要包括使用文字的测试和依靠图片或动作的测试。最初，他将这两类别命名为"口头"和"表现"。临床医生多年来都根据这两类子测试报告韦克斯勒成人智力量表分数；然而，随着时间的推移，越来越明显的是这两个分类分数并不能充分反映智力功能的全部内容。因此，2008 年发布的韦克斯勒成人智力量表第四版取代了韦克斯勒成人智力量表第三版，它增加了新的测试内容，并提供了一个完全改进了的评分系统。研究者们正在研究这一最新版本的韦克斯勒成人智力量表来确定其效度，以及在不同国家、年龄和考生诊断中提供准确智力测试分数的能力。

韦克斯勒成人智力量表第四版和斯坦福–比奈第五版一样，可以根据不同年龄标准的平均值100和标准差15得出总体智力商数分数。在临床上，智力商数总分通常不如言语理解、知觉推理、工作记忆和处理速度分量表的得分有用（见表3-4）。这四个指数分数使临床医生能够深入检查来访者在这些关键维度上的认知功能。

表3-4　　　　　　　　　　　　　　　　　　韦克斯勒成人智力量表第四版

量表	测试内容	题目类型
言语理解	词汇 常识 理解 类同	定义单词"水桶" 1小时有多少分钟 为什么植物需要水 大象和猫有什么相似之处
知觉推理	矩阵推理 拼图 木块图 图画填充	选择逻辑上在一组样式之后的样式 说出哪些图形能够拼成一个完整的拼图 按照给定设计图重组一些木块 指出图片中一个物品所缺少的部分
工作记忆	正向背数 倒向背数 数字–字母排序	按正序回忆一系列数字 按倒序回忆一系列数字 从最小到最大回忆一组数字 回忆一组从大到小的混合字母和数字
加工速度	符号检索 译码	将与符号匹配的数字复制到相应的框中

一个能帮助理解韦克斯勒成人智力量表第四版分数的方法是使用三角形（如图3-1所示）。在顶端的是全量表智商（full scale IQ，FSIQ），它反映了一般的认知功能，并且正如之前提到的，它反映的特异性最少。在金字塔顶部全量表智商分数的下面是四个指数分数：言语理解指数（verbal comprehension index，VCI），用来评估获得的知识和口头推理技能；知觉推理指数（perceptual reasoning index，PRI），用来衡量视觉和流体推理；工作记忆指数（working memory index，WMI），用来测量在记忆中存储和处理信息的能力；加工速度指数（processing speed index，PSI），用来衡量快速处理非语言信息的能力。除了解释指数得分外，临床医生还

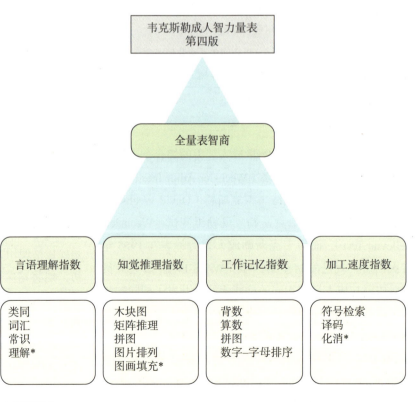

*备用测试

图3-1　韦克斯勒成人智力量表第四版的结构

会根据对临床组合的理解提出关于个体表现的假设，这些组合由个体的指数得分组合而成。

因为韦克斯勒成人智力量表第四版是对个体施测的，所以临床医生有充足的机会在测试期间观察受测者的行为，并有可能获得有价值的诊断信息以补充测试分数。事实上，韦克斯勒成人智力量表第四版的评分规则中包括了建议施测者加入行为观察，如个人的母语流利度、外表、视听觉或运动行为问题、注意力不集中、测试动机以及受测者表现出的任何异常行为。

表 3-5 显示了本·罗布萨姆在韦克斯勒成人智力量表第四版上的得分。本·罗布萨姆的全量表智商为 115 分，说明他的表现水平高于平均水平（高于 84% 的人口）。但是如果观察他的整个分数模式，你会注意到本·罗布萨姆在全量表智商的几个指数分数中表现出高度的变异性。这种变异性说明本·罗布萨姆的认知能力有很大的差异。临床医生发现值得注意的是，本·罗布萨姆的加工速度得分很低（仅高于 40% 的人群），这表明本·罗布萨姆在感知视觉的样式和刺激上有困难，尤其是涉及速度的时候。考虑到他的工作性质，他本应表现良好的方面测试分数却很低，这表明他参与空间信息处理的大脑区域可能受到了损伤。

表 3-5		本·罗布萨姆的韦克斯勒成人智力量表第四版得分	
总量表	115		
言语理解指数	132		
知觉推理指数	107		
工作记忆指数	111		
加工速度指数	97		
个体的子测试			
词汇	15	图画填充	12
类同	17	译码	7
算数	13	木块图	10
背数	11	矩阵推理	14
常识	14	符号检索	12
理解	18	图片排列	13
数字-字母排序	10	拼图	10
		化消	12

在进行韦克斯勒成人智力量表第四版测试时，华盛顿医生仔细记录了本·罗布萨姆的行为，进一步充实了测试分数本身提供的概况。在整个测试过程中，本·罗布萨姆多次表示"它们在之前会给你虚假的信心"，他的意思是随着测试变得越来越困难他感觉很挫败。尽管感到受挫，本·罗布萨姆仍决心完成测试。例如，他花了近 6 分钟完成了最后一个木块图项目（比平均时间长得多），最后说"这个测试没有意义，因为木块不够多"。在矩阵推理子测试中，本·罗布萨姆在快结束时的每个回答都用了近 1 分钟。在完成图片排列子测试时，本·罗布萨姆对材料书中的图案形状发表了看法，并在整个子测试过程中开了几个玩笑。在字母-数字排序任务中，本·罗布萨姆在回答每个题目之前，都会描述它和不同类型的舰艇或飞机名称之间的关系。随着测试越来越接近尾声，它也变得越来越难，本·罗布萨姆表现出了明显的不安，他开始轻扣手指和轻拍腿。对于需要口头回答的任务，本·罗布萨姆都会做出详细的阐释，而当测试需要简短的回答时，他有时会用唱歌的声音作为回应。

人格测试

人格测试提供了对一个人的想法、行为和情绪的深层理解。不论是为了给予诊断还是临床方案，临床医生都可以根据自己的目的选择不同的人格测试。人格测试的理论取向也各不相同，这是决定某位临床医生可能使用哪种工具的另一个因素。

在临床领域之外，人格测试也为研究者检验与他们自己某一研究领域相关的假设提供了有价值的信息。这些测试的分数不用于诊断，而是用于检验相关理论变量之间的相关性。例如，研究者可能会检测衡量自尊的人格测试分数是否与衡量乐观的分数相关。

自陈量表

自陈临床量表（self-report clinical inventory）包含标准化的问题和固定的作答选项，受测者可以用纸笔或在线形式独立完成。在自陈量表中，受测者在固定化的量表中对题目适合自己的程度进行评分（如 7 = 强烈同意、1 = 强烈不同意）。

自陈临床量表是客观的，因为评分是通过计算机进行的，而不需要测试者做出任何形式的决定或判断。通过使用预先确定的标准来解释分数，计算机甚至可以生成简短的解释性报告。然而，临床医生需要在测试的易施性和客观性与生成的报告受到巴纳姆效应影响的可能性之间做好平衡，因为报告是以某种通用的方式编写的。由于计算机程序依赖于将特定的反应模式与特定的总结性的语句或短语联系起来，因此报告内容有可能过于模糊且不符合特定的受测者的特质。

尽管如此，自陈量表的主要优点是它们相对容易施测和评分。因此，大部分人能够以一种有效的方式使用它们。此外，临床医生在解释他们自己的来访者的分数时，可以参考那些知名的自陈量表的信度和效度等丰富的信息。

临床中使用最广泛的自陈量表是**明尼苏达多相人格量表**（Minnesota Multiphasic Personality Inventory，MMPI），最初发表于 1943 年。目前的测试版本是表 3–6 所示的 1989 年的修订版（MMPI-2）。明尼苏达多相人格量表修订版上有 567 个是 / 否题，都是以陈述的形式描述个体的想法、行为、感受和态度。明尼苏达多相人格量表的开发人员试图提供与精神分裂症、抑郁障碍和焦虑障碍等主要诊断类别相对应的 10 个"临床量表"的分数。文本开发人员在测试中增加了三个"效度"量表，以防止人们想要假装自己有异常的心理健康状况或心理疾病。

名词解释

自陈临床量表　是一种心理测试，包含标准化的问题以及固定的作答选项，由受测者独立地完成并自我报告哪个答案更能准确描述题目适合自己的程度。

明尼苏达多相人格量表　是一种自我报告的人格问卷，包含 567 个是 / 否题，全部以陈述的形式描述个体的思想、行为、感情和态度。

表 3–6　　　　　　　明尼苏达多相人格量表修订版的临床量表和效度量表（含题目举例）

量表	量表名称	测试内容	题目举例
临床量表			
1	疑病症	对身体的关注和担忧，对疾病的恐惧	恶心和呕吐的毛病使我苦恼
2	抑郁	沮丧和低个人价值感	我希望我能像别人那样快乐
3	癔症	否认心理问题和对压力环境的过度反应，对身体方面的各种抱怨	我觉得我的头到处都疼
4	精神异常	反社会倾向与犯罪	我曾因胡闹被叫到校长办公室
5	男子－女子气	表现出定型的性别角色行为和态度	我喜欢阅读浪漫的故事（女）
6	妄想	受迫害的感觉和对他人的怀疑	假如不是别人和我作对，我一定会有更大的成就
7	精神衰弱	无法控制的思考和行为冲动 无理由的恐惧	有时候，我觉得这些想法太可怕了，不能说
8	精神分裂	思维、情绪和行为的紊乱	我曾经有过很奇怪的体验
9	轻度躁狂	情绪高涨、言语加速和运动能力增强	每星期至少有一两次我十分兴奋

续前表

量表	量表名称	测试内容	题目举例
10	社会内向	从社会环境中退缩的倾向	我不愿意同人讲话，除非他先开口
效度量表（包含一些临床量表中的题目）			
L	撒谎	不切实际的积极的自我呈现	
K	矫正	与 L 量表类似，更精确地表明了积极的自我呈现倾向	
F	罕见	以一种不切实际的消极态度呈现自己	

资料来源：*MMPI®-2 (Minnesota Multiphasic Personality Inventory®-2) Manual for Administration, Scoring, and Interpretation.* Regents of the University of Minnesota.

在其发表后的几十年里，研究人员和临床医生开始意识到明尼苏达多相人格量表修订版的临床量表评分的局限性。这些分数与最初的临床类别不一致，也就是说施测者不能将其作为诊断特定疾病的证据（较高的"精神分裂"分量表分数并不意味着个体被诊断为"精神分裂症"）。因此，明尼苏达多相人格量表修订版使用者会采用更新的、重组的临床量表（restructured clinical scales，RCs）。明尼苏达多相人格量表修订版的最新版本事实上是在 2008 年发布的明尼苏达多相人格量表修订重组版（MMPI-2-RF®）。最新版本的明尼苏达多相人格量表仅包含 338 个题目，它还可以计算"高阶"因素的分数，这些因素反映了来访者的整体情绪、认知和行为功能（见表 3–7）。

表 3–7 明尼苏达多相人格量表修订重组版

量表	量表名称	测试内容
RCd	意志消沉量表	普遍的不开心和不满意
RC1	躯体化症状量表	弥漫性的身体健康问题
RC2	消极的情绪量表	缺乏积极的情绪反应
RC3	愤世嫉俗量表	非自我指向的不信任他人的信念
RC4	反社会行为量表	违反规则和不负责任的行为
RC6	迫害幻想量表	坚信别人对自己构成威胁
RC7	功能失调的负面情绪量表	适应不良的焦虑、愤怒和易怒
RC8	异常经历量表	不寻常的想法或看法
RC9	轻度躁狂量表	过度活跃、侵略性、冲动和浮夸

资料来源：Excerpted from the *MMPI-2-RF ® Manual for Administration, Scoring, and Interpretation* by Yossef S. Ben-Porath and Auke Tellegen. Copyright ©2008, 2011 by the Regents of the University of Minnesota. Reproduced by permission of the University of Minnesota Press. All rights reserved. "Minnesota Multiphasic Personality Inventory-2-RF®" and "MMPI-2-RF®" are trademarks owned by the Regents of the University of Minnesota.

人格评定量表（personality assessment inventory，PAI）是一种可以替代明尼苏达多相人格量表的自我报告的临床工具，在题目内容和比例上两者有所不同。人格评定量表有 344 个题目，分为 11 个临床量表（如焦虑、抑郁、躯体症状）、5 个治疗量表（如攻击性、自杀意念）、2 个人际关系量表（支配性和温暖性）和 4 个效度量表，效度量表用于评估某人不真实的反应倾向的。人格评定量表的一个优点是临床医生可以将其用于那些可能由于不具备语言或阅读技能难以完成明尼苏达多相人格量表修订版的来访者。第二个优点是，与明尼苏达多相人格量表不同，人格评定量表的效度量表的分数独立于实际的内容量表。

症状自评量表（SCL-90-R）测量了受测者目前 90 种身体和心理症状，它共有九种综合症状量表，如抑郁、焦虑和敌对。此外，症状自评量表可得出个体症状的整体严重性指数以及症状数量和强度。与没有指明测评时段的测量方法不同，症状自评量表关注来访者的当前状态。由于 S 症状自评量表是对来访者的状态敏感，因此它可以在多种情况下使用，也非常适合希望在整个治疗过程中跟踪来访者进展的临床医生使用。

大五人格问卷修订版（NEO Personality Inventory-Revised，NEO-PI-R）不常应用于临床，该问卷共 240 题，测量了五个人格维度或一组人格特征。该量表的设计是希望受测者和认识受测者的个体，如配偶、伴侣或亲属都能完成这些量表。人们在临床环境中使用大五人格问卷修订版的次数少于在人格研究或员工选择中使用它的次数，尽管该量表在描述来访者与症状有区分的

"人格"方面可能有价值。各种形式的大五人格问卷修订版都可以在网上找到，研究者可以使用一种只有对形容词评分的更简洁的版本。

临床医生和研究人员也可以使用能评估特定疾病的自我报告量表，这些疾病可能与平常的测试无关。事实上，有数百种量表是为了这些目的而开发的，包括个体诊断的量表以及测量与自恋、精神病态和完美主义等临床相关的特质的量表。这些量表还可以作为一般评估方法的补充。

回到本·罗布萨姆的案例，你可以在图 3–2 中看到他的明尼苏达多相人格量表修订版分数。他在妄想分量

明尼苏达多相人格量表修订版效度及临床量表概况

	逆向矛盾	同向答题矛盾	诈病量表	F(B)	F(P)	说谎分数	矫正分数	最佳反应	疑病量表	抑郁量表	癔病量表	精神病态量表	男子–女子气量表	妄想量表	精神衰弱量表	精神分裂量表	轻躁狂量表	社会内向量表
原始分	9	8	7	2	3	5	15	32	11	17	23	15	20	15	9	19	23	21
K矫正									8			6			15	15	3	
T分数（画图）	65	57F	58	51	63	56	49	58	66	47	54	46	38	68	45	63	65	46
不区分性别T分数	65	57F	59	50	64	57	50	58	64	45	53	46		67	44	63	66	45
回答率%	100	100	100	100	100	100	100	100	100	100	100	100	100	100	98	100	100	99

注：每个量表上可能的最高和最低统一T分数用"– –"表示。

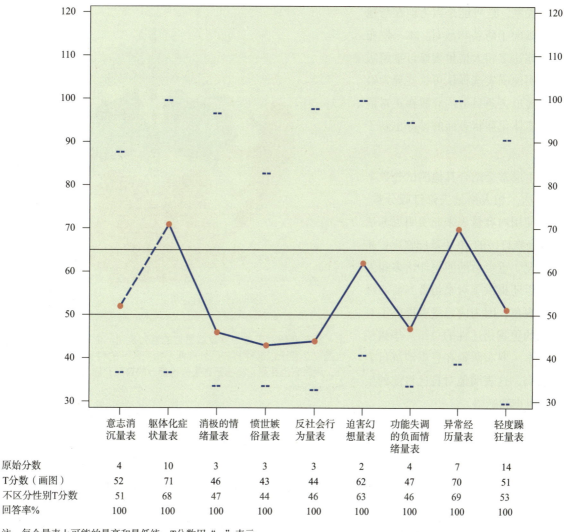

明尼苏达多相人格量表修订版效度及临床量表概况

	意志消沉量表	躯体化症状量表	消极的情绪量表	愤世嫉俗量表	反社会行为量表	迫害幻想量表	功能失调的负面情绪量表	异常经历量表	轻度躁狂量表
原始分数	4	10	3	3	3	2	4	7	14
T分数（画图）	52	71	46	43	44	62	47	70	51
不区分性别T分数	51	68	47	44	46	63	46	69	53
回答率%	100	100	100	100	100	100	100	100	100

注：每个量表上可能的最高和最低统一T分数用"--"表示。

图 3-2　本·罗布萨姆的明尼苏达多相人格量表修订版概况

表上的分数略高，并选择了一些与精神错乱直接相关的关键条目，如"我没有真正想伤害我的敌人"选择"否"、"我有奇怪或离奇的想法"选择"是"、"有时我的思想比我能说出来的更快"选择"是"。根据他的回答，他可能有不寻常的思维内容，可能经常怀疑别人在说他的坏话。因此，他可能会感到与现实脱节，他可能认为自己的情感和思维受他人的控制。在整个韦克斯勒成人智力量表第四版施测期间，他对某些测试条目偶尔的异常反应证明了他异常的思维内容。然而，他在明尼苏达多相人格量表修订版上的分数表明，他不容易冲动或拿自己的身体冒险，通常遵守规则和法律。这些可能是本·罗布萨姆的保护因素，因为他可能能够保持一定的对自己异常思维的控制，这可能使他与那些患有达到

诊断标准的精神病性障碍的人有所区别。

从本·罗布萨姆的分数来看，华盛顿医生推断，他有限的应对资源可能是一个较为情境性的问题，而非一个长期存在的问题。此外，他的临床概况表明，他可能对别人的意见过于敏感和反应过度。他可能过分强调理性，他的态度和观点可能恪守道德标准并有些僵化。因此，他可能爱争论，并且容易责备他人，在人际关系中表现出怀疑、敌意和防备。这可能是他报告说在学校几乎没有亲密朋友以及他喜欢独自待在宿舍的原因。

根据他在明尼苏达多相人格量表修订版上的得分，本·罗布萨姆似乎有一种传统的男子气概，在工作、爱好和其他活动中可能有符合刻板印象的男性偏好。在临

床访谈中，他报告说之前没有与女性有过重要的浪漫关系，这可能是因为他在与他人的关系中倾向于防备和敌对。本·罗布萨姆在明尼苏达多相人格量表修订重组版上的得分表明他确实选择认可这些异常经历，但他在被迫害条目上的分数在正常范围内。他在躯体化症状方面的得分也高于常模。

临床医生通常会结合其他测试分数来解释明尼苏达多相人格量表修订版分数。他们还可以使用内容量表来充实明尼苏达多相人格量表修订版的 10 个基础临床量表所提供的概况。重组后的明尼苏达多相人格量表修订版还提供了对来访者当前心理状态的不同视角，因为内容量表提供了对来访者症状的更具描述性的总结。华盛顿医生指出，本·罗布萨姆在意志消沉量表上的得分很高，这表明他对自己目前的生活状况感到沮丧和绝望。

本·罗布萨姆对于这个罗夏式墨迹的感知是"一个恶魔面具正在跳出来抓你。也是一个种子，某种将自己分成两个相同部分的种子。它可能是一种受孕的象征，同时它也在死亡。它正在失去一部分的自己，崩溃，愤怒。"

©Science Source

投射测试

投射测试（projective test）是一种评估技术。在这种技术中，评估人员会向受测者呈现一个模棱两可的项目或任务，并要求受测者提供他自己的理解或感受来做出回应。投射测试背后的基本思想是，人们不能或可能不会在自我报告量表中提供准确的陈述。例如，来访者可能不希望直截了当地说他正在经历不寻常的症状或具有一些有负面色彩的品质。在投射测试中，来访者可能对他的回答不那么谨慎，因为他不知道评估人员会如何解释他的答案。

最著名的投射技术是罗夏墨迹测试（Rorschach Inkblot Test），以瑞士精神病学家赫尔曼·罗夏（Hermann Rorchach）的名字命名，他在 1911 年发明了这种方法。要实施这个测试，施测者需要向受测者逐一出示一套 10 张卡片（5 张是黑白的，5 张是彩色的）。受测者的任务是描述墨水渍的样子。虽然这个方法听起来很简单，但在过去的一个世纪里，研究人员和临床医生不断完善评分方法；现在有一套完善的解释体系。

主题统觉测试（thematic apperception Test，TAT）为受测者提供了与罗夏墨迹测试截然不同的任务。考生们看的是黑白素描，这些素描描绘了人们在各种模棱两可的情况下的形象，比如站在黑暗的走廊里或坐在卧室里。受测者被要求简单地讲一个关于每个场景中发生的事情的故事，重点关注图片中人物的想法和感受等细节。主题统觉测试最初的目的是评估动机需求，如成就需求或权力需求。它的使用已经扩展到临床情境，并且，像罗夏墨迹测试一样，可以使用更好的评分系统来减少主观因素在解释来访者讲述的图片故事时的作用。

名词解释

投射测试　是一种评估技术，其中评估人员会向受测者呈现一个模棱两可的项目或任务，并要求受测者提供他自己的理解或感受来做出回应。

罗夏墨迹测试　是投射测试方法，其中个体描述他们对于一组对称的墨水渍中每一个的感受。

主题统觉测试　是一种投射测试，受试者编造一个故事来解释在一组模棱两可的图片中发生了什么。

投射测试与自我报告问卷相结合而非临床医生将其

作为诊断或评估来访者的唯一依据时是最有用的。在本·罗布萨姆的案例中，华盛顿医生决定在完成神经心理学评估之前不进行投射测试。临床医生通常不会将这些评估工具作为标准评估组合的一部分进行施测，特别是当来访者的症状可能与创伤或伤害有关时。

真实故事

路德维希·范·贝多芬：双相情感障碍

德国作曲家路德维希·范·贝多芬（Ludwig van Beethoven）是有史以来最杰出的音乐作曲家之一。他的音乐描绘了他一生中所经历的令人难以置信的广泛的情感，可以说比大多数人经历的范围都更广，因为学者们相信他患有双相情感障碍。《天才的奥秘》（The Key to Genius）一书根据贝多芬的往来信件和他的朋友的叙述，讲述了贝多芬生活中的故事，也回忆了贝多芬的情感多变和动荡不安的一生。书中所引用的他的一位朋友的话说："如果没有这种非同寻常的情感体验，一个人似乎不可能创作出与贝多芬的情感广度和强度相当的作品。"

贝多芬的父亲经常殴打他，据说他会把他锁在地下室里。贝多芬爱自己的母亲，但母亲在他成长的大部分时间里或多或少是缺席的。贝多芬 17 岁时，他的母亲生病去世，留下三个年幼的儿子和一个开始酗酒的丈夫。由于父亲不能照顾孩子，贝多芬负责照顾他的两个弟弟，直到他们长大。

贝多芬在人生中的这个阶段，已经出版了他的第一部钢琴作品。22 岁时，他离开家，在奥地利维也纳师从于著名作曲家弗朗茨·约瑟夫·海登（Franz Joseph Haydn），并在那里度过余生。尽管当时大多数作曲家都是受教会委托创作的，但贝多芬是一位自由作曲家，

路德维希·范·贝多芬被认为患有双相情感障碍。
资料来源：Library of Congress, Prints & Photographs Division, Reproduction number LC-USZ62-29499 (b&w film copy neg.)

他很快就成了一个成功且受人尊敬的人。这一成功保护了他，否则当时的社会毫无疑问会以负面眼光看待他。与贝多芬关系密切的人认为他是一个情绪不稳定的人，是不是会出现极度易怒和偏执的情况，以及更长时间的抑郁。他暴躁的脾气经常导致他与房东和仆人的争吵，因此他经常搬家。他的暴脾气在很大程度上影响了他的人际关系，他经常把朋友从家里赶出去，随后又恳求他们的原谅，而他的朋友通常会原谅他，因为贝多芬的本性总体来说是很好的，除了那些烦躁或忧郁时期的表现。

值得一提的是，尽管贝多芬在他生命的最后 10 年经历了从听力丧失到完全失聪，承受了巨大的痛苦，但他仍然继续创作和表演音乐直到去世。与许多患有双相情感障碍的有创造力的人一样，贝多芬的躁狂被证明是他生命中一股强大的创造力。相比之下，他的抑郁时期通常是没有成果的，因为他通常在孤独中承受着煎熬，直到情绪过去。他经常会感到身体不适，冬天还患有哮喘，这无疑又助长了他持续的抑郁和酗酒行为。他的酗酒同样进一步给他带来了更多的身体问题。不幸的是，酗酒等物质的滥用往往是双相情感障碍患者的继发问题，他们试图以此来控制他们痛苦的情绪波动。

贝多芬的躁狂发作不仅

让他有更强的创造力，而且也让他有机会暂时克服他所遭受的任何身体状况，即便是在他生命的最后几年，当他受到许多躯体疾病的痛苦折磨时。正如一位医生所指出的："他常常以罕见的忍耐力在树木繁茂的山坡上创作作品，他的作品仍然熠熠生辉，他经常会在最荒凉的环境中跑上几个小时，拒绝承认温度的变化，而且经常是在大雪期间。"

尽管贝多芬被认为是一个浪漫主义者，并且有许多追求者，但贝多芬从未结婚，也没有自己的孩子。当他的弟弟去世时，贝多芬收留了他 9 岁的侄子卡尔，这一安排很快就变成了灾难。贝多芬对卡尔的母亲非常不信任（他经常怀疑他身边的人），为了获得侄子卡尔的监护权，他把弟媳告上了法庭。在监护权之争持续了一段时间后，贝多芬获得了卡尔的监护权，周围的人们也就发现他经常大声训斥卡尔，并干涉他的生活。卡尔的生活变得如此艰难，以至于他试图自杀，后来他决定参军，这显然是为了寻求一种比在叔叔身边更稳定的生活。不难想象，贝多芬连他自己都照顾不周，怎么能很好地照顾一个年幼的孩子。在《天才的奥秘》一书中，他的朋友讲述了这位作曲家晚年完全不注意个人卫生和缺乏自我照顾的情况。他经常衣衫不整，以至于有一

次他在维也纳一个街区散步时被误认为是窃贼而关进了监狱，直到他的一位朋友确认他的身份后，他才被释放。根据他的外表，警察们不敢相信他就是贝多芬。

那些与贝多芬关系密切的人最终开始容忍他不同寻常的、有时会快速变化的情绪和冲动行为。由于他的成功和音乐贡献，维也纳社会接受了他古怪的行为。他无限的创造力和对音乐的热爱得益于他的情感经历，并帮助他度过了人生中的许多艰难时期。他的一位朋友写道："贝多芬之所以能够作为创造者坚持下来，可能是因为他勇敢，或者是因为他对音乐的热爱让他不断前进。"然而，他的身体健康一直受到损害，这在很大程度上是由于他的躁狂将他逼上绝路。当他的疾病变得难以忍受时，抑郁往往会随之而来，这种持续的循环代表着双相情感障碍患者所经历的挣扎。最终，贝多芬对音乐的热情还不足以挽救他因过度饮酒而导致的肝硬化，他于 1827 年去世，享年 57 岁。虽然我们因他的音乐纪念他，但我们可以从他的创作中听到他的情感挣扎。正如他的一位朋友所说："贝多芬一生中的大部分时间都是在疾病、痛苦、虚弱和抑郁中度过的，因此他所取得的任何成就都是卓越非凡的。考虑到他的痛苦无处不在，他的作品就更显得神奇了。"

行为评估

行为评估（behavioral assessment）是一种基于对个人行为的客观记录的测量形式。与心理测试不同，行为评估记录的是行为，而不是对评分量表或问题的反应。目标行为（target behavior）是评估中感兴趣或关注的行为，是来访者和临床医生希望改变的行为。行为评估包括对前因（行为之前的事件）和后果（行为的结果）的描述。例如，教室里的孩子可能会在课间休息后立即表现出不同寻常的破坏性，但午餐后不会。行为的前因是课间休息，其后果可能是老师的注意力或其他同学对孩子玩耍时而不是吃饭时的破坏性行为的反应。

当临床医生在其自然环境中记录行为时，例如在教室或家里，这被称为现实观察（in vivo observation）。然而，进行现实观察并不总是可能或可行的。教师或教师

助理可能太忙，无法记录一个孩子的行为。另一种选择是让外部观察者记录孩子的行为，而这可能会干扰或影响临床医生想要观察的行为。在这些情况下，将模拟教室环境，并在这种可控的条件下记录行为。

模拟观察（analog observations）允许对关注的行为进行模拟。它可能发生一种背景或情境中，例如临床医生的办公室或专门为观察目标行为而设计的实验室。临床医生评估破坏性儿童时，需要安排一个尽可能接近教室自然状况下的情境，以使模拟观察有效。

来访者也可以报告自己的行为，而不是让别人观察他们。行为自我报告（behavioral self-report）是一种行为评估方法，其中个体提供有关特定行为频率的信息。这种自我报告还包括行为的前因和后果。自我监控（self-monitoring）是行为自我报告的一种形式，在这种

形式中，来访者记录特定行为的频率，如吸烟的次数、消耗卡路里的数量，或一天中某个不受欢迎的想法出现在来访者脑海中的次数。临床医生也可以通过**行为访谈**（behavioral interviewing）从他们的来访者那里获得信息，在行为访谈中，他们会询问目标行为的频率、前因和后果。所有这些方法对于寻求治疗的成年人比儿童更合适，只要成年人能够监控自己的行为。

作为综合心理评估的一部分，来访者通常会完成个人行为模式的自我报告。
©Zinkevych/Getty Images

名词解释

行为评估　是一种基于对个人行为的客观记录的测量形式。

目标行为　是评估中感兴趣或关注的行为。

现实观察　指在自然情境下记录行为的过程，例如在教室或家里。

模拟观察　指在临床医生办公室或专门为观察目标行为而设计的实验室等背景或情境中进行的评估。

行为自我报告　是一种行为评估方法，其中个体提供有关特定行为频率的信息。

自我监控　是一种自我报告技术，其中来访者记录特定行为发生的频率。

行为访谈　是临床医生就目标行为的频率、前因和后果提出问题的评估过程。

多元文化评估

当心理学家进行评估时，他们通过进行**多元文化评估**（multicultural assessment）来将对方的文化、民族和种族背景纳入考虑。为了进行这项评估，当临床医生评估将英语作为第二语言的来访者或根本不使用英语的来访者时，必须问以下三个问题：

- 来访者是否对评估过程充分理解以至于能够提供知情同意？
- 来访者是否理解测量工具的指导语？
- 是否有针对来访者民族的常模数据？

即使来访者表现得相当流利，他们也可能无法理解具有多重含义的惯用短语。

为了评估这些文化概念对患者症状的影响，临床医生可以使用《精神障碍诊断与统计手册（第五版）》中基于痛苦的文化概念化的正式机制。**文化概念化访谈**（cultural formulation interview，CFI）是一组问题，用于评估文化对来访者临床表现和照顾的关键方面的影响。文化概念化访谈评估来访者的文化身份、个体对痛苦的文化概念化、易患性和韧性的文化特征，以及来访者和临床医生之间的文化差异。文化概念化访谈中的问题包括"对你而言，你的背景或身份中最重要的方面是什么"以及"你认为为什么会发生在你身上"，背景或身份在这里指的是你所属的社区、你所说的语言、你和你的家庭来自哪里、你的种族或民族背景、你的性别或性取向或你的信仰、宗教。

名词解释

多元文化评估　是临床医生将来访者的文化、民族和种族背景纳入考虑的评估过程。

文化概念化访谈　是评估文化对来访者临床表现和照顾的关键方面的影响的一组问题。

心理测试的出版商正在不断地重新评估它们的测量工具，以确保来自不同背景的来访者能够理解这些题目。同时，临床项目的研究生受训者接受培训，以了解他们评估的来访者的文化背景，用批判性的视角来评价测量工具，并认识到何时应进行文化敏感性的评估或寻求进一步会诊。同样，资深的临床医生必须寻求继续教育，以确保他们的评估符合当前的多元文化的评估标准。

心理学家在评估过程的每一部分都要考虑到多元文化的影响，这一点很重要。

©Eric Audras/Getty Images

神经心理学评估

　　神经心理学评估（neuropsychological assessment）是一种基于表现的认知功能评估方法，用于检查脑损伤、脑部疾病和严重精神疾病的认知影响。临床医生使用神经心理学测量的分数来将来访者在特定测试中的反应与已知有某些类型损伤或疾病的人的常模数据进行比较。

　　在神经心理学评估中，临床医生可以从测量注意力和工作（短期）记忆、处理速度、言语推理和言语理解、视觉推理、言语记忆和视觉记忆的测试中进行选择。许多测试评估了临床医生所说的 **执行功能**（executive functioning），即制定目标、拟定计划、执行计划，并以有效的方式完成计划的能力。每个类别中都有各种可用的测试。如果来访者表现出有脑损伤或功能

障碍，临床医生将使用神经心理学测试来进一步了解损伤的确切性质。

> **名词解释**
>
> **神经心理学评估**　是一种基于表现的认知功能评估方法，用于检查脑损伤、脑部疾病和严重精神疾病的认知影响。
>
> **执行功能**　指制定目标、拟定计划、执行计划，并以有效方式完成计划的能力。

　　进行神经心理学评估没有一套固定的程序，因为评估的目的是为每位来访者量身定制测试。特定的临床医生可能会根据自己的经验和他们认为在确定来访者的长处和不足的性质方面最有效的方法，而更偏好某些测试。来访者的年龄是临床医生考虑的另一个因素。适合老年人的测试通常不适合诊断儿童或青少年。同样，临床医生需要确保他们使用的测试适合特定文化或语言背景的人。

　　理解神经心理学测试的关键是它是心理的，这意味着它不使用大脑扫描或生理测量。例如，为了了解这些测试可能包括哪些内容，有一些测试使用韦克斯勒成人智力量表第四版。背数用于评估言语回忆和听觉注意，类同用于评估言语抽象能力。另一种被广泛使用的方法，特别是对老年人来说，是连线测试（trail making test，TMT），一种简单的执行功能测试，可以用铅笔和纸进行。图 3-3 显示了连线测试 A 部分的一个示例项。在这个示例项中，被测试者需要完成的任务是画一条线，将数字按顺序连接起来。虽然这看起来很简单，但额叶受损的个体可能会认为连线一系列的数字很困难。连线测试测量的能力包括注意力、视觉刺激扫描和数字排序。

　　有很多测试可以衡量视觉空间能力。一个用于筛查神经认知障碍的非常简单的方法是画钟测试（clock drawing test）。施测者给受测者一张纸，上面有一个大的画好的圆圈。来访者的任务是在圆圈周围绘制数字，使其看起来像模拟时钟的表面。最后，施测者要求来访者画时钟的指针，指向"11 点 10 分"。然后，临床医生根据错误的数目对来访者的画进行评分。损伤最严重的来访者根本无法复制时钟表面，或者他们在书写数字

或在表盘上放置数字时出错。

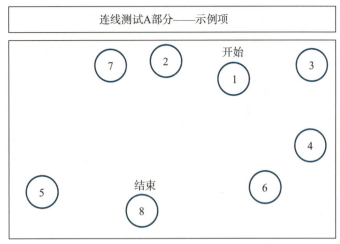

图 3-3 连线测试

资料来源：Adapted from Reitan, R. M. Validity of the Trail Making Test as an indicator of organic brain damage. *Perceptual and Motor Skills*,Vol. 8, 1958, 271–276.

《精神障碍诊断与统计手册（第五版）》中有什么

第三部分评估量表

《精神障碍诊断与统计手册（第五版）》的第三部分包含了一套评估量表，临床医生可以使用这些量表来加强他们的决策过程。这些工具包括一个"跨界"的访谈，该访谈包括了所有心理障碍的症状，如情绪困扰、愤怒和反复性思考，来访者或来访者身边的人都可以完成这个访谈。这种对症状的检查将使临床医生能够注意到可能不完全符合分类诊断的症状。这些问题可以纳入精神状态检查。一组问题包含对 13 个成人领域和 12 个儿童领域的简要调查。后续问题深入到似乎需要进一步关注的领域。

《精神障碍诊断与统计手册（第五版）》的作者认识到，由于疾病之间的分类有时似乎是武断的，因此维度视角越来越受到文献的支持。此外，还有些障碍结合了两种障碍的特征。许多来访者也有不止一种障碍或诊断，不容易归入一个类别。最后，维度视角可以与《精神障碍诊断与统计手册》基于分类的诊断相结合。这种视角将允许临床医生指出患者疾病的严重程度，从而有可能在治疗期间评估患者的进展情况。

除这些工具外，第三部分还包括世界卫生组织残疾评定量表（见第 2 章"诊断与治疗"）以及为临床医生提供文化表述工具的部分。这是一个全面的半结构化访谈，重点关注客户的体验和社会背景。《精神障碍诊断与统计手册（第五版）》的作者强调，访谈应以允许客户报告其主观体验的方式进行。这是旨在减少临床医生的成见或先前存在的偏见影响诊断过程的可能性。

《精神障碍诊断与统计手册（第五版）》的作者希望，通过提供这些工具和技术，他们不仅可以改进诊断过程，还可以为心理障碍的性质和原因的研究文献做出贡献。

威斯康星卡片分类测试（Winsconsin card sorting test，WCST）用于评估执行功能，因为它测试来访者形成高阶抽象概念的能力。来访者看到四张卡片（如图 3-4 的顶行所示）。临床医生一次施测一张卡片，来访者的任务是指出顶行中的哪张卡片与这张卡片匹配。该系列共有64张卡片。在这里显示的示例中，两个红色加号的卡片可以匹配卡片1（颜色）、卡片2（数字）或卡片4（形状）。来访者会收到关于选择是否正确的反馈。此反馈将在下一次轮测试中，提示来访者要选择的卡片。几轮测试之后，标准发生了变化，现在来访者必须发现新的规则。该测试最初是使用实体卡片开发的，但现在临床医生通常以计算机的形式进行测试。

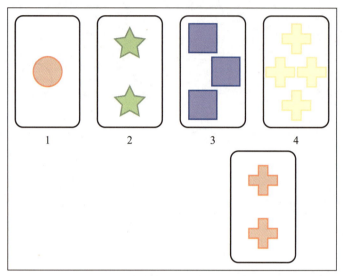

图3-4　威斯康星卡片分类测试的样题

威斯康星卡片分类测试是对执行功能的良好测试，它对额叶损伤敏感，但也评估其他皮质区域的损伤。使用大脑扫描方法的数据被越来越多地与威斯康星卡片分类测试的表现进行比较，这为研究人员提供了一个机会，以扩展他们解释测试分数的能力。

神经心理学家使用波士顿命名测试（Boston naming test，BNT）来评估学习障碍儿童和大脑受损成人的单词提取能力。波士顿命名测试的60个项目中的每一个都包含一个物体的图片，受测者必须回忆其名称。波士顿命名测试从简单的项目开始（如床、树和铅笔），到最后的困难项目（如调色板和算盘）。不正确的回答包括个人未能命名这个项目，或未能给出相关名称。例如，"口琴"（harmonica）叫作"口风琴"（mouth organ），或未能命名项目的一部分。因为该测试取决于个人的英语流利程度，所以波士顿命名测试不适用于母语不是英语的个体。

同步序列听觉加法测试（paced serial addition test，PASAT）评估来访者对听觉信息的处理速度、灵活性和计算能力。来访者每3秒会听到1到9之间的数字录音。任务是将刚刚听到的数字与前面的数字相加。如果录音是"1-3-5-2-6-7"，那么正确的回答是"4-8-7-8-13"。除

了用于评估创伤性脑损伤外，临床医生还广泛使用同步序列听觉加法测试评估多发性硬化症患者的功能。

为了评估脑外伤后的即时后果，临床医生会施测格拉斯哥昏迷量表（Glasgow coma scale，GCS），该量表测量对特定刺激反应的意识水平的损伤。格拉斯哥昏迷量表测试个体睁开眼睛、在周围环境中定向和听从指令的能力。对于临床医生来说，在疑似创伤后的一段时间内进行格拉斯哥昏迷量表测试，跟踪个体意识水平随时间的逐渐变化，尤其有用。因为格拉斯哥昏迷量表有32种语言的版本，因此它的优势是在多元文化的环境中非常有用。

其他的神经心理学测试测查各种记忆功能。韦克斯勒记忆量表第四版包括对视觉和言语刺激的工作（短期）和长期记忆测试。施测者可以根据他们认为对特定来访者评估最关键的领域，从韦克斯勒记忆量表第四版子量表中进行选择。例如，在测试老年人时，施测者可能只使用评估逻辑记忆（重述一个故事）、词语配对（成对单词中记住第二个单词的能力）和视觉再现（绘制视觉刺激的能力）的量表。

计算机形式的测试组合，包含一系列可以适应来访者可能的大脑损伤的测试，提供了**自适应测试**

（adaptive testing）的机会，来访者对较早出现的问题的回答决定了随后向他提出的问题。例如，剑桥神经心理自动化成套测试（Cambridge Neuropsychological Testing Automated Battery，CANTAB）由 22 个子测试组成，评估视觉记忆、工作记忆、执行功能和计划、注意力、言语记忆、决策和反应控制。

名词解释

自适应测试 是来访者对较早出现的问题的回答决定了随后向其提出的问题的一种测试。

你来做判断

法律系统内的心理学家

在法律体系内工作的心理学家经常被要求担任专家证人，他们的证词往往依赖于心理评估。与治疗环境不同，司法环境不一定涉及积极的关系。事实上，如在监护权案件中，如果来访者希望对导致其被定罪或不利决定的心理评估进行报复，心理学家可能会面临来自来访者的渎职诉讼。

纳普（Knapp）和范德克里克（VandeCreek）提出了一个有趣的案例，一位心理学家参与了监护权案件，他在报告中写道："父亲有独裁倾向，可以从参加育儿培训中获益。"然而，心理学家实际上并没有对他的父亲进行访谈；他根据孩子们告诉他的话写了这一陈述。结果，这位心理学家受到了州立执照委员会的谴责。

美国心理学会所编制的《心理学家伦理原则和行为准则》（*Ethical Principles of Psychologists and Code of Conduct*）也要求心理学家在其领域内执业。如果他们没有接受过司法心理学的培训，他们需要寻求专家同事的咨询。纳普和范德克里克提到的第二个案例涉及一位精通评估但不擅长司法评估的心理学家的证词，他作证说，根据明尼苏达多相人格量表修订版中 6 和 9 量表的高分，被告确实是"精神错乱"。然而，法律上的精神错乱并不等同于心理上的精神障碍，因此，这位心理学家的证词在法庭上被视为是不可信的。

知情同意是另一个关键的伦理原则，不仅适用于研究，也适用于评估和治疗。当与患有心理障碍的被告访谈以进行司法评估时，心理学家必须采取一切可能的预防措施，让被告知道在这种情况下保密的范围限制。在纳普和范德克里克提出的另一个例子中，被告在听到心理学家对访谈的报告时感到特别震惊，因为被告没有理解知情同意的性质。

最后一个例子，考虑伦理准则中对双重关系的禁令。提供治疗的心理学家不应该提供律师可以在法律案件中使用的信息。纳普和范德克里克引用的例子是一位心理学家治疗一对分居夫妇的孩子。孩子们说他们更愿意和母亲住在一起。这位母亲后来要求这位心理学家给她的律师写封信。之后，律师要求心理学家"分享你对孩子应该住在哪里的看法"。

你来做判断：正如你所看到的，美国心理学会所编制的《心理学家伦理原则和行为准则》明确规定了每个案件中适当的行动方案。你要决定的问题不是哪种行为是正确的，因为这在《心理学家伦理原则和行为准则》中有明确的规定；相反，要考虑的是心理学家在法律体系中沟通互动时所面临的复杂性。将心理学家置于需要他们完全熟悉指导这一领域的原则的情境下，这些例子只是继而可能会出现的许多情况中的一小部分。

在决定是否进行计算机化测试之前，临床医生必须在易于施测和评分的优势以及不擅于使用计算机的来访者可能面临的潜在劣势之间进行权衡。目前老年人群体对技术的熟悉程度可能有所不同，但作为增长最快的互联网用户群体，这种情况可能在几年内就会发生变化。如果担心受测者使用这种形式会处于劣势，那么就需要权衡计算机化成套测试的收益和损失。

现在来看看本·罗布萨姆的测试，华盛顿医生选择了一些对本·罗布萨姆可能遭受的损伤类型敏感的任务，考虑到他的韦克斯勒成人智力量表第四版译码分数很低，这表明本·罗布萨姆可能遭受了大脑损伤，导致他集中视觉注意力和快速完成精神运动速度任务的能力发生了变化。因为华盛顿医生没有在事故现场或急诊室看到本·罗布萨姆，所以他无法施测格拉斯哥昏迷量表。

本·罗布萨姆完成连线测试 A 部分的时间在轻微受损的范围内。在画钟测试中，本·罗布萨姆得到了满分 10 分中的 5 分，错误地将时钟上的数字挤在一个角落。他在同步序列听觉加法测试中得到的分数在正常范围内，这提示损伤并未影响他的听觉注意功能。在威斯康星卡片分类测试中，本·罗布萨姆表现出固着错误的迹象，这意味着他无法根据不同的标准在对卡片进行分类时改变思维定势。本·罗布萨姆在韦克斯勒记忆量表第四版（WMS-IV）中的表现在正常范围内，这一结果与他在韦克斯勒语言量表上的相对高分一致，表明他没有出现短期或长期记忆丧失。

CAT 或 CT）使用从大脑周围不同角度穿过的一系列 X 射线，这些 X 射线被计算机整合以生成合成图像。大脑的 CT 扫描提供了一个静态图像，显示了被称作脑室的充满液体的区域。当临床医生在寻找大脑结构损伤时，这种方法是有用的，因为增大的脑室表示重要脑组织的缺失。

核磁共振成像（magnetic resonance imaging，MRI）使用电波而非 X 射线，根据各种组织的含水量构建活体大脑的静态图像。为了对大脑进行核磁共振成像，患

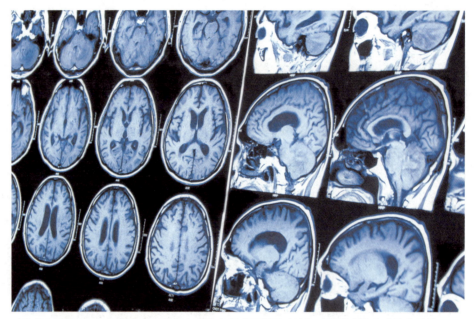

对患者大脑进行 CT 扫描有助于神经心理学家发现可能导致认知功能障碍的大脑结构异常。
©Tushchakorn Rushchatrabuntchasuk/123RF

神经成像

神经成像（neuroimaging）提供了大脑结构或活动水平的图像，因此是"观察"大脑的有用工具。心理学家在临床工作和研究中使用几种类型的神经成像方法，它们提供几种不同的结果类型。

脑电图（electroencephalogram，EEG）测量大脑中的电活动。脑电图活动反映了个体警觉、休息、睡眠或做梦的程度。当一个人进行特定的心理任务时，脑电图模式还显示出特定的脑电波模式。临床医生使用脑电图来评估来访者是否患有癫痫、睡眠障碍和脑肿瘤等疾病。

计算机轴向断层扫描（computerized axial tomography，

者被放置在一个装有强电磁的舱内。磁力使氢原子中的原子核传递电磁能（因此称为核磁共振）。计算机根据从数千个角度记录的活动生成扫描区域的高分辨率的图像。核磁共振成像图像区分了大脑中的白质（神经纤维）和灰质（神经元）区域，有助于诊断影响构成白质的神经纤维的疾病。然而，由于核磁共振成像使用磁性来检测大脑活动，所以有金属关节、起搏器或其他永久性金属植入物的人不能使用这种检测方法。

正电子发射断层扫描（positron emission tomography，PET）是一种测量大脑活动的方法，在这种方法中，少量的放射性化合物会被注射到个体的血液中，随后计算机测量大脑不同部位的不同辐射水平，并生成彩色图像。

在被称为单光子发射计算机断层扫描（single photon emission computed tomography，SPECT）的变体中，可以进行更长更详细的成像分析。在这两种方法中，化合物通过血液进入大脑，并发射出带正电的电子（称为正电子），其作用与 CT 扫描中的 X 射线非常相似。这些图像代表带标记的化合物的积累，可以显示出血流、氧气或葡萄糖代谢以及大脑化学物质的浓度。光谱红端的鲜艳颜色代表较高水平的活动，光谱蓝 – 绿 – 紫端的颜色代表较低水平的大脑活动。质子磁共振波谱（proton magnetic resonance spectroscopy，MRS）是另一种测量神经元代谢活动的扫描方法，并继而可能提示脑损伤区域。

功能性核磁共振成像（functional magnetic resonance imaging，fMRI）提供了大脑区域如何对刺激做出反应的实时图像，从而可以精确监测个体的反应。研究人员正越来越多地使用功能性核磁共振成像技术来了解处理信息时的脑中的活跃区域。功能性核磁共振成像的一个主要优点是它不像正电子发射断层扫描或单光子发射计算机断层扫描一样需要注入放射性物质。

研究人员还使用扩散张量成像（diffusion tensor imaging，DTI），这是一种探究大脑白质异常的方法。扩散张量成像显示水分子沿着轴突扩散时的活动，这使得研究神经通路的异常成为可能。

名词解释

神经成像 是一种提供大脑结构或活动水平图像的评估方法，因此是"观察"大脑的有用工具。

脑电图 是测量大脑电活动变化的一种方法。

计算机轴向断层 指从大脑周围不同角度拍摄的一系列 X 光片，经计算机整合后生成合成图像。

核磁共振成像 使用无线电波而非 X 射线，根据各种组织的含水量构建的活体大脑静态图像。

正电子发射断层扫描 一种测量大脑活动的方法，即将少量放射性化合物注射到一个人的血液中，随后计算机测量大脑不同部位的不同辐射水平，并产生一幅彩色图像。

单光子发射计算机断层扫描 是正电子发射断层扫描的一种变体，可以进行更长更详细的成像分析。

质子磁共振波谱 一种测量神经元代谢活动，继而可能提示脑损伤区域的扫描方法。

功能性核磁共振成像 提供大脑区域如何对刺激做出反应的实时图像。

扩散张量成像 一种检查大脑白质异常的方法。

请记住，大脑扫描可以提供特定区域受损的证据，但它们并不一定能对应特定的行为功能丧失。目前，它们可能暗示大脑受损或神经活动降低，但它们与人的思维、记忆、计划或感知之间的联系无法保证。你可能会听说大脑扫描显示一个"亮起"的区域，但并不总是清楚大脑活动水平的高低是否可以直接转化为对应的情绪中的主观体验，例如恐惧、爱或愤怒等。

在通过神经心理学测试对本·罗布萨姆进行评估后，华盛顿医生安排了

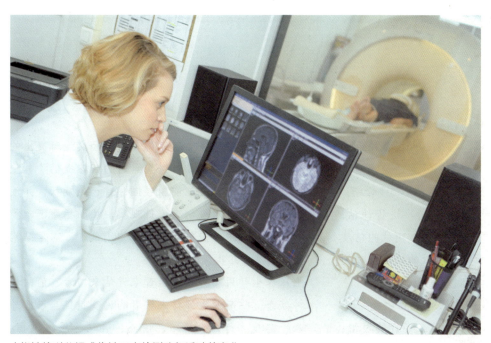

功能性核磁共振成像被用来检测脑部活动的变化。
©ALPA PROD/Shutterstock

一次 CT 扫描，因为本·罗布萨姆表现出额叶损伤的一些迹象（性格变化、威斯康星卡片分类测试中的固着以及连线测试的轻微错误）。然而，有必要排除顶叶损伤，顶叶损伤也可能导致这种表现模式和视觉注意缺陷。CT 扫描显示本·罗布萨姆因为这次事故遭受了创伤性脑损伤，可能是脑出血。

临床医生在试图根据他们在评估过程中获得的证据进行诊断时面临着一项艰巨的任务。他们必须对每位来访者进行单独评估，并确定哪种测试组合最适合于尽可能接近地确定来访者行为症状的性质和原因。此外，进行评估的临床医生试图了解来访者的适应性技能，以便他们能够在来访者现有能力的基础上提出建议，帮助安排治疗，以最大限度地提高患者在日常生活中的功能。

归纳整理

正如我们刚刚在本·罗布萨姆的案例中所展示的，

个案回顾

本·罗布萨姆

考虑到本·罗布萨姆的症状的潜在原因，华盛顿医生建议他接受康复治疗，以加强其现有技能，使他能够重回以前的工作岗位。如果本·罗布萨姆继续表现出在视觉和空间处理速度方面存在缺陷，他将接受支持性治疗，可能还会接受职业咨询。视觉和空间处理速度是他目前工作所需要的技能。

托宾医生的反思：令人感到宽慰的是，知道本·罗布萨姆的伤势虽然目前影响了他的工作能力，但很可能会自行痊愈。在这种情况下，很明显需要进行神经心理学评估。随着近年来创伤性脑损伤的增加，这种评估将变得愈发必要。本·罗布萨姆的伤势发生在工作中，但许多其他年轻人在曲棍球、足球和战争等各种不同的活动中也受到了伤害。随着更复杂的神经成像和计算机化测试的发展，我们将为以后评估像本·罗布萨姆这样的个体以及我们看诊的主要患心理障碍的来访者做更充分的准备。

总结

◎ 心理评估是临床医生对个体的认知、个性和心理社会功能进行正式评估的过程。临床医生在各种条件下进行评估。在许多情况下，临床医生通过评估过程对个体的心理障碍进行诊断，或至少是初步诊断。

◎ 为了发挥作用，临床医生必须按照标准进行评估，以确保其提供最准确和可重复的结果。测试的信度指的是它产生的分数的一致性。测试的效度反映的是测试对其计划要测量内容的测量程度

◎ 临床医生应尽可能使用最好的评估方法。循证评估满足：（1）依靠研究结果和科学上可行的理论；（2）使用心理测量学上良好的量表；（3）实证地评

价评估过程。

◎ 临床访谈是临床医生与来访者面对面交流时提出的一系列问题。来访者对这些问题的回答提供了其重要的背景信息，使他们能够描述自己的症状，并使临床医生能够对来访者进行观察，从而指导下一步的决策，其中可能包括进一步的测试。可以是结构化的，或非结构化的。

◎ 临床医生使用精神状态检查来评估来访者当前的精神状态。临床医生评估来访者的许多特征，包括外表、态度、行为、情绪、情感、言语、思维过程、思维内容、感知、认知、自知力和判断力。精神状

态检查的结果是对来访者的外貌、思维、情绪和行为的全面描述。

◎ 智力测试，如斯坦福－比奈智力测试，尤其是韦克斯勒量表，提供了有关个体认知功能的有价值的信息。

◎ 临床医生使用人格测试来了解一个人的想法、行为和情绪。人格测试有自我报告和投射测试两种主要形式，包括明尼苏达多相人格量表、人格评定量表、症状自评量表、大五人格问卷和其他某些自我报告量表在内的测试，旨在探究一般测试可能不涉及的特定障碍或研究问题。

◎ 在投射测试中，施测者关于模糊刺激提出问题。最常见的是罗夏墨迹测试和主题统觉测试。行为评估记录的是行为，而不是对评分量表或问题的反应。目标行为是来访者和临床医生希望改变的行为。行为评估包括对行为之前或之后的事件的描述。当临床医生在教室或家中等自然环境中记录行为时，就

在进行现实观察。模拟观察发生在，例如专门为观察目标行为而设计的临床医生的办公室或实验室等环境或情境中。在行为自我报告中，来访者记录目标行为，包括行为的前因和后果。自我监控是行为自我报告的一种形式，来访者在其中记录特定行为的频率。

◎ 当心理学家进行多元文化评估时，他们必须考虑对方的文化、民族和种族背景。

◎ 神经心理学评估是根据来访者在心理测试中的表现而收集其大脑功能信息的过程。临床医生使用神经心理学评估测量，通过将来访者在特定测试中的表现与已知有某些类型损伤或疾病的个体的常模进行比较，试图确定脑损伤与功能的关联。评估言语记忆和听觉注意的测试有很多种。神经成像包括脑电图、计算机轴向断层扫描、核磁共振成像、功能性核磁共振成像、正电子发射断层扫描和扩散张量成像。

理论视角

通过本章学习我们能够：

☐ 评估生物学视角的理论并确定疗法；

☐ 描述特质理论；

☐ 比较和对比弗洛伊德的理论与后弗洛伊德的心理动力学观点并确定疗法；

☐ 评估行为视角的理论并确定疗法；

☐ 评估认知视角的理论并确定疗法；

☐ 评估人本主义视角的理论并确定疗法；

☐ 评估社会文化视角的理论并确定疗法；

☐ 解释生物–心理–社会视角。

©stockphoto-graf/Shutterstock

个案报告

米拉·克里希南

人口学信息： 26 岁，单身，异性恋，印度裔美国女性。

主诉问题： 在一个朋友的敦促下，米拉·克里希南自行来到我的私人门诊。在过去的三周里，尽管她表示自己没有具体的计划或意图去自杀，但是用她的话来说，她感到"毫无理由地极度悲伤"，无精打采，并且沉浸在"我死了更好"的想法中。她大多数时间都会睡过头，总是食欲不振，这使她体重减轻约 2 ~ 3 磅[①]，并且试图避免参与任何社交活动。她还说感到自己让家人和朋友非常失望。米拉觉得她的工作表现受到了这些症状的影响，并且她已经用完了所有的病假；她受到了上司的警告，如果她再缺勤几天，她有可能会被辞退。

既往史： 作为一名大学毕业生，米拉在一家医院的研究实验室从事生物学家的工作。米拉父母育有两个女儿，她是较小的一个，并且她长期以来都坚定地认为她的父母偏爱姐姐。米拉的父母在生米拉和她的姐姐之前就从印度移民到了美国。相较嫁给了父母朋友的儿子的姐姐，米拉认为父母不赞同她目前的生活方式。虽然米拉和她的姐姐曾经非常亲密，但她们现在不再有经常性的联系。尽管米拉的父母就住在邻近的镇上，她也很少去看望他们。

米拉说她很少喝酒，也从未使用过违禁药物。她说自己没有任何疾病，而且健康状况总体良好。在这次抑郁发作之前，米拉说她经常参加长跑俱乐部的活动，也喜欢和朋友一起做饭或听音乐。

这是米拉上高中三年级以来的第三次抑郁发作。每次发作持续约两个月或更长时间。她之前从未寻求过治疗。

症状： 在过去三周里，米拉几乎每天都感到很悲伤，而这种情绪并不是由丧亲、药物滥用或身体疾病造成的，她的症状包括无价值感、哭泣、丧失兴趣、睡眠障碍（睡过头）和食欲不振。尽管她从未有过自杀意图或计划，但她反复出现过死亡念头和被动自杀的想法。

个案概念化： 由于米拉之前经历过两次抑郁发作，每次间隔至少两个月，而且她当前发作的症状妨碍了她正常执行日常功能的能力，因此符合《精神障碍诊断与统计手册（第五版）》重性抑郁障碍（major depressive disorder, MDD）的标准，且症状反复出现。

治疗方案： 循证实践的原则表明，对米拉抑郁的最佳疗法是认知行为疗法。入院预约后，她将接受一次完整的心理评估。考虑到症状的严重性，我将建议把她转介给精神科医生进行咨询和医学鉴定，以确定精神科药物治疗是否有帮助。

萨拉·托宾博士，临床医生

变态心理学的理论视角

潜在的**理论视角**（theoretical perspective），即理解人类行为的原因和心理疾病的治疗的一种取向，指导了变态心理学领域所有的研究和临床工作。在本章中，我们将探索构成本书基础的主要理论视角。在涵盖主要心理障碍的章节中，你将更详细地了解每种视角以及它如何应用于特定的障碍。为了促进你对这些视角的理解，

我们将以米拉·克里希南的案例为例，展示在不同视角下工作的临床医生如何开展对她的治疗。虽然米拉的最佳疗法是认知行为视角的疗法，但她的案例有很多方面是每个重要理论都可以处理的，因此值得讨论。

名词解释

理论视角　是理解人类行为的原因和心理障碍的治疗的一种取向。

[①]　1 磅 ≈0.454 千克。——译者注

生物学视角

持**生物学视角**（biological perspective）工作的心理学家认为，身体功能的异常是造成心理障碍症状的原因，尤其是他们主张我们可以把心理症状的原因追溯到神经系统或其他对神经系统有影响的身体系统的紊乱。

理论

研究变态心理学的生物学方法关注神经系统和遗传学的作用。它们在个体一生中交互作用的方式成为生物－心理－社会视角的重要组成部分。

神经系统的作用

整个神经系统的信息传递发生在突触或神经元之间的交流点。**神经递质**（neurotransmitters）是从神经元释放到突触间隙的化学物质，在那里它们穿过突触并被接收神经元吸收。神经科学家认为，传递和响应相同神经递质的神经元是作为负责特定功能的通路而工作的。

名词解释

生物学视角　一种理论视角，认为情绪、行为和认知过程的紊乱是由身体功能的异常引起的。

神经递质　一种从神经元释放到突触间隙的化学物质，在那里它穿过突触并被接收神经元吸收。

表 4-1 展示了研究者提出的几种主要神经递质在心理障碍中的作用。"5-羟色胺通路"由参与调节情绪和其他功能的神经元组成。然而，正如你可以从表 4-1 中看到的，几种神经递质可能与同一功能相关。然而，有些功能由不止一种神经递质提供。换句话说，功能和神经递质之间并没有一一对应，这大大增加了理解神经系统如何工作的难度。研究人员希望可以弄清楚这些联系，以便从业人员能够治疗那些能够缓解心理症状的神经递质中的异常。

因受伤而导致的或出生时就存在的大脑结构的改变也可能在心理障碍的形成中发挥作用。我们在第 3 章"评估"中描述了一种日益先进的脑扫描方法，随着它的使用越来越广泛，大脑结构异常的作用也受到越来越多的关注。

表 4-1　　心理障碍中涉及的部分神经递质

神经递质	相关障碍
去甲肾上腺素	抑郁障碍 焦虑障碍（惊恐障碍）
5-羟色胺	抑郁障碍 焦虑障碍 精神分裂症 神经性厌食症 物质使用障碍
γ-氨基丁酸	焦虑障碍 物质使用障碍
多巴胺	由帕金森氏病所致的神经认知障碍 精神分裂症 进食障碍 物质使用障碍
乙酰胆碱	由阿尔茨海默氏病所致的神经认知障碍
阿片肽	物质使用障碍

遗传学的作用

遗传学基础

基因（genes）是包含在每个身体细胞中的形成蛋白质的指令，这些指令进而决定了细胞如何工作。就神经元而言，基因控制着神经递质的产生，以及神经递质在突触中的工作方式。在某种程度上，基因也决定了大脑结构在人的一生中是如何发展的。任何可以改变遗传密码的因素也都可以改变这些结构的工作方式。

当来自父母双方的基因以某个细胞的正常功能受损的方式结合时，遗传性疾病就会发生。基因异常本身就会产生与心理障碍有关的神经递质和大脑结构的变异。特定基因组合的遗传、细胞繁殖时的错误复制、或个体在生命历程中获得的突变，都可能导致对心理功能产生影响的基因发生改变。这些基因异常也可能与暴露于毒素或损伤等环境因素造成的损害产生交互作用。越来越多的研究人员也开始意识到暴露于有害物质是如何真正改变生物体的遗传密码的，这是我们之后将提及的话题。

你的**基因型**（genotype）是你的基因组成，它包含你所遗传的每个基因的形式，这被称为**等位基因**（allele）。假设等位基因 A 可以形成一种能导致神经元形成异常的蛋白质。等位基因 B 可以形成一种完全健康的神经元。如果你遗传了两个含有等位基因 B 的基因，那么你患病的概率为零。另一方面，如果你遗传了两个含有等位基因 A 的基因，那你几乎肯定会得病。但是如果你遗传了一个等位基因 A 和一个等位基因 B，情况就会变得更加复杂。你是否会得病取决于该病是不是"显性的"；如果该病是"显性的"，那么你只需要一个受影响的等位基因就会患上该病，因为等位基因 A 的编码有害蛋白质的指令几乎肯定会"战胜"等位基因 B 的指令（见图 4-1 左侧）。如果该病是"隐性的"，那么

单独的等位基因 A 不能形成有害蛋白质。然而，在这种情况下，如果你有一个等位基因 A 和一个等位基因 B，那么你就是一个不受影响的携带者。如果你和另一个不受影响的携带者生育一个孩子，则孩子可能会得到两个等位基因 A，从而患上这种障碍（见图 4-1 右侧）。

名词解释

基因　包含在每个身体细胞中的形成蛋白质的指令。
基因型　有机体的基因组成。
等位基因　一个基因的两种或多种变体中的一种。

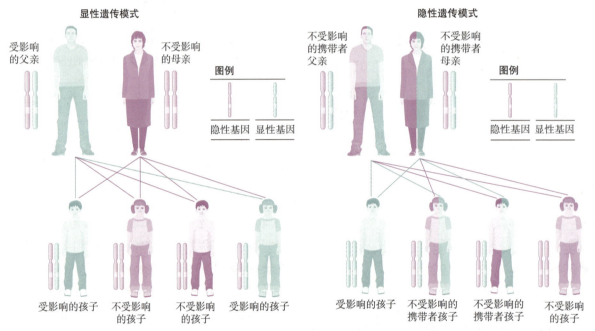

当一种遗传病是显性的时候，得到一个受影响的等位基因副本的孩子就会患这种病（左侧）；当一种遗传病是隐性的时候，只有得到了两个受影响的等位基因副本的孩子才会患这种病（右侧）。
资料来源：NHGRI, www.genome.gov.

图 4-1　显性 - 隐性性状遗传的模式

单基因的显性 - 隐性遗传模式适用于许多获得性的特征，但心理障碍通常涉及一系列更复杂的过程。相反，更有可能的情况是心理障碍反映了一种**多基因**（polygenic）模型，这是一种多个基因参与决定某一特定特征的过程的遗传模型。还有其他一些特征只反映与母亲的关联，意味着它们只通过母亲传递。这些障碍的发生与线粒体 DNA 中的缺陷有关，这种 DNA 能控制细胞的线粒体（产生能量的结构）中蛋白质的形成。

使事情更复杂的是，不仅多种基因与心理障碍的发展密切相关，而且正如我们之前所指出的，环境在我们

的行为反映我们的基因遗传方式中起着重要作用。**表现型**（phenotype）是基因程序在个体的生理和心理属性中的表达。一些表现型与它们的基因型相对接近。例如，你的眼睛颜色不能反映环境的影响。然而，像大脑这样的复杂器官往往在基因型和表现型之间表现出巨大的差异，因为人们所处的环境在人的一生中会极大地影响大脑的发育。此外，许多基因参与构建大脑的结构，并会随着时间的推移影响这些结构中的变化。**表观遗传学**（epigenetics）的研究就试图识别环境影响基因产生表现型的方式。

为了反映大脑结构和功能的复杂性，精神分裂症领域的主要研究人员提出使用"内表型"（endophenotypes）这一术语来描述基因和环境因素对复杂行为的影响。内表型是与心理障碍的遗传和神经生物学原因有关的生物行为异常。另一种对内表型的理解方式是它是一种内在的表现型，而不是表面上可见的。例如，在精神分裂症的病例中，几种可能的内表型成为该疾病的表面上可见的症状的基础，它们包括记忆、感觉过程和特定类型的神经系统细胞中的异常。对此的假设是，这些被遗传和环境的影响塑造的不可见的特征是造成疾病的行为表现的原因。"内表型"的概念可能比它的时代超前几十年，因为在 20 世纪 70 年代，研究人员在遗传学和脑科学两方面的研究都很有限。随着先进的 DNA 检测和脑成像方法的发展，这一概念获得了新的关注。

名词解释

多基因 多个基因参与决定某一特定特征的过程的一种遗传模型。

表现型 基因程序在个体的生理和心理属性中的表达。

表观遗传学 试图识别环境影响基因产生表现型的方式的科学。

内表型 与心理障碍的遗传和神经生物学原因有关的生物行为异常。

随着互联网公司提供的 DNA 分析使人们能够了解自己患某种特定遗传疾病的可能性，遗传学风头正盛。发送 DNA 样本的人可能会知道他们有更高的风险患上失明，甚至可能知道他们是否比一般人摄入更少的咖啡因就能达到相同的目的。这些测试产生的一些结果相当琐碎（比如你是否有酒窝），但其他结果可以帮助个体做出未来的健康决策。

基因-环境交互作用

遗传和环境影响之间的关系分为两类：基因-环境相关性和基因与环境之间的交互作用。当具有某种遗传易感性的个体在特定环境中分布不均时，基因-环境相关性就存在。基因-环境相关性可以通过三种方式产生。第一种是通过被动暴露。具有某种遗传易感性的孩子可能会暴露在父母以他们的遗传易感性为基础所创造的环境中。例如，一个孩子可能有两个具有运动天赋也

参加体育活动的父母。这个孩子不仅继承了有助于提高运动能力的基因，而且在父母参加体育活动的家庭中成长。并且，父母很有可能鼓励孩子基于他们自己的个人兴趣参加体育活动。

当父母以特定方式对待具有某种遗传易感性的孩子时，第二种基因-环境相关性就会产生，因为孩子们的能力会激发特定的反应。回到上文初出茅庐的运动员的例子，学校教练可以从孩子们幼年时就开始为运动队招募有运动天赋的孩子，引导他们变得更加有运动技能。

"利基选择"（niche picking）是第三种基因-环境相关性。有运动天赋的孩子可能不会等着被招募，而是从年龄很小的时候就开始主动寻找机会去运动。通过这种方式，选择一个有吸引力且合适的运动，孩子们就会随着时间的推移而变得更有技能和优势。

现在来看看基因遗传疾病，这三种基因-环境相关性中的任何一种或几种的组合都会增加孩子继承任何遗传易感性的可能性。一方面，如果在合适的条件下长大，那么一个生来就有发展为某种障碍的遗传易感性的孩子，可能永远不会表现出该遗传特征；另一方面，有遗传易感性的孩子如果暴露在加重其风险的恶劣的或有压力的环境中，可能更容易显现出某种障碍的症状。

小案例

治疗米拉·克里希南的生物学疗法

一个持生物学视角工作的处方医生（如精神科医生或精神科执业护士）会用抗抑郁药物治疗米拉的抑郁。开始时，最可能使用选择性 5- 羟色胺再摄取抑制剂。因为这些药物要几周后才会起作用，所以医生会在此期间密切监测米拉，以确保她保持稳定，至少每周与她会面一次以掌握她的进展，了解她所经历的任何副作用，并根据需要做出调整，特别是在 4 ~ 6 周后。米拉不适合接受更激进的干预，因为尽管她有自杀的想法，但她没有意图或计划，似乎也没有重大自杀风险。临床医生也会建议米拉尝试恢复她以前的锻炼习惯，以帮助增加她的药物治疗效果。

当遗传易感性与环境影响都会改变对方的效果或表达时，它们可能产生交互作用。例如，在重性抑郁障碍

的病例中，研究人员发现，与低遗传风险的人相比，高遗传风险的个体在高压力条件下更容易出现抑郁症状。因此，同样的压力对不同遗传易感性的个体有不同的影响。此外，与生活在低压力环境中的个体相比，暴露在高压力环境中的个体的遗传风险更高。换句话说，个体可能有潜在的遗传易感性或脆弱性，但是只有当他受到环境压力时才会表现出来。

心理病理学的研究人员早就意识到基因和环境对心理障碍发展的共同影响。**素质－压力模型**（diathesis-stress model）认为，人们生来就具有一种素质（遗传易感性），或通过在生命早期暴露在诸如创伤、疾病、出生并发症或恶劣家庭环境之类的事件中而获得一种脆弱性。这种脆弱性使这些个体面临受到终身影响的风险，即随着年龄的增长他们可能会发展出心理障碍。

随着基因科学的进步，现在的研究人员能够更好地理解基因和环境因素交互作用的精确方式。基因传递的一般途径是，个体继承了一个基因的两个副本，分别来自父母双方，这两个副本都积极地塑造了个体的发展。然而，某些基因可以通过**表观生成过程**（epigenesis），即基因调控和表达中的遗传改变过程，"开启"或"关闭"。如果这对基因中剩余的可以正常工作的基因被删除或严重突变，那么个体就可能患上疾病。当一个化学基团甲基附着在基因上时，**DNA甲基化**（DNA methylation）的过程可以关闭基因（如图4-2所示）。表观生成过程是一个不依赖于DNA本身的过程，所以如果甲基化可以被抑制，损害就可以被逆转。

名词解释

素质－压力模型　一种假设，即人们天生就具有一种易感性（或"素质"），如果暴露在某些极度有压力的生活经历中，就可能使他们有发展出心理障碍的风险。

表观生成过程　基因调控和表达中的遗传改变过程。

DNA甲基化　当一个化学基团甲基附着在基因上时，可以关闭基因的过程。

例如，通过DNA甲基化的表观生成过程，母体护理可以改变基因表达。一项研究表明，在怀孕期间，母亲接触环境毒素会导致她未出生孩子体内的DNA甲基化。对实验动物的研究也表明，压力会以改变大脑发育的特定方式影响DNA。研究人员认为母亲在怀孕期间使用的某些药物也会导致DNA甲基化，包括尼古丁、酒精和可卡因。

在治疗方面，研究人员正在研究精神药物改变DNA甲基化的可能性。这些研究表明，由于表观生成过程，人们对这些药物的反应各不相同。例如，通过药物靶向治疗表观基因组（受表观生成过程影响的区域）是有可能的，这些药物可以抑制甲基化作用于与精神分裂症有关的特定神经递质。

遗传学中的研究方法

为了理解遗传学对心理障碍的影响，研究人员使用了三种方法：家庭遗传研究、DNA连锁研究和基因组学与脑扫描技术相结合的方法。当研究人员试图梳理

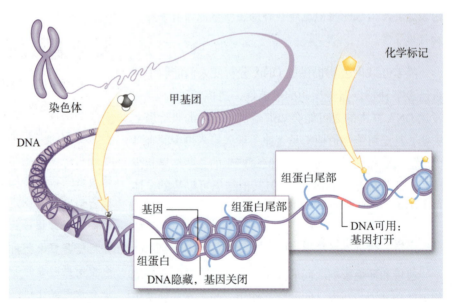

表观基因可以用两种方式标记DNA，它们都在基因的关闭或打开中起作用。第一种发生在某些叫作甲基团的化学标记附着在DNA分子的主链上的时候。第二种发生在各种化学标签附着在组蛋白尾部上的时候，这是一种将DNA整齐地打包成染色体的线轴状的蛋白质。这种行为会影响DNA缠绕组蛋白的紧密程度。

资料来源：National Institute on Aging. (2010). 2009 progress report on Alzheimer's disease: U.S. Department of Health and Human Services.

图4-2　表观遗传学

构成复杂特质的遗传基础的关系时，这些方法往往是互补的。

在家庭遗传研究中，研究人员比较了具有不同程度遗传相似度的亲属的心理障碍发生率。最高程度的遗传相似度存在于同卵或单卵双胞胎之间，他们共享 100%的基因型。双卵或异卵双胞胎平均共享 50%的基因组，但两种类型的双胞胎都共享相同的家庭环境。因此，虽然同卵－异卵双胞胎的比较是有用的，但这种做法不能使研究人员排除环境的影响。同样，对父母和孩子的研究也因父母创造了孩子成长的环境这一事实而使人困惑。为了在比较同卵和异卵双胞胎的研究中分离出环境的潜在影响，研究人员很久以前就转向了寄养子研究，在这种研究中，不同的家庭在没有任何接触的情况下抚养同卵双胞胎，因此这对双胞胎经历了不同的环境。

几十年来，家庭和双胞胎研究是研究人员用来量化遗传因素对心理障碍影响程度的唯一方法。然而，随着基因检测的出现，研究人员能够检查特定基因对各种特质（包括躯体和心理障碍）的影响。

在一项**全基因组连锁研究**（genome-wide linkage study）中，研究人员研究具有特定心理特质或障碍的个体的家庭。连锁研究背后的原理是在特定基因上相互接近的特征更有可能被一起遗传。有了完善的基因检测方法，现在研究人员可以比过去更精确地完成这项任务。

尽管连锁研究是有用的，但是它们也有局限性，主要是因为它们需要对大量家庭成员进行研究，而且可能只产生有限的结果。在**全基因组关联研究**（genome-wide association studies, GWAS）

中，研究人员扫描没有亲缘关系的个体的整个基因组，以发现与特定疾病相关的基因变异。他们正在寻找**单核苷酸多态性**（single nucleotide polymorphism, SNP），这是个体的 DNA 序列中可能发生的一种微小基因变异。四个核苷酸字母——A、G、T 和 C（腺嘌呤、鸟嘌呤、胸腺嘧啶和胞嘧啶）——指定了遗传密码。当一个核苷酸（如 A）替代了其他三个核苷酸中的一个时，就会发生单核苷酸多态性变异。例如，单核苷酸多态性是 DNA 片段 CTAAGTA 到 CTAGGTA 的改变，在这之中一个"G"取代了第一个片段中的第二个"A"（如图 4-3 所示）。

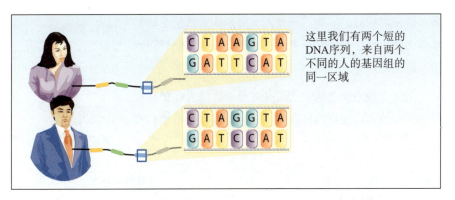

这里我们有两个短的 DNA 序列，来自两个不同的人的基因组的同一区域

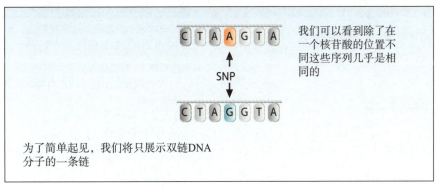

我们可以看到除了在一个核苷酸的位置不同这些序列几乎是相同的

为了简单起见，我们将只展示双链DNA分子的一条链

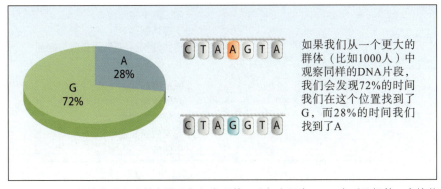

如果我们从一个更大的群体（比如1000人）中观察同样的DNA片段，我们会发现72%的时间我们在这个位置找到了 G，而28%的时间我们找到了 A

这张图显示了单核苷酸多态性变异是如何发生的，比如当两个 DNA 序列只相差一个核苷酸时（"A"对"G"）。

图 4-3 单核苷酸多态性检测

全基因组连锁研究 研究人员研究具有特定心理特质或障碍的个体的家庭的一种遗传学方法。

全基因组关联研究 研究人员通过扫描没有血缘关系的个体的整个基因组来发现与特定疾病相关的基因变异的一种遗传学方法。

单核苷酸多态性 个体的 DNA 序列中可能发生的一种微小基因变异。

随着高科技的基因检测方法越来越普及，研究人员有了更强大的工具来发现在大量人群中和特定特质（或疾病）一起发生的单核苷酸多态性。尽管许多单核苷酸多态性没有明显的影响，研究人员仍然认为其他单核苷酸多态性可能使个体易于患病，甚至会影响他们对药物治疗的反应。

研究心理障碍遗传学的研究人员可以结合连锁研究与脑成像技术。通过这种方式，他们可以直接将他们观察到的基因变异与他们获得的大脑结构和功能的图片联系起来。

治疗

精神药物的目的是通过改变被认为与障碍有关的神经递质的水平来减轻个体的症状。1950 年，法国化学家保罗·沙尔庞捷（Paul Charpentier）合成了氯丙嗪（盐酸氯丙嗪）。这种药物在 20 世纪 60 年代被广泛接纳，并引领了精神药物更广泛的发展。

目前，精神药物的主要类别是抗精神病药、抗抑郁药、情绪稳定剂、抗惊厥药、抗焦虑药和兴奋剂（见表 4–2）。抗精神病药也被称为神经安定药（neuroleptics），源自希腊语，意为"抓住神经"。除了它们的镇静特性外，神经安定药还能降低个体精神病症状的发生频率和严重程度。

神经安定药 用于指抗精神病药的一个术语。

表 4–2　　　　　　　　　　　　　　　主要精神药物

用于治疗	类别
精神分裂症和其他精神障碍	传统的或"典型的"抗精神病药 "非典型"抗精神病药（又称"第二代"）
重性抑郁障碍	选择性 5– 羟色胺再摄取抑制剂 5– 羟色胺和去甲肾上腺素再摄取抑制剂 安非他酮 三环类抗抑郁药 四环类抗抑郁药 单胺氧化酶抑制剂
双相情感障碍	抗惊厥药 情绪稳定剂
焦虑障碍	苯二氮平类药物 丁螺环酮 选择性 5– 羟色胺再摄取抑制剂 β – 受体阻滞药
注意缺陷 / 多动障碍	哌醋甲酯 安非他命 右旋安非他命 赖氨酸安非他命 甲磺酸

经研究人员开发的一些治疗某种障碍的药物类别，如抗抑郁药，也可以用于治疗其他障碍，如焦虑障碍。临床医生可以使用相同的药物治疗不同的疾病，这表明涉及相似的神经递质作用的异常可能间接影响了这些

疾病。

每种药物都可能有严重的副作用，这可能导致来访者因感觉到药物的不良反应而停止用药，并尝试不同类别的其他药物。美国联邦药品管理局（Federal Drug Administration, FDA）公布了一份与处方药相关的副作用的观察名单，患者及家人可以在这个网站上查看他们的药物，或进行注册并获得每月更新。

生物学干预的第二大类别是**精神外科手术**（psychosurgery），这是一种由精神外科医生对被认为是导致个体障碍的大脑区域进行操作的治疗。精神外科手术的第一个现代应用是前额叶切除术，由葡萄牙神经外科医生埃加斯·莫尼斯（Egas Moniz）于1935年开发。

这种方法切断了前额叶与大脑其他部分的连接，这种激进的手术似乎可以使正在经历精神病症状的患者的行为平静下来，但也造成了他们显著的性格变化。这项技术在接下来的20年中得到了广泛应用，尽管莫尼斯因其工作于1949年获得诺贝尔奖，但是基于科学和人道主义的理由，这种方法现在已经不可信了。

现代的精神外科手术依赖于针对性的干预，旨在减轻那些已被证明对不太激进的治疗没有反应的患者的症状（如图4-4所示）。每种类型的精神外科手术都针对特定大脑区域，这些区域被研究人员认为是导致症状的原因之一。随着反映了外科手术技术进步的精确度水平的提升，神经外科医生可以毁损特定的大脑区域以缓解症状。

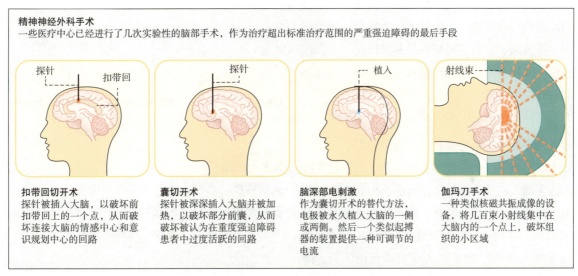

精神神经外科手术
一些医疗中心已经进行了几次实验性的脑部手术，作为治疗超出标准治疗范围的严重强迫障碍的最后手段

扣带回切开术
探针被插入大脑，以破坏前扣带回上的一个点，从而破坏连接大脑的情感中心和意识规划中心的回路

囊切开术
探针被深深插入大脑并被加热，以破坏部分前囊，从而破坏被认为在重度强迫障碍患者中过度活跃的回路

脑深部电刺激
作为囊切开术的替代方法，电极被永久植入大脑的一侧或两侧。然后一个类似起搏器的装置提供一种可调节的电流

伽玛刀手术
一种类似核磁共振成像的设备，将几百束小射线集中在大脑内的一个点上，破坏组织的小区域

图 4-4 超出标准治疗范围的严重强迫障碍的精神外科手术形式

对于患有严重强迫障碍或重性抑郁障碍的个体，毁损的目标是皮质、纹状体和丘脑。**脑深部电刺激**（deep brain stimulation, DBS），也称为"神经调节"，是另一种形式的精神外科手术，由神经外科医生植入一个微电极，该微电极由植入的电池供电，向大脑的一小部分区域提供持续的低电流刺激。

电痉挛疗法（electroconvulsive therapy, ECT），是一种对头部施加电击的应用，以诱导对治疗有益的癫痫发作。乌戈·切莱蒂（Ugo Cerletti）是一位寻找癫痫疗法的意大利神经学家。他在1937年发明了这种方法，并且它因看起来似乎具有治疗性的副作用而被用于治疗精神障碍。电痉挛疗法在20世纪四五十年代变得越来越流行，但是正如电影《飞越疯人院》（One Flew over the

Cuckoo's Nest）中所描述的那样，精神病院的工作人员也滥用它来约束有暴力行为的患者。

名词解释

精神外科手术 一种以减少心理障碍为目的的脑外科手术。

脑深部电刺激 一种疗法，由神经外科医生植入微电极，该微电极由植入的电池供电，向大脑的一小部分区域提供持续的低电流刺激；也叫"神经调节"。

电痉挛疗法 一种对头部施加电击的应用，以诱导对治疗有益的癫痫发作。

尽管在20世纪70年代中期，电痉挛疗法已经基本上不再使用，但精神病学家仍继续使用它来治疗那些对其他治疗措施没有反应的患者。关于使用电痉挛疗法治疗重性抑郁障碍的对照研究的一项综述显示，短期内电痉挛疗法在快速改善症状方面比药物更有效；然而，它也有许多长期的不良后果，包括记忆障碍。

特质理论

　　特质理论对正常人格功能的研究和对心理障碍的研究一样多，该理论认为当个体具有非适应性的**人格特质**（personality traits）时就会发展出病态心理，这些人格特质是感知、关联和思考环境及他人的一种持久模式。在第 3 章"评估"中，我们简要提到了一些侧重于衡量这些人格品质的评估方法，心理学家认为它们是稳定的、持久的、会随着时间的推移而持续存在的性格。对许多人格特质理论家来说，心理功能的这些组成部分不仅是长期存在的人格品质，而且实际上是由基因遗传而来的。

　　大多数人很容易理解特质理论，因为它与日常生活中"人格"一词的使用非常吻合。当你想要描述一个你认识的人的性格时，你很可能会想到一串似乎符合这个人典型行为方式的特性。这些特性通常以形容词的形式出现，比如"友好的"或"冷静的"，或者可能是"焦虑的"和"害羞的"。人格特质理论认为，诸如此类的形容词抓住了个体心理构成的本质。人们在日常生活中使用这些形容词来描述自己和他人，这一事实与特质理论的基本原理是一致的，即人格等同于一组稳定的特征属性。

　　在变态心理学领域中占主导地位的特质理论是**五因素模型**（Five Factor Model），也被称为"大五"（如图 4–5 所示）。根据这一理论，五种基本性格中的每一种都有六个方面，一共 30 种性格成分。五因素模型包括神经质（neuroticism）、外向性（openness to experience）、开放性（extraversion）、宜人性（agreeableness）和尽责性（conscientiousness），方便起见，它们可以拼成"OCEAN"或"CANOE"。在这五个因素上对个体的完整描述包括在每个方面提供分数或评级。

五因素模型		低分	高分
1	开放性	传统的 脚踏实地的 缺乏创造力的 缺乏好奇心的	新颖的 富于想象的 有创造力的 有好奇心的
2	尽责性	疏忽的 懒惰的 缺乏条理的 迟到的	尽责的 勤奋的 有条理的 守时的
3	外向性	孤独的 被动的 安静的 矜持的	合群的 主动的 健谈的 亲切的
4	宜人性	挑剔的 易怒的 残忍的 多疑的	仁慈的 和蔼的 宽厚的 信任的
5	神经质	沉着的 舒适的 性情平和的 不情绪化的	忧虑的 不自在的 喜怒无常的 情绪化的

图 4–5　人格的五因素模型：五因素模型中每个因素所代表的品质的举例
资料来源：http://dandebat.dk/eng-person3.htm

名词解释

人格特质　感知、关联和思考环境与他人的持久模式。
五因素模型（或"大五"）　一种特质理论，提出人格中有五种基本性格，每种性格都有六个方面。

　　根据特质理论，人们在这 30 个方面的表现强烈地影响着他们的生活形态。那些在代表冒险（寻求刺激）的人格特质上水平较高的个体更容易受伤，因为他们的个性会让他们陷入麻烦。同样地，那些在心理健康连续体的较差一端上水平较高的个体可能更容易经历负性生活事件，因为他们的性格使他们更容易受到生活压力的影响。根据五因素模型，虽然环境可以改变性格，但更有可能是性格塑造环境。

小案例

治疗米拉·克里希南的特质理论疗法

　　因为特质理论没有任何直接的临床应用，临床医生没有明显的方法将这个视角应用于米拉的抑郁。托宾医生个案报告中的信息表明米拉没有被诊断为人格障碍。

但是，与米拉一起工作的临床医生也可以对米拉的人格特质进行更彻底的评估，包括基于人格特质的测量，以确认这些假设，并确定她是否患有共病的人格障碍。即使她没有人格障碍，米拉的人格特质也可能与治疗有关。例如，她似乎并非过于内向，因为她经常与朋友互动。她的抑郁症状似乎没有叠加在包括高神经质在内的人格特质上。她似乎也喜欢包括创造性和户外探索在内的许多活动，这表明她在开放性方面符合其年龄标准。正如她成功的工作经历所显示的那样，在抑郁发作之前，她的尽责性至少处于平均水平，而且没有证据表明她的宜人性很低。临床医生可以分享关于这些结果的反馈，以增加米拉对她的人格特质的了解，这可能有助于选择最有效的策略来减轻她的抑郁。

《精神障碍诊断与统计手册（第五版）》中有什么

理论方法

《精神障碍诊断与统计手册（第三版）》之前的版本几乎完全是基于有关异常行为的心理动力学模型中的临床判断框架。《精神障碍诊断与统计手册》使用诸如神经症和精神病等在心理动力学领域中有意义的术语来区分疾病类别。例如，焦虑障碍属于神经症的范畴，因为它们的主要症状包括非理性的恐惧和担忧。而将精神分裂症标为精神障碍，因为其主要症状包括缺乏与现实的接触和其他认知扭曲。《精神障碍诊断与统计手册（第三版）》的作者沿着两条主线重新定义了他们的方法。首先，他们希望它是非理论的——意味着没有潜在的理论，如心理动力学或其他理论。其次，他们希望诊断标准是各种心理健康专业人员都能够进行可靠评估的。因此，《精神障碍诊断与统计手册（第三版）》工作组委托研究人员评估诊断标准的可靠性。《精神障碍诊断与统计手册（第三版）》并非使用可能有各种解释的模糊术语（如神经症），而是在严格水平的细节上阐明了诊断标准。《精神障碍诊断与统计手册（第四版）》及其后来的修订，《精神障碍诊断与统计手册（第四版-修订版）》也继承了这一传统，以基于研究且客观的术语明确诊断标准。

《精神障碍诊断与统计手册（第五版）》延续了这一经验传统，即它仍然是非理论的。批评家现在坚持认为作者应该开发一个系统来识别许多疾病的已知（到目前为止）基础。他们认为《精神障碍诊断与统计手册（第五版）》应该在谱系中或更大的分类系统中代表疾病，而不是维持过去《精神障碍诊断与统计手册》的独特分类系统——将具有共同症状、危险因素或神经异常的疾病分为一组。尽管《精神障碍诊断与统计手册（第五版）》特别工作组考虑过做出这种彻底的改变，但其成员最终决定保留早期的类别，只是做了一些修改。从分类转向维度不仅需要大规模的重组，还需要对接受过早期《精神障碍诊断与统计手册》培训的临床医生进行再培训。这些变化还将强化医学模式，因为它们将导致一个更类似于躯体障碍的而非心理障碍的诊断系统。

未来《精神障碍诊断与统计手册》是否会脱离目前的体系将在很大程度上取决于心理病理学领域的发展。《精神障碍诊断与统计手册（第五版）》的第三部分包含了一个维度系统，临床医生可以使用它来补充他们对人格障碍的正式诊断。现在诊断手册根据它们假定的潜在相似点或原因分为一组或分为一章。最终，作者将在经验基础上做出决定，这将维持《精神障碍诊断与统计手册》保持其非理论的基础的目的。

然而，根据一项采用高度复杂数据分析设计以长时间跟踪人们的研究，人们甚至可以改变他们的基本人格特质。大多数研究都是基于那些得分在正常功能范围内的样本。例如，随着年龄的增长，人们变得不那么容易冲动。

理解人格特质理论的主要价值在于它为研究人格障碍提供了一个视角。基于五因素模型的研究已经成为目前在《精神障碍诊断与统计手册（第五版）》中重新制定人格障碍的尝试的基础。尽管五因素模型并不一定为心理治疗提供一个框架，但作为在理解个体的特征行为模式的背景下进行人格评估的基础，它已经被证明是有价值的。

心理动力学视角

心理动力学视角（psychodynamic perspective）强调行为的无意识决定因素。在所有心理学方法中，心理动力学最强调意识表象下的过程对异常行为的影响。

弗洛伊德的理论

源于自己对来访者异常症状来源的浓厚兴趣，西格蒙德·弗洛伊德在19世纪晚期开始探索一个想法，即研究和解释心理障碍的原因和症状是可能的。到1939年他去世的时候，弗洛伊德已经对心理障碍的起因和治疗阐明了一个观点，其基本原则是大多数症状都深深植根于个体的过去。

根据弗洛伊德的观点，心理有三种结构：本我（id）、自我（ego）和超我（superego）。本我是隐藏在无意识中的人格结构，其中包含了以实现基本的生物驱力为导向的本能，包括性需求和攻击需求的满足。力比多（libido）是一种本能的压力，它努力满足个体的性欲望和攻击欲望。

本我遵循快乐原则（pleasure principle），是一种寻求即时而全面地满足感官需求和欲望的动力。根据弗洛伊德的理论，只有当我们能够减少未被满足的驱力带来的紧张时，才能获得快乐。然而，本我并不要求某种需求得到切实满足。相反，它可以用满足愿望来实现它的目标。通过满足愿望，本我会让人想到可以满足当下需求的任何事物的形象。

西格蒙德·弗洛伊德认为，个体的梦包含着关于内心的愿望和欲望的重要信息，可以通过梦的解析来理解。
©piskunov/Getty Images

人格中意识的中心是自我，它是赋予个体判断、记忆、感知和决策的认知能力的人格结构。弗洛伊德将自我描述为受现实原则（reality principle）支配，这意味着它试图处理现实生活的约束来实现它的目标。你可能想拿别人的甜甜圈（本我），但意识到你能期望的最好的结果是别人会给你一口或两口（自我）。与本我非逻辑的初级过程思维相反，**次级过程思维**（secondary process thinking）——使用逻辑分析方法来解决问题——是自我的功能特征。

现实原则　在精神分析理论中，引导个人面对外部世界约束的动力。

次级过程思维　在心理动力理论中，指逻辑、理性的问题解决中涉及的思维。力比多作为一种本能的压力，努力满足个体的性欲望和攻击欲望。

心理动力理论综合体第三部分是超我，它是道德的人格基础。超我包括良知（是非感）和自我理想或抱负。例如，超我会告诉你，拿走别人的甜甜圈构成盗窃，因此在道德上是错误的。

正如弗洛伊德所描述的那样，在健康个体的人格中，本我通过自我的能力，在超我所施加的限制范围内，在外部世界中生活，从而实现本能的欲望。因此，心理动力或心理结构之间的交互作用，是正常和病理功能的基础。

弗洛伊德认为，人的动机主要是性和攻击的内容，因此人们需要被保护以免了解自己的无意识欲望。人们通过使用**防御机制**（defense mechanisms）来实现这种保护（见表 4-3）。弗洛伊德认为，每个人都在不断地使用防御机制来避免承认他们隐藏欲望的存在。当防御机制阻止个体完全接受他们真正的无意识本质时，就会产生问题。

防御机制　将不可接受的想法、本能和感觉排除在意识之外，从而保护自我不受焦虑影响的策略。

表 4-3 防御机制的类别和例子

防御机制	定义
转移	将无法接受的感觉或冲动从引发这些感觉的对象转移到威胁较小的人或物体
合理化	诉诸于过度的抽象思维，而不是关注对导致冲突或压力的问题的反应中令人不安的方面
反向形成	将一种不被接受的感觉或欲望转变成它的对立面，以使它更容易被接受
压抑	无意识地从意识中排除令人不安的愿望、思想或经历
否认	通过拒绝承认现实或经历中对他人来说显而易见的痛苦方面，来处理情绪冲突或压力
投射	把不受欢迎的个人特质或感觉归因于别人，以保护个体的自我免于承认令人讨厌的个人属性
升华	把不可接受的冲动或欲望转化为适合社会的活动或兴趣
退行	用孩子气的行为来处理情绪冲突或压力

发展的主题形成了弗洛伊德理论的一个重要部分。1905 年，弗洛伊德提出，正常的发展通过一系列所谓的**性心理阶段**（psychosexual stages）产生，并且孩子们会随着力比多的发展而逐步经历这些阶段。在每个阶段，力比多都会固着在身体上一个特定的"性敏感"或性兴奋的区域。例如，"肛门滞留型"人格是过于死板、控制欲强和完美主义的。根据弗洛伊德的理论，个体可能会退行到适合早期阶段的行为，或者可能停滞或固着在某个阶段。

弗洛伊德认为，尽管成人的人格至少在成年中期内可能会出现一些改变，它仍反映了个体在人生早期解决性心理阶段的方式。弗洛伊德还认为，孩子对异性父母的感情为以后的心理调适奠定了基础。他称之为**俄狄浦斯情结**（Oedipus complex），是以古希腊的一个悲剧人物命名，其结果决定了个体是拥有一个健康的自我，还是会因为想要从事被社会认为是禁忌的行为（乱伦），而度过被因此而产生的焦虑、压抑和矛盾等情绪所破坏的一生。在正常的发展过程中，孩子对异性父母的渴望最终会淹没在意识的表面之下，从而不再对他们的自我接纳感构成进一步的威胁。

荣格的原型理论解释说，流行的超级英雄是人类人格的普遍方面的外在表现。
©AF archive/Alamy Stock Photo

性心理阶段　根据精神分析理论，它是每个个体从婴儿期到成年期所经过的正常发展顺序。

俄狄浦斯情结　弗洛伊德认为，孩子对异性父母的感情在童年早期达到顶峰。

小案例

治疗米拉·克里希南的心理动力学疗法

　　从心理动力学视角治疗米拉的临床医生会认为她的困难来自于早期生活中的冲突。例如，临床医生会探究她对父母偏袒她姐姐而感到的怨恨，以及当建立自己独立的生活时，她因离开家庭而可能产生的内疚。在治疗过程中，临床医生会观察米拉在与其建立的关系中是否重现了她对父母的矛盾情绪。考虑到这些困难的人际关系可能会触发她的抑郁，核心冲突关系主题方法似乎特别适合米拉。米拉的抑郁症状需要一种有时间限制的方法来关注她当前的发作，并且如果她的抑郁复发，她可以选择在未来继续寻求治疗。

后弗洛伊德的心理动力学视角

　　弗洛伊德在他的临床实践中发展了他的理论，但他也鼓励志同道合的神经学家和精神科医生一起合作来发展一个新的心理理论。在一段时间里，他们花了很多时间来比较他们的临床病例，并试图在正常和病理的功能

上达成共识。虽然他们在开始讨论时分享了许多相同的观点，但有几个人继续发展了自己独特的心理动力学理论，并且现在有了自己的思想流派。

　　与弗洛伊德学派最显著的背离发生在瑞士精神病学家卡尔·荣格（Carl Jung，1875—1961）修订了无意识的定义时。根据荣格的观点，无意识在其根源处是围绕着一组所有人类经验中共有的意象而形成的，他称之为**原型**（archetypes）。荣格认为，人们会基于这些原型对日常生活中的事件做出反应，因为它们是我们基因组成的一部分。例如，荣格声称原型人物（如今天的蝙蝠侠和超人）之所以受欢迎是因为它们激活了"英雄"原型。此外，荣格认为心理病理是由心理相关部分的不平衡导致的，尤其是当人们没有对他们无意识的需求给予适当关注的时候。

　　后弗洛伊德时代的一群或一类理论家提倡**自我心理学**（ego psychology）的研究。这些理论家认为，人格的主要驱力是自我，而不是本我。

根据阿尔弗雷德·阿德勒的理论，这个人可能会因为低自我价值感和自卑感而对他人消极地描述自己。
©BJI/Lane Oatey/Getty Images

名词解释

原型 在荣格的理论中，所有人类经验共有的一组意象。

自我心理学 基于心理动力理论学的理论视角，强调自我是人格的主要力量。

阿尔弗雷德·阿德勒（Alfred Adler, 1870—1937）关注"自卑情结"作为心理病理的一个原因。他认为，神经质的个体试图通过不断地"追求优越"来过度补偿自卑感。卡伦·霍妮（Karen Horney, 1885—1952）提出，神经质的个体会摆出一副虚假的面孔来保护他们非常脆弱的真实自我。阿德勒和霍妮在人格发展中也强调社会问题和人际关系。他们认为与家人和朋友的亲密关系以及对社区生活的兴趣本身就能使他们感到满足，而不是像弗洛伊德说的那样，因为性或攻击的欲望在这个过程中得到了间接的满足。

根据卡伦·霍妮提出的自我是人格中最重要的驱力的理论，这个女人似乎满足于她作为一个学生的自我概念。
©JGI/Jamie Grill/Getty Images

也许唯一关注整个人生，而不仅仅是童年的心理动力学理论家是埃里克·埃里克森（Erik Erikson, 1902—1994）。像阿德勒和霍妮一样，埃里克森在发展中对自我给予了最大的关注。埃里克森认为，自我在一生中会经历一系列的转变，在此过程中，新的力量或能力会成熟。根据他的理论，每个阶段都建立在前一个阶段之上，反过来又影响着它之后的所有阶段。然而，埃里克森提出，任何阶段都可能成为任何年龄的主要焦点——身份认同问题可能在成年的任何时候重新出现，即使个体的身份已经相对固定。例如，当一名被解雇的中年妇女试图在劳动力市场中为自己找到一个新的职位时，她可能会再次质疑自己的职业身份。

而另一群心理动力学导向的理论家则关注**客体关系**（object relations），即人们在生活中与他人（"客体"）之间的关系。这些理论家包括约翰·鲍尔比（John Bowlby, 1907—1990）、梅勒妮·克莱因（Melanie Klein, 1882—1960）、D.W. 温尼科特（D. W. Winnicott, 1896—1971）、海因茨·科胡特（Heinz Kohut, 1913—1981）和玛格丽特·马勒（Margaret Mahler, 1897—1995）。和自我心理学家一样，客体关系理论家也有他们的理论所对应的特定的治疗模式。然而，他们都同意童年早期的人际关系是异常行为的根源。

尽管存在差异，但所有的客体关系理论都认为个体与照顾者（通常是母亲）的关系成为所有成年时期的亲密关系的内在框架或模式。换句话说，你成年时期人际关系的问题反映了你童年早期的问题及你的照顾者（母亲、父亲或其他成年人）对待你的方式。

为了验证他们的理论，加拿大心理学家玛丽·索尔特·爱因斯沃斯（Mary Salter Ainsworth, 1913—1999）和她的同事研究了婴儿**依恋类型**（attachment style）的差异，即他们与照顾者的关系。个体所依恋的照顾者或成人被称为**依恋对象**（attachment figures）。爱因斯沃斯发明了"陌生情境"，在这个实验环境中，研究人员将婴儿与母亲分开，然后再让他们与母亲团聚。那些接受了母亲离开然后又回来的孩子被认为是安全依恋的。而那些变得疯狂的孩子，或者处于另一个极端的那些看起来与母亲很疏远的孩子，被认为是不安全依恋的。

名词解释

客体关系　一种以心理动力学为导向的理论，关注人们在生活中与其他人（"客体"）之间的关系。
依恋类型　个体与其照顾者的关系。
依恋对象　个体所依恋的照顾者或成人。

虽然依恋类型是作为儿童发展的一种理论而设计的，后来的研究人员将其应用于成人恋爱关系中。大多数孩子会发展出安全依恋类型，在以后的生活中，他们与亲密的伴侣相处时不会过分担心他们的伴侣是否会关心他们。然而，那些在童年时缺乏安全感的个体，在成年后可能会表现出一种焦虑依恋模式，他们觉得自己不能信赖伴侣的爱和支持。或者，他们可能会表现出一种

依恋理论家认为，孩子将情感纽带从主要照顾者转移到一个物体上，比如泰迪熊，并且最终从这个物体转移到家庭之外的人。
©Jiang Jin/Purestock/Superstock

轻视或回避的依恋类型，他们害怕被别人拒绝，因此试图通过保持距离来保护自己。

个体的依恋类型也可能影响他们对心理治疗的反应方式。通过对近 1500 名来访者进行的 19 项独立研究，研究人员发现依恋安全感与治疗结果呈正相关。这些研

究人员发现，具有安全依恋类型的个体能够更好地与他们的治疗师建立积极的工作关系，进而预测积极的治疗结果。治疗结果也会受到来访者与治疗师之间依恋类型的交互作用的影响。正如你将很快看到的，心理动力学疗法特别考虑到这种来访者 – 治疗师的关系。

治疗

弗洛伊德所发展的传统精神分析治疗的主要目标是将压抑的、无意识的东西带入意识。为了完成这一任务，弗洛伊德发明了**自由联想**（free association）的治疗方法，来访者要在治疗过程中逐字说出脑海中出现的任何东西。弗洛伊德认为，来访者需要克服他们的无意识冲突，通过大声地说出这些冲突使它们逐渐进入意识。最终，他们就会了解产生思想和语言的力量。

目前的心理动力学疗法关注帮助来访者探索他们不能识别的自我的"无意识"方面。治疗师特别关注来访者在他们与治疗师的关系中揭示和影响这些自我方面的方式。心理动力学疗法的关键元素是深入研究了来访者的情感体验、防御机制的使用、与他人的亲密关系、过往经历，以及在梦境、白日梦和幻想中对幻想生活的探索。

心理动力学治疗师也通过分析来访者对他们的感情，使用**移情**（transference）帮助来访者了解他们的治疗。这一步背后的理念是，来访者看待治疗师的方式与他们看待父母的方式相似，因为他们把治疗师视为自己生活中的重要人物。在治疗的背景下，这些感情可以被检查并加以有价值的利用。

名词解释

自由联想　精神分析中使用的一种方法。在这种方法中，来访者可以畅所欲言，想到什么就说什么。
移情　来访者的感情从他们的父母到他们的治疗师的转移。

与你可能在电影或电视上看到的刻板印象不同，临床医生不需要在沙发上进行心理动力学治疗、一次进行数年或者完全沉默。然而，考虑到维持一种长期而强烈的治疗方式是不切实际的，心理治疗师开始开发更简短而似乎有效的心理动力学疗法。使用这些方法的心理治疗师不是试图改变来访者的整个心理结构，而是专注于来访者正在寻求帮助的特定症状或一系列症状。会谈的数量可能不同，但很少超过 25 次。与传统心理动力学疗法不同的是，治疗师采取了一种相对积极的方法，将治疗的焦点维持在来访者呈现的问题或与其直接相关的问题上。

在一种简短的心理动力学疗法中，临床医生确定了来访者的"核心冲突关系主题"。临床医生评估来访者的愿望，期望中他人的反应，以及来访者对他人或对愿望本身的反应。来访者描述与他人关系的具体实例，以允许临床医生进行核心冲突关系主题评估。然后，临床医生以一种支持性的方式与来访者合作，帮助他们认识并最终解决这些模式。例如，治疗师会引导有强迫障碍的个体面对恐惧的情境，并利用唤起的经验来处理潜在的冲突。

显然，心理动力学视角从传统的弗洛伊德精神分析学出发已经走了很长的路，尽管它仍然关注帮助来访者理解和克服那些来源于过去并继续给他们现在的生活带来挑战的人际关系问题。

行为视角

从行为视角（behavioral perspective）来看，个体通过学习获得非适应性行为。顾名思义，这种视角关注的是个体可观察的行为，可能导致它的因素，以及长期维持它的后果。

理论

在行为视角中，有两种主要方法，其不同之处在于，要么关注非自愿的情感反应（如恐惧），要么关注复杂的自愿行为（如养成一个讨厌的或不良的习惯）。

经典条件作用（classical conditioning）是从行为视角来解释对情绪化的自动反应的学习的一种过程。举个极端的例子，想象一下，每当你伸手去拿巧克力时，

就有人会狠狠地敲你的指关节。如果这种情况持续下去，你最终会害怕那个人，更不用说巧克力的香味和样子了。行为视角的临床医生试图帮助来访者克服的大部分经典条件作用都是这种厌恶性条件作用（aversive conditioning），在这种条件作用中，个体将非适应性反应与本身不会造成伤害的刺激联系起来。

对复杂的自愿行为的学习是通过操作性条件作用（operant conditioning）发生的，在这种条件作用中，个体通过学习将一种行为与其结果配对来习得一种反应。这种行为的结果就是它的强化（reinforcement）——一种使得个体在未来更有可能重复该行为的结果。强化可以采用多种形式。例如，在你表达愤怒的观点时你的朋友可能会笑，这种正强化就会让你在未来更有可能表达那些观点。你也可以通过负强化学习服用非处方安眠药，如果你发现它有助于缓解你的失眠。这被认为是负强化，因为由于服用安眠药消除了令人讨厌的失眠状态，从而使这种行为增加了。负强化和正强化都增加了之前行为的频率。在这些例子中，增加的行为是表达愤

行为流派的治疗师经常使用恐惧等级来逐渐将个体暴露在他们最害怕的情况下，比如被困在一个烟雾弥漫的房间里无法逃脱。
©Michael Blann/Getty Images

怒的观点和服用安眠药。

根据行为视角，你不需要直接经历强化来改变你的行为。研究**社会学习理论**（social learning theory）的心理学家认为，人们可以通过观察他人来学习。因此，通过**替代强化**（vicarious reinforcement），你可以通过观察他人因同一行为而获得强化的过程来习得一种新的行为。你也可以通过观察自己的行为结果或你认同的他人的行为结果，对自己在各种生活情况下的能力或**自我效能**（self-efficacy）有一个认识。例如，你可能想知道你是否有能力克服公开演讲的恐惧，但如果你看到一个同学在课堂上做了一个成功的演讲，并且你觉得你和这个学生没有太大的不同，他的成功就会建立你的自我效能，当轮到你站起来演讲时，你也会做得很好。

名词解释

行为视角　一种理论视角，认为异常是由错误的学习经验引起的。

经典条件作用　从行为视角来看，这一过程解释了自动的情感反应的学习。

厌恶性条件作用　一种个体将非适应性反应与本身不会造成伤害的刺激联系起来的经典条件作用。

操作性条件作用　一种个体通过学习将一种行为与其结果配对而习得一种反应的学习过程。

强化　在操作性条件作用中，一种使个体在未来更有可能重复该行为的结果。

社会学习理论　关注于人们是如何通过与他人的关系和观察他人而发展出心理障碍的一种视角。

替代强化　一种学习形式，通过观察他人因同一行为而获得强化的过程来习得一种新的行为。

自我效能　个体在各种生活情境中对能力的感知。

你来做判断

循证实践

正如我们在第 2 章"诊断与治疗"中讨论的那样，美国心理学会采用了循证实践的原则，为临床医生在提供心理治疗时提供指导方针。在本章中，你已经了解了临床医生可以使用的广泛的理论模型，从一端的精神外科手术到另一端的家庭治疗。鉴于心理学家应该提供最适合来访者心理障碍的治疗的这一点建议，问题是每个临床医生是否有能力使用这些理论模型提供治疗。这一期望现实吗？我们能否期望临床医生对每个理论视角都有足够的知识，从而给来访者提供最有效的干预措施？

随着临床心理学和相关领域的研究以几乎指数式的速度持续发展，每个临床医生怎样才能足够好地保持对所有最新进展的关注，以便为每个来访者提供最新的疗法？根据美国心理学会《心理学家伦理原则和行为准则》，临床医生应该在他们的专业领域内工作，如果他们必须扩展到这个领域之外，他们应该向该领域学识渊博的人士寻求咨询。此外，每个州都有严格的许可规定，以确保心理学家参与继续教育。因此，有许多保障措施来保护来访者免受过时或不恰当的干预方法。

你来做判断：作为一个心理学的服务对象，你觉得更重要的是让潜在来访者去看一个他们基于声誉、以往经验或他人推荐而信任的临床医生，还是应该让他们去找一个从理论角度来看最严格遵循循证标准的专家？一个受人尊敬的"通才"能否提供与另一个受过更严格培训的专业人士一样高质量的治疗？从根本上来说，每一种职业（咨询、精神病学、心理学、社会工作）所遵循的标准都保护了来访者免受不充分的照顾。然而，它也有利于服务对象跟上最新的发展，以便他们能在充分了解的基础上做出选择。

治疗米拉·克里希南的行为疗法

根据行为视角的假设，经历重性抑郁发作的来访者已经发展出非适应性反应。因此，行为导向的临床医生将给米拉学习新的、适应的行为的机会。正如你将在第9章"分离与躯体症状障碍"中了解到的，治疗重性抑郁障碍的行为方法会让来访者增加积极强化事件的频率（称为"行为激活"）。米拉会写日记，记录她与朋友的互动，参加锻炼，以及其他愉快的活动，然后她会把这些内容展示给她的治疗师。为了增加这些行为的频率，米拉和她的临床医生将确定一套随着这些行为的完成而出现的令人向往的奖励。为了使干预最有效，临床医生需要确保米拉能够切实实现她的目标，这样她就能在实现这些目标的过程中不断体验成功。

治疗

行为治疗师的治疗重点是帮助他们的来访者忘却非适应性行为，用健康的适应性行为取代它们。在与经典条件作用关系最密切的**对抗性条件作用**（counterconditioning）中，来访者学会对曾经引发非适应性反应的刺激做出新的反应。事实上，新的反应与旧的（不良的）反应是不相容的。例如，你不可能同时在身体上既焦虑又放松。通过约瑟夫·沃尔普医生（Joseph Wolpe, 1915—1997）提出的对抗性条件作用，来访者学会了将放松的反应与以前使他们感到焦虑的刺激联系起来。临床医生教来访者通过一系列循序渐进的步骤来放松——例如，首先放松头颈部肌肉，然后是手和脚，最后是身体的其他部位。

对抗性条件作用通常是使用**系统脱敏法**（systematic desensitization）来逐步发生的。治疗师将非适应性反应分解成最小的步骤，同时将每个步骤与放松相匹配，而不是让来访者一下子暴露在恐惧的刺激中。为了帮助完成这个过程，来访者可以先向治疗师提供一个与恐惧刺激相关情境的阶梯或列表。

对抗性条件作用 用可接受的反应来代替对刺激的不想要的反应的过程。

系统脱敏法 一种对抗性条件作用的变体，包括在放松状态下向来访者逐渐呈现更多引发焦虑的意象。

从最不可怕的情境开始，临床医生要求来访者想象那个情境，同时练习渐进式的放松。当来访者建立了这种意象和放松之间的联系后，临床医生就会上升到阶梯的下一个水平。最终，来访者可以面对恐惧的情况，同时感到完全地放松。然而，在任何时候，如果来访者遭

一个行为导向的心理学家会通过呼吸练习之类的方法帮助来访者克服飞行恐惧，减少生理紧张，并克服对飞行恐惧的自动思维。
©Bilderbox/INSADCO Photography/Alamy Stock Photo

挫折，临床医生就会从这级阶梯上退下来，帮助来访者重新学会将放松与之前较低水平的意象联系起来。图4-6展示了一个恐惧阶梯的例子，临床医生可能会使用它系统地让害怕蜘蛛的个体脱敏。

| 拿着一只填充玩具蜘蛛 | 拿着一个小橡胶蜘蛛 | 观察一只在封闭的盒子里的活蜘蛛 | 观察一个人拿着蜘蛛 | 拿着一只活蜘蛛 |

图 4-6　系统脱敏法中的恐惧阶梯

根据操作性条件作用的原则，权变管理（contingency management）是一种行为治疗形式，临床医生为来访者提供执行期望的行为的正强化。来访行为治疗也可以引用替代强化原则，即临床医生展示人们因演示期望的行为而获得奖励的现场或录制的示范。例如，临床医生可能会给怕狗的来访者播放一段某人喜欢和狗玩耍的视频。这种情况下的替代强化是看到另一个人与狗玩耍的乐趣。治疗师也可以使用参与性模仿（participant modeling），这是一种治疗形式，治疗师首先向来访者展示一个期望的行为，然后通过行为改变来逐步引导来访者。

名词解释

权变管理　一种行为治疗形式，临床医生为来访者提供执行所期望的行为的正强化。

代币制　一种权变管理的形式，在这种形式中，执行期望的活动的来访者会获得代币，这些代币以后可以用来交换有形利益。

参与性模仿　一种治疗形式，治疗师首先向来访者展示一个期望的行为，然后通过行为改变来引导来访者。

行为视角下工作的临床医生经常给他们的来访者提供家庭作业。临床医生可能会要求来访者详细记录他们想要改变的行为，以及这些行为发生的情况。家庭作业也可能包括临床医生要求来访者执行的具体任务，以及观察完成这些任务后的结果。

认知视角

认知视角（cognitive perspective）是一种理论视角，它假定异常行为是由导致行为失常的非适应性思维过程引起的。因此，从事认知视角研究的心理学家关注的是个体的思维如何影响他们的情绪。认知视角的一个基本假设是，拥有"理性的"或合乎逻辑的思维将有助于人们发展和保持他们的心理健康。

理论

与对思维的重视相一致的是，认知视角认为心理障碍是思维障碍的产物。认知心理学家认为，通过改变人们的想法，他们还可以帮助来访者培养更具适应性的情绪。

图 4-7 阐明了认知视角认定的导致心理障碍的基本过程。这一过程源于对自我的功能失调性态度（dysfunctional attitudes）和消极信念，这些都是根深蒂固并且难以表达的。患有心理障碍的个体会经历自动思维（automatic thoughts），这是功能失调性态度的产物，这种态度根深蒂固以至于个体甚至意识不到它们的存在。功能失调性态度影响了心理障碍患者对其经历的解释方式。如图 4-7 所示，对于犯错的功能失调性态度会导致个体将在课堂上给出错误答案的经历视为自动（但不正确的）结论的基础，即人们认为他是"愚蠢的"。

名词解释

认知视角　一种理论视角，认为异常是由导致行为失常的非适应性思维过程引起的。

功能失调性态度　根深蒂固的对自我的消极信念。

自动思维　这些想法是功能失调性态度的产物，这种态度根深蒂固，以至于个人甚至意识不到它们的存在。

图 4-7　功能失调性态度、经验、自动思维与消极情绪的关系
资料来源：Adapted from Beck, A. T., Bush, A. J., Shaw, B. F., & Emery, G. *in Cognitive Therapy of Depression.*

再次看到图 4-7，你可以看到从自动思维到消极情绪的链条。从认知视角来看，以自动思维为代表的不恰当的结论产生了悲伤的消极情绪。根据这一视角，对于心理障碍患者来说，他们看待自己和自己行为的方式是不现实的、极端的、不合逻辑的。他们的非理性信念导致他们惩罚自己，因为他们没有达到完美的"必须"。当他们总是失败时，他们会变得非常沮丧以至于放弃好转的想法，如果他们接受治疗，他们会对自己是否会好转采取过于悲观的态度。

治疗

采用认知视角的治疗师将注意力集中在改变最终产生负面情绪的功能失调性态度上。这种方法中的"认知"，则意味着思维成为治疗的目标。认知取向的治疗师使用的一个关键方法是认知重建（cognitive restructuring），即临床医生试图通过质疑和挑战来访者的功能失调性态度和不合理信念来改变来访者的思维。通过这种方式，来访者学会将消极思维转变为积极思维。

在认知行为疗法（cognitive-behavioral therapy, CBT）中，正如术语所蕴含的那样，临床医生关注改变非适应性想法和非适应性行为。临床医生将行为技术，如家庭作业和强化，与能够增加来访者对他们功能失调性思维的意识的认知方法相结合。来访者要学会识别，当他们对情况的评估不现实时，就会导致他们产生功能失调性情绪。然后，他们可以尝试识别能够帮助他们抵消这些情绪的情境、行为或人。

名词解释

认知重建 认知行为疗法的基本技术之一，临床医生试图通过质疑和挑战来访者的功能失调性态度和不合理的信念来改变来访者的想法。

认知行为疗法 临床医生着重于改变（来访者）非适应性想法和行为的疗法。

举个例子，想象有这样一个来访者，她认为除了她的家人之外没有人会喜欢她，并因此感到孤独和被孤立。她觉得自己无能为力，所以拒绝了与同事非正式聚会的邀请。临床医生可能会布置一项家庭作业，来访者

需要接受这些邀请并在治疗中反馈事件的实际进展情况，然后临床医生会重点关注来访者当时的感受。来访者的体验可以成为下一个需要面对更多熟人的作业的基础，直到来访者有足够的"数据"来挑战她认为的没有人会喜欢她的信念。

认知行为疗法的中心目标是让来访者更好地控制自己失调的行为、思维和情绪。通过这种方法，认知行为疗法旨在帮助来访者找到更具适应性的方式来应对生活中的挑战——这样不仅可以改善他们当前的症状，还可以减少他们未来再次出现这些症状的可能性。

小案例

治疗米拉·克里希南的认知疗法

一个持认知视角工作的临床医生会通过帮助米拉发展更多的适应性思维来治疗她。从严格的认知视角来看，临床医生会关注米拉认为自己辜负了家人和朋友的信念，并鼓励她质疑自己的结论，与她一起研究她对家人对她感觉的假设基础。

结合认知和行为疗法，临床医生还会要求米拉记录她的行为，包括参与积极有益活动的情况。然而，与严格的行为主义者不同的是，这位临床医生也会指导米拉记录下她的功能失调性思维，尤其是那些加剧她负面情绪的思维。

人本主义视角

坚持人本主义视角（humanistic perspective）的心理学家认为，人们有追求自我实现和生活意义的动机。"人本主义"中的"人"指的是将这种视角的焦点放在使个体独特的品质上。与将动物研究的原理转化到人类行为的行为视角不同，人本主义视角特别关注能将人类与其他物种区分开来的价值观、信仰和反思自身经验的能力。

名词解释

人本主义视角 一种关于人格和心理障碍的理论视角，认为人们有追求自我实现和生活的动机。

理论

当人本主义理论家和临床医生在 20 世纪 60 年代开始发展自己的理论时，他们将这一视角视为是对心理学传统焦点的彻底背离，传统焦点最小化了自由意志和在人类经验中寻找意义的作用。这些人本主义者联合起来，形成了心理学的"第三势力"，意图挑战精神分析和行为主义。持这种视角工作的心理学家也从更积极的角度看待人类行为，并将心理障碍视为生长潜力受限的结果。

人本主义理论家的工作深受存在主义心理学的影响，存在主义心理学强调充分欣赏每一刻的重要性。根据存在主义心理学，那些关注周围的世界，任何时刻都尽可能充分地体验生活的个体是心理最健康的，而当人们无法体验当下的生活时心理障碍就会出现。因此，我们出现障碍不是由于我们生理上或思想上的根本缺陷，而是由于现代社会强加给我们表达内在自我的能力的限制。这种对活在当下的关注现在可以在正念疗法中看到，它强调要意识到你周围正在发生的一切，同时也要获得对你内心感受的洞察。

今天，许多心理学家认为，童年早期与主要照顾者的经历会影响个体一生中在人际关系中的行为方式。

©Yellow Dog Productions/Getty Images

卡尔·罗杰斯（Carl Rogers, 1902—1987）的**以人为中心理论**（person-centered theory）是临床工作中的人本主义方法的最好例证，该理论强调个体的独特性，强调允许个体最大限度地发挥潜能的重要性，以及个体需要诚实地面对他在这个世界上经历的真实性。在将以

自我实现的个体能够通过帮助他人来获得成就感，因为他们已经满足了自己的需求。

©Klaus Tiedge/Blend Images LLC

人为中心的理论应用于治疗环境的过程中，罗杰斯使用了**"以来访者为中心"**（client-centered）这一术语来反映他的信念，即人天性善良，并且自我完善的潜力在于个体而非治疗师或治疗技术。

罗杰斯认为，一个适应良好的个体的自我形象应该与他的经历相一致。在这种一致的状态下，个体是充分发挥功能的——能够最大限度地利用他的心理资源；相反，心理障碍是阻碍个体充分发挥生活能力的潜力的结果，这会导致自我形象和现实之间不协调或不匹配的状态。然而，一致性不是一种静态的状态，充分发挥功能意味着个体不断地进化和成长。

根据罗杰斯的视角，当孩子是由严厉批评和严格要求他们的父母抚养长大的时候，心理障碍就起源于早年生活。在这种情况下，孩子们会对犯错产生长期的焦虑，这将导致他们的父母更加不喜欢他们。罗杰斯用**"价值条件"**（conditions of worth）这一术语来指代父母对孩子的要求，在这些要求中，他们传达的信息是，为了被爱，孩子们必须满足这些标准。成人以后，这样的孩子总是试图满足他人的期望，而不是感觉他人会因为

他们的真实自我而重视他们，即使他们有缺点。

亚伯拉罕·马斯洛（Abraham Maslow）的人本主义模型不太关注治疗，但在人本主义运动中也有很大影响，它以自我实现（self-actualization）的概念为中心，即最大限度地实现个体心理成长的潜力。马斯洛认为，自我实现的个体有准确的自我认知，能够在日常活动中找到丰富的乐趣和刺激来源。他们有能力获得高峰体验（peak experiences），在这种体验中他们会感到内心幸福的巨大涌动，仿佛他们与自己和他们的世界完全和谐。但这些个体不仅仅是在寻找感官或精神上的快乐，他们还有一种以人道主义和平等主义价值观为基础的生活哲学。

名词解释

以人为中心理论 人本主义理论，强调个体的独特性，强调允许个体最大限度地发挥潜能，以及个体需要诚实地面对他在这个世界上经历的真实性。

以来访者为中心 一种基于罗杰斯的信念的方法，即人天生善良，并且自我完善的潜力在于个体。

自我实现 在人本主义理论中，最大限度地实现个人心理成长的潜力。

马斯洛定义了需求层次理论，认为人们在满足了基本的生理和心理需求后，才能体验到自我实现。我们把等级较低的需求称为"缺失性需求"（deficit needs），因为它们描述了一种个体寻求获得某种缺乏的东西的状态。一个专注于满足缺失性需求的个体无法达到自我实现。例如，那些动机仅仅是赚钱（较低层次的需求）的个体无法提升到自我实现的层次，除非他们把金钱至上的动机放在一边。自我实现不是最终状态，而是个体寻求真正的自我表达的过程。

治疗

作为一种具有丰富治疗意义的理论，以人为中心理论现在形成了当代许多治疗和咨询的基础。以来访者为中心的治疗模式为治疗师提出了具体的指导方针，以确保来访者能够达到充分的自我实现。罗杰斯认为，临床医生应该关注来访者的需求，而不是把注意力集中在什么是对来访者最好的这种先入为主的临床观念上。事实上，罗杰斯最早使用了"来访者"一词，因为它暗示了

帮助者和被帮助者之间的一种伙伴关系，这反映了对寻求治疗者的内在力量的强调。他更喜欢这个术语，而不是以疾病为导向的术语"患者"。

罗杰斯认为，临床医生的工作是帮助来访者发现他们内在的优点，并在这个过程中，帮助每个来访者实现更多的自我了解。为了抵消童年时价值条件造成的问题，罗杰斯建议治疗师以无条件积极关注（unconditional positive regard）对待来访者，或完全接受来访者的所说、所做和所感。当来访者开始感到更少的自我批评时，他们就能更好地忍受承认自己弱点所带来的焦虑，因为他们不再感到必须把自己视为是完美的。临床医生试图尽可能地富有同情心，渐渐地来访者会对揭示真实的、内在的自我感到越来越有信心，因为他们知道临床医生不会拒绝他们或给他们贴上不合格的标签。

当代的人本主义和经验主义治疗师强调，如果治疗师有同理心，或者能够尽可能多地从他们的来访者的视角看世界，那么这会是最有效的。在以来访者为中心模式下工作的治疗师会接受反映和澄清技术的培训，以表达共情性的理解。在反映技术中，治疗师会反映出来访者刚刚说过的话，也许会稍微改变一下措辞，并尽一切努力看到来访者的情况，就好像那些事情发生在他身上一样。这些技巧让来访者感到临床医生在共情地倾听，而不是评判他们。

罗杰斯还建议，临床医生应该暴露自己的弱点和局限，来提供一个真实和自愿的示范。然后来访者就会意识到，他们不必摆出一副虚伪的姿态，即试图表现出自己并非如此的样子。理想情况下，来访者会看到真诚地面对个人经历是可被接受的和健康的，即使这些经历没有那么有利的含义。例如，罗杰斯流派的临床医生可能会承认自己有过类似于来访者描述的经历，比如在一群人面前讲话时感到焦虑。这是一种弗洛伊德流派的精神分析学家永远不会进行的自我表露，因为它剥夺了治疗师作为一个完全中立方的地位。对于一个罗杰斯流派的临床医生来说，分享个人经验（在一定范围内）可以帮助来访者感觉更加被接受和理解。

动机式访谈（motivational interviewing, MI）是另一种以来访者为中心的技术，它使用共情性的理解作为

促进来访者行为改变的手段。在这种技术中，临床医生与来访者合作，通过提出问题，引出来访者自己的改变理由，来加强来访者做出改变的动机。一般来说，动机式访谈和以来访者为中心的方法一样，强调来访者的自主性。

无条件积极关注　以来访者为中心的疗法，即临床医生完全接受来访者的所说、所做和所感。

动机式访谈　一种使用共情理解作为促进来访者行为改变的手段的技术。

人本主义的视角渗透了当代心理学，特别是积极心理学的使命，它强调成长和自我实现，而不是心理病理和障碍。马斯洛的理论可能是在职业和教育框架中应用最多的，罗杰斯发展的以人为中心疗法的原则目前是心理治疗中关注共情和治疗联盟的一个内在组成部分。正念和动机式访谈现在得到了广泛的关注，为临床医生提供了更多可用的工具，用于治疗不同年龄的有不同障碍的来访者。

小案例

治疗米拉·克里希南的人本主义疗法

在人本主义疗法中，临床医生将与米拉合作，通过共情地倾听她对自己感受的描述，建立一个稳固的治疗联盟。与卡尔·罗杰斯强调的更加了解我们的感受相一致，临床医生会鼓励米拉更充分地体验她被家人拒绝的感受，以及她因与家人分离而产生的悲伤。在这个过程中，临床医生将帮助米拉识别她的感觉并接受它们，而不是过分的自我批评。临床医生也可以通过探究米拉的父母对她和她姐姐的负面比较是如何影响她的，来关注米拉的低自我价值感。如果米拉不遵守他们的规则，他们就拒绝接受她加入这个家庭，这使米拉感到人们不能按照她的方式把她视为一个个体。为了帮助增加对自我价值的真实感受，临床医

生将与米拉一起工作，以进一步加深她对自己价值观的理解，并为她建立与这些价值观相一致的、而非与其家庭价值观相一致的、促进成长的经验。

....

社会文化视角

社会文化的视角下的理论家强调人们、社会机构和社会力量影响他们周围世界中的个体。社会文化视角涉及到外部个体，以囊括可能导致其心理障碍发展的因素。

理论

家庭视角（family perspective）的支持者认为，心理障碍是由家庭内部的互动和关系模式失调引起的。这些混乱的关系模式可能会产生"被识别的患者"，即接受治疗的个体的困难反映了家庭内部的紧张。

社会文化视角下的研究人员也关注社会歧视（social discrimination）作为心理问题的原因。例如，基于性别、种族、性取向、宗教、社会阶层和年龄的歧视可能会导致身心健康领域的紊乱。从20世纪50年代开始，研究人员发现，心理障碍在较低的社会经济阶层中更常见。这种关系可能反映了社会地位较低的个体会经历经济困难这样一个事实，而且获得优质教育、医疗和就业的机会有限。社会经济歧视对那些因种族或民族、性取向、移民身份或宗教（仅举几例）而成为目标群体的成员进一步加剧。当人们因为不可改变的人类特征而

根据家庭系统理论家的视角，家庭动态的功能障碍可能是个体心理痛苦的主要来源。
©*rubberball/Getty Images*

机会受限或受到压迫时，他们很可能会经历内心的动荡、挫折和压力，导致心理症状的发展。

从社会文化的角度来看，自然和人为的灾难、政治压迫、贫困、暴力和战争都是导致心理障碍的进一步因素。自第一次世界大战以来，美国心理学家对战争消极影响心理功能的方式进行了大规模的研究。因恐怖袭击、战争、迫害或监禁而受到精神创伤的人有发展为严重焦虑障碍的风险。同样地，火灾、地震、龙卷风和飓风等自然灾害也会造成心理和生理上的破坏。

治疗

临床医生如何对社会文化因素导致或加剧的疾病患者进行干预？显然，改变世界是不可能的，但临床医生可以在帮助人们应对家庭系统、直接环境或外部社会中产生的问题方面发挥关键作用。

在个体最直接的圈子中，即家庭，临床医生可以通过鼓励所有家庭成员（无论家庭如何被定义）尝试新的方法来相互联系或思考他们的问题以进行干预。家庭治疗师有时与合作治疗师一起工作，会在同一时间见尽可能多的家庭成员。家庭和夫妻治疗师关注的不是个体的问题或担忧，而是失调的关系模式如何维持一个特定的问题或症状。他们还从生命周期的角度来考虑发展问题，不仅是每个个体，而是整个家庭或夫妻。此外，家庭和夫妻治疗师认为家庭成员间的持续关系比临床医生和来访者间的关系可能更有治愈性。

临床医生在家庭治疗中使用的特殊技术很大程度上取决于治疗师的培训和理论方法。代际型家庭治疗师可能会提议画一张最近所有亲属的图表，以努力理解家庭关系的历史，并利用这种理解带来改变。结构型家庭治疗师可能会提议，家庭成员中的一个子系统上演分歧，就像他们是关于这个家庭的戏剧中的角色一样。通过这种做法，家庭成员可以走出他们当前的冲突，看到新的方式来处理他们反复出现的互动模式。一个经验型家庭治疗师可能会与家庭成员一起工作，通过关注他们在讨论他们共同关心的问题时的感受来增进对他们彼此之间关系的了解。

在团体治疗中，在治疗师的帮助下，有相似经历的人们互相分享他们的故事。根据团体治疗创始人欧文·亚隆（Irvin Yalom）的观点，来访者可以通过倾听别人分享他们的情感经验，在意识到他们的问题不是唯一的时候找到解脱和希望。在团体中，他们还可以从分享自己担忧的人那里获得有价值的信息和建议。此外，在给予他人的过程中，人们通常还会发现他们自己也能从中获益。

临床医生在例如住院医院等治疗环境中使用环境疗法，通过创建治疗性社区来促进来访者的积极功能。团体成员参与团体活动，从职业治疗到培训课程。工作人员鼓励来访者和其他成员一起工作和相处，目的是增加他们之间的积极联系。每一个工作人员，无论是治疗师、护士还是辅助专业人员，都参与着一个整体任务，即提供一个环境来支持积极的改变和加强适当的社会行为。环境疗法背后的基本理念是，遵从传统社会行为规范的压力会促使来访者做出更具适应性的行为。此外，支持性环境的正常化影响旨在帮助个体更顺利和更有效地过渡到治疗性社区之外的生活。

尽管临床医生不能逆转社会歧视，但他们可以采用依赖于对来访者社会文化背景的意识、知识和技能的**多元文化疗法**（multicultural approach）。根据文化构想的原则，疗法应敏感地注意到来访者的文化背景与他们的特定生活经历和家庭影响交互作用的方式。临床医生要做出承诺去学习来访者的文化、民族和种族，以及这些因素在评估、诊断和治疗中起作用的方式。多元文化的技能包括掌握针对来访者独特特点的文化专有的治疗技术。

治疗米拉·克里希南的社会文化疗法

在社会文化的视角下工作的临床医生会将米拉的具体家庭问题纳入她的文化背景中。米拉的症状可能不仅来自她自己如何看待她的家人对待她的工作和关系决策的态度，还反映了她所处的倾向于过分强调家庭义务的印度文化背景。米拉选择了一条与姐姐不同的道路，无论在现实中还是在她自己的认知中，她都可能违背了自己家庭的和更大的文化的期望。在治疗中，米拉应该被鼓励在她的家庭和更大的文化背景中反思和发展她自己作为第一代美国人的身份认同感，并承认这如何影响她的家庭动态以及与她的抑郁症状有关。如果可能的话，临床医生可能会建议米拉和她的家人一起解决这些文化和关系的冲突。或者，临床医生可以帮助米拉找到一种方法去与她的家人交流她的观察结果，并努力管理他们对她的期望。这可能有助于以一种同时考虑米拉的框架和家庭本身信仰的方式重建关系。通过社会文化视角，以这种方式重塑关系可以帮助减轻米拉的抑郁症状，允许她在家庭中做自己，而不觉得她不断违背他们的期望。

....

西尔维娅·普拉斯：重性抑郁障碍

在30岁时，美国诗人西尔维娅·普拉斯（Sylvia Plath）死于她终生抗争的抑郁障碍。1963年2月11日晚，她的两个年幼的孩子睡着了，普拉斯小心翼翼地把毛巾放在孩子卧室和厨房的门缝里，打开烤箱的煤气，把头埋了进去。她把牛奶和面包放在孩子们的房间里，房间的窗户对着伦敦寒冷的夜晚，这样他们早上的早餐就会新鲜一些。

就在几天前，她开始服用抗抑郁药物，专家认为她的自杀发生在服用此类药物治疗过程中的一个危险时期，此时她仍然抑郁，但同时也变得更加活跃，因此导致自杀意图的风险增加。安妮·史蒂文森（Anne Stevenson）所著《苦涩的名声：西尔维娅·普拉斯的一生》（*Bitter Fame: A Life of Sylvia Plath*）一书，通过日记、私人信件以及对她生前亲历者的采访，记录了这位众所周知饱受折磨的作家的生平和作品。普拉斯在马萨诸塞州波士顿出生并长大，七岁开始写作。在童年和青少年时期，她创作了大量的诗歌和短篇小说，这让她最终梦想成为一名职业作家。

普拉斯的经历一直对她有着激发作用，直到她生命的最后几天。也许对她影响最大的是她的父亲在她八岁生日后不久突然去世这一事件，丧亲点燃了她内心深处的恐惧和渴望，并成为她作品中永恒

西尔维娅·普拉斯，1957年。
©*Bettmann/Getty Images*

的主题。这也让她对被抛弃后的抑郁异常敏感，尤其是被伴侣抛弃。

普拉斯在典型的新英格兰小镇马萨诸塞州韦尔斯利

长大，就读于马萨诸塞州北安普顿的史密斯学院，并获得了学术奖学金。虽然进入大学一开始对她来说很困难，但她的聪明才智和勤奋的品德为她赢得了高分，并在史密斯大学获得了卓越的声誉。当她长大成人的时候，她开始经历高度的喜怒无常和一阵阵的抑郁。在 19 岁时，她吞下母亲的安眠药，躲在房子的一个狭小空隙里企图自杀。过了两天，才有人发现她昏迷不醒。随后，普拉斯进入附近的一家精神病医院接受了四个月的电痉挛疗法。这是她生活和写作的一个重要转折点。

"由于她的电痉挛治疗，"史蒂文森在《苦涩的名声》中写道，"在她的每一篇作品中，几乎都有一种看不见的威胁感在作祟。她坚信，无论这个世界表面上多么友善，都隐藏着危险的敌意，尤其是针对她本人的敌意。"我们可以在普拉斯一生忠实记录的个人日记中观察到她深刻的内省本性。它们是她自我表达的重要源泉，她倾注了自己的每一个想法和感受，特别是在痛苦的时候，这为我们提供了一个近距离看到她最黑暗的时刻的视角。

住院治疗后，普拉斯回到史密斯大学，1954 年以优异的成绩毕业，随后在英国剑桥大学获得富布赖特奖学金继续攻读研究生。在那里学习期间，随着她在专业上的成熟，她的约会对象变成了她非常钦佩的诗人同行特德·休斯（Ted Hughes）。两人在一次聚会上相遇后，立即就被对方吸引，并在旋风式的恋爱之后，在英国秘密举行了婚礼。当时，普拉斯得到了一个奖学金的资助，她担心一旦她结婚的消息传出，该奖学金将被撤回。最终，他们的婚姻关系公之于众，这对夫妇在婚后的头几个月里都在西班牙生活，这时休斯在那里教书。

在《苦涩的名声》一书中，史蒂文森描述了普拉斯的情绪如何在婚姻最初的幸福阶段消退后又变得非常明显。

她的情绪似乎以惊人的速度忽上忽下。西尔维娅在日记中记录了她对一些未提及事件的反复无常的剧烈反应，这可能是因为她丈夫对她和想提高房租的房主争吵时表现出的怨恨感到惊讶，也可能是因为有一天晚上他们和一些英国人喝酒惹得西尔维娅心烦意乱。特德·休斯发现，这些情绪在很大程度上是无法解释的：它们开始和结束时就像雷暴雨，而他渐渐学会了简单地接受它们的发生。

之后，这对夫妇搬到了普拉斯的家乡马萨诸塞州，普拉斯在她的母校史密斯大学教授英语课程。她最初对在这样一所著名学府教书的声望感到兴奋，但很快就被焦虑所取代，这源于教书所需的工作量，尤其是她没有时间从事自己的写作这一事实。她又被一段时间的自我怀疑所折磨，这使她再次陷入抑郁。她写道：

昨晚我觉得……我血液中病态的、毁灭灵魂的恐惧之流将它的涌流变成了挑衅的斗争。我虽然很累却睡不着，躺在床上感觉自己的神经被刮得疼痛不堪，我的内心在呻吟："哦，你不会教书，什么也做不了。不会写，也不会思考。"我躺在否定消极的冰冷洪流中，认为那声音是我自己的，是我的一部分，它一定会以某种方式征服我，并留给我最糟糕的幻觉：我曾有机会与之战斗，日复一日地取得胜利，但却失败了。

这种毫无价值的想法在重性抑郁障碍患者中很常见。

在教学了一年之后，普拉斯和特德·休斯搬到了波士顿，在那里他们成为一个紧密联系的诗人和作家社区的成员。此时，休斯的写作开始获得相当多的赞誉，这对夫妇主要靠他的奖金生活。这让普拉斯得以把大部分时间花在写作上。当她怀上他们的第一个孩子时，他们搬到了英国，在伦敦的一间公寓安顿下来，然后在他们的第二个孩子出生前又到乡下的一所房子里定居。

尽管大家都说休斯是一位忠诚的丈夫和父亲，但普拉斯却因担心休斯的不忠而深受打击，经常指责他有婚外情。有一次，休斯接受了 BBC 的采访，回家晚了。普拉斯的反应是毁掉了他的大部分写作材料，以及他最珍贵的一些书。最终两人分开了（尽管他们从未离婚），休斯搬出他们的家后，普拉斯和他们的两个孩子搬到了伦敦的一套公寓里。在这里，她感受到了一股创作的能量，产出了许多她最著名的诗歌。在这个时候，她完成了她的第一部也是唯一的一部小说——《钟形罩》（The Bell Jar）。这是一部半自传体的小说，讲述了一个年轻女性在成年早期的旅程，在职业、爱情和心理痛苦的浑水中航行。这本书的大部分叙述直接反映了普拉斯自己的经历。

她的诗歌也反映了她继续与不断恶化的心理健康做斗争时的挣扎。史蒂文森在《苦涩的名声》中写道：

西尔维娅像制图师一样专注和坚决，在她的诗中描述了她内心世界的天气的两极："停滞"和愤怒。在那消沉的极点上，她向内拐了一个弯，渴望着不存在……就好像她在看一面镜子，镜子里映出的是她受到创伤的童年的样子。

尽管她正在经历一股创造力的浪潮，普拉斯却陷入了深深的抑郁之中。她开始去看精神病医生，医生注意到了她病情的严重性。由于无法照顾自己

和孩子，普拉斯在精神病医院接受另一轮电痉挛治疗期间，一直和朋友待在一起。有一天，她毅然决然地决定带着孩子回到自己的公寓。她的朋友们对她突然的决定感到困惑，试图说服她留下来让他们照顾，但没有成功。就在她回家的那天晚上，普拉斯终于离开了众人的注视，结束了她短暂而紧张的生命。

在她去世后的几年里，评论家们把西尔维亚·普拉斯视为 20 世纪最有才华和最有影响力的诗人之一。特德·休斯与第二任妻子一起抚养他们两个孩子，他编撰的《诗集》（*The Collected Poems*）中收录了普拉斯从青春期到生命结束期间所写的诗歌，并于 1982 年获得普利策奖。

基于接纳的视角

基于接纳的视角紧随行为和认知理论家的脚步出现，它同样被称为心理治疗的"第三浪潮"运动。许多疗法是在 20 世纪 70 年代发展起来的，并受到了传统东方哲学的影响。它们在 20 世纪 90 年代后期开始获得关注，并且现在也被广泛用于各种心理障碍，例如接纳与承诺疗法就在这一时期首次作为一种疗法被确立。

理论

基于接纳的疗法（acceptance-based approaches）是基于行为和认知疗法的理论基础。这些面向现在的方法使用行为的策略和认知的框架。它们通过考虑个体的环境，建立在这些传统方法的基础上。它的重点是提高功能的整体有效性，而不是像认知行为疗法等方法一样减少特定的症状。这些方法在研究文献中获得了大量的实证支持，尽管正在进行的研究仍在确定它们对特定心理障碍的治疗有效性。

正念（mindfulness）是一种精神状态，通过有意地将个体的意识带到当下时刻而不去评判内在或外在的观察来实现。正念训练是许多基于接纳的疗法的核心行为成分，它可以以各种形式进行练习。研究人员发现，正念本身或者它与心理治疗结合起来都有很多治疗益处。应该注意的是，正念通常是冥想的同义词。虽然正念是佛教冥想练习的基础，但也可以在冥想之外使用各种技

巧来练习正念。冥想的目的往往是将意识集中在一个特定的感官体验上，而正念的目的是将意识扩展得更广。此外，正念并不像许多冥想练习那样强调灵性。

名词解释

基于接纳的疗法 一组使用行为的策略和认知的框架来提高整体有效性的心理疗法。

正念 一种有意地将意识个体带到当下时刻而不去评判内在或外在的观察的精神状态。

正念练习的基本目标是培养对当前外在和内在经验的觉知，而不加判断。这是通过有目的和有意地练习正念的行为来实现的，强调坦率地关注自己的观察。尽管判断或评估通常是有价值和必要的，但当人们对观察到的东西做出自动假设时，就有一种将这些假设解释为事实的倾向。正念旨在通过扩大人们对其他解释的认识来提高心理灵活性，而不是陷入消极的信念循环。基于接纳的疗法认为，在治疗心理痛苦时，为了促进更有效的应对方式，处理个体对外部和内部经历的自动解释的行为方式是至关重要的。这个过程的本质是接受经历的本来面目，不管是积极的还是消极的。在基于接纳的疗法中，目的不是改变经历本身（因为这是不可能的），而是改变个体与经历的关系，以增加心理灵活性，帮助个体根据情境的需求更有效、更流畅地发挥功能。

治疗

目前心理治疗中最常见的基于接纳的疗法是**接纳与承诺疗法**（acceptance and commitment therapy，ACT）。接纳与承诺疗法是一种基于行为的疗法，它更广泛地关注人类的痛苦，旨在提高个体的认知灵活性。接纳与承诺疗法的理论模型着眼于六个被认为与心理病理学相关的主要心理过程：经验性回避、认知融合、对概念化的过去和未来的支配、有限的自我认识、缺乏价值观和不作为/冲动。在接纳与承诺疗法中，治疗师与来访者一起探索这些领域，以及它们如何影响来访者的痛苦，然后使用各种基于技能的技术和练习来演示如何解决个体可能"深陷"的领域。

辩证行为疗法（dialectical behavior therapy，DBT）是玛莎·莱恩汉（Marsha Linehan）开发的一种基于技能的疗法，用于治疗边缘性人格障碍。然而，自诞生以来，辩证行为疗法在各种心理问题的治疗中得到了更广泛的应用。辩证行为疗法的基础是"生物社会理论"，该理论假设，患有边缘性人格障碍或在调节情绪方面有类似挣扎的个体，可能会由于在教导个体如何处理情绪方面的一种生物脆弱性与错误或无效的社会环境的结合，而容易出现这些困难。辩证行为疗法中的"辩证"一词指的是莱恩汉观察到的边缘性人格障碍患者的特征，他们的经历往往被分为两个截然相反的极端。因此，辩证行为疗法侧重于通过接纳和行为改变来教导个体中和这些极端情况。

在2014年出版的《辩证行为疗法技能培训手册》（*DBT Skills Training Manual*）的最新版本中，包括四个主要模块：正念、情绪调节、人际有效性和痛苦忍耐力。在治疗中，这些模块由治疗师和来访者配合完成，通过结构化的工作表和资料逐步开展。

正念认知疗法（mindfulness-based cognitive therapy，MBCT）将认知疗法与正念技能相结合，通过学习长期管理症状和防止抑郁发作复发的有效方法，帮助重性抑郁障碍的患者。其核心是教来访者"去中心化"技巧，目的是对痛苦的想法和感受采取一种更基于接纳的立场，而不是像典型的认知疗法那样试图改变自己的想法。

减轻症状的疗法。

小案例

治疗米拉·克里希南的基于接纳的疗法

从事基于接纳的视角工作的临床医生，较少关注她的压力内容，更多关注她与她的思维和感受的关系，在压力源的背景下把米拉的抑郁经历作为工作目标。例如，米拉可能试图"抵抗"她的抑郁，而从接纳的角度来看，抑郁可能会加剧她的感受，使其更难相处。临床医生可以教米拉正念技巧，帮助她更加意识到她自己是如何在身体里体验自己的情绪的，这样她就能更充分地处理自己的情绪，而不是试图抑制或避免去想它们。通常，正念技巧是作为一种应对工具来教授，以帮助管理特定的痛苦时刻。这对米拉非常有帮助，她一直在与持续的自杀意念做斗争。她的临床医生也可以使用来自辩证行为疗法模块关于痛苦耐受性的材料来教她额外的技能以适应强烈的悲伤或绝望的情感。从事基于接纳的疗法视角工作的临床医生将帮助米拉确定她的价值观，为她在生活中重要的领域发展出更一致的行动方式，以促进其幸福感和独立意识的提升。

关于理论和治疗的生物-心理-社会视角：一个整合的方法

现在你已经阅读了关于异常行为的主要观点，你可能会看到它们中每一个的价值。各种理论的某些方面似乎特别有用和有趣。事实上，你可能很难决定哪种方法是"最好的"。然而，正如我们反复提到的，大多数临床医生选择了各种模型的不同方面，而不是严格地坚持单一的一个模型。事实上，近几十年来，临床方法已经出现了戏剧性的转变，不再使用基于单一理论模型的范围狭窄的方法。临床医生越来越多地采用综合疗法或折中疗法。治疗师从多个角度看待来访者的需求并制定一个能解决他们需求的治疗方案。

个案回顾

米拉·克里希南

　　根据她的治疗方案，在进行了更全面的心理评估后，临床医生确定米拉将从认知行为疗法结合药物治疗中获益最多。米拉根据这些建议去看了精神科医生，医生给她开了选择性 5- 羟色胺再摄取抑制剂。她与她的精神科医生在药物疗程的第一个月中每周见面一次，然后每月做一次检查。米拉也开始每周去看治疗师进行心理治疗。从认知行为视角来看，她的治疗师一开始关注的是诸如行为激活之类的策略，这些策略可以帮助她应对干扰她功能的抑郁症状。一旦米拉的抑郁缓解，治疗就开始关注她的人际关系中非适应性的思维模式。在她的治疗师的帮助下，米拉意识到她为自己创造了无法达到的标准，而她认为这些标准也是她的朋友和家人都在表达的。更仔细地观察她的人际关系，她发现她把这些期望强加在自己身上，她的朋友和家人也接受了她是什么样的人。

托宾医生的反思： 从她对治疗的反应来看，米拉的抑郁似乎是生理易感性和非适应性思维过程的结果，这种思维过程在她长大成人后开始出现。考虑到这一点，米拉继续服用抗抑郁药物以防止未来抑郁发作是很重要的。她的治疗师也会建议她继续接受治疗，即使在她的最初症状已经缓解之后，因为她的思维模式需要变得更加平衡和适应。治疗的目标是确保她适应一种更正确的方式来应对环境和压力。治疗的另一个重点领域将是探索文化对米拉在她的家庭中所处位置的信念发展的影响。通过发展自己的身份认同感，米拉可以开始设法解决她与家人之间的紧张关系，这有助于减少她在未来再次出现症状的可能性。总的来说，米拉对康复的坚定承诺帮助她接受了她所需要的治疗，因此，她的预后相当乐观。

总结

◎ 理论视角影响临床医生和研究人员解释和组织他们对行为的观察方式。在本章中，我们讨论了七个主要的理论视角：生物学、特质理论、心理动力学、行为、认知、人本主义和社会文化。我们以一种对综合方法的考虑结束了讨论，在这种方法中，理论家和临床医生将多个方面和技术结合在一起。

◎ 从生物学角度来看，临床医生认为情绪、行为和认知过程的失调是由身体功能异常（如大脑和神经系统或内分泌系统疾病）引起的。个体的基因构成在导致某些疾病方面起着重要的作用。在试图评估先天和后天的相对作用时，研究人员已经开始接受基因和环境因素对异常的交互作用这一概念。临床医生基于生物学模型的治疗包括一系列的躯体疗法，其中最常见的是药物治疗。更极端的躯体干预包括

精神外科手术和电痉挛治疗。

◎ 特质理论认为，异常行为反映了非适应性的人格特征。特质理论的基本原理是，人格等同于一组稳定的特征。在变态心理学中，占主导地位的特质理论是"五因素模型"，即"大五"，包括神经质、外向性、开放性、宜人性和尽责性（"OCEAN"或"CANOE"）。虽然五因素模型并不一定为心理治疗提供一个框架，但它确实为人格障碍的评估提供了一个视角。

◎ 心理动力学视角是一种理论取向，强调行为的无意识决定因素，这衍生自弗洛伊德的精神分析方法。我们用心理动力学这个术语来描述本我、自我和超我之间的交互作用。根据心理动力学理论，人们使用防御机制将不可接受的想法、本能和感觉排除在

意识之外。弗洛伊德提出，在一系列性心理阶段中有一个正常的发展顺序。

◎ 后弗洛伊德时代的理论家，如荣格、阿德勒、霍妮和埃里克森背离了弗洛伊德的理论，认为弗洛伊德过分强调性本能和攻击本能。客体关系理论家如克莱因、温尼科特、科胡特和马勒提出，人际关系是人格的核心，无意识中包含了孩子父母的形象以及孩子与父母之间的关系。

◎ 心理动力学视角下的治疗可以结合自由联想、梦的解析、移情和抵抗等技术。关于心理动力学视角的原则和技术的相当大的争论仍在继续发生。很多争论都集中在心理动力学的概念难以研究和测量的事实上，目前一些临床医生认为弗洛伊德的概念在当代社会是不切题的。基于客体关系理论的更新的方法，已经将婴儿的概念调整为理解成人与他们生活中重要他人的关系的方式。

◎ 从行为视角来看，错误的学习经历会导致异常。根据认知 – 行为（有时称为认知）视角，非适应性的思维过程会导致异常。行为主义者认为，个体通过经典条件作用习得许多情绪反应。操作性条件作用以及斯金纳强调的强化，都涉及了非自动的学习行为。社会学习理论家研究了通过观察和模仿他人的行为来习得新的反应的过程，我们称之为模仿。在基于行为理论的干预中，临床医生注重可观察的行为。

◎ 认知理论强调混乱的思维方式。坚持认知视角的临床医生与来访者一起工作，以改变非适应性思维模式。

◎ 接纳与承诺疗法，是一种基于认知行为疗法原理的心理疗法。这种类型的治疗旨在通过增加心理灵活性来间接减少心理痛苦，帮助来访者接受讨厌的、困难的情绪体验，并改变行为，以帮助增加花在有价值的活动上的时间。

◎ 人本主义观点的核心是这样一种信念，即人类的动机是建立在追求自我实现和生命意义的内在倾向之上的，这些观念根植于存在主义心理学。卡尔·罗杰斯的以人为中心理论强调每个人的独特性，允许个体最大限度地实现潜能的重要性，以及个体诚实地面对其在世界上的经历的需要。马斯洛的自我实现理论侧重于最大限度地实现个体的心理成长潜力。在以来访者为中心的治疗中，罗杰斯建议治疗师以无条件积极关注和同理心对待来访者，同时提供一种真诚和愿意自我表露的示范。

◎ 社会文化视角下的理论家强调人们、社会机构和社会力量影响个体的方式。家庭观点的支持者认为，个人是存在于家庭内部的互动和关系模式中不可或缺的组成部分。由于性别、种族或年龄等属性的歧视或与经济困难有关的压力，也可能产生心理障碍。一般的社会力量，如社会中流动的和不一致的价值观，破坏性的历史事件，如政治革命、自然灾害或全国性的萧条，也会对人们产生不利影响。所涉群体的性质决定了社会文化视角下的疗法。在家庭治疗中，临床医生鼓励家庭成员尝试新的方法来联系彼此，思考他们的问题。在团体治疗中，人们会与有类似情况的人分享他们的故事和经历。环境疗法提供了一个环境，在其中干预的是环境，而不是个体，通常由治疗性社区中的工作人员和来访者组成。

◎ 在当代实践中，大多数临床医生采取一种综合的方法，在这种方法中，他们选择各种模型的各个方面，而不是仅仅坚持一个单一的模型。临床医生越来越多地采用综合的或折中的疗法。

第 5 章

神经发育障碍

通过本章学习我们能够：

☐ 解释智力障碍的特征和病因；

☐ 解释自闭症谱系障碍的特征、理论和治疗；

☐ 区分学习与沟通障碍和沟通障碍；

☐ 解释注意力缺陷多动障碍（ADHD）的特征、理论和治疗。

©olegdudko/123RF

个案报告

杰森·纽曼

人口学信息： 8岁，非洲裔美国男性

主诉问题： 从杰森上学的第一天起，三年级老师布朗斯坦女士就注意到了他与日俱增的多动行为，以及无法在课堂上集中注意力。为了不给杰森的父母造成恐慌，她在本学期的前几周对杰森进行了观察，看看他在适应教室后其吵闹行为是否会减少。然而，随着时间的推移，杰森的行为更加恶化。布朗斯坦女士决定联系他的父母——帕姆和约翰·纽曼，并建议对杰森进行心理评估。尽管杰森以前的老师也曾建议他的父母带他去看心理医生，但纽曼家的健康保险并不覆盖这笔费用，他们自己也负担不起。无论如何，为了让杰森成功完成学业，对他进行治疗的必要性日益凸显。布朗斯坦女士把杰森的父母介绍给当地一家私人诊所的儿童心理学家斯科特医生。斯科特医生可以根据家庭情况为他们提供帮助，这样他们就能负担得起评估费用。

杰森的母亲帕姆陪同他去见斯科特医生。在面诊之前，斯科特医生对帕姆进行了单独面谈。据帕姆说，杰森从婴儿期开始就是一个"非常躁动的孩子"，但在过去的三年里，他在学校里的捣乱和不恰当的行为明显恶化了。因为杰森是家里的第一个孩子，帕姆没有意识到他过于充沛的精力是不正常的。杰森夫妇还有一个4岁的孩子，名叫尼古拉斯。相比之下，他在婴儿时期要平静得多，这进一步提醒了他们杰森有些异常。帕姆进一步解释说，在课堂之外的环境中，当杰森需要长时间保持注意力时，他通常会比其他人更焦躁不安。例如，帕姆注意到，在礼拜天的教堂里，杰森通常在礼拜开始5分钟后就开始在座位上扭动。这对于帕姆和她丈夫来说相当尴尬，他们很难让杰森安静地坐着。因此他们已经完全不去教堂了。帕姆还报告说，当尼古拉斯还是婴儿时，照顾他往往很困难，因为杰森会在她给尼古拉斯喂奶或换尿布时跑进育儿室，寻求她的关注。有几次，杰森在帕姆给尼古拉斯喂奶时，从她手里夺走奶瓶。

帕姆尽力对杰森保持耐心，不过她报告说，丈夫约翰对儿子不安分的行为更加难以应对。帕姆讲述了一些杰森在家里特别"粗暴"的例子，比如爬上桌面同时弄坏了家具和昂贵的物品。她说，这使得约翰和杰森之间的关系变得非常紧张，也是她和约翰之间产生矛盾的原因之一，因为他们经常在如何管教儿子的问题上产生分歧。帕姆和约翰曾试图根据杰森在学校的表现实施奖惩制度，但没有成功；这甚至会导致更强的挫败感，因为他们无法对施加多少惩罚达成共识。

帕姆说，老师每年对杰森行为模式的描述大体相同，但这一学年他的注意力急剧下降，因为课堂上呈现的材料更加复杂，也需要更多的注意和思考。过去几年，杰森的注意力不集中表现在他做完作业后会把教室里的材料扔得到处都是，从来不自己收拾。布朗斯坦夫人报告说，本学年中当课堂上出现困难的问题时，杰森会从他的桌子跳到房间的另一边，开始玩房间里的美术用品，即使她正在上课。帕姆特别担心杰森在学校的行为会对他的教育质量造成持续影响。此外，杰森很难在学校交朋友，因为他的行为举止过于活跃，对其他孩子很粗鲁或不耐烦。帕姆担心由于杰森在学校没有良好的同伴关系，他可能会变得孤立，成为同学们嘲笑的对象。她说杰森和尼古拉斯也相处得不好，因为杰森对他的弟弟很专横，通常不愿意和弟弟一起玩。

和帕姆面谈过后，斯科特医生叫杰森来自己的办公室，他发现杰森刚才跑到了走廊上，正在通往办公室的楼梯上跑上跑下。帕姆把杰森带回到办公室，在斯科特医生单独和杰森面谈时，她在外面等着。杰森在办公室里坐了几分钟，但他变得越来越焦躁不安，在面谈过程中好几次从座位上站起来，试图离开办公室。对于斯科特医生的提问，他的回答既离题又难以理解，并且在讲话时多次从椅子上起身。当被问到为什么很难安静地坐着时，他回答说："我只是一直感

到无聊。我忍不住！"

为了观察杰森在任务中保持注意力的能力，斯科特医生拿出彩色记号笔，让他画一所房子。杰森开始画房子的形状，但他很快就放弃了这个任务，跑到房间的一个角落，在那里他看到了玩具积木，开始玩它们。当斯科特医生要求杰森回到任务中去时，杰森生气地说："不行！不！不！不！不！他们总让我在学校里画画！我妈妈在哪儿？"说着，杰森哭了起来。为了避免造成不必要的痛苦，斯科特医生把帕姆叫回了办公室，杰森立刻平静下来，露出了微笑。

既往史：帕姆没有妊娠和分娩并发病症，杰森在发育过程中也没有健康问题。没有童年患病或注意力缺陷障碍的家族病史。

个案概念化：根据对帕姆的访谈和对杰森行为的观察，斯科特医生确定杰森符合《精神障碍诊断与统计手册（第五版）》的注意缺陷/多动障碍、多动冲动性类型的诊断标准。他的症状已经出现超过六个月，并且出现在 7 岁之前。他主要表现出多动冲动症状，尽管也存在一些注意力不集中的症状，但这些症状不足以将他判定为综合型。

治疗计划：杰森将被转介给他的儿科医生进行用药咨询。他还将在当地一家价格便宜的诊所接受行为治疗。

萨拉·托宾博士，临床医生

始于儿童时期，并对社会和认知功能有重大影响的疾病被称为神经发育障碍（neurodevelopmental disorders）。这些障碍通常在儿童发育的早期就会变得明显，通常是在学龄前。与之相关的缺陷包括个人、社会、学业或职业方面功能的损害。一些障碍有特定的病因，例如，该障碍与基因异常或在妊娠期间影响个体的环境因素有关。

名词解释

神经发育障碍 始于儿童时期的疾病，对社会和认知功能有重大影响。

由于发病时间较早，这类始于儿童期的障碍对患者的生活、家庭、学校和整个社会的影响尤为重大。针对这些障碍的干预尤为重要，因为它们可以完全重塑个体生命的方向。同时，临床医生、家长和教师很难决定是否要对表现出行为失调的儿童给出特定障碍的诊断。一旦确诊，这些儿童可能会被他人区别对待，受到的影响也可能超过最初的症状。例如，是否应该对一个经常发脾气、与父母争吵、不遵守规则、行为令人讨厌、骂人、撒谎的男孩做出精神病学诊断？这些行为与处于特定阶段，比如"可怕的两岁"和叛逆青春期的正常儿童的行为有什么不同呢？正如你将学习到的，临床医生们试图尽可能严格地定义这些诊断，以避免混淆正常和异常发展。然而难以避免的是，临床医生将正常行为判定

为符合心理障碍的标准的情况也时有发生。

请记住，根据定义，神经发育障碍可能会随着时间的推移展现出重要的变化。随着个体从童年发展到青春期和成年，他们可能会经历成熟过程带来的转变，从而改变他们的障碍在特定行为中的表现方式。幸运的是，通过适当的干预，临床医生们可以帮助儿童学习如何控制自己的症状，甚至完全克服这些症状。

智力障碍（智力发育障碍）

这一类障碍以智力缺陷为特征，被临床医生用于诊断那些在童年期就开始出现认知和适应缺陷的人。这些障碍的确切术语在不同的诊断系统中有所差异，《国际疾病分类》使用的术语是"智力发育障碍"。《精神障碍诊断与统计手册（第四版－修订版）》使用了"智力迟缓"一词来描述这类障碍，但《精神障碍诊断与统计手册（第五版）》的作者倾向于使用"智力障碍"（intellectual disability）这一术语，与美国智力和发育障碍协会（American Association of Intellectual and Developmental Disabilities，AAIDD）的建议相一致，并将《国际疾病分类》使用的术语放在括号中。为了简洁起见，我们将这种障碍称为智力障碍，尽管严格来说这种障碍也应该包括"智力发育障碍"。

智力障碍（智力发育障碍）　这类诊断的特征是智力和适应能力有缺陷，这些缺陷在儿童时期就开始显现出来。

被诊断为智力障碍的个体必须符合三个标准。

第一个标准是指可以被智力测试测量到的一般性心智能力缺陷。这些缺陷包括推理、问题解决、判断、从经验中学习的能力以及在学术环境中学习的能力。这一标准的临界值是，在符合个人文化和语言背景的智力测试中，测出的智力商数在 70 左右或以下。

第二个诊断智力障碍的标准是适应功能的损害，取决于个体的年龄和所属的文化群体。这些损害发生在交流、参与社会活动和独立进行日常生活活动等多个领域。例如，那些表现出适应性困难的人不会使用金钱、不会看时间、在社交环境中与他人交往的方式不当。与用智力测试来衡量智力相一致，临床医生应该使用标准化、个性化、符合心理测量原则和文化适宜的测试来判断个体的适应性行为是否受到损害。

第三个标准是发病年龄必须在 18 岁以下。患有这种障碍的个体最有可能在 18 岁前就引起了专业人士的注意。因此，这一标准排除了成年期首次发病的可能，除非由于某种原因，个体在儿童时期的缺陷未能被诊断。

给出智力障碍的诊断之后，临床医生必须对其严重程度进行评估。在过去的《精神障碍诊断与统计手册》版本中，严重程度完全基于个体的智力测试成绩。而在《精神障碍诊断与统计手册（第五版）》中，严重程度的评估考虑了个体在概念化、社交和实用领域的适应能力。在每个领域内，临床医生用轻度、中度、重度和极重度四个级别对患者进行评级。例如，在概念化维度，轻度意味着学习学业技能的困难，但极重度意味着个体完全无法进行抽象思考。与之相似，个体的社交技能也包括从情绪调节方面的轻微问题到无法参与社交方面的严重障碍。在实用领域，障碍的严重程度包括从个体需要在他人的帮助下进行购物或财务管理，到个体需要大量的训练才能完成简单的日常生活任务。

与之前的《精神障碍诊断与统计手册》版本相比，

将适应性行为诊断标准具体化，并纳入对文化敏感的测试，可以为智力发育障碍患者提供更准确的诊断依据和更好的治疗。

智力障碍

胡安妮塔是一名 5 岁的拉丁裔女孩，患有唐氏综合征。她的父母决定组建家庭时她的母亲已经 43 岁了。由于育龄较高，医生建议她的母亲进行产前检查，以检查发育中的胎儿的染色体组成是否有异常。胡安妮塔的父母得知检查结果后非常震惊和沮丧。胡安妮塔出生时，她的父母对孩子的外貌、行为和可能的健康问题都有心理准备，幸运的是，胡安妮塔并不需要特别的医疗护理。在胡安妮塔很小的时候，她的父母就咨询了教育专家，专家们推荐了一个旨在最大化改善认知功能的项目。从六个月大开始，胡安妮塔每天早上都会参加这个项目，期间工作人员会以高强度的工作促进她的运动和智力发展。现在胡安妮塔已经到了上学的年龄，她将进入当地公立学校的幼儿园。在那里，老师将努力让她融入主流教育。值得庆幸的是，胡安妮塔所在学区的管理人员认识到了，给像胡安妮塔一样的学生提供资源非常重要，这样他们就有机会尽可能正常地学习和成长。

据推算，世界上约 1% 的人口患有智力障碍，但低收入国家的患病率（1.64%）高于中等收入国家（1.59%）或高收入国家（1.54%）。患病率最高的群体位于城市贫民窟或城乡混合环境。针对儿童和青少年的研究中也报告了比成人研究更高的患病率。照顾这些患者需要付出沉重的经济成本，仅在美国，预估终生花费高达 512 亿美元。为了降低这些成本，需要努力改善孕产妇和儿童健康，并采取干预措施，向患有这些障碍的儿童教授适应技能，使他们能够以更高的功能水平进行生活。

智力障碍的成因

基因异常

控制大脑皮层产前发育的基因出现异常是智力障碍的重要原因。最重要的三个遗传病症是唐氏综合征

（Down syndrome）、苯丙酮尿症和X染色体易损综合征。表观遗传也可能是个体患智力障碍的风险增加的重要原因。母亲的生活方式、饮食、生活条件和年龄可以通过染色体上的突变、缺失或基因位置的改变影响遗传给孩子的基因的表达。虽然唐氏综合征与高龄生产有关，但大多数产妇年龄在 35 岁以下，因此年轻母亲生下的唐氏综合征孩子更多。此外，由于年轻的孕妇更少对她们的孩子进行基因检测，可能直到孩子出生后，她们才知道孩子患有唐氏综合征。

唐氏综合征患儿基因异常，可能导致中度至重度智力残疾。
©*Monkey Business Images/Getty Images*

最常见的唐氏综合征是由于个体遗传了额外的 21 号染色体副本，因此有 47 条染色体，而不是典型的 46 条（23 对）。这种疾病又被称为 21 三体综合征，额外的染色体导致了大脑和一系列典型的身体特征的变化。唐氏综合征的症状从轻度到严重不等，因人而异。事实上，唐氏综合征是人类先天性缺陷最常见的原因。据估

计，2015 年，每 1 万名成活婴儿中就有 11.1 人患有唐氏综合征，而约有一半孕育了唐氏综合征患儿的孕妇会自愿终止妊娠。

额外的染色体会引起身体的变化，包括小于平均水平的头部和颈部、扁平的脸、小耳朵、小嘴巴、向上斜视的眼睛、后颈多余的皮肤、眼睛有色部分的白色斑点。此外，患有唐氏综合征的人身材矮小，他们永远无法长到成人的高度。他们的身体异常包括心脏缺陷、白内障、听力损失、髋关节问题、消化不良、睡眠呼吸暂停、甲状腺功能减退，以及牙齿发育晚且位置异常，会导致咀嚼问题。唐氏综合征患者在中年时患阿尔茨海默病的风险更高，表明两者存在一套共同的潜在遗传机制。

行为方面，除了智商较低，唐氏综合征患者也更容易冲动、判断力差、容易分心、对自己的缺陷感到沮丧和愤怒。患者所面临的高水平的生活压力也使他们容易发展出重性抑郁障碍。

患有**苯丙酮尿症**（phenylketonuria，PKU）的婴儿出生时缺少一种叫作苯丙氨酸羟化酶的酶，这种酶可以将食物中的蛋白质分解为苯丙氨酸。在出生后不久，由于苯丙氨酸在体内积聚，婴儿会遭受不可逆转的损害。如果不进行治疗，苯丙酮尿症会导致发育迟缓、头部比正常尺寸小、多动、手臂和腿部抽搐、癫痫、皮疹和颤抖。幸运的是，对出生后不久的婴儿进行简单的血液测试就可以诊断出苯丙酮尿症。

如果检测结果呈阳性，那么患有苯丙酮尿症的婴儿必须遵循苯丙氨酸含量较低的食谱，尤其是在生命早期。这意味着他们必须避免牛奶、鸡蛋和其他常见的高蛋白食物，以及人工甜味剂阿斯巴甜。作为补偿，他们需要吃富含鱼油、铁和肉毒碱（一种促进细胞内能量产生的食品添加剂）的食物。苯丙酮尿症无法痊愈，因此患有这种疾病的人必须终生保持严格的饮食。如果不这样做，他们可能会发展成注意力缺陷 / 多动障碍。他们也可能在特定任务中表现出认知异常，即便他们一经诊断就得到适当的照料。

在先天患有**泰伊 - 萨克斯二氏病**（Tay-Sachs disease）的儿童中，发生智力功能障碍是由于缺乏己糖胺酶 A，这种酶可以帮助分解神经组织中被称为神经节

苷脂的有毒化学物质。泰伊－萨克斯二氏病的成因是15号染色体上的缺陷基因。如果一个人患上了这种疾病，那么他的父母双方都一定存在这种基因缺陷。如果父母中只有一人携带有缺陷基因，那么孩子只会成为携带者；如果孩子的伴侣也有缺陷基因，那么孩子就会把这种疾病遗传给后代。这种疾病在东欧血统的德系犹太人中最为常见。

　　除了发育迟缓外，泰伊－萨克斯二氏病的症状还包括耳聋、失明、肌肉张力和运动技能丧失、痴呆、反射延迟、精神萎靡、瘫痪、癫痫和生长缓慢。尽管较轻微的泰伊－萨克斯二氏病可能发病较晚，但大多数患者在出生后 3 ~ 10 个月就会表现出症状。该病发展迅速，大多数患此病的儿童无法活过 4 ~ 5 岁。目前还没有治疗泰伊－萨克斯二氏病的方法；不过，准父母可以接受基因检测，帮助他们在孩子出生前做好应对疾病的准备。

　　对泰伊－萨克斯二氏病的筛查也可以作为婚前咨询的一部分，这对那些担心如果检测呈阳性会被污名化的人来说，可能是一种挑战。

　　男性中智力障碍最常见的型式是**脆性 X 染色体综合征**（fragile X syndrome），这是一种由 FMR1 基因突变引起的遗传疾病。基因序列的一小部分在 X 染色体的"脆弱"区域重复，重复次数越多，缺陷就越大。因为男性只有一条 X 染色体，所以更容易出现这种基因缺陷。

泰伊－萨克斯二氏病　一种遗传性疾病，由于缺乏己糖苷酶 A 而导致智力功能缺陷，己糖苷酶 A 有助于分解神经组织中被称为神经节苷脂的有毒化学物质。

脆性 X 综合征　由 FMR1 基因改变引起的遗传疾病。

　　患有脆性 X 综合征的男孩可能在很大程度上看上去是正常的，但他们的确会呈现出一些身体异常，包括更大的头围和一些微妙的面容异常，如大额头和长脸、扁平足、大体型，以及青春期后较大的睾丸。父母注意到孩子在一些行为基准方面的延迟，比如爬行或走路、过度活跃或冲动行为、拍手或咬人、说话和语言上的延迟，以及避免眼神接触的倾向。患有这种疾病的女性除了早熟绝经或难以受孕外，可能没有其他症状。

　　临床医生也会将脆性 X 综合征与多动症、注意力不集中以及其他神经发育障碍（包括自闭症谱系障碍）

在这张 2013 年的照片中，来自高地公园的伊森·菲什曼当时 20 岁，他拥抱着母亲丽贝卡，走向他在伊利诺伊州温内特卡的家庭教师办公室。伊森患有脆性 X 染色体综合征，一种遗传疾病。
©Chris Walker/Tribune News Service/Highland Park/IL/USA

名词解释

唐氏综合征　智力障碍的一种形式，通常是由于个体遗传了额外的 21 号染色体副本，因此有 47 条染色体，而不是典型的 46 条染色体。

苯丙酮尿症　儿童出生时缺少一种叫作苯丙氨酸羟化酶的酶所致的疾病。

联系在一起。这些行为障碍，加上照顾患有这种综合征的孩子的费用，会给家庭造成压力。一项覆盖了一千多个家庭（至少有一个孩子患有脆性 X 综合征）的调查揭示出，这种障碍直接导致一半以上的家庭承受了重大的经济负担，近 60% 的家庭不得不停止工作或对他们的工作时间做出巨大的改变。

《精神障碍诊断与统计手册（第五版）》中有什么

神经发育障碍

《精神障碍诊断与统计手册（第五版）》定稿时，对多种发生于儿童期的障碍做出了修正。最重要的改变或许是用"神经发育"一词重新定义了多种疾病。《精神障碍诊断与统计手册（第五版）》的批评者认为，这一术语擅自假设了一个理论模型，将过去临床医生们认为导致疾病的多种原因都归结为生物学因素。具体来说，将注意力缺陷多动障碍归入这一类别似乎意味着，通过药物改变患者的生理状态来进行治疗是更为恰当的。

《精神障碍诊断与统计手册（第五版）》用更加通用的分类"特定学习障碍"取代了曾经独立的多种障碍，如数学技能障碍；用更普遍接受的术语"智力障碍"取代了"精神发育迟滞"；用"自闭症谱系障碍"取代了"自闭症障碍"，"阿斯伯格障碍"一词也被彻底删除。从前被诊断为阿斯伯格障碍的人现在也属于自闭症的范畴。

在《精神障碍诊断与统计手册（第五版）》的修订过程中，还包括其他主要分类的改变。分离焦虑障碍曾被列入起源于童年的障碍，现在则被列入焦虑障碍的范畴。对立违抗障碍和品行障碍转移到"破坏性、冲动控制和品行障碍"，这一类别我们将在第14章"人格障碍"中进行讨论。异食癖、反刍障碍和婴幼儿及同年早期喂食障碍都被移动到"喂食及进食障碍"的范畴。

通过将以上多种儿童期障碍移动到新的或其他现有的类别中，《精神障碍诊断与统计手册（第五版）》的作者肯定了个体行为从婴儿期到成年期的连续性，这一立场与生命周期发展原则相一致。然而，相比《精神障碍诊断与统计手册（第四版-修订版）》，现在儿童更有可能收到临床医生以前认为只适合成人的诊断。

胎儿酒精综合征会导致儿童出生时就有严重的发育和智力障碍。
©Stuart Wong/KRT/Newscom

环境危害

智力残疾的第二类成因是母亲在怀孕期间经历的环境危害。这些危害被称为致畸物（teratogens），包括药物或有毒化学物质，以及母亲营养不良。母亲罹患感染病也可能改变胎儿的大脑发育，例如在怀孕的前三个月感染风疹（德国麻疹）。感染、分娩时缺氧、早产和分娩时的大脑受损也会导致儿童脑损伤和与之相关的智力障碍。疾病、事故或虐待儿童造成的颅脑损伤，以及接触铅或一氧化碳等有毒物质也会导致幼儿智力丧失。

环境危害也可能源于母亲在怀孕期间的药物使用。胎儿酒精综合征（fetal alcohol syndrome，FAS）是一种与儿童智力障碍有关的疾病，其成因是母亲在怀孕期间经常大量饮酒。患有胎儿酒精综合征的儿童会呈现出特定的面部发育异常，生长速度慢于平均模式，最重要的是，神经系统发育延迟导致智力障碍。在产前接触过酒精的儿童也可能发展出一种症状较轻的胎儿酒精综合征，被称作胎儿酒精谱系障碍（fetal alcohol spectrum disorder，FASD）。

致畸物　母亲在孕期所经历的影响胎儿发育环境危害。

胎儿酒精综合征　一种因母亲在怀孕期间经常大量饮酒导致的儿童智力障碍相关的疾病。

胎儿酒精谱系障碍　胎儿酒精综合征的较轻形式，发生于产前接触酒精的儿童。

因为怀孕期间饮酒的风险很高，所以医学指南建议怀孕期间完全戒酒，但这一建议可能太过于保守。偶有研究表明，少量饮酒不会伤害发育中的孩子，但对许多母亲来说，完全不饮酒反而更容易。表 5-1 展示了推荐使用的胎儿酒精综合征诊断指南，该指南根据德国政府委托的专家小组达成的共识，制定了全面的儿童和青少年胎儿酒精综合征发展性诊断标准。

表 5-1　　　　　　　　　　　　　　胎儿酒精综合征的诊断

功能领域	标准
生长异常	身高、体重或两者都处于或低于群体中的前 10%（因年龄、性别、人种或种族而异）
面部异常	人中（鼻子和嘴唇之间的峭）平滑、嘴唇周围的边缘薄、上下眼睑之间的距离小（基于种族常模）
中枢神经系统异常	头围较小、影像学可见的脑异常 在诸如语言、精细运动技能、注意力、算术能力、社交技能或社交行为等方面的功能测量明显低于个体年龄、教育或环境的平均水平
产妇酒精接触	已被确认的产前酒精接触；如果缺失这一信息，符合上述三个标准的儿童将被移送进行一步的测试

胎儿酒精综合征患儿的认知缺陷似乎在执行功能方面特别明显。因此，这些儿童很难完成需要他们调节自己的注意控制以及进行心理操纵的任务。尽管酒精接触会对整个大脑造成影响，但患有胎儿酒精综合征的儿童更常出现脑容量减少和胼胝体畸形，胼胝体是连接大脑两个半球的组织。

流行病学家估计，在美国，每年每 1000 名出生的儿童中大约有 30 人患有胎儿酒精综合征。这意味着每年出生在美国的大约 400 万名婴儿中，多达 1200 名婴儿患有胎儿酒精综合征，不过这一比例在特定人群——经济弱势群体中有着惊人的差异，美洲原住民及其他少数民族中的发生率高达每 1000 名新生儿中 3 ~ 5 人患病。

随着年龄的增长，患有胎儿酒精综合征的儿童可能面临着多种负面结果，包括辍学、犯罪和其他精神健康问题，包括物质使用障碍。他们的适应能力受到不适当性行为倾向的进一步挑战，因此难以独立生活和保持工作。

智力障碍的治疗

智力障碍的患者可以从早期干预中获益，这些干预旨在为他们提供运动协调、语言使用和社交技能的训练。教育工作者应当将**主流化**（mainstreaming）教育和特殊教育结合起来，既将这些儿童纳入普通学校课堂，又向他们提供满足其特殊需要的援助。

主流化　一项旨在使认知障碍患者充分融入社会的政府政策。

走出教室，进入日常生活，智力障碍患者在进行日常活动以及理解社会环境方面同样受到了限制。因此，对这些患者的治疗通常采取行为或社会干预的形式，训练他们应对这些需求。可以使他们受益的服务包括整合了行为治疗、扩展服务和多学科评估的协调护理。为他们提供相关疾病的治疗也可能是有帮助的，包括抑郁、焦虑障碍、双相情感障碍或自闭症谱系障碍。

当然，在可能的范围内，预防比治疗更有利于降低智力障碍的风险。就胎儿酒精综合征而言，教育和咨询的潜在价值似乎是最大的。可惜，没有足够的证据表明这些项目真的减少了孕妇的酒精消费，或是更重要的，对儿童产生了有益的影响。

一旦出生，被确诊为胎儿酒精综合征的儿童可以受益于一些保护性因素，以减少疾病对他们今后的适应和发展的影响。早期诊断可以帮助教育工作者将患儿安排到合适的班级，并为他们及其家庭提供社会服务。针对他们的需求和学习方式进行特殊教育是特别有益的。患儿还可以学习适当的方法来控制自己的愤怒或沮丧情绪，从而避免卷入青少年暴力。

行为干预中的一种是友谊训练，可以帮助胎儿酒精综合征患儿学会如何与其他儿童进行适当的互动，从而使他们能够结交朋友并且维持友谊。这类训练会教授一系列社交技能，如怎样与其他孩子玩耍、安排和接受在家里玩耍的日期、解决或避免冲突。认知干预聚焦于胎儿酒精综合征患儿具体的执行功能缺陷，这有助于提高他们在学校的表现。其方法包括使用具体的例子、重复信息以及把问题分解成几个部分。患儿的父母也需要学习如何更好地管理孩子的行为，从而减少他们的痛苦，最终减少家庭环境的压力。

虽然心理干预方法曾经是治疗胎儿酒精综合征患儿的焦点，但依赖于神经干细胞植入技术的生物学方法的引入也很有前景。神经干细胞是一种未分化的细胞，能够分化成没有缺陷的神经细胞，替代那些已经生长在个体神经系统中的神经细胞。如果这一技术可以应用在胎儿酒精综合征患儿身上，他们神经发育的过程就可以被改变，正常的细胞可以生长并取代那些在胎儿大脑发育期间因接触酒精而受损的细胞。

自闭症谱系障碍

《精神障碍诊断与统计手册（第五版）》中，将这类通常被称为"自闭症"的神经发育类障碍命名为自闭症谱系障碍（autism spectrum disorder），其主要症状包括社会交流功能受损和重复性刻板行为。这类障碍会表现为患者与他人互动和交流的严重失调，以及对某些特定兴趣和行为模式的倾向。与这种疾病相关的一系列症状可能会持续一生，但取决于其严重程度，个体的症状有可能随着时间的推移而改善，特别是在他们接受适当的帮助的情况下。

自闭症谱系障碍 一种神经发育障碍，涉及社交领域的障碍和限制性重复行为。

《精神障碍诊断与统计手册（第五版）》使用自闭症谱系障碍的诊断取代了《精神障碍诊断与统计手册（第四版 - 修订版）》中的"自闭症"这一术语，后者曾是与阿斯伯格障碍、儿童崩解障碍（又称婴儿痴呆）、未注明的广泛性发育障碍相互独立的分类。当前的术语可以更加可靠和有效地将正常发展的儿童和那些在交流和社会行为方面表现出一系列缺陷的儿童区分开来。自闭症谱系障碍这一术语反映出《精神障碍诊断与统计手册（第五版）》编写者们的共识，即上述曾被认为是独立的四种障碍其实属于同一种疾病，因其严重程度不同处于连续体上的不同位置。

为了对自闭症谱系障碍做出诊断，临床医生会从两个核心领域评估儿童。第一个领域包括社会关系和交流中的紊乱。第二个领域包括个人的兴趣和行为。这些兴趣指的是范围狭窄但程度强烈的爱好或专长。自闭症谱系障碍患儿的行为表现出极端重复和僵化。根据患者在每个领域内所需支持的多少，临床医生会判定障碍的严重程度，分为三种水平，分别为需要支持、需要多的支持和需要非常多的支持。

在交流方面，患有自闭症谱系障碍的儿童可能会在语言使用方面表现出发育迟缓。其他障碍的患者也可能表现出语言发展的延迟，所以这并非自闭症谱系障碍独有的属性。自闭症谱系障碍更加典型的表现是社交方面的交流缺陷。患者会避免眼神接触，他们的表情、手势甚至体态都可能让别人觉得奇怪或不寻常。举例来说，自闭症谱系障碍患者很难理解他人的肢体语言，他们自己的肢体语言也会让别人觉得古怪甚至极度笨拙。

小案例

自闭症谱系障碍

郑是一名 6 岁的华裔美国男孩，目前正在一所智力障碍儿童寄宿学校接受治疗。当郑还是婴儿时，他无法很好地回应父母努力和他玩、抱他的举动。他妈妈注意到，当自己把郑从婴儿床里抱起来的时候，他全身僵硬。无论她尝试多少次，都无法把郑逗笑。当她和郑一起玩闹、挠他的脚趾或摸他的鼻子时，他会转移视线并看向窗外。直到郑 18 个月大时，他妈妈才意识到郑的行为不仅仅是出于安静的气质——事实上，他发育得不正常。郑从未发展出对人的依恋；相反，他执着于一小块木头，到哪里都随身带着。郑的妈妈经常发现他在一个角落摇晃着身体，手里抓着他那块木头。郑的语言发展最终也呈现出严重的障碍。在大多数儿童会说短句子的年龄，郑仍在咿呀着语无伦次地说话。他的咿呀语也并不像正常的婴儿。他一遍遍地说着同样的音节——通常是他刚刚听到的某个事物的最后一个音节——以一种尖锐、单调的声音。或许郑说话时最奇怪的特点是，他并不向着听者说话。郑似乎在与他自己的世界交流。

不同于正常发展的儿童，自闭症谱系障碍患儿看上去并不喜欢和别人玩耍、分享自己的经历，或是参与常见的互惠互利的社会互动。在极端情况下，他们可能会完全拒绝社会互动，至少不会尝试主动发起与他人的互动。过家家游戏是儿童正常发展中很重要的一部分，但恰恰会给自闭症患儿带来挑战。他们往往无法参与这种反映了幼儿社会交互特点的模仿游戏模式，在这种模式中，幼儿一边模仿彼此，一边分享玩具和做游戏。

除了缺乏沟通和异常的社交模式，自闭症谱系障碍患者在运动行为方面也存在问题，这些问题包括刻板或重复的行为，比如不停地敲击手指，或以不寻常的姿势扭动身体。重复行为也会对他们的言语造成影响，表现为**模仿言语**（echolalia），即一遍又一遍地重复相同的声音。自闭症谱系障碍的另一种症状可能表现为重复相同的日常活动而不允许任何改变。尽管许多孩子喜欢特定的日常活动，但对于患有自闭症谱系障碍的孩子来说，穿衣或吃早餐等日常活动中的任何变化都可能让他们非常不安。

名词解释

模仿言语　一再地重复同样的声音。

尤其令自闭症谱系障碍患者的家庭苦恼的是，一些患者对感觉刺激的敏感性出现了障碍。他们似乎对疼痛、热或冷感到麻木，因此很容易将自己置于受到严重伤害的风险之中；另一方面，他们的感觉异常可能表现为对噪音、光线或气味过于敏感，因此无法承受空气中正常的景象和声音。

随着患儿进入青春期乃至成人期，自闭症谱系障碍的典型症状可能会发生大幅度的改变。一项比较了儿童、青少年和成人的大型横断研究显示，相比成年人，与他人交互的能力在青少年中受损较少；而成人在重复刻板行为方面受损较少。

自闭症谱系障碍的一种变体被称为自闭症学者综合征，患者会拥有非凡的技能，比如能在瞬间完成极其复杂的数字运算。举例来说，他们或许能准确无误地说出几千年后的某个日期是星期几。自闭症学者综合征通常起病于幼年，患有这种疾病的孩子会表现出特殊的音乐技能、艺术天赋或解决极具挑战性的谜题的能力。这或许是由于患者倾向于强烈地关注物体的物理属性，从而产生了这一系列不可思议的能力。他们在自己专长的领域之外的记忆能力似乎并不比没有这些特殊记忆能力的自闭症谱系障碍患者更好。

霍丹·哈桑和她6岁的女儿杰妮在明尼阿波利斯的家中，杰妮患有自闭症。明尼阿波利斯的索马里社区暴发了麻疹疫情，卫生官员正在努力控制疫情，但遭遇了来自父母们的阻力，父母们担心疫苗会让他们的孩子患上自闭症。
©Jim Mone/AP Images

一些自闭症谱系障碍患儿在2

学者综合征患者往往擅长某种特定的技能，比如只听过一次，就可以凭记忆在钢琴上弹奏整首歌。
©*Boston Globe/Getty Images*

岁前表现出正常的发展，但在 10 岁前的某个时间点，开始丧失语言和运动技能，以及其他适应性功能，包括肠道和膀胱控制。这一罕见病症过去被称作儿童崩解障碍，但《精神障碍诊断与统计手册（第五版）》删除了这一诊断，将其并入自闭症谱系障碍中。

2007 年，美国疾病控制与预防中心报告称，美国的自闭症谱系障碍患病率估计为 0.66%，约每 150 名儿童中就有 1 人患病，相比之前报告的发病率有大幅增长。然而在随后几年里，对该发病率的估计持续上升，在全美跟踪调查的 11 个社区中，2002 年的新生儿患病率估计值达到每 68 人中有 1 人患病。这一增长的原因暂时不明，但一组丹麦研究者认为，至少在丹麦，该增长是由于报告方法的改

变所致。

还有一些因素影响着对患病率的估计：不同研究使用的诊断标准相差甚远，用于确定诊断的信息来源也存在很大差异。比如研究者是真的采访了孩子还是仅仅总结了临床病例，通过孩子的病历记录进行了评分。为了建立更精确的诊断，研究者建议使用基于访谈和观察的标准化工具对孩子进行评估，而不是依赖病历记录。

自闭症谱系障碍的理论和治疗

有研究证据指出自闭症谱系障碍存在家族性遗传模式，证实了该障碍存在生物学基础。根据研究者们的估计，这种疾病的遗传性很高，约为 90%，怀疑与存在于 7 号、2 号和 15 号染色体上的遗传异常有关。

得益于脑成像技术的发展与全球研究者的数据共享运动，自闭症谱系障碍患者可能存在的神经异常正在被探明。一些证据表明，患者在清醒状态下静息时的大脑活动发生了改变。这种模式可能表明大脑两半球之间缺乏信息共享。这些发现具有启示性，但研究者们首先承认，它们不一定能解释与自闭症谱系障碍相关的行为异常。

尽管对自闭症谱系障碍患者神经系统异常的研究正在取得进展，基于行为视角的治疗仍然是最现实的治疗

通过早期治疗干预，被诊断为自闭症谱系障碍的儿童的症状可能会有显著的改善。
资料来源：*Courtesy of the Mary Black Foundation and Carroll Foster*

方法。临床医生以加州大学洛杉矶分校的心理学家伊瓦尔·洛瓦斯（Ivar Lovaas）以 20 世纪 80 年代设计的早期干预方法为基础，从行为角度对患儿进行治疗。在该项目最初的报告中，洛瓦斯和他的同事将 38 名年龄在 3 ~ 4 岁被诊断为自闭症谱系障碍的儿童随机分配到两个治疗组。第一组患儿每周接受至少 40 小时的干预，持续两年以上。第二组儿童接受同样的干预治疗，但每周少于 10 小时，这一组儿童在洛瓦斯诊所外接受治疗。以智商为因变量，在接受高强度治疗的 19 名患儿中，近一半（9 名）人智商提高了 20 分以上；其中 8 名患儿的智商增长维持到 13 岁时。作为对比，在低强度治疗的小组中，仅有一名患儿的智商得到提升。洛瓦斯的研究虽然令人印象深刻，但也受到了其他研究者的批评，因为该研究并未评估干预对社交和沟通技能的影响。

洛瓦斯疗法基于操作性条件反射原理，由实习治疗师和家长共同实施。在行为层面，该干预包括忽略儿童的攻击性和自我刺激行为，当儿童出现破坏性行为时使用暂停法（time out），只在儿童做出社交中适当的行为时，才给予儿童积极关注，以塑造儿童做出更多的目标行为。在万不得已时，比如当患儿做出了不良的行为，治疗者会大声说"不"或拍患儿的大腿。

第一年的治疗集中于减少自我刺激和攻击行为，塑造患儿服从简单的口头要求，在模仿中学习，开始和玩具玩耍，以及将治疗扩展到家庭生活中。第二年的干预中，患儿会学习如何以富有表现力且抽象的方式使用语言，以及如何和同伴互动。在第三年，患儿学习如何恰当地表达情绪，完成学业任务以做好上学的准备，并且通过观看其他孩子学习来进行观察学习。临床医生试图让患儿们进入主流班级，而非特殊教育班级，避免其他人给患儿们贴上自闭症或困难的标签。未康复的儿童会再接受六年的培训。其他人则与项目组保持联络，偶尔进行咨询。

在洛瓦斯研究之后的这些年里，有大量研究者试图重复出他的研究结果。2010 年，马可利坚尼和里德（Makrygianni and Reed）回顾了 14 项对变量控制最佳的研究后得出结论，大量证据支持了早期行为干预项目的有效性。这些项目对提高儿童的智力、语言能力、沟通能力、社交能力等方面都起到了积极的作用。项目干预越密集，持续的时间越长，对孩子们的影响就越大。不过，每周 25 小时的强化项目就足以获得很好的效果，而不是洛瓦斯项目中的每周 40 小时。此外，正如我们所预期的，干预前年龄更小且更加高功能的患儿通过治疗可以得到更多改善。如果让家长参与治疗，并将基于家庭和临床的方法结合起来，干预也会更加成功。

如果对自闭症谱系障碍患儿的适当行为进行强化，比如寻求帮助或反馈，他们的破坏性和自我刺激行为就会减少。这样的强化也会降低他们自伤或攻击性行为发生的可能性。在这类治疗中，临床医生发现专注于改变患儿的关键行为是更有用的，次要目标是改善其他行为，而不是专注于改变单独的行为障碍。治疗师还可以帮助孩子发展新的学习技能，为他积累一些解决问题的成功经验。举例来说，治疗师会教孩子将一个大问题（比如穿衣服）分解为孩子能够完成的小任务。这样孩子就会较少感到沮丧，也不太可能出现倒退，产生问题行为，比如摇晃身体和撞击头部。临床医生也会关注如何激励孩子更有效的沟通。这样孩子就更容易对社交和环境刺激做出反应，这也是治疗的关键所在。随着时间的推移，接受治疗的孩子会更有动力去自发地规范和发起行为。即使是简单的改变也能产生这种影响，比如让孩子自己去选择干预中的材料，玩具和活动，而不是让临床医生选择。

另一种干预方法是让同龄人代替成年人去与患儿互动。这样的场景更接近于正常的社交环境，同龄人可以很有效地塑造同伴的行为。与成年人所做的强化干预相比，同伴干预的优势在于让孩子们在没有成年人干扰的情况下进行日常活动。最有效的方法是让哥哥对患病的弟弟进行干预，采用同伴示范的方法，尝试将干预拓展到各个场景，并且需要家庭成员们和学校老师们的通力合作。

其他行为策略包括一些自我控制的方法，比如自我监控、放松训练和内隐调节。孩子们也可以学着触摸一个皱眉的脸的图标来表示他们不高兴，而不是在难过或不高兴时表现出攻击性。代币制也是一种对某些孩子有效的行为干预法。

强化法也可以帮助患者达成额外的临床目标。成年的自闭症谱系障碍患者不会自发地选择运动。有研究支持采用强化物可以帮助患者逐渐养成更好的运动习惯。这样的方法有益于他们的健康，也可能会提高他们整体的幸福感。

得益于新技术的发展，在未来，自闭症谱系障碍患儿的治疗可能会越来越多地依赖虚拟现实等方法。在一项基于虚拟现实技术的为期 14 周（28 次）的干预中，研究者采用 6 ~ 12 岁儿童的社区样本，证实了患者在一些社交和情绪功能方面的适应能力有所改善。虚拟现实方法为人所知已有几十年，但直到最近才变得更加广泛可用。

雷特综合征

患有雷特综合征（Rett syndrome）的儿童在生命早期（4 岁以下）发育正常，随后开始表现出神经和认知障碍，包括头部生长速度减缓和自闭症谱系障碍的一些症状。这种综合征几乎只发生在女性身上。

尽管雷特综合征在《精神障碍诊断与统计手册（第五版）》中并不是一种独立的诊断，但这一疾病在被引入《精神障碍诊断与统计手册（第四版 - 修订版）》中后，已经成为临床和研究的焦点。

名词解释

雷特综合征 患儿在生命早期（4 岁以下）发育正常，随后开始表现出神经和认知障碍，包括头部生长速度减

雷特综合征的症状于患者五个月大之后开始出现。
©*Megan Sorel Photography*

缓和自闭症谱系障碍的一些症状。

在《精神障碍诊断与统计手册（第五版）》删除这一诊断前，被临床医生诊断为雷特综合征的儿童，如今会被诊断为自闭症谱系障碍。然而，通过确认这些孩子有已知的遗传或躯体疾病，他们就能够指出这些症状与雷特综合征有关。

研究者于 1999 年发现了与雷特综合征有关的基因。这种名为 MECP2 的基因发生突变，会导致一种对神经元正常功能至关重要的蛋白质产生异常。使用小鼠模型对这些基因进行研究有望帮助治疗患有这种疾病的儿童。在此之前，一项关于右美沙芬（一种咳嗽药）的临床试验证明，它在减轻患者的神经症状以及改善患者的语言和行为症状方面显示出可喜的结果。

高功能自闭症谱系障碍，曾被称作阿斯伯格障碍

正如我们之前指出的，《精神障碍诊断与统计手册（第五版）》中并无阿斯伯格障碍（Asperger's disorder）的诊断。其症状仍然定义了自闭症谱系中高功能的部分，因此，虽然这一术语已不存在于《精神障碍诊断与统计手册（第五版）》，仍有必要在这里对其单独讨论。

名词解释

阿斯伯格障碍 这一术语曾被用于描述高功能自闭症谱系障碍患者。

"阿斯伯格障碍"这一术语源于第二次世界大战时期一位维也纳医生汉斯·阿斯伯格（Hans Asperger），他描述了一群男孩，虽然拥有相当好的语言和认知能力，但也有着显著的社交问题，因为他们表现得像自负的小教授，并且肢体不协调。

事实上，相比低功能人群，自闭症谱系中的高功能人群的缺陷程度较轻，却更为集中，或许会在学龄前才表现出症状。大多数孩子会在那时发展社交和互动技能，而阿斯伯格障碍患儿则很难读懂他人的社交线索，无法你来我往地说话，并且无法理解语言的微妙之处。在生命早期，他们倾向于沉浸在范围狭窄的兴趣之中，可能会大量地谈论这

些兴趣，而意识不到这种单方面的对话在社交层面是不合适的。不过，与自闭症谱系中功能较差的孩子相比，他们更可能去尝试结交朋友。

文献中描述了一个有趣的案例，11岁的男孩罗伯特拥有17岁的语言能力，但是社交技能只有3岁。尽管罗伯特对恒星、行星和时间的知识有着卓越的了解，但他对这些学科的专一投入使他难以获取其他方面的知识。对于他单方面、幼稚的示好，同伴们纷纷拒绝。他的案例突出了自闭症谱系障碍患者的复杂性。在生命早期，父母更有可能认为自己的孩子具有特别的天赋，而不是严重的缺陷。随着孩子长大，他们的问题日渐突出，这时父母和教育工作者才可能寻求干预。

无论是否被称作阿斯伯格障碍，这种高功能类型的自闭症谱系障碍是个体可以学会应对的，甚至可以因其而收获成功。就这一点而言，职业规划尤其重要，要考虑到患者的优势和潜在就业岗位的需求。例如，如果患者有天赋，他们似乎很适合从事科学和工程等领域的工作，在这些领域，他们的工作强度可以让研究和开发取得成功。此外，作为成年人，他们可能会获得相当强的自我洞察力，明白自己的长处和弱点，并且学到社交技能。

真实故事

丹尼尔·塔米特：自闭症谱系障碍

在许多方面，丹尼尔·塔米特（Daniel Tammet）的发展历程遵循了大多数孩子的典型道路，尽管他童年的一些方面使他有别于常人。塔米特在26岁时写了自传《生于蓝色的一天》（*Born on a Blue Day*），书中生动地描述了他的经历。

塔米特出生于1979年，父母是一对生活贫困的英国夫妇。他是家中的长子，在他之后，父母又生了八个孩子。婴儿期的塔米特总是会难以安抚地哭泣，除了吃饭睡觉的时候。医生们认为这只是由于疝气，而且他的哭闹很快就会结束。在书中，塔米特回顾了他对自己人生早期的理解：

> 我的父母告诉我，我是一个孤独者，与其他孩子格格不入，用监护者的话来说，总是沉浸在自己的世界里。在我的父母看来，我婴儿期和那时的生活形成了鲜明的对比，我从一个尖叫、哭泣、撞头的婴儿变成了一个安静、自我、冷漠的幼童。现在看来，他们意识到这种转变并不一定是改善的标志，尽管他们当时曾以为这是改善。我变得过分好了——过分安静，也过分无欲无求了。

当塔米特还是个孩子的时候，科学界对发育障碍知之甚少，他的父母也无法理解自己的儿子正在经历什么。在书中，他描述了父母如何尽最大努力给他一个正常的童年，或许是因为他们自己也害怕面对有一个发育障碍的孩子意味着什么。当朋友或邻居问起来时，他的父母会说塔米特只是敏感害羞。

塔米特4岁时开始有癫痫的症状，医生最终诊断他患有颞叶癫痫。这种疾病对他的睡眠造成了严重的影响，他服用了大约三年的药物，直到癫痫发作消退。他的医生现在认为，是癫痫发作导致塔米特患上了学者综合征（一种罕见的疾病）。塔米特描述了自己的联觉（一种具有神经学基础的情形，感觉/认知通路的刺激导致另一种感觉/认知通路自动化、非自主的体验），当有人向他展示数字或文字时，他的感觉和情绪会变

丹尼尔·塔米特在《生于蓝色的一天》一书中描述了他童年时患自闭症谱系障碍和学者综合征的经历，当时科学家对这两种疾病都知之甚少。
©Photoshot/Getty Images

得混杂不清。他写道:"例如,'梯子'这个词是蓝色的、有光泽,而'环形'这个词是柔软的、白色的。"

和其他患有学者综合征的人一样,塔米特也被诊断为自闭症谱系障碍。在整本书中,他描述了自己童年时期的很多经历,都与诊断相符。他回忆说,当他还是个孩子时,他对学校中的日常惯例活动感到很舒服,一旦日常惯例活动有任何被打乱的地方,他就会变得高度焦虑。许多同学都嘲笑他不同寻常的怪癖,比如不受控制地拍打胳膊。当他感到特别焦虑时,他会用头撞墙;当他在学校不堪重负时,他会跑回父母家。回首过去,塔米特想知道:"别的孩子肯定对我做了些什么吧? 我不知道,因为我根本不记得他们。他们只是我视觉和触觉体验的背景。"

塔米特在学校很难与其他孩子沟通。据他描述,他童年的大部分时间是在孤独中度过的,在孤独中他学会了通过设计游戏、思考数字或狂热地收集果子和硬币等小物品来让自己舒服。尽管他的父母努力让他离开家与兄弟姐妹和其他孩子交往,塔米特还是发现很难离开家这个舒适地。他和班上被视为局外人的那些孩子交朋友,但一般来说,他更喜欢自己待着。直到塔米特升入高中时,他仍觉得很难与他人相处,并且对自己的学习保持着近乎偏执的兴趣,尤其是历史。不过他也在一些科目上很吃力,尤其是那些需要与人互动的科目。

塔米特回忆说,当他的身体进入发育期,他感到荷尔蒙激增,对人际关系的兴趣也增加了,尽管他的社交技能让同伴关系变得异常尴尬且难以维持。塔米特无法理解自己的情绪和导致特定情绪反应的催化剂,这给他的社会交往带来了更多的困难。他回忆道:

我只知道我想和某人亲近,却不知道亲近主要是情感上的,我会走到操场上的其他学生面前,站得离他们非常近,直到我的皮肤感受到他们身上的温度。我仍然对私人空间毫无概念,不知道我的所作所为让我身边的人感到很不舒服。

在青春期,塔米特毫无疑问地意识到他会受其他男孩的吸引,甚至回忆起他第一次心动,以及在随后尝试约会时的失望。

高中毕业后,塔米特决定不上大学,而是在一家致力于国际发展的慈善机构——海外志愿服务找了份工作。作为工作的一部分,他在立陶宛生活了一年,并发现这段经历是他成长为成年人的重要环节。关于在立陶宛的经历,他写道:

首先,我对自己有了很大程度的了解。我比以往任何时候都更清楚地看到,我的不同如何影响我的日常生活,特别是我与他人的互动。我终于明白,友谊是一个微妙的、渐进的过程,不能仓促行事,也不能紧抓不放,而是应该顺其自然。

塔米特还写了他回到英国后如何艰难地找工作,因为他不仅在社会环境中交流困难,而且在要求他进行抽象、理论思考的工作面试中也遇到了困难。正如塔米特所说,他不容易适应新环境。最终,他发起了一个教授不同语言的在线项目,并在这些年来取得了成功。

从立陶宛回国后,塔米特遇到了后来成为他终身伴侣的尼尔。他们通过一个在线聊天群联系彼此,并在见面前通过电子邮件交流了好几个月。塔米特解释说,在和尼尔相互认识的阶段,在线上交流对他来说要容易得多,因为并不需要复杂的社交技能。

塔米特写道,通过亲密关系,他学会了更开放地与人相处,尼尔的支持是他学会应对自闭症的力量源泉。塔米特的学者综合征让他能够把字母和数字看作颜色和纹理,从而使他取得了非凡的终身成就。例如,塔米特为了参加一部纪录片的拍摄,在短短四天里自学了至少 10 种语言,包括冰岛语。2005 年,塔米特在五个小时出头的时间里背诵了 22 514 位圆周率,创造了英国和欧洲记录。尽管塔米特非凡的能力获得了媒体大量的关注,他仍享受着平静的生活,大部分时间他都呆在家里,从日常活动中体会乐趣。他也通过去教堂获得力量,他尤其喜欢教堂的仪式。他时常为全国自闭症协会和全国癫痫协会做演讲,也希望继续为发育障碍被人们理解和接受做出贡献。塔米特还写了另一本书——《拥抱广阔的天空》(*Embracing the Wide Sky*),此外还有许多其他的文章和公开的露面。

资料来源: Tammet, Daniel, 2007, *Born on a Blue Day: Inside the Extraordinary Mind of an Autistic Savant*, New York, NY: Free Press

学习与交流障碍

特定学习障碍

患有**特定学习障碍**（specific learning disorder）的儿童获得基本学业技能的能力存在延迟或缺陷。当他们的学业成就和技能远低于他们的年龄、受教育水平和测量得出的智力水平应有的表现时，这些缺陷就开始显现。在这个通用类别中，临床医生也会指出受该障碍影响的学业领域及其严重程度（轻度、中度或重度）。

在美国，研究者估计大约 8% 的儿童被确诊为学习障碍。一些社会文化因素也会增加儿童患学习障碍的风险，如社会经济地位较低、在再婚家庭中长大、被收养、在吸烟者的养育下长大等。其他社会心理家庭风险因素包括父母在教养子女方面遇到更多困难、不能与孩子分享想法、在家里不公开讨论分歧，造成这些教养困境的部分原因可能是父母自己的阅读史更差，并且相比正常发展的儿童的父母，他们感到自己的孩子更加焦虑和抑郁。

特定学习障碍伴数学受损（specific learning disorder with impairment in mathematics）的个体很难完成基于数字和数字推理的任务；他们可能无法理解数学术语、符号或概念。有些人可能患有**计算障碍**（dyscalculia），在数字感知、学习数学知识、计算等方面都存在困难。患有这种障碍的学龄儿童可能难以完成家庭作业。成年患者可能会无法做到收支平衡，因为他们做加减法时都有困难。

特定学习障碍伴数学受损可能会造成严重的长期后果。除了影响学业表现，患者们在就业市场也会面临更大挑战，成年患者可能收入更低，生病的风险更高，甚至抵押贷款违约的风险也更高。

患有**特定学习障碍伴书面表达受损**（specific learning disorder with impairment in written expression）的个体在拼写、正确使用语法或标点规则以及组织段落方面存在困难。这些困难给患儿许多学科的学习带来了严重的问题。对于成年人来说，书面表达的混乱会造成多种人际和现实问题。他们能获得的工作机会减少，特别是当他们症状的严重程度达到重度时。

特定学习障碍伴阅读受损（specific learning disorder with impairment in reading）通常被称为**阅读障碍**（dyslexia），患者在阅读时省略、歪曲或替换单词。因此，他们以一种缓慢、断断续续的节奏来阅读，这类障碍会导致儿童在学校的各种科目上难以取得进步。和其他特定学习障碍的患者一样，他们成年后的受教育程度和职业成就也更低。

名词解释

特定学习障碍 *学业技能的延迟或缺陷，显现于个体的成就或技能远低于相同年龄、教育、智力水平所预期的水平。*

特定学习障碍伴数学受损 *学习障碍的一种，个体在涉及数字和数字推理的任务和概念方面存在困难。*

计算障碍 *在数字感知、学习数学知识、计算等方面存在困难。*

特定学习障碍伴书面表达受损 *学习障碍的一种，表现为拼写、语法或标点错误，段落组织混乱。*

特定学习障碍伴阅读受损（阅读障碍） *学习障碍的一种，患者在阅读时省略、歪曲或替换单词，阅读缓慢、断断续续。*

这些障碍的核心特征似乎是行为规划和设计方面的缺陷，而不是在运动执行、大脑两半球的运动控制等方面有困难，也并非视知觉/视觉认知障碍所致。医生们认为评估儿童是否患有学习障碍的最佳途径是应对干预法（response to intervention，RTI），这种基于实证的方法包括了一系列步骤。首先，医生们使用筛选标准识别高风险儿童。其次，被评估为高风险的儿童会接受完善的干预，并持续一定的时间。没有从这项干预中获益的儿童会接受更高强度的干预。最后，没有从治疗中获益的儿童会被归为学习障碍。为了辅助诊断，医生们也会使用多种来源的信息对儿童进行全面评估，包括一些标准化测试。

对于大多数患有特定发育障碍的儿童来说，学校是主要的干预场所。通过由专业人士组成的跨学科团队，例如学校心理学家、特殊教育老师、课堂老师、语言治疗师、可能还有神经学家，来共同设计一个治疗方案。通常，对患有这类障碍的儿童进行的干预需要更加结构化、减少分心、以及呈现的新材料包含多通道的感官刺激。例如，教师可以通过口头陈述结合实际操作来教授数学概念。使用启发式进行教学也很有帮助。通过这种方法，孩子学会了处理问题的一般策略，而不仅仅是解决具体问题的方法。或许应该把重点放在孩子的强项上，这样他就会获得成就感，自尊也会增加。

成年的学习障碍患者可以从职业康复项目中获得帮助，这些项目专为他们的需求设计。通过与老板合作，这种方法可以在新员工学习特定工作中所需的技能时，识别出哪些领域需要被训练（见表 5–2）。康复训练会减少学习障碍在求学期对患者

迈阿密项目搜索队是一个从学校到工作的过渡项目，为期一年，专为高中最后一年正在攻读特殊文凭的残疾学生而设计。
©Jeff Greenberg/Getty Images

产生的长期不利后果，让患者过上更加令自己满意的生活。

表 5–2　　　　　　　　"有学习障碍的年轻人进行工作技能培训"项目

工作技能	整体软实力
拷贝	职业道德
组织供应	自尊
装配 / 整理 / 贴标签	专注于任务
发邮件	工作效率
使用 Microsoft Word 和 Excel	应对变化的灵活性
送货	与主管和同事互动
抬起重物	生病或迟到时请假
	上下班通勤
	导航到工作场所

对"有学习障碍的年轻人进行工作技能培训"是一个以企业为主导的针对高中生的过渡项目，旨在为年轻人提供在职培训。有研究对其有效性进行了测试，该项目通过关注以下领域的特定工作技能和整体"软实力"，成功地帮助年轻人提高了就业准备度。

交流障碍

交流障碍（Communication disorders）是指语言、语音和社交交流障碍。患有语言障碍（language disorder）的儿童缺乏以适合其年龄和发展水平的方式进行自我表达的能力。他们使用有限的、错误的词汇，用简化语法结构的短句说话，并且会省略关键的单词或短语。他们也可能把单词以奇怪的顺序组合起来。例如，患者可能会只会使用现在时态，说"I have a good time yesterday"而不是"I had a good time yesterday"。表达性的语言障碍可能是由发育迟缓引起，也可能是由疾病或头部损伤

所致。

　　一些患者的表达困难不是因为他们不能理解或表达语言，而是仅在发音方面有困难。**语音障碍**（speech sound disorder）患者会替换、省略语音或者发音不正确。例如，一个患病的孩子可能会用 t 来发字母 k 的读音，说 tiss 而不是 kiss。人们常常觉得孩子读错音很可爱，然而，随着年龄的增长，患儿的语言模式可能会导致学业问题，并受到学校里其他孩子的嘲笑。

　　患有**童年发生的言语流畅障碍**［childhood-onset fluency disorder，又称**口吃**（stuttering）］的儿童无法流利地说话。他们的问题可能包括语音重复或延长、字词断裂、发音停顿、以其他字词代替困难字词，以及发声时过度紧张。尽管很难确定因果关系，但澳大利亚的一个研究小组证实了口吃严重程度和受教育程度之间存在很强的负相关。这种相关可能在一定程度上反映出，儿童在上学早期因为语音障碍导致的负面经历可能会造成长期后果。不过，从长期来看，这些患者可能会越来越好地应对语音障碍，到 60 岁时，他们对语音障碍给生活造成的影响会感到不那么痛苦。

　　患有**社交（语用）交流障碍**（social or pragmatic communication disorder）的儿童在与他人交往时，使用口语和非口语交流的能力存在缺陷。他们很难调整自己的行为以适应社交情景，比如学会进行问候或理解别人打招呼的方式。此外，他们无法将自己的交流方式与听者的需要相匹配，比如对儿童和成人用不同的方式交谈。在对话中，他们很难遵循如轮流发言等规则。最后，他们很难理解隐含的或者模棱两可的意思，比如幽默或使用隐喻的表达。这些缺陷不仅会使患者难以有效沟通，也会使患者难以完成工作，以及参与日常的社会交往。

名词解释

交流障碍　涉及语言、言语和交流障碍的神经发育障碍。

语言障碍　交流障碍的一种，其特征是词汇量有限且错误，说话时用简化的语法结构，省略重要的单词或短语，并以奇怪的顺序排列单词。

语音障碍　交流障碍的一种，患者替换、省略语音或发

音错误。

童年发生的言语流畅障碍（口吃）　交流障碍的一种，语言正常流利程度和停顿模式紊乱，其特征是语音重复或延长，字词断裂，发音停顿，以其他字词代替困难字词，以及发声时过度紧张。

社交（语用）交流障碍　在与他人社交时使用语言和非语言交流的能力存在缺陷。

注意力缺陷多动障碍

　　注意力缺陷多动障碍（attention-deficit/hyperactivity disorder, ADHD）是在大众媒体中最为常见的心理障碍之一，它是以持续的注意力不集中和/或多动为特征的神经发育障碍。你很有可能听过"注意力缺陷多动障碍"这个术语。就如同自闭症谱系障碍，注意力缺陷多动障碍现在也有着广泛的含义，许多人用它来描述那些在各种社交和教育环境中有明显症状的儿童或成人。受媒体对儿童和成人注意力缺陷多动障碍的报道，家长、老师和同伴们可能会将扰乱教室或家庭环境的孩子视为这种疾病的患者，或是有患这种疾病的风险，因为他们表现出了过度兴奋和注意力分散的迹象。然而，请记住，就像《精神障碍诊断与统计手册（第五版）》中所有障碍的名称一样，"注意力缺陷多动障碍"这一术语只适用于符合一套特定诊断标准的人。

名词解释

注意力缺陷多动障碍　一种神经发育障碍，包括持续的注意力不集中和/或过度活跃。

　　注意力缺陷多动障碍的第一组诊断标准是注意障碍，在一组具体的问题行为中须具备六项以上。这些行为包括不能密切关注细节或犯粗心的错误、对课堂或游戏中的任务难以维持注意力、别人对其讲话时明显没有在听、无法自始至终地完成项目、无法有条理地管理任务、分心、健忘、经常丢东西、不愿意从事需要精神上持续努力的工作。

　　第二组注意力缺陷多动障碍的诊断标准是至少有六种涉及多动的行为，包括手脚动个不停、离开座位、坐立不安、不能参与安静的活动、说话过多或忙个不停、在集体活动时很难等待轮到自己发言或参与、经常打断

他人。

符合以上两种标准至少六个月的儿童，可以被临床医生诊断为注意力缺陷多动障碍。如果孩子在过去的六个月里仅符合注意不集中的标准，而不是多动 – 冲动，则可以诊断其为主要表现为注意缺陷的注意力缺陷多动障碍。如果儿童仅符合第二组标准，但在过去六个月里没有表现出注意不集中，临床医生可以诊断其为主要表现为多动 / 冲动的注意力缺陷多动障碍。

根据研究者的估计，全球注意力缺陷多动障碍平均患病率为 5.29%，但这一患病率因国家和地区而异（如图 5–1 所示）。尽管存在这些差异，但很明显，男性的患病率高于女性，儿童的患病率高于青少年。

关于注意力缺陷多动障碍的临床表现，很明显的是，患有这种疾病的儿童可能会面临许多挑战，并持续到他们成年。在小学期间，患有注意力缺陷多动障碍的孩子们可能会得更低的分数，纪律问题也会反复出现以至于患儿需要被安排在特殊教育班级。当他们进入成年早期，患有注意力缺陷多动障碍的儿童也更有可能发展成物质使用障碍。

虽然研究者和临床医生们曾经认为注意力缺陷多动障碍症状会在青春期逐渐消退，但越来越多的证据表明，注意力缺陷多动障碍患者在青春期和成年期会继续经历这些症状。情况确实会发生改变：在学龄前和同年早期非常明显的多动症会随青春期减少。即便如此，患者仍然难以保持注意力集中。

随着患有注意力缺陷多动障碍的孩子进入青春期，如果得不到治疗，他们会表现出广泛的行为、学业和人际问题，不仅给他们个人带来严重的困难，也给他们与家人、朋友和老师的关系带来挑战。他们往往不如同龄人成熟，更有可能与父母发生冲突，社交技能也明显更差，会参与更多的高风险活动，如物质滥用，无保护措施的性行为和危险驾驶。

教育工作者和临床医生们对女孩的注意力缺陷多动

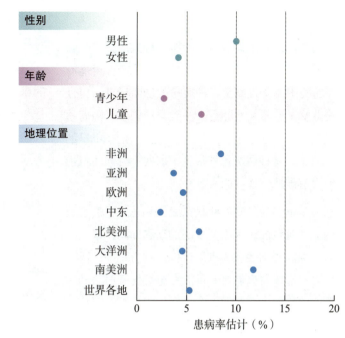

图 5–1　全球多动症患病率

资料来源：Polanczyk et al, 2007, "The worldwide prevalence of ADHD: A systematic review and metaregression analysis," *American Journal of Psychiatry, 164*(6):942–948.

障碍的诊断可能会发生遗漏，因为女孩的症状往往不如男孩明显。对女孩来说，注意力缺陷多动障碍的症状可能包括异常健忘、无条理、低自尊和意志消沉。和男孩不同，患有注意力缺陷多动障碍的女孩倾向于内化她们的症状，变得焦虑、抑郁和社交退缩。因此，表现出注意力缺陷多动障碍症状的女孩可能会被视为患有抑郁障碍或焦虑障碍，因此得不到适当的治疗。

小案例

注意力缺陷多动障碍

扎曼是一名 7 岁的伊朗男孩，他的妈妈刚刚和老师谈过，老师说扎曼在课堂上极其躁动并且容易分心。每隔几分钟，他就会从桌边站起来，在书架上寻找什么东西，或者看看窗外。当他坐在座位上时，他会来回踢脚，用手指敲桌子，四处移动，一直保持着过度的活动。他可能会在一个小时内三次要求上厕所。他说话很快，但他的想法条理不清。课间休息时，扎曼很有攻击性，经常违反操场规则。扎曼的妈妈证实，老师对他的描述与他在家里的行为是一致的。尽管扎曼的智力正常，但他无法在任何一项活动上保持超过几分钟的注意力。

成人注意力缺陷多动障碍

注意力缺陷多动障碍曾被认为是一种只局限于儿童时期的障碍，现在它则被认为可能持续到成年。可能有多达 4% 的美国成年人满足这种疾病的诊断标准，男性与女性患此病的数量几乎相等。注意力缺陷多动障碍不太可能直到个体的成年期才首次发作，应该是在更早的时候被误诊了。这种情况尤其常见于那些小时候注意力不集中但没有破坏性症状的人。

注意力缺陷多动障碍的症状在成人和儿童中表现的形式不同。儿童可能表现出更多的躁动和冲动，成人注意力缺陷多动障碍则表现为难以保持注意力集中。成人注意力缺陷多动障碍患者更有可能在组织任务时遇到困难，犯粗心的错误，丢东西，在需要他们根据重要性对活动进行优先级排序的任务中表现更差，这反映出他们执行功能的异常。

此外，在日常生活中，患有注意力缺陷多动障碍的成年人在制定日常活动方面有困难，在管理时间和金钱方面很随意，并且很难从始至终地完成学业或工作任务。在整个成年期，尤其是对男性患者来说，发生交通事故以及收到驾驶车辆罚单的风险也更高。

一小部分患有注意力缺陷多动障碍的成年人能够将他们过多的精力和躁动投入到创造性的尝试中，比如创业，不过他们难以对一个项目保持专注和责任感，这可能会限制他们在项目持续期内获得成功的可能性。

患有自闭症的女性不太可能会做出常见于男性患者的高危行为；相反，她们更有可能会经历烦躁不安、组织问题、冲动、注意不集中，如果这些特征干扰了她们教育子女时的一致性，那么就值得特别的关注。

通常情况下，注意力缺陷多动障碍的症状会给患病的成人在人际关系方面带来严重的问题，这些关系可能是和亲密的伴侣、同事、熟人甚至是和陌生人。因为成人注意力缺陷多动障碍患者很容易感到无聊，他们可能会通过与亲近的人争吵来寻求刺激。他们很难倾听别人，可能只听到了谈话的一部分，他们容易打断别人，还会在别人试图说话时插话。他们的喜怒无常、高度敏感、易冲动、决策失误和理财不善会激怒亲密伴侣。他们的人际关系中还会出现其他问题，因为他们缺乏条理、健忘、长期迟到、反复把家里的东西放错地方，以及整体上缺乏可靠性。

更严重的是，注意力缺陷多动障碍可能对个体做出越轨或反社会行为的倾向造成影响。注意力缺陷多动障碍还可能使人们更容易发展成物质使用障碍，也会导致更高的吸烟率。

患有多动症的儿童和青少年由于注意力不集中和极度不安等症状，在完成学业方面会遇到重大困难。许多研究人员认为，这种障碍受到环境和社会文化因素的影响。

©Implementar Films/Alamy Stock Photo

注意力缺陷多动障碍的理论和治疗

注意力缺陷多动障碍的生物学决定因素已经在家庭、双胞胎、收养和分子遗传学研究中得到了充分的证实。据研究者估计，注意力缺陷多动障碍的遗传率高达76%，是所有的精神疾病中比率最高的。关于注意力缺陷多动障碍患者的研究发现了涉及与多巴胺相关的几个基因的证据，这表明奖赏模式的缺陷可能导致了这种障碍的症状。

研究者还发现注意力缺陷多动障碍患者的大脑结构存在异常，他们认为患者的注意 – 执行功能受损与一个相互关联的脑区网络有关。例如，在最近的一项研究中，对注意力缺陷多动障碍儿童的核磁共振成像显示，他们的皮层容量平均减少了9%，专门调节运动控制的回路也有中断。

根据注意力缺陷多动障碍与其他疾病的共病情况，该障碍可能存在几种亚型，如情绪或焦虑障碍、学习障碍、行为或对立违抗障碍。每一种亚型都可能有不同的家族遗传模式、风险因素、神经生物学基础和对药物的反应。

罗素·A. 巴克利（Russell A. Barkley）将注意力缺陷多动障碍的生物学异常和行为问题联系在一起，提出注意力缺陷多动障碍的核心缺陷在于，前额皮质及其与大脑其他部分联通的方式存在异常，因此无法抑制反应。这种反应抑制障碍表现在四个方面：（1）工作记忆；（2）内化自我引导的言语；（3）情感、动机和唤醒水平的自我调节；（4）重组——将观察到的行为分解成各个组成部分，再将这些组成部分重新组合成新行为，以达成目标的能力。此外，根据巴克利的研究，患有多动症的儿童无法逐渐发展出未来导向和自我意识。

让我们设想这些障碍在孩子的行为中是如何表现的。工作记忆的问题导致孩子很难掌控时间以及记住最后期限和承诺。无法内化自我引导的言语，意味着这些孩子不能将自己的想法保持在心中，或者进行自我质疑和自我指导。情绪和动机调节功能受损导致他们在不加审查的情况下表露出所有的情绪，同时无法对自己的内驱力和动机进行自我调节。重组能力的缺陷则使这些孩子无法解决问题，因为他们无法对行为进行分析，并组合出新的行为。

巴克利的理论持续得到了研究的支持。最近，他设计了一个量表来衡量成年人的执行功能，评估对时间 / 自我组织和问题解决、自律、自我激励和自我激活 / 专注的自我管理能力。患有注意力缺陷多动障碍的成年人不仅在这些评分上表现出障碍，而且在日常生活中越轨行为的相关评分上也表现出了障碍，包括反社会行为、各种犯罪和驾驶时的交通违规行为。成人执行功能量表的示例条目见表 5-3。

表 5–3   **成人注意力缺陷多动障碍执行功能评估量表的示例条目**

测量内容	示例条目
对时间的自我管理	拖延或把事情推迟到最后一分钟 上班或约会迟到
自我组织和问题解决	当我想向别人解释一些事情时，我常常不知道该说什么 无法像其他人一样对突发事件随机应变或有效回应
自我约束	冲动地评论别人 在某种情况下很难遵守规则
自我激励	我倾向于在工作中走捷径，不做自己应该做的那些事情 其他人说我懒惰或缺乏动力
自我激活 / 专注	当我必须集中精力做某事时，很容易被不相干的想法分散注意力 在无聊的情况下很难保持警觉或清醒

注：每个条目以 1～4 李克特量表打分（1= 极少或从不，2= 有时，3= 经常，4= 频繁）

资料来源：Gersten, R., Beckman, S., Clarke, B., Foegen, A., Marsh, L., Star, J. R., & Witzel, B. (2009). *Assisting students struggling with mathematics: Response to intervention (TRI) for elementary and middle schools (NCEE 2009–4060)*. Washington, D.C.: National Center for Education Evaluation and Regional Assistance, Institute of Education Sciences, U.S. Department of Education.

你来做判断

给儿童开精神科药物

对任何年龄的人类被试进行研究，都要求研究者们严格遵守美国心理学会《心理学家伦理原则和行为准则》。然而，对儿童来说问题没有这么简单，因为儿童是易受伤害的群体。这意味着他们可能面临着更大的被虐待和剥削的风险。因此，几十年来的研究者一直避免进行测试心理治疗药物对儿童的疗效的研究，以避免研究实验使他们受到不必要的伤害。由于缺乏对治疗方案的有效性、安全性或药理学作用的决定性数据，精神病学家只能使用未经美国食品与药品监督管理局（Food and Drug Administration，FDA）批准的，所谓的"药物商标外"的处方来治疗儿童患者。

在美国，开具商标外药物治疗疾病的做法非常普遍，但由于无法在儿童身上适时研究，这类处方往往针对儿童群体。美国食品与药品监督管理局无权监管医生的行医过程，所以医生必须自己决定是否给孩子开商标外药物。在这个过程中，他们必须在药物的潜在益处和风险间做出平衡。由于对这些药物的安全性和有效性的研究很少，医生只能依靠自己的经验。

因此，与已有大量研究数据的其他人群相比，儿童用药可能面临副作用更大的风险。这种情况在 2003 年以一种戏剧性的方式被曝光，当时美国食品与药品监督管理局收到的报告显示，青少年使用五羟色胺再摄取抑制剂与其产生自伤/自杀想法的风险增加之间存在关联。到 2007 年，这些药物收到了美国食品与药品监督管理局的黑框警告：此警告出现在特定处方药的包装说明书上，提醒人们注意严重的风险。这些新警告不仅适用于儿童和青少年，也适用于青年群体。由于当时美国食品与药品监督管理局缺乏针对年轻人使用这些药物的充足数据，其管理部门仅能利用它们掌握的信息做出了这一裁决。如今出现了更多关于这些药物的信息，表明抗抑郁药可以在持续治疗的过程中降低青年群体的自杀风险。

你来做判断：研究者是否应该对儿童进行更多的精神治疗药物研究？在研究中可能发生的副作用的风险是否证明了研究的合理性？此外，如果研究人员发现一种药物有有害的副作用，那么开处方的专职医疗人员应该如何权衡这些副作用和可能的益处？

尽管研究发现注意力缺陷多动障碍患者的大脑存在功能和结构上的异常，但大多数研究者认为，这种障碍是遗传易感性和环境压力因素的交互作用导致的，这些压力源包括分娩并发症、后天脑损伤、接触有毒物质、传染性疾病甚至父母的婚姻压力。如果父母在儿童期被诊断患有注意力缺陷多动障碍，其子女也有更高的患病风险，特别是对那些受教育水平和职业成就较低的家庭来说。在生活中经历过重大创伤的儿童也会有较高的注意力缺陷多动障碍患病率。

从生物学角度对注意力缺陷多动障碍患者进行治疗，多采用旨在控制症状的药物治疗。尽管这类处方下有十几个品牌的药物，但大多数药物都是以哌醋甲酯（利他林）为基础的。

在过去的几十年里，制药公司在研发治疗注意力缺陷多动障碍的有效药物方面取得了重大进展，例如，近期生产的缓释制剂型药物的药效更持久。第一类兴奋剂药物，包括哌醋甲酯，只在短时间内有效（3~5小时），需要在一天中多次适时给药。

上述缓释制剂的起效方式有两种：一种是在服药间隔的后期进行后置给药；另一种是 50-50 珠状给药系统，将给药时间平分为早、晚两个部分。长效药物的优点是它们更不可能被滥用。由于服药时间间隔较长，患者忘记服药的可能性也更低。

专注达是一种后置给药产品：22% 的剂量立即释放，78% 的剂量在摄入后约四小时释放。阿德拉 XR 是一种 50-50 珠状给药产品，类似于分两次服用相同剂量的效果。对成年人的作用时间是 7~9 小时。

作为哌醋甲酯的替代品，抗抑郁药物有时也会被开具给注意力缺陷多动障碍患者，这些药物包括安非他酮、培莫林、阿托西汀和丙咪嗪。临床医生使用这些药物治疗轻度到中度注意力缺陷多动障碍，在治疗开始后的 2～3 天就开始出现一些效果。临床医生通常使用这组药物治疗有轻微注意力缺陷多动障碍症状和并发症状（如焦虑或抑郁）、禁忌使用兴奋剂的医疗状况、妥瑞障碍（或抽动障碍）和有物质滥用史的个体。考虑到注意力缺陷多动障碍患者可能是因为抑郁或其他精神类疾病的共病才来精神科求医，可以将哌醋甲酯与抗抑郁药或抗精神病药一起开具。

父母们往往会担心使用兴奋剂来治疗注意力缺陷多动障碍会对患儿造成副作用，这是可以理解的。一些服用此种药物的孩子会产生睡眠障碍和食欲下降。更严重的副作用还包括孩子发展出无法控制的身体抽搐和言语。此药物也可能暂时抑制孩子的生长。

有批评者指出，临床医生在治疗注意力缺陷多动障碍时过度使用了兴奋剂，在处理行为问题时，只以药物作为主要的，甚至是唯一的手段。此外，基于动物模型的研究发现，长期使用诸如利他林等兴奋剂可能会导致持续的神经行为后果，从而加剧注意力缺陷多动障碍症状。

在非药物领域，许多干预措施都能有效地减少注意力缺陷多动障碍症状，帮助患者在人际交往中表现更佳，自我感觉更好。凯文·墨菲（Kevin Murphy）概述了社会心理治疗的多元化方法。虽然他专注于青少年和成人注意力缺陷多动障碍的治疗，但我们可以将其中一些策略应用到注意力缺陷多动障碍儿童的家庭。以下是八个策略。

1. 心理教育（psychoeducation），或将结合了心理治疗与教育干预的专业治疗作为起点，因为注意力缺陷多动障碍患者越了解自己的疾病及其影响，他们就越能更好地理解这种障碍对他们日常功能的破坏，并制定应对策略。心理教育一点点地向患者灌输希望和乐观，让患者认为病情可以治疗，并开始期待一旦他做出改变，生活就会变得更好。

名词解释

心理教育　将心理治疗与教育干预相结合的专业治疗。

2. 心理治疗，如个人治疗，为临床医生和来访者提供了一个环境，让他们可以设定治疗目标，化解冲突，解决问题，应付生活中的转变，并治疗如焦虑或抑郁等与注意力缺陷多动障碍共存的问题。具体的技术，如认知行为策略，可以帮助来访者改变影响其日常功能的不良行为和思维模式。由于老师、家长和同龄人反复传递的负面信息，患者适应不良的思维模式往往根深蒂固。

3. 补偿行为和自我管理训练，让个体有机会强化自己将更多的结构和常规融入到生活中的技能。使用简单的策略就可以更方便地管理日常任务和承诺，其中包括制定待办事项清单、使用记事本、将记事本放在有用的地方、多配几套钥匙等。

4. 其他心理治疗，如婚姻咨询、家庭治疗、职业咨询、团体治疗和大学规划，也让患者有机会了解到注意力缺陷多动障碍症状如何影响生活中的选择和交往对象的方方面面。

5. 指导，这是最近发展起来的一种干预措施，是指咨询专业人士来帮助注意力缺陷多动障碍患者专注于实现目标。换句话说，由指导者通过实用的、行为层面的、以结果为导向的方法帮助人们找到完成事情的方法。

6. 科技化的电脑程序可以帮助注意力缺陷多动障碍患者使用工具和设备帮他们更高效地交流、写作、拼写、保持条理、记住信息、遵守时间表和记录时间。

7. 学校和工作场所可以提高工作效率，减少注意力分散。患有注意力缺陷多动障碍的学生和员工们通常在安静、无干扰的环境中工作得更好。如果对他们进行更频繁的绩效评估，以帮助塑造他们的执行力并确定事情的优先级时，他们也更有可能成功。教师和上司应该以充分发挥患者所长和天赋的方式对任务做出调整。

8. 宣传，特别是为自己做宣传，对取得成功来说非常重要。虽然对大多数患者来说，向他人透露注意力缺陷多动障碍给自己造成的缺陷是很困难的，但他们可能会发现，解释自己的疾病可以改善与之相关的所有人的处境。

这种多管齐下的方法显然最适用于青少年和成年人，因为他们可以承担更多管理自己生活的责任。临床医生、家长和教师在治疗注意力缺陷多动障碍儿童时可以采用其中一些策略，这些策略也可以与兴奋剂类药物结合，作为综合干预的一部分。

行为疗法中暗含的观念是，注意力缺陷多动障碍患儿的家庭必须学会使用行为法，直接参与到帮助孩子减少破坏性行为的行动中来。将这些努力与课堂上老师类似的干预相协调，有助于帮助孩子获得更好的自我控制能力。

运动障碍

发育性协调障碍

运动障碍的主要形式是**发育性协调障碍**（developmental coordination disorder）。患有这种疾病的儿童在协调手脚运动的能力方面存在显著的障碍，其常见程度令人惊讶。发育性协调障碍影响着多达6%的儿童，可能给孩子的学业成就和日常生活中各种任务造成困难。发育性协调障碍可能存在多种亚型，其中一种亚型限制了手－眼协调能力，另一种亚型导致了视觉－空间障碍。还有一种重要的亚型表现为执行功能缺陷，这意味着患儿们无法控制自己的运动功能。

名词解释

发育性协调障碍　运动障碍的一种运动，其特征是在运动协调发育方面有明显的缺陷。

在婴儿期和幼儿时期，患有发育性协调障碍的儿童在爬、走和坐方面都有困难。随着年龄的增长，他们

在其他与年龄相关的任务上的表现也低于平均水平。他们可能不会系鞋带、玩球、玩拼图，甚至不能字迹清晰地写字。因此，他们可能会产生自卑的问题。此外，缺乏协调性会使患儿难以参加体育运动和锻炼计划，导致他们变得超重。

鉴于其症状的复杂性，患有运动障碍的儿童需要在症状出现的早期阶段确定患者及其家庭的需求，并进行综合干预。综合评估儿童、家庭、专业人员等对儿童症状的看法后，制定治疗目标。接下来，专业人员、家长和儿童一起计划如何利用社会资源进行干预。这时，所有人都需要合作来为孩子设定目标，他们设计的干预需要以有证据支持的治疗为基础。最后，干预小组应制定一些在家里、学校和社区内适用的策略，患病的孩子及其家庭向自我管理过渡时继续为他们提供支持。

抽动障碍

抽动（tic）是指是一种快速的、反复出现的、不自主的运动或发声。抽动障碍有好几种，运动抽动的例子有眨眼、面部抽搐和耸肩，发声抽动包括咳嗽、哼哼、鼻息、说脏话和舌头的咋咋声。

妥瑞障碍（Tourette's disorder）可能是抽动障碍中最广为人知的一种，影响着大约1%的儿童，其中大多

这个孩子患有发育性协调障碍，这使得他很难学会像正常发展的儿童那样将物体排列整齐。
©Nicholas Kamm/Getty Images

数是男性。这种疾病的患者会同时经历持续性运动和发声抽动。他们的障碍是逐渐起病的，开始时通常是单一的抽动，比如眨眼，随着时间的推移会发展成更复杂的行为。抽动可能包括头部和上半身无法控制的运动。在某些情况下，个体会做出复杂的身体动作，包括触摸、蹲下、旋转或后退。与此同时，他们会发出别人听来奇怪的声音。例如，个体可能做出复杂的抽动行为，一边转动着自己的头，一边发出嗅闻和吠叫的声音。只有一小部分的妥瑞障碍患者有说脏话的情形。

名词解释

抽动　一种快速的、重复的、不自觉的动作或发声。

妥瑞障碍　一种持续性运动和发声抽动的障碍。

这种障碍并非暂时性的，而是在儿童或青少年期发病，可能会伴随终生。患有这种疾病的人还可能有其他的心理症状，最常见的是强迫性症状、言语困难和注意力问题。妥瑞障碍可能与大脑前额叶皮层抑制机制缺陷有关，这也是强迫症和注意力缺陷多动障碍共有的特征。随着抑制抽动的大脑结构成熟，这种情况可能会在患者成年后自行消失。

妥瑞障碍患儿可以从教育干预中获益，这些干预可以帮助他们增强自尊，以及提供支持性的咨询。然而，如果抽动会造成痛苦、自残（如抓挠）并导致严重的残疾，就需要临床医生进行更系统的干预。有这些症状的人可以从一种用于习惯消除的认知行为疗法中得到改善。在这种疗法中，专业人员会训练患者检测自己的抽动以及抽动之前的感觉，然后用一种和抽动相冲突的自主行为做出对其做出反应。

认知行为治疗是治疗的第一步，但如果被证明是无效的，临床医生可能会对患者进行药物治疗，包括五羟色胺再摄取抑制剂、非典型抗精神病药物，在极端情况下，还会进行脑深部刺激。

刻板运动障碍

患有刻板运动障碍（stereotypic movement disorder）的儿童会有重复的、看似被驱使的非功能性行为，这些动作包括挥手、摇晃身体、撞头、咬和抓皮肤。可以想象，这些行为会干扰他们的正常功能，导致他们伤害自己。区分刻板运动障碍和正常发育中的重复动作是很有必要的，据估计，60%的2～5岁儿童会出现重复动作。儿童的亚群体中尤其可能出现刻板运动障碍，比如失明和发育迟缓的儿童。

对那些真正功能受损的孩子，或者可能因为自己的行为受到严重伤害的孩子，行为矫正似乎是帮助他们停止刻板行为最有效的方法。家长可以在家里学习如何使用行为疗法，这是一种很有效的方法，特别适用于7～8岁的儿童。

名词解释

刻板运动障碍　一种患者会做出重复的、看似被驱使的非功能性行为的障碍。

神经发育障碍：生物 - 心理 - 社会视角

我们在这一章中提到的障碍在不同程度上反映了生物、心理和社会文化的综合影响。基因对这些疾病的影响是显而易见的，但即便如此，与社会环境的交互也发挥着重要的作用。此外，由于这些障碍开始于生命早期，他们有可能对个体产生深远的心理影响。家庭因素也发挥着关键作用，因为早期童年经历对个体心理上的后果有重要影响。

正如障碍反映出了多方面的影响，治疗也是如此。在为儿童提供干预的过程中，临床医生无疑对药物的使用有着越来越多的担心。从行为角度进行食疗似乎有着很多优势，因为以强化原则为中心的治疗或许会更好地接纳患病儿童的症状。

在过去的几十年里，人们对那些可能影响儿童的疾病关注度大增，这意味着哪怕只与几年前相比，关于病因和干预措施的信息也有了相当多的增长。尽管干预对任何年龄的人都是有效的，但尽早将儿童作为干预对象，可以帮助他们取得良好的效果，从而影响他们今后几十年的生活。

个案回顾

杰森·纽曼

杰森开始服用兴奋剂类药物后，他父母和布朗斯坦夫人都注意到他集中注意力的能力有所提高，静坐的时间也更长了。虽然他仍然会感到躁动，但一位治疗师通过在诊所进行行为干预帮助杰森减少了在学校里的破坏性行为。这位治疗师还与帕姆和约翰合作，为杰森的行为创造了一个具有一致性的奖赏／惩罚系统。帕姆和约翰都意识到，由于他们对如何约束杰森的看法不同，所以他们一直在给杰森发送有分歧的强化信息。为了在如何奖励和惩罚杰森方面达成一致，帕姆和约翰努力创建出一套强化系统并与杰森分享，这样杰森就能更好地了解到他行为不端的后果是什么。经过几个月的药物和行为治疗，随着父母管教孩子的能力提高，杰森在学校里变得不那么多动了，他的成绩也开始进步。他开始与同学们更好地相处，并加入了篮球社团，这使他能够结交朋友，并且适当地分配自己的精力。

托宾医生的反思：很难将幼儿群体正常的过度活动与更严重的注意力缺陷多动障碍症状进行区分。斯科特医生根据帕姆对杰森多年来行为的描述，在诊断时仔细考虑了这一点。很明显，杰森的问题行为严重影响了他度过正常的童年和接受教育的能力。尤其是和他的弟弟尼古拉斯相比，杰森明显在于超出正常儿童行为的症状做斗争。

注意力缺陷多动障碍通常是在小学阶段确诊，虽然这种障碍可能会持续到整个青春期，但只要接受适当的治疗，例如杰森正在接受的治疗，其症状可能会在成年后开始减弱。让孩子服用兴奋剂在道德层面可能是个困难的决定。然而，在杰森的案例中，药物对减少多动症状来说非常重要，这些症状导致了他在学校出现问题，并且会使行为治疗变得困难。随着持续的治疗和他父母实施的行为策略，杰森有望在不久的将来停止药物治疗。

总结

◎ 神经发育障碍包括突发于童年早期的疾病，似乎通过造成大脑异常来影响儿童的行为功能。

◎ 智力障碍是指智力和适应能力的缺损，最早出现在儿童期，基因异常是其重要的成因。最重要的三个遗传病因是唐氏综合征、苯丙酮尿症和脆性X染色体综合征。另一种遗传病症是泰伊－萨克斯二氏病。

◎ 产前发育过程中的环境危害是智力障碍的第二类原因。这些危害被称为致畸物，包括药物和有毒化学物质、母亲营养不良以及在胎儿发育的关键阶段母亲的感染。怀孕期间饮酒可导致胎儿酒精综合征。

◎ 智力障碍患者可以从早期干预中获益，这些干预旨在为他们提供运动协调、语言使用和社交技能的训练。教育工作者可以将主流教育与特殊教育结合起来，既将他们纳入普通学校课堂，又向他们提供适合其特殊需要的援助。

◎《精神障碍诊断与统计手册（第五版）》的作者创建了自闭症谱系障碍的新类别，从而可以比《精神障碍诊断与统计手册（第四版－修订版）》更可靠和有效地区分典型发育的儿童和在交流与社会行为方面有缺陷的儿童。以新的频谱形式呈现这一类别，强调了曾认为是离散的疾病之间的共性。在《精神障碍诊断与统计手册（第四版－修订版）》中单独列出的阿斯伯格障碍、自闭症、雷特综合征、儿童崩解障碍、广泛性发育障碍等都被列入了《精神障碍诊断与统计手册（第五版）》中的自闭症谱系障碍。从前用于区分这些疾病的症状现在则由诊断标注来显示。

◎ 指向家族遗传模式的证据支持自闭症谱系障碍有生物学成因。很明显的是，自闭症谱系障碍的患者和常人之间存在神经系统上的差异，但这些差异的基础及其影响尚不清楚。

◎ 与治疗最相关的是行为角度的干预，尤其是学生治疗师和家长共同参与的基于操作性条件反射原则的干预。如果自闭症谱系障碍儿童的适当行为得到强化，比如寻求帮助或反馈，他们的破坏性和自我刺激行为将会减少。在这种情况下，他们进行自残或攻击性行为的可能性较小。

◎ 特定学习障碍包括在数学、书面表达、阅读和交流等方面存在缺陷。交流障碍包括语音障碍、童年发生的言语流畅障碍（口吃）、社交用语（语用）障碍。对于大多数患有特定发育障碍的儿童来说，学校是其主要的干预场所。

◎ 注意力缺陷多动障碍的特征是注意力不集中或多动 / 冲动。关于这种疾病的成因有多种理论，但其家族遗传率可能高达 76%。尽管研究者们已经发现注意力缺陷多动障碍患者的大脑中存在根本性和结构性的异常，但多数研究者认为基因的脆弱性与环境暴露存在相互作用。对注意力缺陷多动障碍的治疗常采取多元化的方法。

◎ 发育协调障碍的特征是抽动，即反复出现的不自主运动或发声。这类障碍包括妥瑞障碍和刻板动作障碍。

◎ 本章所涵盖的障碍包括一系列在不同程度上反映了生物、心理和社会文化影响的疾病。基因对这些疾病的发展有显著的影响，即便如此，与社会环境的交互也发挥着重要的作用。此外，由于这些障碍开始于个体的生命早期，它们有可能对个体的心理产生深远的影响。

第 6 章

精神分裂症谱系及
其他精神病性障碍

通过本章学习我们能够：

☐ 识别精神分裂症的特征；

☐ 描述其他精神病性疾病的关键特征；

☐ 解释精神分裂症的理论和治疗；

☐ 分析精神分裂症生物－心理－社会模型。

©stillfx/123RF

个案报告

戴维·陈

人口学信息： 19 岁，单身，华裔美国男性，性别认同为酷儿[①]（queer）。

主诉问题： 戴维在一年内第二次精神病发作后，在精神卫生机构住院区接受了评估。戴维的母亲安注意到他的行为在过去一年变得越来越离奇，于是将他带到了医院。戴维的母亲是访谈时主要的信息来源，因为戴维记性不好，无法提供准确的个人史。

戴维在他家乡的大学上大二。尽管他大一的时候住在家里（安在戴维 5 岁那年与大卫的父亲离婚以后就一直抚养着戴维），但安决定让他大二搬到宿舍住，这有益于他的独立。安报告说戴维搬到宿舍的前两周表现得很棒。戴维每周会和她通几次电话，并且周日会回家吃晚饭。

据安所说，10 月中旬的一个周日傍晚，戴维没有像他预计的那样在晚饭时候出现在家里。她给戴维的最好的朋友马克打电话，但马克好几天都没有收到戴维的消息了，他也为戴维感到担心。马克从高中起就认识戴维，而且他们住在同一城镇。他向安指出，戴维最近表现得特别冷淡，"似乎并不像他本人"。马克因为没有收到戴维的消息而担心，所以他去了镇上戴维喜欢待的地方寻找他，最后在一个咖啡店外找到了他。

当马克接近他的时候，戴维说他希望被称为"乔伊"。马克说戴维当时蓬头垢面，但戴维平时会很好地照顾自己，这很奇怪。马克还注意到戴维自顾自笑着，猜测是因为他心情特别好。但是当马克主动提出将他送回宿舍时，戴维的声音变得更为严肃。他拒绝了马克："我还有一堆东西要写。我的诗要出版了，他们想要我再写 20 首诗，这样就可以出版一本诗集。"写作一直是戴维的兴趣之一，他也经常和马克讨论他们各自的创作尝试。马克在和戴维交谈的时候低头看到在戴维腿上打开的笔记本，发现笔记本上只有难以辨认的涂鸦，他开始警觉起来。马克还注意到，在整个谈话过程中，戴维的左臂反复地每隔几分钟就不由自主地抽搐着伸展一下。马克无法说服戴维和他一起回校园，只能无奈地离开了咖啡店。安听到这些细节后对儿子的行为感到很震惊，说她从来没有见过戴维表现得如此奇怪。安不知道该怎么做，于是决定等待戴维回复消息。

戴维最终在凌晨 3 点左右回到宿舍并给安打了电话，戴维说："我不能留在这里，因为这里没有诗人。他们那里需要我。会议，会议，公交车，诗歌。一个会议。我需要去那里。我已经到了那里。我必须去那里。"他把最后一部分重复了好几遍。安很疑惑，她问戴维是什么意思，这时戴维挂断了电话。之后安有大约一周没有收到戴维的消息。

戴维是被警察带回安的家中的。警察发现他在校园中朝附近其他等公交车的学生喊叫，制造骚乱。安不确定戴维是真的去了纽约还是一直在校园里。她能够从戴维身上获得的信息是他没有上课。她决定写信给大卫的教授，要求成绩保留，因为很显然戴维无法在目前的状态下顺利完成课程。

戴维和安待了近三个星期，这期间他持续出现奇怪的行为。安希望戴维在某个时刻会恢复，但事实证明他没有在变好。当安下班回家时，家里到处都是脏衣服、碗碟、披萨盒和烟灰。戴维经常整日待在他的房间，只在用洗手间和吃饭的时候出来。当安看到他时，她注意到戴维表现得格外伤心和孤僻，几乎不和她说话。以往他们关系很亲近，享受一起在家里度过的时间。尽管安很担心她的儿子，但她不知道自己该做什么来帮助儿子。他们认为最好让戴维下个学期休学，因为安不觉得儿子可以将精力集中在学业上，并希望确保儿子能应对重返学校的压力。

夏天结束的时候，安觉得戴维似乎进步了不少。

[①] 对性少数群体的一种统称或指对自己的性别产生质疑的人。——译者注

戴维在家中与她的互动越来越多，生活不再那么混乱，说话的内容也不再那么古怪。总之，他确实看起来比以往更孤僻，他极少参与活动，几乎不离开家。到了春天的时候，他能够在加油站兼职一个月，之后又因迟到太多次而被解雇。除此之外，他主要待在自己的房间里听音乐和写作。他偶尔和马克在一起，尽管如此戴维也经常取消他们的计划，说他只是不想身边有人。安将戴维带到中国探亲，待了几个星期，她记得他在那里的大部分时间举止是正常的。

戴维和安最终决定让戴维在秋季重新注册入学，恢复他在上个秋季学期的成绩。并且在戴维的要求下，他再次离开家住到了宿舍。但是两周后，戴维又一次失踪了。和上次一样，安在一个傍晚接到了戴维的电话，他说他已经住在曼哈顿了，并且欠着房东一串新钥匙的钱。安不知道戴维去了纽约而且还住在那。戴维要求安提供信用卡信息，并说房东威胁他如果拿不出钱就要对他施暴。安询问他确切的位置时，戴维挂断了电话。之后安没有收到戴维的消息，直到三天后戴维衣衫褴褛地出现在了她家。他告诉安他担心室友烧光他的私人物品，但讲这个事情时他不断地微笑和大笑。在安看来，戴维又一次表现怪异了。有了上一次的经验，安知道这次她必须做点什么，因为她对儿子的安危感到非常担忧。安不确定该把戴维送去哪里，她先把大卫带到了最近的急诊室。急诊室的医生把戴维送到了附近的医院，在那里他被收治进精神科住院病房。

既往史： 戴维没有既往精神科治疗史。他的母亲报告他在青少年早期有过轻度抑郁的经历。她回忆说，戴维一直与同龄人"有些不同"，在他的整个童年和青春期只有几位亲密朋友。

就家族史而言，安报告说，尽管没有其他已知的精神病家族史，但戴维的祖父曾被诊断出患有精神分裂症。

个案概念化： 从上述故事中可以明显看出戴维在过去一年中经历了两次精神病发作。

第一次发作在重大应激源（第一次搬出家住）出现之后。由于这段时期内主要生活事件的高发生率，这次发作发生在精神病性症状开始完全出现的发展时期前后。根据安的报告，戴维可能在青少年时期就表现出了一些前驱症状，这在患有精神分裂症的个体中很典型。

戴维符合《精神障碍诊断与统计手册（第五版）》精神分裂症的诊断标准，因为他在超过一个月的时间内表现出妄想、紊乱的言语和行为以及阴性症状（情感表达受限）。至少六个月出现症状的表现，包括大于一个月的阳性症状和一段时间的阴性症状。此外，戴维的综合功能水平在第一次精神病发作后大大降低了：他无法维持一份工作，并远离人际关系。最后，他没有任何物质使用史，也没有其他躯体疾病导致他的症状。

治疗方案： 在医院住院期间，戴维将接受抗精神病药物的稳定治疗，他的精神科医生打算找到他出院回家之后的维持剂量。他将被转到精神卫生机构门诊区，为他提供药物和每周的心理治疗。此外，建议戴维找一位病历管理人员帮助他开展职业活动，并根据他过去在大学时的脆弱之处决定是否有可能继续攻读高等教育学位。

萨拉·托宾博士，临床医生

精神分裂症

广义的**精神分裂症**（schizophrenia）包括一系列的精神障碍，患有这些精神障碍的个体对现实的感知是扭曲的，个体的思维、行为、情感和动机都受到损害。精神分裂症是一种严重的精神障碍，它可能会广泛地影响个体能否过上富有成效的、充实的生活。尽管相当多的精神分裂症个体最终能够过上摆脱症状的生活，但在某些方面，所有个体都必须使他们的生活适应患过该疾病的现实情况。在经济方面，精神分裂症也带来了沉重的负担。在美国，估计每位精神分裂症个体每年仅医疗保健费用就要 12 000 美元 ~ 20 000 美元，仅次于心脏病和癌症的花费。

精神分裂症的一个重要症状是**妄想**（delusion），一种与当事人的智力或文化背景不一致的、根深蒂固的错误信念。例如，被害妄想是觉得某人或某物要伤害自己的错误信念，而事实上这种信念没有任何依据。表6-1描述了更多妄想的例子。

容、思维形式、知觉、情感、自我意识、动机、行为和人际交往功能。

妄想　与来访者的智力或文化背景不一致的根深蒂固的错误信念。

名词解释

精神分裂症　一种具有一系列症状的障碍，包括思维内

表 6-1	妄想的类型和示例

夸大妄想（grandeur）
严重夸大个体自身重要性。这种妄想的范围从相信个体在社会中扮演重要角色到相信个体实际上是基督、拿破仑或希特勒

被控制妄想（control）
被其他人甚至机器或设备操控的感觉。例如，一位男士可能相信他的举动被电台操控着，电台"强迫"他违背自己意愿执行某些动作

关系妄想（reference）
认为他人的行为、某些物体或事件是针对自己的信念。例如，一位女士认为肥皂剧真的是在讲述她的生活故事，或者一位男士认为当地食品市场的在售商品在针对他的特殊饮食缺陷

被害妄想（persecution）
认为另一个或几个人正试图对个体或个体的家庭或社会团体造成伤害的信念。例如，一位女士感觉有组织的政治自由主义者团体正试图摧毁她所在的右翼政治组织

自责妄想（self-blame）
没有理由的自责之情。一位男士认为自己应该对非洲的饥荒负责，因为他相信自己犯下了某些不仁慈或者罪恶的行为

躯体妄想（somatic）
对自己身体的不合适的担忧，通常与疾病有关。例如，一位女士在没有任何理由的情况下相信自己患有脑癌。更加离奇的是，她认为蚂蚁已经入侵她的头部，正在吞噬她的大脑

嫉妒妄想（infidelity）
一种通常与病态的嫉妒有关的错误信念，这种病态的嫉妒涉及个体认为爱人不忠。一位男士对他的妻子大发雷霆，坚称她与邮递员有私情，因为她每天都急于等待邮件的到来

思维被广播（thought broadcasting）
认为个体的思维正在被传播给他人的想法。一位男士相信房间里的其他人都能听到他在想什么，或是他的想法实际上正通过电视或广播的电波被传播

思维插入（thought insertion）
认为外部力量正将思想插入一个人的脑海中的信念。例如，一位女士断定她的想法不是她自己的，而是被放在那里用来控制她或使她不安

精神分裂症的第二个主要症状是**幻觉**（hallucination），即与环境中存在的客观刺激不相符的错误知觉。个体可能会在几种感觉通道中出现幻觉，其中包括视觉、听觉、嗅觉和触觉。同时出现幻视和幻听的个体似乎比那些只在一种感觉通道体验到幻觉的个体有更明显的损伤，而后者又比没有幻觉的人有更明显的功能性损伤。

与被害主题的妄想或幻听相关的可能是**偏执**（paranoia），即认为他人希望对自己造成伤害的不合理信念或知觉。经历偏执的人会变得无法信任他人，深信

自己会受到虐待或者甚至受到身体伤害的威胁。

难以理解的、不连贯的语言被称作**言语紊乱**（disorganized speech）。这种语言类型背后的思维过程反映了**思维散漫**（loosening of associations），即思维的流动是模糊的、没有重点的、没有逻辑的。精神分裂症个体的言语可能包含**语词新作**（neologism），即原本语言中不存在的词语。与最终可能成为特定语言中公认词汇（如"百度"）的新词不同，这些自创的词汇的含义是高度特异的，仅被个体使用。

名词解释

幻觉　与环境中存在的客观刺激不相符的错误知觉。

偏执　认为他人希望对自己造成伤害的不合理信念或知觉。

言语紊乱　难以理解的、不连贯的语言。

思维散漫　思维的流动是模糊的、没有重点的、没有逻辑。

语词新作　创造出的（"新"）词。

小案例

未特定的紧张症

玛丽亚，21 岁，单身，白人，异性恋女性。她是一名大三学生，已经被精神治疗机构收治了一个月。玛丽亚宿舍的宿舍管理员因为越来越担心玛丽亚在这一学期里恶化的行为而通知了校园警察。当玛丽亚在 9 月返校时，她的室友向宿舍管理员等人反映玛丽亚的行为似乎很奇怪，比如她习惯性地重复别人说的话，无精打采地盯着窗外，忽视个人卫生。临近期末，玛丽亚越来越多地退缩到她自己的世界里，到了对他人完全没有反应的地步。最后，她的宿舍管理员不得不报警，因为已经大约有一个星期没有人看到玛丽亚离开她的房间了。

警察发现玛丽亚处于恍惚状态，对他们的任何问题或试图与她接触的尝试都没有回应。她被送到医院进行精神评估，并因为被认定无法照顾自己而被收治。在医院里，玛丽亚一直保持着僵硬的身体姿势，大部分时间都在茫然地盯着什么。由于她对大多数药物过敏，治疗她的工作人员不知道该使用何种干预措施。目前，临床医生正试图确定她是否患有其他躯体疾病或心理障碍，但由于他们无法确定其属于哪一种，因此他们暂时将她诊断为未特定的紧张症。

患有精神分裂症的个体可能表现出的另一个典型症状是情感不协调（inappropriate affect），这意味着个体的情感反应与情境中存在的社会线索或正在讨论的内容不匹配。例如，在悲伤的情境中或听到有人表达不满或不愉快时，个体可能会大笑。我们在戴维的例子中看到了这一点，他一边笑着一边告诉他的母亲他相信他的室友将要烧光他的私人物品。

表 6–2 包含了精神分裂症的六条诊断标准。诊断标准 A 中的症状是指该障碍的活动期（active phase），也就是个体症状最突出的时期。个体在活动期出现的症状可以根据其性质分为两类：第一类是阳性症状（positive symptoms），即对正常思想、情感和行为的夸张或扭曲。在表 6–2 中，诊断标准 A 下编号 1 至编号 4 的症状符合阳性症状的类别。

名词解释

情感不协调　一个人的情感表达与情境中存在的社会线索或正在讨论的内容不符的程度。

活动期　指精神分裂症病程中出现精神病性症状的时期。

阳性症状　指精神分裂症的症状，表现为对正常思想、情感和行为的夸张或扭曲。

表 6–2 　　　　　精神分裂症的诊断特征

A. 2 项（或更多）下列症状，每项症状均在一个月中相当显著的一段时间里存在（如经成功治疗，则时间可以更短），至少其中 1 项必须是 1、2 或 3：
1. 妄想
2. 幻觉
3. 言语紊乱
4. 明显紊乱的精神运动性行为
5. 阴性症状，如情绪表达减少、意志减退、社交减少

B. 功能受损

自该障碍发生以来的明显时间段内，一个或更多的重要方面的功能水平，如工作、人际关系或自我照顾，明显低于障碍发生前具有的水平（当障碍发生在儿童或青少年时，则人际关系、学业或职业成就未能达到预期的发展水平）

C. 持续大于六个月

这种障碍的体征至少持续六个月。此六个月应包括至少一个月（如经成功治疗，则时间可以更短）符合诊断标准 A 的活动期症状。此六个月可包括前驱期或残留期症状。在前驱期或残留期中，该障碍的体征可表现为仅有阴性症状或有轻微的诊断标准 A 所列的 2 项或更多的症状

续前表

D. 没有证据表明是分裂情感性障碍和抑郁或双相障碍
E. 这种障碍不能归因于物质使用障碍或其他躯体疾病
F. 如果有自闭症谱系障碍或儿童期发生的交流障碍的病史，只有在存在显著的妄想或幻觉，且存在至少一个月时（如经成功治疗，则时间可以更短），才能做出精神分裂症的额外诊断

注：被诊断患有精神分裂症的个体必须符合 A-F 列出的所有标准

诊断标准 A-5 中的症状是 **阴性症状**（negative symptom），这与低于正常行为或感觉水平的功能有关。**情感淡漠**（restricted affect）是指情绪的外在表达范围变窄。**意志减退**（avolition）是指缺乏主动性，不想采取任何行动或者缺乏采取行动的能量和意愿。**社交减少**（asociality）是指对社会关系缺乏兴趣。包括无法共情和无法与他人建立亲密关系。

名词解释

阴性症状　指精神分裂症的症状，与低于正常行为水平的功能有关。

情感淡漠　是指缩小情绪的外在表达范围。

意志减退　是指缺乏主动性，不想采取任何行动或者缺乏采取行动的能量和意愿。

社交减少　是指对社会关系缺乏兴趣。

小案例

精神分裂症，持续型

乔舒亚，43 岁，单身，混血，异性恋男性。大多数时候，他站在一家当地银行台阶附近的繁忙街角，戴着红袜队棒球帽，穿着黄色 T 恤、破旧的徒步短裤和橙色运动鞋。乔舒亚风雨无阻、日复一日地在银行边坚持着他的位置。有时他与想象中的人交谈，有时他会爆发出笑声。在没有被诱发的时候，他就悲痛地抽泣着。警察和社会工作者一直尝试把他带到流浪汉收容所，但乔舒亚总能想办法在他接受安置之前回到街上。他一再坚持这些人没有权利继续打扰他。

诊断标准 B 与《精神障碍诊断与统计手册》对精神障碍的其他普遍标准一致，即规定必须有明显

的功能受损。然而，精神分裂症的功能受损程度意味着对个体生活会有极其严重和深远的影响。诊断标准 C 详细地描述了症状出现的时期，以确保个体只有在表现出相当长的症状持续时间时才会受到这一诊断。

诊断标准 D 和诊断标准 E 指的是被诊断为精神分裂症的人不应该出现的其他障碍。对于临床医师来说，做出诊断时排除诊断标准 D（分裂情感性障碍）尤为重要。我们将在本章后面更详细地讨论这种疾病。同样，为了将精神分裂症与其他疾病区分开来，诊断标准 F 明确指出，精神分裂症的症状，如涉及交流的症状，不能与自闭症谱系障碍的症状重叠。

在《精神障碍诊断与统计手册（第五版）》出版之前，精神分裂症的诊断标准包括基于个体症状最为突出的五个亚型，这些亚型被标记为紧张型、紊乱型、偏执型、未分化型和残余型。它们在《精神障碍诊断与统计手册（第五版）》中被删除，因为研究精神分裂症的研究人员现在认为没有经验证据支持它们所代表的详细的区别。然而由于一些精神卫生专家认为这些术语从本质上抓住了重要的诊断对象的特点，因此它们仍可能被使用。

紧张症曾经是精神分裂症的一种亚型，现在在《精神障碍诊断与统计手册（第五版）》中是独立的障碍。紧张症的个体表现出明显的精神运动性症状，这些症状可能包括减少的、过度的或特殊的运动活动，这些活动并不是个体对环境中发生的事情的反应。例如，在没有明显诱发的情况下，个体可能长时间保持奇怪、僵硬的姿势，无法说话或走动。紧张症的诊断可能与另一种精神障碍、躯体疾病或临床医师无法确定的原因有关。

《精神障碍诊断与统计手册（第五版）》中有什么

精神分裂症亚型和多维评分

《精神障碍诊断与统计手册（第五版）》的作者对诊断精神分裂症的方法进行了重大修改。正如本章开头提到的，他们取消了精神分裂症的亚型，取而代之的是临床医师使用《精神障碍诊断与统计手册（第五版）》第三部分中的量表对精神分裂症进行诊断。他们可以沿一系列维度对个体的症状进行评级（见表 6–3）。

通过取消精神分裂症的亚型，《精神障碍诊断与统计手册（第五版）》的作者试图提高系统的诊断信度和效度。他们还试图为研究该障碍的原因和治疗计划建立一个更可量化的基础。例如，临床医师可以利用对幻觉和妄想严重程度的评价来确定干预措施是否减轻了他们所针对的特定症状。

《精神障碍诊断与统计手册（第五版）》的作者还决定将认知障碍作为一个维度纳入第三部分的严重程度评级中，因为认知缺陷在目前对个人进行社会、职业活动以及日常生活任务的能力的理解中非常重要。在这方面，神经心理学评估有助于为诊断过程提供信息。

《精神障碍诊断与统计手册（第五版）》当前的系统代表了旧的分类系统向维度方法迈出了一步。第三部分包括了严重性评级而不是亚型，使临床医师和研究人员能够以可量化的方式跨时间跟踪个体。

《精神障碍诊断与统计手册（第五版）》的作者还曾考虑不将分裂情感性障碍作为一个单独的障碍，但他们没有这样做。他们相信临床医师最终会将精神分裂症诊断为一种谱系障碍。这意味着即使在精神病学中长期使用的诊断也会消失，包括精神分裂症、分裂情感性障碍和两种与类似精神分裂症症状有关的人格障碍（你将在第 14 章"人格障碍"中阅读到这些）。

表 6–3　《精神障碍诊断与统计手册（第五版）》第三部分中精神病症状严重程度的维度

	0	1	2	3	4
幻觉	不存在	不明确（严重程度或时间不足以被考虑为精神病）	存在，但程度轻微（对幻听做出反应几乎没有压力，也不太受幻听的困扰）	存在且适度（对幻听做出反应有一些压力，或在一定程度上受幻听的困扰）	存在且严重（对幻听做出反应的压力很大，或受幻听的困扰严重）
妄想	不存在	不明确（症状程度或持续时间不足以被考虑为精神病）	存在，但程度轻微（妄想并不离奇，对妄想执念做出反应几乎没有压力，也不太受执念的困扰）	存在且适度（对妄想执念做出反应有一些压力，或在一定程度上受执念的困扰）	存在且严重（对妄想执念做出反应的压力很大，或受执念的困扰严重）
言语紊乱	不存在	不明确（症状程度或持续时间不足以被考虑为言语紊乱）	存在，但程度轻微（言语表达有一些困难，或偶尔做出奇怪的行为）	存在且适度（言语表达有困难，或经常做出奇怪的行为）	存在且严重（言语几乎不能被理解，或频繁做出奇怪的行为）
异常的精神运动行为	不存在	不明确（症状程度或持续时间不足以被考虑为精神运动行为异常）	存在，但程度轻微（偶尔做出异常或古怪的运动行为）	存在且适度（经常做出异常或古怪的运动行为）	存在且严重（频繁且持续性地做出异常或古怪的运动行为）
阴性症状（情感表达受限或动机缺乏）	不存在	无法确定面部表情、语调、手势或自发行为减少的程度	面部表情、语调、手势或自发行为有一些轻微程度的减少	面部表情、语调、手势或自发行为有一些中度程度的减少	面部表情、语调、手势或自发行为有明显的减少

续前表

	0	1	2	3	4
认知障碍	不存在	不明确（认知功能未明显超出年龄或社会经济状况的预期范围，即在均值的0.5个标准差范围内）	存在，但程度轻微（认知功能有所下降，低于年龄和社会经济状况的预期范围，比均值低0.5～1个标准差）	存在且适度（认知功能下降明显，低于年龄和社会经济状况的预期范围，比均值低1～2个标准差）	存在且严重（认知功能下降严重，低于年龄和社会经济状况的预期范围，比均值低2个标准差）
抑郁	不存在	不明确（有些情绪低落，但症状数量、持续时间或症状程度不足以达到诊断标准）	存在，但程度轻微（符合重度抑郁的标准，症状数量、持续时间和症状程度处在最低标准）	存在且适度（符合重度抑郁的标准，症状数量、持续时间和症状程度略高于最低标准）	存在且严重（符合重度抑郁的标准，症状数量、持续时间和症状程度远高于最低标准）
躁狂	不存在	不明确（有些高涨的、扩张的或易激惹的心境，但症状数量、持续时间或症状程度不足以达到诊断标准）	存在，但程度轻微（符合躁狂的标准，症状数量、持续时间和症状程度处在最低标准）	存在且适度（符合躁狂的标准，症状数量、持续时间和症状程度略高于最低标准）	存在且严重（符合躁狂的标准，症状数量、持续时间和症状程度远高于最低标准）

精神分裂症有着悠久而迷人的历史。法国医生本尼迪克特·莫雷尔（Benedict Morel，1809—1873）首次将其确定为一种疾病，并将其命名为年轻人脑痴呆症（démence precocé）。精神分裂症历史上的下一个主要节点与德国精神病学家埃米尔·克雷佩林有关，他用拉丁语来指代这种情况，之后被称为早发性痴呆（dementia praecox）。克雷佩林认为，其症状的根源是一种潜在的、逐渐退化的疾病过程。用他的话来说，这是心理过程的"衰退"。

1911年，瑞士心理学家欧根·布洛伊勒（Eugen Bleuler，1857—1939）再次修改了精神分裂症的概念，以反映他认为精神分裂症实际上是一组疾病。他创造了精神分裂症这个词来表示其根本原因是心智功能的分裂（"schiz"）。与埃米尔·克雷佩林不同，布洛伊勒认为精神分裂症个体有可能从疾病中康复。

患有精神分裂症的个体表现出多种症状。例如，他们可能会保持认为自己处于危险之中的偏执妄想。
©Roy McMahon/Media Bakery

为了反映布洛伊勒的贡献的重要性，临床医师仍将他确定的障碍的基本特征称为布洛伊勒的4A。简单来说，四个A是：

1. 联想障碍（association），又称思维障碍，可以通过语言的漫无边际和语无伦次表现出来；

2. 情感淡漠（affect），指情感体验和表达的障碍；

3. 意志行为矛盾（ambivalence），指无法做出或贯彻执行决定；

4. 内向性（autism）——对现实的退缩。

需要注意的是，布洛伊勒并不打算让"分裂"（splitting）说成人格的分裂，就像人们常误以为的那样（如"分裂型人格"）；相反，它是指个人情绪体验和情绪表达方式之间的不连续性。

在布洛伊勒之后的几十年里，欧洲和美国的临床医师提出了对精神分裂症形式的进一步区分。德国精神病学家库尔特·施奈德（Kurt Schneider，1887—1967）在这场辩论中做出了重要的贡献。他认为只有当个体出现**一级症状**（first-rank symptom, FRS）时，临床医师才应该诊断为精神分裂症。这些症状是精神分裂症真正的、决定性的特征，包括听得见的想法（听到争吵的声音）、身体被外界操控的体验、相信思想被撤走的想法、松弛或模糊的想法、妄想以及被视为反映其他人对个体影响的行为或举动。

即使在今天，一级症状仍然具有特殊意义。《精神障碍诊断与统计手册（第三版）》和《国际疾病分类（第十版）》将它们包含在内，作为对早期诊断手册中包含的不太精确的一组标准的改进。然而，研究人员在一级症状是否是有效标准上持不同意见，因为使用它们可能导致临床医师的误诊率达到约 20%。

随着关于一级症状的争论仍在继续，研究人员也在重新思考是否最好将精神分裂症视为一个谱系而不是单个疾病。**精神分裂症谱系**（schizophrenia spectrum）指反映相似潜在疾病过程的一系列疾病。为此，《精神障碍诊断与统计手册（第五版）》中暂定的部分（第三部分）包括了一组症状严重程度评级（见表 6–3）。虽然不是正式的诊断类别，但它们可以为评估过程提供信息，并使得临床医师能够追踪来访者症状随时间和治疗过程的变化。

名词解释

一级症状　指在精神分裂症的诊断中决定性或关键性的症状。

精神分裂症谱系　是指反映与精神分裂症具有相似潜在疾病过程的一系列障碍。

小案例

精神分裂症，多次发作，目前为完全缓解

埃斯特，36 岁，单身，异性恋，白人女性。埃斯特与母亲生活在一起，在过去的 10 年中，她一直在一家保险公司担任文书助理，也不再出现最初导致她在两年内两次住院的妄想、言语紊乱和情感表达匮乏的情况。目前，她能够坚持工作，并与她的母亲和一些朋友维持关系。

基于美国的估计数据显示精神分裂症的终生患病率为 1%。男性和女性在一生中患精神分裂症的可能性是相同的，尽管女性通常在生命的后期才会患这种疾病。

与其他精神障碍相比，精神分裂症的发病率相对较低，但令人惊讶的是，有很高比例的成年人报告说经历过轻微的精神病性症状。一组研究人员回顾了大量关于精神病性症状的研究，估计这些症状的终生患病率约为 5%，时点患病率约为 3%。

精神分裂症的病程

像之前提到的那样，精神分裂症的病程曾被认为是终生的。随着研究人员和临床医师开发了更好的诊断系统、更了解精神障碍的实质，这种情况在 20 世纪 70 年代开始发生变化。我们现在知道，精神分裂症可能有几种病程。即便如此，与其他精神障碍相比，患有精神分裂症的个体病程和后果都较差。

对患有精神分裂症的个体进行长期追踪的研究人员提出了一个长期框架，其中 25% ~ 35% 的人表现出慢性精神病性症状。有些个体甚至可以在余生中完全康复，40% 的人如果在急性期接受当前的治疗，状况可以有明显的改善。然而，即使他们摆脱了症状，这些个体在功能和适应方面仍有可能受到损害。此外，患有精神分裂症的个体死亡的可能性是同年龄组其他人的两到三倍，这会导致预期寿命减少 15 ~ 20 年。这种较高的死亡率在一定程度上反映了患有精神分裂症的个体在日常生活中面临的经济和社会挑战。使用抗精神病药物可以通过降低自杀率来改善死亡率，但也可能由于对心血管健康造成负面影响而提高死亡率。

你来做判断

精神分裂症的诊断

正如我们在本章所讨论的，精神分裂症的结果不一定是积极的。尽管许多人，特别是在早期得到治疗的人确实实现了康复，但患有精神分裂症的个体在他们的余生中仍面临着复发的巨大风险。因此，当精神健康专业人员做出精神分裂症的诊断时，这会是一个严重的消息，它可能会导致个人经历巨大的痛苦。

因此，当从业人员与被诊断为精神分裂症的个体一起工作时，面临着一些道德问题。他们不仅必须尝试确定是否给出这种严重障碍的诊断，还必须解决与个体特定症状相关的具体问题。例如，临床医师可能认为告知有妄想障碍的来访者他们正在接受治疗焦虑、压力或精神障碍的药物，比告知是治疗妄想的药物更容易被来访者接受。告知当事人症状的实际性质可能会干扰治疗联盟的形成，这又会反过来干扰治疗的最终成功。

为了克服这一困难，临床医师可以决定说出部分真相。具体来说，临床医师可以把来访者的症状重塑为优点。例如，临床医师不把来访者对无生命物体的依恋看作一种症状，而是把这种行为重塑为来访者具有特殊的关爱能力的证明。

第二个道德难题出现在平衡来访者对成功的渴望和现实之中。来访者可能由于精神障碍而无法实现一些野心，如竞争性职业的压力可能会将个体推到复发的边缘。那么，临床医师应该尽量保护来访者不进行这种冒险，还是尊重个体的自主权，让他自己做出决定？

如果以上两个挑战还不够，请考虑一下临床医师希望来访者的家属参与治疗的情况。正如你将在本章后面所看到的，过度参与的、挑剔的家庭成员可能会加剧来访者的症状，临床医师是否应该出于可能提高来访者康复几率，而尝试说服来访者让家属参与治疗？或者这种劝说是对来访者自主权的侵犯，是不道德的？

最后，鉴于有精神分裂症家族史的个体患病的风险会增加，临床医师应该向高风险的青少年和年轻人发出什么程度的警告？一方面，告诉没有症状的人他们可能会发展成这种严重的障碍，这本身就可能激起障碍的发作；另一方面，不告诉那些有遗传风险的人他们可能会患上精神分裂症，可能意味着他们没法采取预防措施。

埃德蒙·豪（Edmund Howe）建议，心理健康专业人员可以通过使用伦理浮动量表（ethical sliding scale）来处理这些伦理困境。换句话说，他们可以通过考虑来访者的自知力、自己与来访者关系的程度以及来访者与家庭关系的性质和程度来做出伦理选择。尽管尊重来访者的自主权应该是首要的指导原则，但临床医师应该将其与来访者的决策能力进行平衡。

你来做判断： 你同意使用伦理滑动量表的想法吗？

导致患有精神分裂症的个体预后较差的因素包括认知功能的缺陷、较长时间没有接受治疗、物质滥用、早期病程发展较差、面对焦虑、负面生活事件的易感性，此外，正如将在本章后面讨论的那样，家庭成员在个人生活中的过度参与也预示着较差的结果。

如果单身男子拥有这些额外的特征，他们似乎会面临着尤其高的风险。与女性相比，男性也更有可能出现阴性症状，比如更差的社会支持网络，以及随着时间的推移出现比女性更高程度的功能受损。也许会令人惊讶的是，由于有更好的资源来治疗个体，来自发展中国家（以农业为基础）的个体的预后比来自发达（工业）国家的个体要好。

短暂精神病性障碍

正如该术语所暗示的那样，**短暂精神病性障碍**（brief psychotic disorder）是临床医师在个体出现超过一天但少于一个月的精神病性症状时使用的诊断。个人必须经历妄想、幻觉、言语紊乱和明显紊乱的或紧张症的

短暂的精神病发作可以持续一天到一个月之间的任何时长。
©ljubaphoto/Getty Images

行为这四个症状中的一个。

短暂精神病性障碍　当个体出现精神病性症状超过一天但少于一个月时，临床医师使用的诊断。

　　诊断这一特殊疾病的临床医师需要注意个体呈现这一障碍症状的背景。来访者最近是否经历了应激源，如自然灾害、近亲离世或事故？另一种可能性是妇女在分娩后不久出现这种障碍。这种情况可能会影响临床医师诊断短暂精神病性障碍的决策过程。

小案例

短暂精神病性障碍，伴显著的应激源

　　安东尼，22 岁，白人，异性恋男性。他是一所著名小型大学的大四学生。安东尼的家庭对他的要求历来很高，他的父亲非常期望儿子能够进入哈佛大学法学院学习。安东尼经常感到强烈的压力，因为他日以继夜地学习以保持高绩点，同时勤奋地准备法学院的国家入学考试。他的社交生活变得没有任何有意义的交流。他甚至开始不吃饭，因为他不想从学习中抽出时间。当安东尼收到他的法学院入学考试分数时，他感到非常沮丧。因为他知道分数太低，无法进入任何一所比较好的法学院。他开始失控地哭泣，在宿舍走廊上徘徊，大喊脏话，并且告诉人们学院院长为了不让他进入法学院学习制造了一个阴谋。这种行为持续了两天后，安东尼的宿舍指导员说服他去医务室，那里的临床医师对安东尼的病情进行诊断和治疗。经过一周的休息和药物治疗，安

东尼的功能受损恢复正常，并能够更理性地评估自己的学业状况。

精神分裂症样障碍

　　如果人们在 1 ~ 6 个月的时间内出现精神分裂症的症状，就会得到**精神分裂症样障碍**（schizophreniform disorder）的诊断。如果症状持续时间超过六个月，临床医师会进行评估，以确定是否适合给出精神分裂症的诊断。症状发展迅速（在四周内）、在发作高峰期显得困惑或迷惑、且在发作前有良好的社会和个人功能的来访者，有更大的概率不会发展为精神分裂症。如果他们没有表现出情感淡漠、退缩和无社会性的阴性症状，那么他们的预后也可能很好。

精神分裂症样障碍　一种以精神病性症状为特征的障碍，其症状与精神分裂症的症状基本相同，但持续时间不同。具体而言，精神分裂症样障碍的症状通常持续一至六个月。

小案例

精神分裂症样障碍，伴良好的预后特征

　　当已婚的非洲裔男性迪昂患上精神障碍时，他已经 26 岁了，并且在一家连锁便利店工作。虽然家人和朋友总是认为迪昂不寻常，但他没有出现过精神病性症状。这一切都随着他在几个月内变得越来越精神紊乱而改变了。他的母亲认为他只是因财务问题而"压力过大"，但迪昂似乎并不关心这些事情。他逐渐产生了偏执的妄想，并开始专注于阅读《圣经》，尽管他并不积极信奉任何宗教。迪昂向地区办公室提交了一份 6000 块面包的订单，在订单的底部迪昂写上了"耶稣会使面包增多"这句话，这引起了上司的注意。当他的上司质疑这个不合适的订单时，迪昂变得很愤怒，坚持说他们在密谋阻止自己与世界饥荒做斗争。偏执的主题和怪异的行为也出现在迪昂与妻子和孩子的互动中。在两个月日渐紊乱的行为之后，迪昂的老板催促他去看了心理医生。通过几周的休息和相对低剂量的抗精神病药物治

疗，迪昂恢复了正常功能。

分裂情感性障碍

在**分裂情感性障碍**（schizoaffective disorder）中，抑郁型或双相型的个体也会出现妄想和/或幻觉。然而，只有在两周的时间内，个体出现精神病性症状，但没有心境障碍症状，才能做出分裂情感性障碍的诊断。个体患病的大部分时间里必须有一个主要的心境发作（抑郁或狂躁），以及精神分裂症的症状。换句话说，必须同时存在心境发作和精神病性障碍，且至少两周的时间里，妄想和/或幻觉是唯一表现出来的症状。

名词解释

分裂情感性障碍 一种涉及重度抑郁发作、躁狂发作或混合发作的经历，同时又符合精神分裂症诊断标准的障碍。

小案例

分裂情感性障碍，双相型

黑兹尔，来自加拿大，已婚，白人，异性恋女性，在她被送入精神病院时，她是一位有三个孩子的 52 岁母亲。她有 20 年的类似精神分裂症症状的历史，且有周期性的躁狂发作。她的类似精神分裂症的症状包括妄想、幻觉和思维紊乱，这些症状通过每两周注射一次抗精神病药物得到了相当好的控制。她还接受了锂疗法以控制躁狂发作，但她经常跳过每天的剂量，因为她喜欢"感觉很兴奋"。在长期不使用锂之后的几次，黑兹尔变得狂躁不安。这几次发作的特点是语速和身体活动变快，夜不能寐，行为不稳定。在她丈夫和治疗师的坚持下，黑兹尔恢复了锂的服用，此后不久她的躁狂症状就消退了，尽管她的类似精神分裂症的症状仍然有些明显。

妄想障碍

患有**妄想障碍**（delusional disorders）的个体的唯一症状是持续了至少一个月的妄想。此外，必须没有其

他精神分裂症的症状，而且从未达到过精神分裂症的标准。事实上，这些个体可以功能良好，在其他人看来并不奇怪，除非他们谈论他们的特定妄想。

根据哪种妄想主题比较突出，临床医师将个体诊断为五种主要的障碍类型之一，或诊断为混合型或未特定的类型（包括没有任何突出妄想的个体）。**钟情型妄想障碍**（erotomanic type of delusional disorder）的个体错误地坚信另一个人爱着自己。他们妄想的目标通常是比他们地位更高的人。例如，一位女士可能确信一个著名的歌手爱上了她，歌手在歌曲中向她传达了秘密的爱情信息。

坚信自己拥有特殊的、极其有利的个人品质和能力，是**夸大型妄想障碍**（grandiose type of delusional disorder）个体的特点。个体可能相信自己是救世主，等待来自天堂的信号来开启自己的神职任期。**嫉妒型妄想障碍**（jealous type of delusional disorder）的个体确信伴侣对自己不忠。他们甚至可能制订计划来诱捕伴侣以证明其不忠。患有**被害型妄想障碍**（persecutory type of delusional disorder）的人相信，与他们关系密切的人正以恶意的方式对待他们。例如，他们可能会坚信邻居故意在自己的水中投毒。患有**躯体型妄想障碍**（somatic type of delusional disorder）的个体相信他们患有某种躯体疾病，导致了身体的异常反应，但实际上并不存在。

《精神障碍诊断与统计手册（第四版）》将**共享型精神障碍**（shared psychotic disorder）列为一个单独的诊断，用于当一个或多个人因与患有妄想障碍的精神病个体有亲密的关系而形成了妄想系统。当涉及两个人时，这种情况更为人熟知的说法是"两个人的愚蠢"（folie à deux）。偶尔，三个或更多的人或整个家庭的成员都会受到影响。

名词解释

妄想障碍 一种唯一症状是妄想且持续至少一个月的障碍。

钟情型妄想障碍 一种个体错误地相信另一个人爱着自己的妄想障碍。

夸大型妄想障碍 一种夸大地认为自己拥有特殊的、极其有利的个人品质和能力的妄想障碍。

嫉妒型妄想障碍　一种个体错误地相信伴侣对自己不忠的妄想障碍。

被害型妄想障碍　一种个体错误地相信身边的人正在以恶意的方式对待他们的妄想障碍。

躯体型妄想障碍　一种个体错误地相信自己有躯体疾病的妄想障碍。

共享型精神障碍　属于妄想性障碍，其中一个或多个人由于与患有妄想症的精神病人的亲密关系而发展出妄想系统。

小案例

妄想障碍，嫉妒型

保罗，32岁，异性恋，西班牙裔美国男性。保罗在最近五年的工作中经历了巨大的压力。尽管他避免了纠缠于工作问题，但他已经开始对他的女朋友伊丽莎白产生非理性的信念。尽管伊丽莎白一再发誓，她在这段关系中始终保持忠诚，但保罗已经变得执着于相信她与另一个人发生着性关系。他怀疑每一个与伊丽莎白交往的人，并质疑她每一次与别人微不足道的接触。他在她的衣柜和抽屉里寻找神秘的物品，在信用卡账单上寻找不明原因的费用，监听伊丽莎白的电话，并联系了一名私家侦探跟踪她。保罗现在坚持要他们搬到另一个州。

共享型精神障碍现在出现在《精神障碍诊断与统计手册（第五版）》中其他特定的精神分裂症谱系及其他精神病性障碍的部分，作为"妄想障碍个体伴侣的妄想症状"。尽管十分罕见，但在刑事和民事法庭案件中偶尔会发现共享型精神障碍。

小案例

妄想障碍，被害型

胡里奥，25岁，同性恋，拉丁裔男性。最近，胡里奥与他的同事埃内斯托在他们共同工作的会计师事务所的食堂见面。经过简短和非常随意的交谈后，胡里奥开始相信埃内斯托在秘密地试图闯入他的工作站并植入错误的报告。很快，胡里奥开始坚信埃内斯托与他们单位的另外三个人合伙让他看起来没有能力。他要求重新分配工作，这样在他看来他的工作就不会再受到同事的

行为的影响。

患有被害妄想障碍的人错误地认为有人正在密谋或计划反对自己。
©*Noel Hendrickson/Getty Images*

精神分裂症的理论与治疗

精神分裂症反映了生物、心理和社会文化力量复杂的相互作用，因此，研究人员很清楚需要从交互的视角来处理精神分裂症。

理解精神分裂症病因的一个关键概念是**易感性**（vulnerability），即个体有生物基础决定的患精神分裂症的倾向性，但精神分裂症仅在某些环境条件到位时才会发展。当我们看每一个对易感性模型有贡献的理论时，请记住，没有任何一种理论能包含全部的解释。

名词解释

易感性　认为个体具有发展为精神分裂症的倾向，且这种倾向是生物学决定的，但该障碍仅在特定环境条件到位时才会发展的观点。

生物学视角

理论

精神分裂症的生物学解释起源于埃米尔·克雷佩林的著作，他认为精神分裂症是一种由大脑的退行性过程引起的疾病。尽管从克雷佩林的工作中，科学家们第一次对精神分裂症个体可能出现的大脑异常产生了兴趣，但19世纪的技术还不能满足识别这些异常所需的研究。当代的神经影像学方法正在为科学家们提供了关键数据，这些数据现在才使得这类研究成为可能。

随着神经影像学方法的发展而出现的最早的发现之一是：精神分裂症个体的脑室，即大脑中容纳脑脊液的结构扩大，伴随着皮质萎缩，即脑组织的消亡。这种情况主要出现在额叶和颞叶两个区域。额叶的恶化导致计划能力以及对侵入性想法和非期望行为进行控制的能力减弱。颞叶组织的损失干扰了听觉信息的处理。大脑额叶和颞叶的活动改变又似乎与阴性症状和认知缺陷有关。额叶的活动减少也被证明与较差的社会功能有关，反映了个体抑制控制的缺乏，这正是大脑该区域通常给成熟的成人提供的功能。

图6-1比较了精神分裂症个体与正常对照者在一种社会任务中的大脑功能性核磁共振成像平均值。在这种任务中，被试试图推断连环画中描绘的虚构人物的意图。如图6-1所示，患有精神分裂症的被试在参与社会判断的额叶和颞叶区域的激活减少。

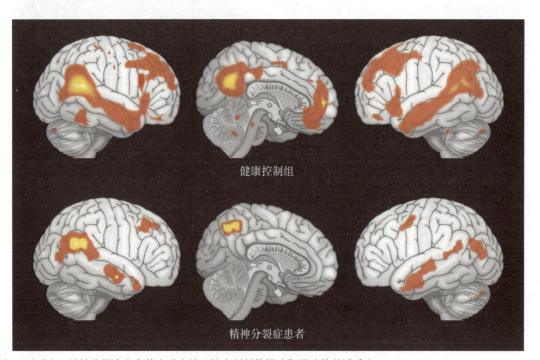

健康控制组

精神分裂症患者

比较上下两行可以看出，精神分裂症患者的大脑中涉及社会判断的额叶和颞叶的激活减少。

图6-1　健康控制组个体与精神分裂症患者的功能性核磁共振成像比较图

资料来源：Walter, H., et al. (2009) Dysfunction of the social brain in schizophrenia is modulated by intention type: An fMRI study.*Social Cognitive and Affective Neuroscience, 4*(2): 166–176. Oxford University.

这种大脑区域相互沟通能力的降低似乎特别影响工作记忆和控制认知操作的能力，因为它减少了丘脑和大脑皮层额叶之间的联系，还可能增加额叶和颞叶的进一步变化。

尽管结构性变化可能很重要，但仅仅是结构性变化并不能完全解释大脑发生了什么，从而提高了个体发展精神分裂症的易感性。研究人员反而认为精神分裂症病因的其他线索存在于神经递质，其负责在神经系统中传递信息。这种神经递质功能改变的一个早期候选是多巴胺。多巴胺受体的改变意味着当多巴胺从突触前神经元释放出来时，它们不能正常结合。这种改变反过来又使得大脑中的多巴胺数量过剩，导致精神分裂症对认知和目标导向的行为的影响。

一种抑制性神经递质 γ– 氨基丁酸（gamma-aminobutyric acid，GABA）似乎也在精神分裂症中发挥作用，因为精神分裂症可能使 N– 甲基 –D– 天冬氨酸（N-methyl-Daspartate，NMDA）受体产生变化。支持这一观点的证据是氯胺酮药物会降低 N– 甲基 –D– 天冬氨酸受体的活性。使用动物模型的研究表明，这些受体的功能障碍可能导致异常的神经振荡（脑波），这反过来可能导致感觉整合和认知方面的困难。

对家族遗传模式的研究支持精神分裂症至少在某种程度上是由遗传引起的，已知的估计遗传率在 60% ~ 70% 之间。在确定了这种高遗传性之后，研究人员就开始试图找到所涉及的特定基因，并了解那些增加遗传上易受影响的人实际患上精神分裂症几率的因素。尤其耐人寻味的是，不断有证据将认知功能与精神分裂症联系起来，大规模的研究表明，这两个领域的多个基因存在重叠。

近几十年来，研究人员已经在分散在多达 10 条染色体上的至少 19 个可能的基因中发现了异常，这使得寻找精神分裂症的基因异常变得相当复杂。这些基因的一些功能依赖于多巴胺和 N– 甲基 –D– 天冬氨酸的作用，

但其他可能的还包括 5– 羟色胺和谷氨酸。研究人员还在寻找精神分裂症个体免疫功能的遗传学异常。这种异常可能早于精神分裂症的明显发作，而反映了生命更早期的神经发育变化。

事实上，根据神经发育假说（Neurodevelopmental hypothesis），精神分裂症是一种发育障碍，在青春期或成年早期由于大脑成熟的遗传控制发生改变而产生。如果一些人在早期大脑发育过程中暴露于某些风险，他们所继承的遗传易感性就会变得很明显。这些风险可能发生在产前时期，形式是病毒感染、营养不良或接触毒素。因此，精神分裂症可能不仅反映了异常的遗传，也反映了与表观遗传过程有关的缺陷。随着病情的发展，个人可能会通过神经发育过程表现出持续的有害的变化，其中精神分裂症的影响与正常老化引起的大脑变化相互作用。

名词解释

神经发育假说　该理论认为精神分裂症是一种由于大脑成熟的遗传控制发生改变而在青春期或成年早期出现的发育障碍。

真实故事

埃琳·萨克斯：精神分裂症

在加州大学洛杉矶分校的教授埃琳·萨克斯（Elyn Sacks）所著的回忆录《我穿越疯狂的旅程：一名精神分裂症患者的故事》（The Center Cannot Hold: My Journey Through Madness）中，讲述了她一生与精神分裂症斗争的感人故事。她的故事为这个最让人衰弱的精神障碍之一的障碍提供了独特的视角，也为精神病的体验贡献了第一手资料。

萨克斯在这本书的开头描述了她患病的最初迹象，那时她还是一个成长于佛罗里达州迈阿密的一个中上阶层家庭的孩子。这些迹象包括一些特殊行为，比如在她的房间里排列整理她的东西，以及她年仅 8 岁时经历的可怕的分离性体验。萨克斯回忆起对这些经历感到害怕，部分原因是她无法表达发生在她身上的事情，尽管她的家人在其他方面给予

了她支持和关怀。

在萨克斯性格形成的关键期中，她不断经历着她现在认为是精神分裂症前驱症状的事情。当时，她的经历使得她猜忌别人，害怕他们会发现她的秘密。她就读于范德堡大学，起初她非常喜欢新奇的独立的感觉。然而，在上学的头两周内，远离家人的保护和照顾带来的所有舒适，正如她所说的"一切慢慢开始瓦解"。她无法进行像洗澡这样的自我护理活动，这意味着她开始生病了，埃琳还有过几次短暂的精神病发作，未经干预就痊愈了。在书中，她描述了自己疾病开始显现时潜在的本质。

大学一年级结束时，萨克斯回到家，她继续经历偏执和偶尔出现的幻觉。除了这些症状外，她还郁郁寡欢，昏昏欲睡。她的父母带她去看了一位精神病医生，

他对萨克斯的病情的唯一见解是她"需要帮助"。萨克斯在大学二年级时，一回到范德比尔特，她的症状就有所缓解，因为她在学习和一群亲密无间的朋友中找到了安慰。有了强大的社会支持，萨克斯在大学剩下时光里能够保持相对稳定的状态。然而，随着毕业的临近，这种慰藉很快变成了恐惧，她意识到使她保持快乐满足的脆弱结构即将瓦解。萨克斯获得了享有盛誉的马歇尔奖学金，并将前往英国牛津大学学习哲学。她害怕生活在一个新的国家，远离她所知道的一切，尤其是远离她在大学里的日常生活和朋友。事实上，在牛津仅仅呆了几个星期后，萨克斯那仍不知道名字的疾病又开始发作，她对疾病的恐惧转变成了自杀的念头。在朋友的催促下，她去看了精神病医生，并向其承认自己有结束生命的想法。她在精神治疗机构接受了日间治疗计划，尽管她不知道自己的病情有多严重。她当时对自己症状的看法是，它们只是一个需要解决且很容易解决的问题，这种观点严重低估了她疾病的复杂性。

在住院期间，萨克斯接受了密集的心理治疗，其余时间都用于学习。她的学术课程并不要求她上课，所以她可以一边工作一边在自己的公寓里自我隔离，这让她很难意识到自己的心理困境的严重程度。当时，她没有服用任何药物，对现实的检验力也在慢慢下降。当她向精神科医生报告她的自杀意念恶化时，她被要求全天住院，并在那里待了2周。在开始接受精神治疗药物疗程后，最终萨克斯感觉自己足够健康，可以重返校园了，但她的心理状况很快又开始恶化。她重新回到了医院，待在那里的

尽管患有精神分裂症，埃琳·萨克斯仍然享有成功的法律生涯。

©Damian Dovarganes/AP Images

那几个月，她在精神病和抑郁障碍中苦苦挣扎。当她的病情稳定下来时，她的精神科医生建议她进行精神分析。萨克斯决心在牛津大学完成学业后，在她继续学习的同时，每周花五天时间去看精神分析医生。即使最终她花四年完成了原本只需两年的学业，萨克斯仍然觉得她与精神分析医生的关系对她有很大帮助，因此她决定留在英国，再继续两年的咨询。

在书中，萨克斯描述了她在这期间与疾病共处的经历：

完全是妄想，我仍然理解世界运作的本质特征。比如，我正在完成学业，我模糊地理解这样一条规则，那便是在社会环境中，即使是我最信任的人，我也不能喋喋不休地谈论我的精神病性想法。谈论杀害儿童、烧毁整个世界或者能够用我的思想摧毁城市，这些都不是礼貌谈话的一部分……但有时，我是如此地精神错乱，以至于我几乎无法控制自己。妄想之后扩大为全面的幻觉，在这种幻觉中，我可以清楚地听到人们的窃窃私语。在图书馆一个无人的角落里，或者深夜在我独自睡觉的卧室里，我能听到有人叫我的名字。有时，我听到的噪音太大，几乎淹没了所有其他声音。

离开英国后，萨克斯决定去耶鲁大学念法学院，尽管在那里她继续与精神病发做斗争，因而导致了几次漫长的住院治疗，但她最终设法完成学业。在一家心理健康法律诊所工作后，她发现了自己对于帮助精神病患者的热情，这得益于她对精神病患者经历的深刻理解。在她的整个职业生涯中，她一直致力于为美国的精神病患者创造高法律标准的关照。

萨克斯最终在加州大学洛杉矶分校的法学院获得了一份工作，在那里她继续担任终身教职员工。多年来，

在谈话疗法、药物治疗以及来自丈夫、亲密好友的社会支持帮助下，她一直努力控制自己的精神病性症状。尽管萨克斯多年来一直挣扎于接受她生病的现实，但她现在已经接受了她的诊断结论以及它所带来的一切。在这本书的结尾，萨克斯写道，她很感激能成为少数能够成功与精神分裂症共存的幸运儿之一。她打消了她因精神分裂症而过上更好生活的想法，而是换了一种说法，尽管自己得了精神分裂症，但是仍然能够去体验自己的生活。

在她的整个职业生涯中，讨论心理健康治疗的法律方面时，她经常注意到有人在污蔑患有精神疾病的人，不相信他们可以过正常的生活，甚至不相信他们不会有暴力倾向。在描述她为什么决定写这本书并"摆脱"自己为精神病个体时，她解释说："我想给精神分裂症个体带来希望，同时让不患有精神分裂症的人对他们多些理解。"

资料来源：*The Center Cannot Hold: My Journey Through Madness* by Elyn Saks

与神经发育假说有些联系的观点是，精神分裂症个体的认知缺陷反映了**神经可塑性**（neuroplasticity）的丧失，即大脑对经验做出的适应性变化的丧失。按照这个观点，与人们学习时正常地修剪不需要保留的信息相反，精神分裂症个体在尝试学习和记忆新材料时会形成太多联想。精神分裂症个体的认知功能会受到影响，因为他们记住了"太多"，包括他们从未真正遇到过的信息，这可能会导致妄想和幻觉的典型心理症状。

如果老年来访者无法服用正确剂量的药物，老年人的神经退行性疾病会加剧负面变化。
©*Ariel Skelley/Blend Images*

名词解释

神经可塑性　指大脑响应经验做出的适应性变化。

治疗

精神分裂症的主要生物治疗方法是抗精神病药物，或称神经安定剂。正如我们在第 4 章"理论视角"中所讨论的，精神科医生开出两类神经安定剂：典型或第一代抗精神病药物，以及非典型或第二代抗精神病药物。

氯丙嗪/冬眠灵、氟哌啶醇/氟哌醇是两种典型的抗精神病药物，它们似乎主要通过作用于大脑中与妄想、幻觉和其他阳性症状有关的区域的多巴胺受体系统来减轻症状。

除了具有高度镇静作用，使人感到疲劳和无精打采之外，典型抗精神病药物还具有严重的不良后果，包括**锥体外系症状**（extrapyramidal symptoms，EPS），这是一种运动障碍，包括肌肉僵硬、震颤、拖拉动作、烦

躁不安和影响姿势的肌肉痉挛。几年后，接受典型抗精神病药物治疗的人还会出现**迟发性运动障碍**（tardive dyskinesia），这是另一种运动障碍，包括嘴巴、手臂和身体躯干的不自主运动。

名词解释

锥体外系症状　包括肌肉僵硬、震颤、拖拉动作、烦躁不安和影响姿势的肌肉痉挛的运动障碍。
迟发性运动障碍　包括嘴巴、手臂和身体躯干的不自主运动的运动障碍。

典型抗精神病药物在治疗精神分裂症的阴性症状方面有着令人痛苦的副作用和失败的效果，这使得精神病学研究人员在几十年前就开始寻找既更有效又有较少运

动性症状副作用的替代药物。这些药物就是我们现在所说的非典型抗精神病药物。这类药物同时针对 5- 羟色胺和多巴胺神经递质发挥作用，因此也被称为 5- 羟色胺 – 多巴胺拮抗剂。

尽管希望非典型抗精神病药物能减少副作用，但最早的药物之一的氯氮平 / 氯扎平很快就被证明具有潜在的致命性的副作用，因为它导致了粒细胞缺乏症，这是一种影响白细胞功能的疾病。现在，患者只有在控制得当且其他药物不起作用的情况下才会接受这类非典型药物治疗。取而代之的是，临床医师可以开出一些更安全的非典型抗精神病药物中的一种，包括利培酮 / 维思通、奥氮平 / 再普乐和喹硫平 / 恩瑞康。

不幸的是，即使是较新的非典型抗精神病药物也不是没有潜在的严重副作用。它们会导致代谢紊乱，特别是体重增加、血液中胆固醇的增加和胰岛素抵抗的增大，使来访者面临更大的糖尿病和心血管疾病的风险。

由于对精神分裂症个体的生物治疗存在许多复杂性，研究人员和临床医师越来越认识到考虑到个人的身体和精神状况的重要性。对于难治性来访者，氯氮平是唯一有经验支持的方法。在其他情况下，临床医师可能会试图寻找一种抗精神病药物的组合，或者是抗精神病药物和其他类别药物的组合。接下来的问题是要让来访者维持多长时间的药物治疗，在持续治疗的价值以及复发的风险和长期使用药物可能带来的健康危害之间进行平衡。

心理学视角

理论

尽管关于遗传学在精神分裂症中起作用的证据在不断积累，但研究人员仍然相信心理学理论可以提供重要的见解。那些继续探索受精神分裂症影响的认知功能的人越来越多地将这些认知功能视为理解该障碍核心特征的潜在基础。

如图 6-2 中神经心理学的总结所示，与精神分裂症相关的认知，范围从一般智力能力到注意力缺陷、陈述性记忆（信息的长期回忆）和处理速度。总体而言，有认知障碍的精神分裂症患者的估计人数从 55% 到 70% 或 80% 不等。

但是请记住，与障碍无关的因素也会造成这些异常。这些因素包括年龄、教育背景、药物使用以及疾病的严重程度或持续时间。如果它们没有被控制，那么认知损伤有可能是由这些外部因素造成的，而不是由障碍本身造成的。

使用大麻的人患精神分裂症的风险也较高。尽管研究人员早就意识到大麻与精神分裂症有关，但他们认为精神分裂症个体是为了缓解症状而使用这种物质。然而，长期追踪研究表明，人们在继续使用大麻后会患上这种疾病。这和大麻使用的程度有关，在被诊断患有精神分裂症之前吸食大麻较多的人会有更高的风险患上精神分裂症。

在精神分裂症个体中研究的一个重要心理学领域是社会认知，即准确解读他人情绪的能力。精神病个体在完成识别情绪任务时，尽管在识别微小的快乐面部表情时表现较好，但他们在识别恐惧、愤怒和厌恶等负面情绪时，社会认知缺陷给他们造成极大的问题。毫无疑问，精神分裂症个体的非语言交流能力似乎也受到了损伤。

这些认知功能损伤会形成恶性循

精神科医生努力寻找合适的药物治疗方案，以防止精神病个体出现高度破坏性的精神病症状。
©JGI/Getty Images

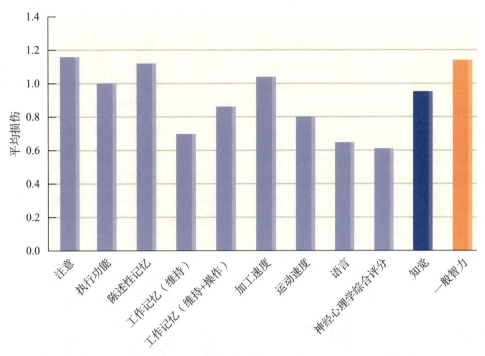

图 6-2　精神分裂症患者的神经心理学表现概况（注意右侧的深蓝色和橙色条表示总分）

资料来源：Reichenberg, A. (2010). The assessment of neuropsychological functioning in schizophrenia. *Dialogues in Clinical Neuroscience, 12*(3), 383–392. Les Laboratoires Servier, Neuilly-sur-Seine, France. Copyright © Les Laboratoires Servier 2010.

环，导致个人情况恶化。例如，记忆、计划和加工速度方面的问题会影响从事具有挑战性的工作的能力。精神分裂症个体在社会认知和交流方面的局限性使他们特别难以从事人际导向的工作。由于无法保持稳定的就业，他们可能陷入贫困，从而进一步给他们过上幸福富裕的生活的能力增加了压力。生活在贫困地区反过来又使他们面临物质滥用的风险，这可能会导致他们出现由于该障碍引发的症状。

治疗

多年来，对精神分裂症个体进行的最常见的心理干预就是行为治疗，这是为了降低干扰社会适应和社会功能的适应不良行为出现的频率。这些干预措施通常采用权变管理（参见第 4 章"理论视角"），个体会因为以社会认为适当的方式行事而获得奖励。预期结果是，随着时间的推移，新的行为会成为习惯，并且不会依赖强化物。

然而，考虑到大多数精神分裂症个体都在社区接受治疗，权变管理这种干预形式已不再实用。此外，关于其有效性的数据很少，而且临床医生专注于循证治疗，同行无法证明其使用的合理性。

更有前景的一种治疗方式是认知行为疗法，这是作为药物治疗的辅助手段中最有效的一种方法。临床医生使用**针对精神病性症状的认知行为治疗**（cognitive-behavioral therapy for psychosis，CBTp）不试图改变来访者的妄想或消除来访者的幻觉，而试图减少他们对这些症状产生的困扰和关注。此外，他们还尝试通过教来访者一些应对技巧来提高他们独立生活的能力。他们可能会给来访者布置家庭作业，即记录他们听到的声音或对他们的妄想信念进行"现实检查"。

名词解释

针对精神病性症状的认知行为治疗　临床医师不试图改变来访者的妄想或消除来访者的幻觉，而是试图减少他们对这些症状产生的困扰和关注。

针对精神病性症状的认知行为治疗最初是在英国开发的，可能是因为英国的服务提供者对寻找治疗精神病性症状的非医学方法比美国的服务提供者更感兴趣。然而，基于一些表明其有效性的研究，这一方法在美国获得了更广泛的接受，特别是与非典型抗精神病药联合使用时。针对精神病性症状的认知行为治疗可以以环境疗法的形式进行实施，这将使在多种治疗环境中的很多人获得治疗。

研究人员仍然在开发干预措施，以帮助解决精神分裂症个体的认知缺陷，特别是那些主要患有阴性症状的人。就像那些进行健身训练的人一样，精神分裂症个体可以接受个性化的训练来恢复或提高他们的表现，这种个性化的认知训练是一种建立在他们当前功能水平基础上的个案认知训练。认知训练是由神经科学的研究结果指导的，研究结果表明，精神分裂症个体在记忆和感觉处理方面存在缺陷。

在一个具有前景的方法中，计算机向个人提供一系列听觉训练实验，他们必须在这些实验中迅速做出反应才能获得奖励。为了测试这种方法的有效性，研究人员比较了电脑游戏和听觉训练的效果（如图 6-3 所示）。接受听觉训练的精神分裂症参与者在已知的受该障碍影响的几个认知功能领域都有所改善。这些结果笔记本电脑上也可以得到重复，使得该方法更适合各种环境。随着他们的记忆力和感官技能的提高，精神分裂症个体可以更好地利用其他心理干预措施，包括更成功地参与职业康复项目。

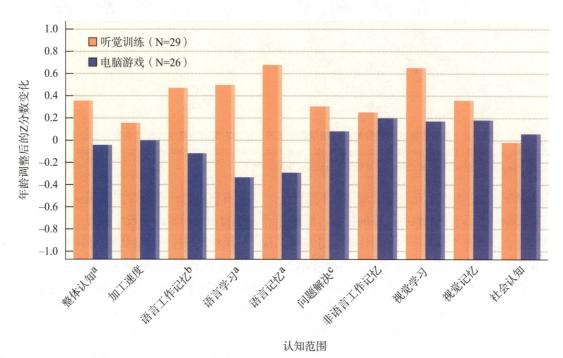

a 组间显著差异（P <0 .01 重复测量 ANOVA）
b 组间显著差异（P < 0.05 重复测量 ANOVA）
c 组间无显著差异（P =0 .10 重复测量 ANOVA）

图 6-3　精神分裂症经过 50 小时电脑听觉训练后认知能力的变化

资料来源：Fisher, M., Holland, C., Merzenich, M. M., & Vinogradov, S. (2009). Using neuroplasticity-based auditory training to improve verbal memory in schizophrenia. *The American Journal of Psychiatry, 166,* 805–811. doi:10.1176/appi.ajp.2009.08050757.

社会文化视角

理论

在一些精神分裂症成因的早期设想中，心理学的理论家认为，儿童家庭环境中混乱的交流模式可能会导致这种障碍的发展。在一些对有精神分裂症个体的家庭内部的沟通与行为模式的研究当中，研究人员尝试去记录了亲子之间不正常的沟通模式和不恰当的互动方式。临床医生认为，这些家庭关系的混乱导致了有缺陷的情绪反应的发展以及精神分裂症心理症状的认知扭曲基础的发展。

当代的研究人员通过尝试预测住过院的成年精神分裂者的预后或康复情况，来探讨家庭沟通在多大程度上会导致精神障碍。他们认为混乱的家庭环境并不是导致精神分裂症的原因，而是从发作中恢复时环境中的潜在压力来源。家庭成员产生的压力被称为**表达性情绪**

（expressed emotion，EE），包括表达批评、敌对情绪和过度投入或过度关注等的与个体的情感互动。

研究人员发现，生活在表达性情绪高的家庭中的人更容易复发，特别是如果他们受到高度批评的时候。这些支持了表达性情绪作为压力来源的概念。在治疗的过程中，这些人也可能对他们的治疗师缺乏信任。

表达性情绪还可能会影响精神分裂症个体处理社会信息的方式。研究者发现，与中性言语相比，当精神分裂症个体接触表达性情绪更高的言语时，其参与自我反省以及与社会环境敏感相关的脑区活动程度更高。

不言而喻，对表达性情绪的研究永远不能使用实验设计，这也是一直以来对这个研究的批评之处。尽管如此，即便是表达性情绪的批评者也意识到，即使精神分裂症个体不住在家里，他的存在也会在家庭中造成压力。来访者的障碍会影响他的父母、兄弟姐妹甚至是他的祖父母，尤其是当症状在成年早期开始出现的时候。

除了家庭环境之外，研究人员还研究了更广泛的社会因素，例如社会阶层和收入与精神分裂症的关系。在差不多是美国第一个关于精神疾病流行病学的研究当中，奥古斯特·B.霍林斯黑德（August B.Hollingshead）和弗雷德里克·C.雷德利克（Frederick C.Redlich）观察到，精神分裂症在最低的社会经济阶层中要远远更加普遍。

许多研究人员重复了这一发现，即更多的精神分裂症个体生活在城市的贫困地区。对于这一发现的一种可能的解释是，精神分裂症个体经历了**经济下沉**（downward drift），这意味着他们的精神紊乱影响了他们工作和谋生的能力，导致他们陷入了贫困。

出生在并非其目前居住国家的人（那些有移民身份的人）的精神分裂症发病率也比较高。最有可能患精神分裂症的是那些移民去了城市地区后从事低社会地位工作的人群。他们更有可能遭受环境污染、压力以及过度拥挤的影响。然而，随着社区中少数群体人数的增加，精神分裂症的发病率逐渐降低。这说明这些人受益于较少的歧视和在当前环境中有更多获得社会支持的机会。

精神分裂症，或至少是精神病性症状的其他社会文

化风险因素还包括童年时期的逆境，如父母分居或离婚、虐待以及欺凌。在成年人中，那些经历严重压力生活事件的人更容易受到第一次或随后的精神病发作影响，包括被攻击的受害者。与其他出现轻度精神病性症状的人相比，被暴露在环境应激源中的高遗传风险者更可能患有完全型疾病。

认识到精神分裂症的成因是多方面的且随着时间的推移而发展之后，斯蒂洛（Stilo）和默里（Murray）提出了一个**发展级联假说**（developmental cascade hypothesis），将遗传易感性、产前和婴儿期发生的损害、逆境和物质滥用综合起来，最终导致了精神病中的多巴胺的变化。在图 6–4 中，受精神分裂症影响的特定基因显示是发育基因或在大脑发育中起作用的基因，以及在神经活动中发挥更直接作用的神经递质基因。

名词解释

表达性情绪　家庭与个体之间反映出批评、敌对情绪和情感上的过度投入或过度关注的互动。

经济下沉　在精神分裂症患者身上观察到的一种进展，他们的精神紊乱妨碍了他们工作和谋生的能力，这导致他们陷入贫困。

发展级联假说　一项关于精神分裂症病因的建议，综合了遗传弱点、产前和婴儿期发生的损害、逆境和药物滥用，作为精神病中多巴胺变化的原因。

治疗

在帮助精神分裂症个体的项目当中，服务的协调性尤为重要。有一种整合了各种服务的方法是**主动式社区治疗**（assertive community treatment，ACT）。在这种方法当中，一个代表精神病学、心理学、护理学和社会工作的跨专业团队在来访者家中和工作地点与他们进行接触。主动式社区治疗的重点是给"消费者"（这些团队用这个词来指代他们的来访者）赋予权力和让他们自我决定。通常情况下，一个由大约由十几名专业人士组成的团队共同帮助约 100 名消费者解决诸如遵守医疗建议、管理财务、获得足够的医疗保健以及在危机出现时进行处理等问题。这种方法为来访带来了主动关怀，而不是等待他们来寻求帮助。对于重度受损的人来说，这个过程可能会过于艰难。

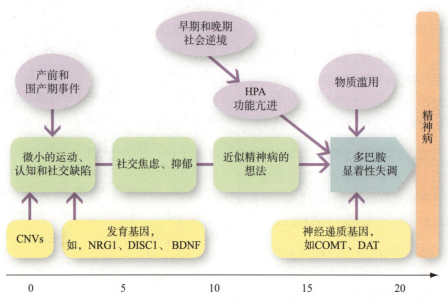

图 6-4 对精神分裂症的发展级联

从该图中可以看出，从出生到 20 岁的发育进程（如横轴所示）可以产生级联反应，导致精神分裂症的发作。

注：HPA 代表下丘脑－垂体－肾上腺；CNV 代表拷贝数变异，一种基因缺陷；COMT 和 DAT 是参与神经递质的基因

资料来源：Modified from Stilo, S. A., & Murray, R. M. (2010). The epidemiology of schizophrenia: replacing dogma with knowledge. *Dialogue in Clinical Neuroscience,* *12*(3), 305–315. Les Laboratoires Servier, Neuilly-sur-Seine, France. Copyright © Les Laboratoires Servier 2010.

名词解释

主动式社区治疗　一个代表精神病学、心理学、护理学和社会工作的跨专业团队在患者的家中和工作地点与他们进行接触的治疗方式。

虽然像主动式社区治疗这样的方法成本很高昂，但它的益处却引人瞩目。研究人员对主动式社区治疗的有效性进行了数十项研究，最终得出结论认为，其在减少住院、稳定社区住房以及降低整体治疗成本方面都产生了显著的积极影响。

尽管主动式社区治疗是有效的，批评者仍指责主动式社区治疗的提供方式不符合其赋予消费者权力的目标，而是具有强制性和家长式作风的。为了解决这个问题，主动式社区治疗的研究人员正在研究将主动式社区治疗与另一个名为疾病管理和康复（illness management and recovery，IMR）的项目相结合的可能性。在疾病管理和康复中，消费者接受有关他们管理疾病和追求康复的目

标的有效方法的培训。根据自我决定原则，疾病管理和康复假设消费者应该得到他们需要的资源以做出明智的选择。该项目让同行和临床医生提供结构化的、基于课程的干预措施。尽管对主动式社区治疗－疾病管理和康复的初步调查显示，虽然提供者在实施这项计划的过程中遇到了许多困难，但似乎住院率降低了。另外，即使

主动式社区治疗涉及由精神科医生、护士、社会工作者和其他精神卫生保健专业人士组成的高技能和协作团队。

在研究资金用尽后，团队仍继续提供服务。

精神分裂症：生物－心理－社会视角

精神分裂症的定义和诊断方法正在经历重大修订。过去 10 年中，研究人员对其许多可能的病因有了很多了解。也许最令人振奋的是一些理论整合的演变，它们关注的是表现为认知缺陷的潜在大脑机制。精神分裂症的治疗不仅是要提供药物，更多的是使用循证心理干预。最后，研究人员似乎对社会文化影响的作用有了更多的了解。这些进展加在一起，增加了患有这些障碍的人接受整合治疗的机会，最大限度提高康复的几率。

临床医师也越来越多地从整个生命周期的角度来理解精神分裂症。精神分裂症个体的需求和关注点随着成年期的年龄不同而有所不同，并且很多人都会康复。因此，研究人员和精神健康从业者都认识到，他们的其中一部分工作是给长期患有精神分裂症的人提供方法，来帮助他们适应衰老过程中和障碍发展中的变化。精神分裂症是一种神经发育障碍的观点，强调了一个重要的新关注点，并为考虑到个体会随时间而变化的干预措施提供了基础。

个案回顾

戴维·陈

戴维最终能够在部分时间回到学校，同时与安住在家里。尽管他对自己功能水平的变化感到挣扎，但他能够利用治疗和个案管理来了解自己的局限性。这样做的目的是防止未来应激源出现并引发精神病发作。像精神分裂症这样严重的疾病，要完全避免所有的精神病症性状是很难的。然而，如果有适当的应急措施和社会支持，戴维将能更好地经受他的症状，并过上有意义的生活。

托宾医生的反思： 搬进宿舍给戴维带来了他的第一个重大生活应激源。虽然他以前一直住在学校的校园里，但在他第一次住院后与他母亲住在一起似乎提供了一种安全感，而一旦他搬回学校，这种安全感就被打破了。这很矛盾，因为戴维显然希望他能成功地实现独立。虽然他的功能已经不在以前的水平上，但戴维和安认为，不管他经历了什么，都已经结束了。然而，事实证明搬回宿舍是一个巨大的应激源，戴维的症状再次出现了。

对戴维而言，幸运的是安能够在清楚知道戴维经受着他们都不太了解的、非常严重的事情后采取行动来帮助他。戴维的精神分裂症在早期就被发现并纳入了治疗计划，这有利于减少戴维的生活因未来精神病发作而变得复杂的可能性。但未来发作的预防取决于他对治疗的参与程度和用药依存性。

总结

◎ 精神分裂症是一种严重的精神障碍，它可能会广泛地影响个体能否过上富有成效的、充实的生活。尽管相当多的精神分裂症个体最终能够过上摆脱症状的生活，但在某些方面，所有个体都必须使他们的生活适应疾病的现实。

◎ 精神分裂症有六条诊断标准（见表 6–2）。除了精神分裂症和相关精神障碍的诊断标准外，《精神障碍诊断与统计手册（第五版）》的作者还提供了一系列功能领域的严重程度评级标准。《精神障碍诊断与统计手册（第五版）》的作者将精神分裂症概念化为一个谱系或一组具有维度特征的有关联的障碍。

◎ 临床医师可以使用《精神障碍诊断与统计手册（第

四版－修订版）》进行亚型的诊断，以提供有关症状的更多信息。在《精神障碍诊断与统计手册（第五版）》中，这些相同的亚型（紊乱型、偏执型、未分化型和残余型）已变成标注。标注同样可以提供更多诊断信息，同时不作为分开的障碍单独存在。这个改变的例外是紧张症，它已经成为单独的障碍。紧张症的例外是因为有证据表明其症状发展与其他标注不同。

◎ 在19世纪，本尼迪克特·莫雷尔首次将精神分裂症确定为一种疾病，此后医生、精神病学家和心理学家一直在研究精神分裂症，从理论上说明其起源并确定其症状和类别。随着时间流逝，研究人员试图开发一套更精确的诊断标准。

◎ 精神分裂症可能有几种病程。与其他精神障碍相比，精神分裂症个体的病程和结果都较差。

◎ 精神分裂症谱系的其他精神障碍包括短暂精神病性障碍、精神分裂症样障碍、分裂情感性障碍和几种特定类型的妄想障碍，包括钟情型、夸大型、嫉妒型、被害型和躯体型。

◎ 解释精神分裂症起源的理论传统上分为两类：生物学和心理学。神经发育假说指出，精神分裂症是一种发育障碍，由于大脑成熟的遗传控制发生改变而在青春期或成年早期出现。

◎ 精神分裂症的主要生物治疗方法是抗精神病药物治疗，或称神经安定剂。神经安定剂的两个主要类别是"典型"或"第一代"和"非典型"或"第二代"抗精神病药物。典型的抗精神病药物在治疗精神分裂症的阴性症状方面存在令人痛苦的副作用和失败效果，这使得精神病学研究人员开始寻找既更有效又不会引起迟发性运动障碍（一种运动障碍，包括嘴、胳膊和身体躯干的不自主运动）的替代品。由于对精神分裂症个体的生物治疗十分复杂，研究人员和临床医师越来越认识到需要考虑到个体的躯体特征和精神病学特征。

◎ 从心理学的角度来看，随着越来越多的证据表明精神分裂症个体的大脑中存在特定的遗传和神经生理异常，研究人员越来越对找出更多认知缺陷在精神分裂症中起的作用有兴趣。多年来，精神分裂症个体最常见的心理干预是行为治疗，但鉴于大多数精神分裂症个体都在社区接受治疗，这种方法不再实用。此外，关于其有效性的数据很少，专业人士无法证明其使用的合理性。更有前景的一种治疗方式是认知行为疗法，这是作为药物治疗的辅助手段中最有效的一种方法。临床医生使用适用精神分裂症的认知行为疗法不是试图改变来访者的妄想或消除来访者的幻觉，而是试图减少他们对这些症状产生的困扰和关注。研究人员还在开发干预措施，以帮助解决精神分裂症个体的认知缺陷，尤其是那些主要饱受阴性症状折磨的个体。

◎ 社会文化的视角有许多关于精神分裂症的理论。当代的研究人员通过尝试预测因精神分裂症住院的成年人的结果或康复来解决这个问题。表达性情绪指数提供了衡量家庭成员以反映批评、敌意以及情绪过度投入或过度关注的方式说话的程度。除了家庭环境之外，研究人员还研究了更广泛的社会因素，例如社会阶层和收入与精神分裂症的关系。精神分裂症，或至少是精神病性症状的其他社会文化风险因素还包括童年时期的逆境，如父母分居或离婚、虐待以及欺凌。

◎ 在旨在帮助精神分裂症个体的计划中，服务的协调尤其重要。

◎ 从生物－心理－社会的视角来看，一个最令人振奋的进展是一些理论整合的演变，它们关注的是表现为认知缺陷的潜在大脑机制。精神分裂症的治疗不仅是要提供药物，更多的是使用循证心理干预。最后，研究人员似乎对社会文化影响的作用有了更多的了解。这些进展加在一起，增加了患有这些障碍的人接受整合治疗的机会，最大限度提高康复的几率。临床医师也越来越多地从整个生命周期的角度来理解精神分裂症。精神分裂症是一种神经发育障碍的观点强调了一个重要的新关注点，并为考虑到个体会随时间而变化的干预措施提供了基础。

第 7 章

抑郁及双相障碍

通过本章学习我们能够：

☐ 说明重性抑郁障碍和持续性抑郁障碍的关键特征，包括患病率；

☐ 比较双相 I 型障碍、双相 II 型障碍和环性心境障碍的异同；

☐ 了解抑郁及双相障碍的理论和治疗；

☐ 讨论年龄、性别和自杀的关系；

☐ 分析抑郁及双相障碍的生物－心理－社会模型。

个案报告

贾尼丝·巴特菲尔德

人口学信息： 47 岁，已婚，异性恋，非洲裔美国女性

主诉问题： 贾尼丝最近因尝试自杀而住院，之后被建议接受心理治疗。贾尼丝说，她尝试自杀的诱因是她失去了在一家房地产公司的工作，她已经在那里工作 25 年了。尽管她明白公司主要是因为经济不景气而裁员，但她发现自己对失业将给家庭带来的负面影响深感内疚。贾尼丝报告称，她已经结婚 27 年并育有三个女儿。其中一个女儿住在家里，另一个正在上大学，最小的孩子将在下个学年进入大学。贾尼丝报告说，她逐渐感到被经济状况的压力淹没，因为她的家庭主要依靠她的收入而维系。

不仅是内疚感，贾尼丝还说她感到非常沮丧和难过，导致她在过去的两周中的许多天都躺在床上，并且发现自己常常想到结束自己的生命这件事。她不再服用医生为她开的缓解慢性背疼的止痛药，而是"把它们积攒起来，说不定哪天会用到"。一个晚上，贾尼丝的丈夫出门了，她把积攒的药片都吞了下去企图自杀。她的丈夫回到家中，发现她不省人事，立刻把她送到医院，及时救下了她的性命。她住进了精神科住院病房并接受了药物治疗，直到她的自杀意念和严重抑郁减轻到医生认为她不再对自己造成威胁。她按照精神科住院病房医师的建议，每周接受心理治疗。她此前从未接受过心理治疗。

在第一次咨询会谈中，贾尼丝说她曾经多次考虑接受治疗。她解释说，她的抑郁发作通常会持续一个月，但有时会长达三个月。在这期间，她有几天难以上班，但多数时候会设法维持正常工作，尽管会有很多困难。她描述了她是如何在工作时，因待在别人旁边而过于痛苦，不得不跑到她的车里哭泣。"在那些时刻，我不想跟生活扯上任何关系。"她回忆道。她的抑郁最终会自行好转，她因此也对接受治疗不再感兴趣。她报告说，她过去在感到抑郁时，偶尔会想到自杀，但她从来没像最近一次抑郁发作时那样制订并

且实施自杀计划。贾尼丝认为，她的家人是她此前从来没有把自杀意念转化为行动的主要原因。

贾尼丝接着解释，这些抑郁情绪是如何出现得让她措手不及的，因为它们会在一段让她感到快乐且充满能量的长长的时期之后直接出现。她说，这些情绪通常在她刚刚做成了一大笔房地产交易并感到"无所不能"之后出现。她描述说，在这些时候，由于她似乎拥有无穷无尽的精力，所以她经常只需要很少的睡眠，而且她会开始在工作中吸纳许多新项目和客户——他们的数量远远超出了工作要求。她还在昂贵的衣服和珠宝上挥霍金钱，在上一个充满能量的阶段，她为自己和丈夫购买了新车。这些开支不像以往贾尼丝会做的事，因为她说自己通常是相当勤俭节约的。

由于她的想法不断地转移，贾尼丝发现她很难集中注意力。她非常心烦意乱，乃至几乎不能完成她开始承担的任何工作。她会感到失望，因为她不得不放弃一些项目，而且她的愉快感受会变成易激惹和愤怒。她说她的丈夫常常经受她的烦躁情绪的冲击，这对他们的婚姻造成了重大影响。贾尼丝进一步报告说，她觉得自己在感觉精力特别充沛时，因为工作习惯，完全忽略了她的家人。她说："当我感觉那么好的时候，我只能想到我自己和让我感觉好的东西。我不再是一个母亲和一个妻子。"她在过度消费时期消耗了家里不少积蓄，而在她失业的情况下，这一点尤其令人担忧。她也为无法支付女儿的大学学费而感到极度愧疚。贾尼丝从未直接与她的丈夫和孩子谈起自己巨大的情绪变化。她担心如果告诉家人自己的困难，他们会把她看作一个弱者，而不是一家之主。

既往史： 贾尼丝过去从来没有接受过精神科治疗或心理治疗，虽然她报告说自从 19 岁起她就开始经历情绪波动。她估计自己有每年有三到四次严重的心境发作（躁狂或抑郁其一）。当她回想自己情绪发作的严重程度时，她说觉得最近几年自己的行为比年轻

时更加"极端"。贾尼丝报告说，她注意到她的情绪波动模式总是从一段精力充沛的时期开始，紧接着是抑郁期，然后是几个月的稳定期。但是最近，她发现稳定期只持续一两个月，而情绪发作持续的时间更长。

个案概念化： 贾尼丝最初在精神科的诊断是重性抑郁发作，并且她的陈述也符合它的诊断标准。但是在第一次治疗中她报告也有躁狂发作的历史，而躁狂发作紧接着是抑郁发作。这是她在住院期间没有提到的。贾尼丝描述的躁狂发作时的症状，即她的过度消费行为给她造成了严重的经济困难。这些经济困难可

能和失业一起，加重了最近一次抑郁发作，最终导致她尝试自杀。因此，她的诊断是双相 I 型障碍，最近一次为抑郁发作。

治疗方案： 建议贾尼丝继续坚持每周进行心理治疗。在治疗中，考虑到她有自杀意念的历史和最近的自杀尝试，有必要制订一个自杀安全计划。治疗应首先关注心理教育、症状管理和情绪监控。鉴于精神治疗药物在双相障碍的临床治疗中是被推荐的，她也会被转介给一位门诊精神病医师以接受药物的协同治疗。

萨拉·托宾博士，临床医生

人们每天都会经历情绪的起伏，但是当情绪的扰动达到了具有临床意义的程度，他们可能被视作患有抑郁或双相障碍。在《精神障碍诊断与统计手册（第五版）》中，这两种障碍（有时被称作心境障碍）各自具有一系列标准，这些标准使得临床医师能够确定他们的来访者是否展现出了明显偏离个人基线或普通情绪状态的情绪变化。

抑郁障碍

抑郁障碍的特征是，个体会经历一段不同寻常的体验到强烈悲伤心境的时期，同时伴随其他一些症状。这种障碍的基本要素——这种悲伤的心境——被称为心境恶劣（dysthymia）。

重性抑郁障碍

重性抑郁障碍（major depressive disorder）由一些严重但有时间限制的抑郁症状时期构成，它们被称为**重性抑郁发作**（major depressive episodes）。重性抑郁发作的诊断标准见表 7–1。

名词解释

抑郁障碍 一种障碍，其特征是个体经历一种异常强烈的悲伤心境，并伴随其他症状。

心境恶劣 一种异常高涨的悲伤心境。

重性抑郁障碍 一种障碍，个体在其中经历急性但有时限的抑郁症状发作。

重性抑郁发作 一段时期，个体在其中经历强烈的心理和生理症状并伴有压倒性的悲伤情绪（心境恶劣）。

表 7–1　　重性抑郁发作的诊断标准

在两周时期内的大部分时间，个体出现前九个症状中的五个或以上，并出现最后两个症状。他必须表现出先前功能的变化，且前两个症状中至少出现一个。在这两周时期，绝大多数症状必须几乎每天都出现：
- 几乎每天都心境抑郁
- 对于所有或几乎所有的活动兴趣或乐趣都明显减少
- 在未节食的情况下体重明显减轻或不正常的食欲增加或减退
- 失眠或睡眠过多
- 由他人观察所见的精神运动性激越或迟滞
- 疲劳或精力不足
- 感到自己毫无价值，或过分的、不适当的内疚
- 在保持注意或做出决策上存在困难
- 反复出现死亡的想法或出现自杀想法、计划或尝试
- 这些症状不能归因于其他躯体疾病或某种物质的生理效应
- 这些症状引起显著的痛苦或损害

重性抑郁障碍可以与一系列其他障碍共病，包括人格障碍、物质使用障碍和焦虑障碍。一些症状与重性抑郁障碍的症状十分相似，包括与我们在第 6 章 "精神分裂症谱系及其他精神病性障碍" 中所讨论的障碍相联系的症状。它们包括了精神分裂症或与其相关的障碍，如精神分裂症、分裂情感性障碍、精神分裂症样障碍和妄想障碍。临床医生必须排除这些特定的障碍，才能将来访者诊断为重性抑郁障碍。

在世界各地，重性抑郁障碍是仅次于下背疼痛的令人多年与残疾相伴的原因，也是全球第 19 大最常见疾病。在美国，重性抑郁障碍的终生患病率为成年人口的 16.6%。而重性抑郁障碍在美国的一年患病率约为成年人口的 6.7%（或 1620 万人）。图 7-1 总结了重性抑郁发作在不同性别、年龄和种族 / 民族中的一年患病率。

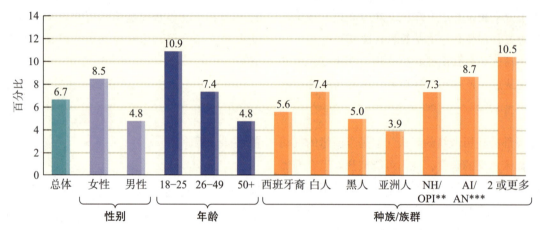

* 所有其他群体都是非西班牙裔或拉丁裔，**NH/OPI = 夏威夷原住民 / 其他太平洋岛民，***AI/AN = 美国印第安人 / 阿拉斯加原住民

图 7-1　美国重性抑郁发作的一年患病率，2016 年

从图 7-1 中可以看出，18 ~ 25 岁的人群的重性抑郁发作的一年患病率最高，而 50 岁及以上的仅为 4.8%。这种代际差异可能反映了许多因素，包括年轻人对于报告他们的症状持更开放的态度，以及重性抑郁障碍来访者在生命的后几十年的存活率较低。年龄差异也可能影响流行率统计数据，因为在老年人中，抑郁症状可能被报告为生理问题而非心理问题。

小案例

重性抑郁障碍，反复发作

达里尔是一位 37 岁的已婚异性恋的非洲裔美国男性。他妻子最近带他去精神卫生机构做评估。虽然达里尔在过去的几年里功能正常，但他突然变得严重不安和抑郁。在入院的时候，达里尔很激动、焦虑、有自杀倾向，甚至买了一把枪想要自杀。在此前的三周里，他失去了食欲并出现了失眠。随着日子一天天过去，他发现自己越来越疲惫，无法清晰地思考或集中精力，对任何人或任何事都不感兴趣。他在与邻居、同事和家人打交道时变得异常敏感，坚持认为其他人对他太苛刻了。这

是达里尔的生命中第二次出现这样的时期，第一次发生在五年前，当时他因为大规模裁员失去了工作。

持续性抑郁障碍（心境恶劣）

与重性抑郁障碍一同出现的心境紊乱可能呈现一种慢性、持续的形式。持续性抑郁障碍（persistent depressive disorder），也称心境恶劣（dysthymia）的来访者有至少两年的（对于儿童和青少年而言一年即可）一系列相较于重性抑郁障碍症状更有限的症状，包括睡眠和食欲紊乱，缺乏精力或疲劳、低自尊、注意力难以集中和难以做出决策，以及无望感。然而，持续性抑郁障碍来访者在被诊断时未达到重性抑郁发作的标准，它要求来访者至少符合表 7-1 中的五个标准。

名词解释

持续性抑郁障碍（心境恶劣）　指慢性但更不严重的心境紊乱，个体在其中没有经历重性抑郁发作。

尽管患有持续性抑郁障碍的人不会经历重性抑郁

发作的所有症状，但他们的症状从未超过两个月不出现。此外，他们可能患有其他严重的心理障碍，包括更高的患重性抑郁障碍的风险、人格障碍和物质使用障碍。

大约 2.5% 的成年人将在一生中患上持续性抑郁障碍，在 45 ~ 59 岁年龄组患病率最高（截至 21 世纪初）。持续性抑郁障碍的 12 个月患病率是美国人口的 1.5%，其中近一半的病例（成人人口的 0.8%）被归类为重度。与重性抑郁障碍一样，老年人的持续性抑郁障碍的症状表现为不同的形式，他们更可能报告身体功能紊乱而不是心理功能紊乱。

破坏性心境失调障碍

破坏性心境失调障碍（disruptive mood dysregulation disorder）的诊断用于表现出长期严重易怒并有频繁脾气爆发的儿童，且这种情况平均每周发生三次或以上，持续至少一年，至少在两种场景下发生。这些脾气爆发与其发育阶段必须是不一致的。例如，一个较大的孩子或青少年所采取的行为方式是更小的孩子的行为方式。

名词解释
破坏性心境失调障碍 指一种出现在儿童中的抑郁障碍，表现为慢性和严重的易激惹和经常发脾气。

在脾气爆发的间隔，患有这种障碍的儿童会保持愤怒或至少极度易怒。诊断标准规定，来访者的首次诊断不能在 6 岁前或 18 岁后。然而，无论是根据观察还是病史，临床医生必须确定障碍开始于 10 岁前。举例而言，一名 13 岁的青少年必须由父母或老师报告其在 10 岁之前有过愤怒发作。

《精神障碍诊断与统计手册（第五版）》的作者也认识到了对这种障碍的潜在批判，即可能会将儿童的"乱发脾气"病态化。但他们相信，定义一种专门用于儿童和青少年的、在过去可能会被诊断为双相障碍的障碍是很重要的。对表现出这种极端易激惹和愤怒爆发模式的儿童的追踪数据表明，他们面临在成人期发展为抑郁障碍和/或焦虑障碍的风险，而患上双相障碍的概率很低。

小案例
持续性抑郁障碍（心境恶劣）

贵美子是一个单身的 34 岁异性恋的日本裔美国女性。她目前是一名社区大学讲师，过去三年一直有持续的抑郁、自卑、悲观的感受。她意识到，自从她从大学毕业以来，她从来没有感到真正的快乐，而且近年来，她一直在与自己毫无价值的想法和悲伤的心境斗争。她食欲不振，还饱受失眠之苦。在醒着的时候，她缺乏精力，很难工作。她经常发现自己盯着办公室的窗外，满脑子都是关于自己多么不称职的想法。她未能履行自己的许多职责，并在过去三年里一直得到较差的教师评价。她与同事的相处也越来越难了。因此，她大部分空闲时间都是独自在办公室度过的。

经前期烦躁障碍

对于此前一年绝大多数月经周期，如果一个女性在月经前期经历抑郁心境或是心境、易激惹程度、烦躁程度和焦虑程度的变化，而在月经开始后减轻，那么她可被诊断为经前期烦躁障碍（premenstrual dysphoric disorder，PMDD）。这种障碍之前在《精神障碍诊断与统计手册（第四版–修订版）》的附录中（当时它不是一种可被诊断的障碍）。《精神障碍诊断与统计手册（第五版）》的作者认为，通过将这种障碍纳入标准的精神病学术语中，对有这些症状的女性可以进行更好的诊断和治疗。

名词解释
经前期烦躁障碍 心境易激惹、烦躁和焦虑程度的变化，这种变化出现在每月的月经周期的经前期阶段并在月经周期开始后消退，且出现在过去一年中的绝大部分月经周期。

批评者认为，经前期烦躁障碍的诊断将女性每月月经周期中可能发生的正常情绪变化病理化。然而，相反的观点是，大多数女性每月的情绪变化不会严重到表现出如此极端的症状。将经前期烦躁障碍作为诊断包括在内，可以让这些出现严重抑郁发作的人接受治疗，否则他们可能无法获得治疗。

涉及心境变化的障碍

　　有两组障碍的特征是心境的变化，且这种变化超出了正常的悲喜水平的变化，它们是双相障碍和环性心境障碍。双相障碍（bipolar disorder）包括一次强烈的、破坏性的躁狂发作（manic episode）经历。在躁狂发作期间，个人可能会经历异常高水平的欣快感（euphoria），即一种心境异常积极的感觉状态。

真实故事

凯莉·费雪：双相障碍

　　凯莉·费雪（Carrie Fisher）是一位美国演员、编剧、小说家和讲师，她出演了 40 多部电影，最著名的是在《星球大战》（Star Wars）三部曲中扮演莱娅·奥加纳公主。她写了四部小说，其中《许愿之饮》（Wishful Drinking）被改编成一部独角戏，在全美各地的演出场所上演。在这本书中，她记录了她的一生——从她在好莱坞家庭的成长、她的成名、她与毒品和酒精的斗争到她与双相障碍的斗争。费雪以幽默和诚实的口吻讲述了她的经历，袒露了她患有精神疾病的事实。

　　凯莉·费雪 1956 年出生于加利福尼亚州比佛利山庄，是演员黛比·雷诺（Debbie Reynolds）和歌手艾迪·费雪（Eddie Fisher）的女儿。作为好莱坞婚姻的结晶，她似乎从一开始就注定要成为好莱坞明星。在她两岁的时候，凯莉·费雪的父亲离开了她的母亲，和她母亲最好的朋友伊丽莎白·泰勒（Elizabeth Taylor）在一起。媒体高调报导了这个事件，尽管凯莉·费雪在她的书中说，她不相信童年经历对她后来遇到的任何难题有重大影响。

　　凯莉·费雪 12 岁时开始和母亲一起出现在拉斯维加斯演戏。后来，她为了和母亲一起巡演而从高中辍学。1973 年，凯莉·费雪和母亲一起出演百老汇音乐剧《艾琳》（Irene）。两年后，在伦敦上完戏剧学校后，她首次出演电影，1975 年与沃伦·比蒂（Warren Beatty）合作拍摄了电影《洗发水》（Shampoo）。两年后，21 岁的她凭借《星球大

战》三部曲中的角色迅速成为偶像和国际名人。据费雪说，正是在这个时候，她开始严重滥用可卡因和酒精，而她在 13 岁时就尝试了大麻。回顾她的毒品滥用史时，费雪回忆说，她将毒品作为一种极端情绪发作的自我治疗方式。她第一次被诊断为躁郁症（这是当时的叫法）是在 24 岁的时候。虽然当时她没有进行任何治

在与药物滥用和双相情感障碍斗争多年后，凯莉·费雪成为一名为精神疾病去污名化的活动家。
©Jason LaVeris/Getty Images

疗，但她开始明白是什么导致了她严重的物质滥用。在书中，她描述了自己是如何不接受诊断结果，甚至觉得自己受到了它的侮辱。她没有按照精神科医生的建议服用药物，而是放弃了治疗，一时冲动从洛杉矶搬到了纽约，不久后嫁给了歌手保罗·西蒙（Paul Simon）。

费雪和西蒙的婚姻只从 1983 年持续到 1984 年，虽然他们断断续续地约会了 12 年。1992 年，费雪和她的伴侣布莱恩·洛尔德（Bryan Lourd）有了一个女儿比莉。

尽管长期与物质滥用和双相障碍做斗争，费雪在整个 20 世纪 80 年代仍然继续出现在电影和电视节目中。20 世纪 90 年代中期，她因物质滥用而住院治疗，这激发了她的第一部小说《来自边缘的明信片》（*Postcards from the Edge*）的问世。该书于 1987 年出版，是一部半自传体小说，讲述了一位女演员深受物质滥用困扰的经历。这本书被改编为一部成功的电影，她也因此收获了评论界的赞扬。

20 世纪 90 年代，费雪继续出演电影，并因其编剧天赋而在好莱坞成名。1997 年，在寻求药物治疗慢性抑郁后，她遭遇了一次精神崩溃。她在《许愿之饮》中描述了这段经历：

> 现在，任何六天没有睡觉的人都知道，他们很有可能会患上精神病。总之我是这样的，其中一部分表现是，我认为电视上的一切都是关于我的……我看 CNN，当时范思哲（Versace）刚刚被那个叫库南（Cunanin）的男人杀死，警察正在东海岸疯狂搜索他。所以，我当时是库南、范思哲还有警察。这些想象是让人筋疲力尽的。

她住了六天院，然后接受了六个月的门诊治疗。

在接受了双相障碍的诊断并最终接受了她需要治疗这一事实后，费雪开始宣传关于精神疾病污名化的知识。在她去世前的几年里，她积极发声，呼吁政府为精神健康治疗提供资金，并呼吁公众更多地接纳精神疾病。

在《许愿之饮》中，费雪描述了她在躁狂和抑郁之间转换的经历：

> 我有两种心境：一个是罗伊，喧闹的罗伊，心境的狂野之旅；另一个是帕姆，深沉的帕姆，站在海岸边哭泣……时而潮涨，时而潮退。

费雪也写了她为治疗疾病所接受的诸多治疗手段中的一部分，包括电休克疗法（electroconvulsive therapy, ECT）。

她回忆起对于接受 ECT 治疗的复杂情绪和反应，包括恐惧、羞耻感和对危险的副作用的担忧，这在很大程度上是因为流行文化中对这种治疗方式的夸张描述。但她最终认为她的症状变得太严重了，需要更强力的治疗手段。

> 我一直感到被情绪淹没，而且很受挫。我并不太感觉我快要死去，但我深深地感觉我没有活着。我决定接受电击疗法的第二个原因是我很抑郁，极度的抑郁可以部分归因于我的心境障碍，它毫无疑问是情绪强度的来源。它可以将简单的悲伤转化为悲伤的平方。

幸运的是，对费雪来说，ECT 是对抗她严重抑郁发作的有效疗法。

"有时候，"她在《许愿之饮》的结尾写道，"与双相障碍博斗是一种非常消耗自己的挑战，它需要很多毅力和勇气。所以如果你患有这种疾病还能生活下去，这是值得你骄傲而非羞耻的。"

费雪于 2016 年 12 月 27 日去世，享年 60 岁。她的死因被确认为心脏骤停，不过在她的体内还发现了几种药物。在《许愿之饮》一书中，她写下了自己希望有一天能在讣告上写的内容："我希望我的讣告上写，我在月光中淹没，被自己的胸罩勒死。"

资料来源：*Wishful Drinking* by Carrie Fisher. Deliquesce Inc.

双相障碍

临床医生将有躁狂发作的人们诊断为双相障碍，这个术语已经取代了"躁郁症"。如表 7-2 所示，个体必须经历躁狂发作，临床医生才能将其诊断为双相障碍。诊断时不需要个体曾经历过重性抑郁发作。

表 7-2	躁狂发作诊断标准

在持续至少一周的一段时间内，在几乎每一天的大部分时间里（或如果有必要住院治疗，则可以是任何时长），有明显异常且持续的心境高涨、膨胀或易激惹，或异常且持续的活动增多或精力旺盛

在心境障碍、精力旺盛或活动增加的时期内，存在三项（或更多）以下症状（如果心境仅仅是易激惹，则为四项），并达到显著的程度，且表现出与平常行为相比有明显的改变：
- 自尊心膨胀或夸大
- 睡眠的需求减少（例如，仅三小时睡眠就精神饱满）
- 比平时更健谈或有持续讲话的压力感
- 意念飘忽或主观感受到思维奔逸
- 自我报告或被观察到的随境转移（即：注意力太容易被不重要或无关的外界刺激所吸引）
- 有目标的活动增多（工作或上学时的社交或性活动）或精神运动性激越（即无目的非目标导向的活动）
- 过度地参与那些很可能产生生痛苦后果的高风险活动，如无节制的购物、轻率的性行为、愚蠢的商业投资

这种发作伴有明确、可观察到的功能改变，但没有严重到需要住院以防止伤害自己或他人

双相障碍的两种主要类型是双相 I 型和双相 II 型。双相 I 型障碍描述的临床病程是，个体经历一次或多次躁狂发作，并有可能经历一次或多次重性抑郁发作，尽管这对于诊断而言不是必要的。相较之下，双相 II 型障碍的诊断意味着个体有一次或多次严重的抑郁发作和至少一次**轻躁狂发作**（hypomanic episode）。轻躁狂发作的标准与躁狂发作相似但持续时间较短（四天而非一周）。

名词解释

轻躁狂发作　一段心境兴奋的时期，持续时间短于躁狂发作。

处于躁狂、轻躁狂或重性抑郁发作的个体可能表现出另一极的特征，但并不足以满足双相障碍的相关诊断标准。例如，躁狂发作的人可能报告感到悲伤、空虚、疲劳或想要自杀。《精神障碍诊断与统计手册（第五版）》使用了"混合特征"的标注，用于个体处于躁狂或轻躁狂发作时出现抑郁特征的情况，以及处于重性抑郁障碍或双相障碍的重性抑郁发作时出现躁狂/轻躁狂特征的情况。"混合"类别解释了患双相障碍的个体可能同时或几乎同时表现出抑郁和躁狂/轻躁狂特征的情况。

小案例

双相 I 型障碍，目前或最近为躁狂发作

伊莎贝尔是一名 38 岁的单身双性恋的西班牙裔美国女性。她是一家大型科技公司的软件工程师，已经在那里工作了大约 10 年。在过去的一周里，她表现出了反常的古怪行为，首先是想辞去工作，以便在自己的公寓里创建自己的软件公司。伊莎贝尔连续三天没有睡觉，大部分时间都待在电脑前，为她的公司开发商业模式。几天之内，她申请到了近 100 万美元的贷款，尽管她几乎没有什么资源来负担哪怕一笔贷款。她拜访了几家银行和其他投资者，每次都和那些对她的计划表示怀疑的人大闹一场。在一家银行，当她的一笔贷款被拒绝时，她变得非常沮丧，愤怒地推倒了银行家的办公桌，并声嘶力竭地尖叫，说银行阻止了她获得数百万美元的利润。随后银行报了警，伊莎贝尔被送往急诊室，在那里她被转移到附近一家精神治疗机构进行高强度的诊断和治疗。

双相障碍在美国人口中的终生患病率为 3.9%，12 个月患病率为 2.6%。在 2005 年被诊断为双相障碍的个体中，近 83%（成人人口的 2.2%）的案例被归类为重度。所有案例中至少有一半开始于 25 岁之前。如果得到适当的治疗，大约 60% 的患双相障碍的个体可以无症状地生活。这意味着很大一部分个体仍会继续出现症状。根据一项估计，在五年的时间里，患双相障碍的个体只有大约一半的时间觉得自己的心境是正常的。

在所有的心理障碍中，双相障碍最可能发生在那些有物质滥用问题的人身上。同时患双相障碍和物质使用障碍的人有更早的双相障碍发作、更频繁的发作、更高发展为焦虑和应激相关障碍的风险、攻击性行为、法律问题和自杀风险。

双相障碍患者也面临着比同龄人更严重的慢性健康问题的风险，他们有更高的心脏病和糖尿病发病率和更高的胆固醇水平。根据在丹麦进行的一项全面人口研

究，在诸多因素中与较短的预期寿命相关的原因可能就是双相情感障碍。除了疾病导致的较高死亡率外，患双相障碍的个体的自杀率和其他形式的暴力死亡率也较高，他们的死亡风险与患精神分裂症的人们相近。在过去的 10 年里，他们的死亡率与普通人群之间的差距也

在扩大。

正如在图 7-2 中看到的，双相障碍会导致人们经历一系列的心境变化，我们还可以看到从抑郁心境到严重躁狂之间有一定范围，并且在边界处有一些重叠。

重度抑郁、中度抑郁和轻度情绪低落　　正常或平衡心境　　轻躁狂及重度躁狂

图 7-2　双相障碍来访者的心境范围

资料来源：https://www.nimh.nih.gov/health/topics/bipolar-disorder/index.shtml

如果来访者在过去一年内有四次或更多的发作符合躁狂、轻躁狂或重性抑郁障碍的标准，临床医生会将来访者诊断为**双相障碍，伴快速循环**（bipolar disorder, rapid cycling）。在某些个案中，循环可能在一周甚至一天内发生。快速循环的预测因素包括更早的发病、更高的抑郁得分、更高的躁狂得分和更低的整体功能评估得分。上一年的快速循环病史和抗抑郁药的使用也可以预测快速循环发作。一些躯体疾病，如甲状腺功能减退、睡眠/觉醒周期紊乱和抗抑郁药物的使用也可能导致患上快速循环。双相障碍，伴快速循环的来访者比其他双相障碍来访者有更高的自杀风险，而且障碍持续时间也更长。

名词解释

双相障碍，伴快速循环　一种双相障碍，在过去的一年中有四次或更多的发作，且发作符合躁狂、轻躁狂或重性抑郁障碍的标准。

小案例

环性心境障碍

拉里，60 岁，离异的异性恋白人男性，是一名银行出纳。在他成年生活的大部分时间里，同事、家人和朋友一再告诉他，他很喜怒无常。他承认他的情绪从来都不太稳定，尽管有时也有人告诉他，他看起来比平时更平静、更愉快。不幸的是，这样的时间非常短暂，只持续几周，并且通常结束得很突然。在没有任何预兆的

情况下，他可能会经历一段情绪低落或兴高采烈的时期。在抑郁期间，拉里的信心、精力和动力都很低。在轻躁狂时期，他自愿延长工作时间，并在工作中承担过度的挑战。周末，他可能会决定在流浪汉的收容所内长时间轮班，不睡觉。拉里无视家人希望他寻求专业帮助的催促，坚持认为有时精力充沛是他的天性。他还表示，他不想让某个"心理医生"偷走他感觉自己处于世界之巅的时光。

环性心境障碍

环性心境障碍（Cyclothymic Disorder）的特征是心境恶劣和更短暂、更不强烈的、破坏性更小的欣快状态（即轻躁狂发作）的交替出现。患有这种障碍的人至少在两年内（儿童和青少年为一年）多次符合轻度躁狂发作的标准，经历过多次抑郁症状，但从未符合重性抑郁发作的标准。在上述的两年（儿童和青少年为一年）的时间内，个体无症状的时间每次从未超过两个月。

名词解释

环性心境障碍　一种心境障碍，其症状比双相障碍的症状更为慢性且更不严重。

抑郁与双相障碍的理论与治疗

生物学视角

长期以来，研究人员关注到心境障碍在有血缘关系

的家庭成员中更频繁地发生。采取生物学视角的研究人员目前正试图精确定位这些障碍的遗传因素。然而，多种基因以复杂的方式与环境风险因素相互作用，表观遗传学（epigenetics）发挥了重要作用。

生物学理论

长久以来，人们都知道，重性抑郁障碍来访者的一级亲属患这种障碍的可能性要比没有这种密切血缘关系的人高 15% ~ 25%，这支持了基因在这种障碍中的作用。根据已有文献，重性抑郁障碍的遗传率约为 37%，且该概率在女性中高于男性（女性约 40% vs. 男性约 30%）。首次重性抑郁发作的发病年龄似乎也有遗传成分。与重性抑郁障碍相比，双相障碍甚至具有更高的遗传率，约为 60% ~ 85%。

将目光从遗传学转向生物化学异常，我们可以看到越来越多的证据表明，5- 羟色胺和去甲肾上腺素水平的改变在导致与重性抑郁障碍相关的心境变化方面发挥了作用。然而，并不是每个有遗传倾向的人都在神经递质水平上表现出这些心境变化。如果作为成年人暴露在生活压力源和其他环境因素中，有遗传倾向的人可能在调节心境的神经通路上经历一系列变化。脑源性神经营养因子（brain-derived neurotrophic factor，BDNF）的异常进一步增加了他们患抑郁障碍的几率。它是一种帮助神经元保持活力的蛋白质，并能够根据经验进行适应和改变。

这些神经递质的变化可以通过激活大脑内部的注意回路而进一步影响重性抑郁障碍来访者的心境。重性抑郁障碍来访者会过度专注自己的想法和感受，而不是将注意力聚焦在外部。由于大脑内部网络中负责情绪处理的区域也被扰乱了，这一系列的变化导致抑郁障碍来访者将那些想法和感受转向消极的方向。

对患双相障碍的个体的大脑扫描和神经心理测试表明，他们在注意、记忆和执行功能方面存在困难，并与前额叶异常的表现相一致。这些变化可能源于改变的基因，而改变的基因又让个体暴露于生活压力源时面临风险，特别是在生命早期。

抗抑郁药物

目前，心境障碍的生物学干预不是针对基因异常本身，而是针对这些异常对神经递质的影响。因此，使用抗抑郁药物是患重性抑郁障碍的个体的生物学治疗方式中最常见的。临床医生开出的抗抑郁药物主要有四类：选择性 5- 羟色胺再摄取抑制剂（selective serotonin reuptake inhibitors，SSRIs）、5- 羟色胺和去甲肾上腺素再摄取抑制剂（serotonin and norepinephrine reuptake inhibitors，SNRIs）、三环抗抑郁剂（tricyclic antidepressants，TCAs）和单胺氧化酶抑制剂（monoamine oxidase inhibitors，MAOIs）。

抗抑郁药物的选择主要取决于临床医生对某一类药物的偏好。最终，个体使用的药物可能会通过反复试验来确定。临床医生通过反复试验确定哪种药物效果最好，产生的副作用最少。

抗抑郁药物被普遍地开给重性抑郁障碍来访者。

5- 羟色胺再摄取抑制剂阻断了 5- 羟色胺的再摄取，使得更多的这种关键的神经递质在突触后膜的受体处起作用。SSRI 包括氟西汀 / 百忧解、西酞普兰 / 喜普妙、艾司西酞普兰 / 来士普、帕罗西汀 / 赛乐特和舍曲林 / 左洛复。这种药物对心境有积极影响但也存在副作用。最常见的是恶心、不安和性功能障碍。一种较新的抗抑郁药物是 5- 羟色胺调节剂，如沃替西汀。它针对的是突触后膜的 5- 羟色胺受体，而非突触中的 5- 羟色胺再摄取。这种药物于 2013 年在美国被批准使用。它们是否会与其他类别的抗抑郁药物一样有效而且副作用更少呢？我们拭目以待。

SNRI 通过阻断去甲肾上腺素和 5- 羟色胺的再摄取来提高其水平，它们包括度洛西汀 / 欣百达（duloxetine/

Cymbalta）、文拉法辛 / 郁复伸（venlafaxine/Effexor）和去甲文拉法辛（desvenlafaxine/Pristiq）。这些药物也带有一些不良的副作用，包括自杀意念或企图，以及过敏症状、胃肠道紊乱、虚弱、恶心、呕吐、混乱、记忆力下降、易激惹和惊恐发作，等等。与 SSRI 相比，SNRI 在实验研究中表现出明显的效果，但在临床上它们似乎没有任何优势，而且 SNRI 比 SSRI 给来访者带来更高的不良反应风险。

TCA 的名字来源于它们有一个三环的化学结构。TCA 包括阿米替林、地昔帕明、丙咪嗪和去甲替林。这些药物对缓解有一些更常见的生物学症状（如食欲和睡眠紊乱）的人的抑郁障碍特别有效。尽管 TCAs 发挥作用的确切过程仍不清楚，但我们知道，它们阻断了生物胺过早地重新被摄取回突触前神经元，从而增加了它们对突触后神经元的兴奋作用。

MAOI，如苯乙肼和反苯环丙胺，延长了 5- 羟色胺和去甲肾上腺素在突触中的寿命，从而增加了它们在中枢神经系统的作用。MAOI 对于治疗对其他药物没有反应的慢性抑郁障碍来访者特别有效。然而，它们有严重的副作用。当服用这种药物的人同时服用过敏药物或摄入食物或饮料，如啤酒、奶酪和巧克力时，可能会危及生命。这些食物或饮料都含有一种叫作酪胺的物质。因此，临床医生对 MAOI 的使用并不像其他类型的抗抑郁药物那样常见。

抗抑郁药物需要时间来发挥作用，需要 2～6 个星期才能生效。假如抑郁成功消退，临床医生也会敦促患者继续用药 4 或 5 个月。而对于有反复重性抑郁障碍发作史的人来说，用药时间会更长。最好的办法是由临床医生和患者共同制定治疗方案，包括在治疗早期进行定期访问，扩大以药物为重点的教育工作，并持续监测治疗依从性。

尽管这些药物可能是有效的，特别是对某些来访者而言，但是研究人员担心抗抑郁药物的研究存在"抽屉问题"——调查人员可能会将未能确定显著益处的研究归档，甚至不提交发表。在一项对 74 项在美国食品与药品监督管理局注册的抗抑郁药物研究的分析中，有 31% 的研究没有发表，涉及 3349 名被试。另一方面，在已发表的研究中，94% 的药物试验报告了阳性结果。这种倾向于只发表阳性结果的偏差严重限制了我们评估抗抑郁药物疗效的能力，因为我们看到的只是实际数据的一部分。

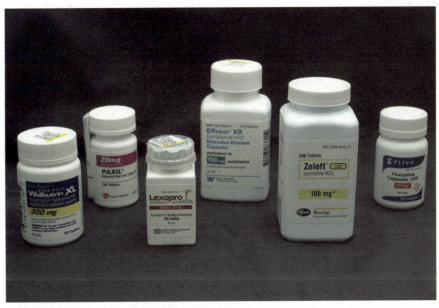

心理治疗药物为许多患有心境障碍的人提供了缓解，并经常与其他治疗方式（如心理治疗）结合使用，以帮助来访者控制其症状。
©Joe Raedle/Getty Images

一些研究人员质疑，不那么严重的抑郁来访者是否会因为所谓的安慰剂效应而出现阳性结果，即他们会因为期望能够康复而真的康复，这就进一步增加了这个问题的复杂性。

当然，药物治疗是临床医生在治疗重性抑郁障碍来访者时可以使用的一种方式。然而，人们越来越关注心理治疗同样有效的可能性。与药物治疗相比，心理治疗的风险和不良副作用也较少。因此，从长远来看，它可能是一个更好的治疗途径，比药物治疗的效果更持久。这是可能的，其部分原因是，通过治疗个体可以解决他们的一些根本问题，还可以学习管理症状的技能，而他们之后可以继续自己使用这些技能。

《精神障碍诊断与统计手册（第五版）》中有什么

抑郁及双相障碍

在《精神障碍诊断与统计手册（第五版）》中对心境障碍类别的修改是为了通过完善重性抑郁发作、躁狂发作和轻躁狂发作的标准来提供更精确的诊断。《精神障碍诊断与统计手册（第四版—修订版）》中的一个主要问题是未能将这些发作与一个人典型的活动、悲伤或不安的程度区分开来。特别是，未能将双相障碍与注意缺陷／多动障碍区分开来，这可能导致了对儿童和青少年双相障碍的过度诊断。因此，这些变化代表了一种微小但重要的进步，并会让诊断更加准确。

《精神障碍诊断与统计手册（第五版）》中一个极具争议的决定是增加了经前期烦躁障碍。正如你已经了解到的，这一变化被认为是将妇女的正常经历病理化，因而遭到了批评。同样，批评者也认为，破坏性心境失调障碍将儿童发脾气的正常经历病理化。然而，提出这个新诊断的理由是，它将减少儿童中双相障碍的诊断频率。其作者认为，将严重、慢性的易激惹与双相障碍分开，意味着儿童更不可能被误诊。

最后，当《精神障碍诊断与统计手册（第五版）》的作者决定不采用《精神障碍诊断与统计手册（第四版—修订版）》中的"丧亲排除标准"时，激怒了许多批评者。这一变化意味着，一个符合重性抑郁障碍发作标准并在过去两个月内失去了亲人（即丧亲排除标准）的人可以得到精神病学的诊断。所以，在《精神障碍诊断与统计手册（第五版）》之前，在过去两个月内丧亲的人是被排除在诊断之外的。支持这一改变的理由是，对于一个易感性高的个体来说，丧亲可能会引发重性抑郁发作。此外，在一个冗长的澄清说明中，《精神障碍诊断与统计手册（第五版）》作者坚持认为，与正常丧亲相关的哀伤和发生在真正的抑郁障碍来访者身上的症状是不同的。

双相药物

碳酸锂（lithium carbonate），简称锂（lithium），是一种在饮用水中少量存在的天然盐，双相障碍的传统治疗方法是在医学上使用锂替代体内的钠。临床医生建议频繁躁狂发作（一年两次或以上）的人持续服用锂来作为一种预防措施。它的缺点是，尽管锂是人体内的一种天然物质，但它仍会有副作用。这些副作用包括轻微的中枢神经系统紊乱、胃肠不适以及更严重的对心脏的影响。因此，经历躁狂发作的人可能不愿意持续服用锂。

从来访者的角度来看，锂可以被看作干扰了可能伴随躁狂发作初期出现的欣快感。因此，享受这些快乐感觉的来访者可能会抵制服药。不幸的是，当他们的欣快感升级为完全的发作时，往往为时已晚，因为他们的判断力已经被他们的躁狂症状（即自大和心境高涨）所蒙蔽。为了帮助克服这种困境，临床医生可能会建议他们的来访者参加锂小组，在小组中，定期使用药物的成员会互相支持，并强化坚持用药的重要性。

由于双相障碍的性质多变，除了针对躁狂本身药物的其他药物对治疗症状也有可能有帮助。例如，处于抑郁发作期的人在发作期间除了服用锂之外，还需要服用抗抑郁药物。然而，这对容易出现狂躁的人来说是有问题的，因为抗抑郁药可能会引发轻躁狂或躁狂。那些有精神病性症状的人可能会从服用抗精神病药物中受益，如氯氮平。经历快速循环的人给临床医生带来了挑战，因为他们的情绪和行为的变化十分突然。

精神药理学家报告说，快速循环者，特别是那些锂不足的人，似乎对抗惊厥药物的处方有积极的反应，如卡马西平／立痛定或丙戊酸，尽管这些药物本身并不像锂那样有效。

基于生物的替代治疗方法

对于一些患有心境障碍的患者，药物治疗在减缓严重的甚至可能危及生命的症状上要么无效，要么十分缓慢。即使采用最好的药物治疗，也有 60% ~ 70% 的重性抑郁障碍来访者的症状没有缓解。遗传、生理和环境因素的结合决定了个体对药物的反应。因此研究人员希望通过**药物遗传学**（pharmacogenetics）来提高药物的疗效，即使用基因测试来确定服用特定药物对哪些人有效，这些药物包括抗抑郁药物和锂。

名词解释

药物遗传学 使用基因测试来确定谁的病情会或不会因某种特定药物而改善。

目前，临床医生在治疗难治性抑郁障碍方面有几种替代药物的躯体疗法。正如我们在 第 4 章"理论视角"中所讨论的，一种替代疗法是电休克疗法（electroconvulsive therapy，ECT）。临床医生和来访者并不清楚电休克疗法的确切工作原理，但目前的大多数假设集中在电休克疗法引发的神经递质受体和人体天然阿片剂的变化上，这些变化又会导致大脑结构的变化。正如我们在第 4 章"理论视角"中所讨论的，深部脑刺激（deep brain stimulation，DBS）是临床医生用来治疗重性抑郁障碍（以及强迫障碍和运动障碍）的另一种躯体疗法。

研究人员假设，至少有一些心境障碍反映了日常生物钟的紊乱，这种生物钟被称为**昼夜节律**（circadian rhythms）。基于这个假设，研究人员建议使用"重置"个体身体时钟的治疗方法。这种治疗方法包括光照疗法，即让来访者在明亮的光线前坐上一段时间，如在早晨的 30 分钟。光照疗法的一个明显优势是其副作用很小，在减少剂量或停止治疗后几乎完全消失。研究人员还认为，锂可能对一些双相障碍来访者起作用的原因是重置了他们的昼夜节律。

名词解释

昼夜节律 以大约 24 小时为基础设置睡眠和清醒模式的生物钟。

心理视角

心理动力学疗法

基于心理动力论的早期精神分析理论提出，抑郁障碍来访者在生命的早期遭受了丧失，这对他们的内心深处产生了影响。然而，依恋理论将注意力集中在人们的安全感或不安全感上，这种感觉来自于童年时照顾者对他们的抚养方式。约翰·鲍尔比提出，具有不安全依恋类型的人在成年后患抑郁障碍的风险更大。继鲍尔比的观点之后，朱尔斯·R.本波拉德（Jules R.Bemporad）提出，不安全依恋的儿童会沉浸于被爱的需要之中。作为成年人，他们在自己的关系中会高估伴侣的支持。当这种关系结束时，他们会被无能感和丧失感所淹没。

对双相障碍的精神分析解释认为，躁狂发作是一种防御性反应，个体通过这种反应来避免无能、丧失和无助的感觉。研究者认为，来访者产生夸大和高涨的感觉或变得精力旺盛，是将其作为一种无意识的防御，防止自身陷入忧郁和绝望的状态。有研究人员报告，使用否认和自恋的防御机制与躁狂症状的程度之间存在正相关，这支持了这种观点。

当代心理动力学视角下的治疗方法聚焦于帮助个体应对他们的症状，而不是试图修复个体紊乱依恋的核心。这些方法包括短程

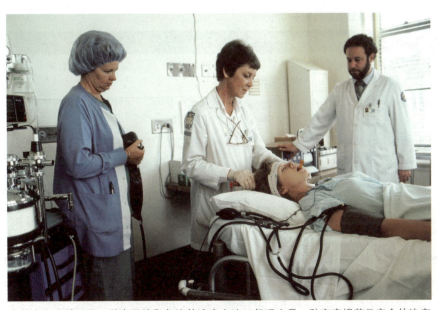

电休克疗法曾经是一种有风险和争议的治疗方法，但现在是一种高度规范且安全的治疗方法，适用于对其他治疗方案没有反应的严重抑郁来访者。
©WILL & DENI MCINTYRE/Getty Images

（8 ～ 10 次咨询）、集中的治疗。一项对八项研究的综述中，将短程心理动力学疗法与其他方法进行比较，结果显示这种方法在治疗重性抑郁障碍方面至少与认知行为疗法一样有效。

行为和认知行为疗法

行为理论对抑郁最早的表述之一认为，抑郁障碍的症状是缺乏正强化导致的。根据这种观点，抑郁的人之所以从生活中抽离，是因为他们不再有保持积极的动机。当代行为主义者的方法是基于彼得·M. 卢因森（Peter M.Lewinsohn）的模型，他认为，抑郁障碍来访者的所谓"反应性正强化行为"的频率很低，而这种行为频率的增加是从事产生愉悦感的行动的结果。根据行为主义观点，缺乏正强化会引发低自尊、内疚和悲观的症状。

在被称为**行为激活**（behavioral activation）的针对抑郁障碍的方法中，基于这些行为主义原则，临床医生帮助来访者识别与积极情绪相关的活动。来访者记录下参与这些奖赏性活动的频率，并设定每周小目标，逐渐增加频率和时间。这些活动最好与来访者的核心价值一致。一些来访者可能更喜欢探索艺术，而另一些来访者则喜欢参加体育活动。行为激活似乎特别适合那些并不喜欢团体治疗，或不喜欢医院、疗养院和物质滥用治疗中心等环境的来访者。

临床医生越来越多地将行为和认知方法结合起来，这些认知疗法将功能失调的想法作为心境障碍的主要原因，或者至少是原因之一。根据认知行为视角的观点，抑郁障碍来访者以重复的消极方式思考，这使得他们的消极情绪长期存在。亚伦·贝克将这些抑郁想法界定为**认知三要素**（cognitive triad），即对自我、世界和未来的消极看法。

名词解释

行为激活　是治疗抑郁障碍的行为疗法，临床医生帮助患者识别与积极心境相关的活动。

认知三要素　根据抑郁障碍的认知理论，认为抑郁障碍来访者的心境恶劣是由对自我、世界和未来的消极看法造成的。

这些消极看法，反过来导致抑郁障碍来访者经历深刻的自尊心丧失，相信自己永远不会拥有让自己感觉良好所需要的东西。他们认为自己毫无价值、无能为力、改善生活的努力注定要失败。从这个角度来看，在他们的日常经历中，抑郁障碍来访者会做出错误的解释，使得消极思想和情绪的循环持续下去。这些错误的解释或认知偏差，都有其特性（见表 7–3），但它们都有一个共同点，就是不能从自身经历中得出合乎逻辑的结论。

表 7–3　　认知偏差的例子

歪曲的类型	定义	例子
以偏概全	如果它在一种情形下是正确的，那么它就适用于任何相似情形，哪怕相似性很小	我的第一次英语考试考砸了，所以我可能之后所有英语考试都会考砸
选择性提取	只认真对待代表失败、剥夺、损失或挫折的事件	虽然我在学生会的选举中获胜了，但是我并不是很受欢迎，因为不是每个人都投给了我
承担过多责任	感觉对发生在你或你亲近的人身上的所有不好的事情都负有责任	我的朋友没有得到实习机会是我的错——我应该提醒她面试的难度的
假设时间因果关系	假设如果它在过去是正确的，它将永远是正确的	我的上一次约会很失败，下一次约会可能也会失败
过度自我参照	觉得自己是别人关注的中心，以为每个人都能看到你的缺点和错误	当我被人行道上的树枝绊倒时，每个人都可以看到我是多么笨拙
灾难化	总是往最坏的方面想，并且确信它一定会发生	因为我没有通过会计考试，我永远也进不了商业界
"全"或"无"思维	把每件事都看作处于一个极端或另一个极端，而不是介于两者之间	我不能忍受撒谎的人，因为我永远不能相信他们

资料来源：Adapted from A. T. Beck, A. J. Rush, B. F. Shaw, & G. Emery in *Cognitive Therapy of Depression*.

对抑郁障碍来访者的行为治疗要遵循我们在第 4 章 "理论视角"中概述的一般原则，即临床医生帮助他们的来访者发展更积极的强化体验。在这种方法下，临床医生首先对来访者生活中的活动和社会交往的频率、质量和范围进行仔细评估，重点关注积极和消极强化的来源。在此分析的基础上，临床医生与来访者合作，以改变来访者的生活环境，同时也教他们社交技能，以提高他们积极互动的质量和数量。行为取向的临床医生的一个工作重点是，鼓励来访者更多地参与他们认为有内在价值的活动。这些有价值的活动反过来可以帮助提高来访者的心境。

行为取向的临床医生还认为，教育是治疗的一个重要组成部分。他们认为抑郁障碍来访者的负面情绪长期存在的原因是，设定的目标不切实际，无法实现。为了改变它们，行为取向的临床医生会布置家庭作业，鼓励来访者逐步改变行为。这将增加他们实现目标的可能性，从而感到努力有了回报。

行为取向的临床医生使用的另一种技术是将行为契约与自我强化相结合。例如，临床医生和来访者可能都同意，来访者会从更多的社交活动中受益。然后，他们会一起制订一个奖励计划，将社交活动与来访者希望得到的、符合治疗目标的奖励搭配起来（临床医生不会建议来访者将酒精、毒品或网络赌博作为奖励）。行为取向的临床医生会使用的其他方法包括更广泛的指导、示范、辅导、角色扮演、演练，以及可能在现实生活的情境中与来访者一同工作。

认知行为疗法的重点是帮助来访者尝试改变其功能失调的思维过程，进而改善其情绪。与行为取向疗法一样，认知行为疗法需要来访者和临床医生之间的积极合作。然而，与行为取向疗法不同的是，认知行为疗法还关注来访者的功能失调的想法，以及如何通过认知重建来改变它们。正念训练作为认知行为干预的一个额外组成部分，可以帮助来访者获得更高的自我效能感，这促进了它对情绪的积极影响。另一种认知行为疗法技术被称为心境监控，可以进一步帮助来访者学习如何在一段时间内追踪他们的心境，寻找心境波动的模式。这对患双相障碍的来访者特别有

帮助。通过心境监控技术，他们更加了解了自己的症状什么时候可能恶化，进而可以使用技巧或其他方法进行干预，避免全面的躁狂或抑郁发作。

治疗双相障碍来访者的临床医生通常会首先采用药物干预。然而，心理干预可以帮助来访者学习更好的应对策略，努力减少复发的可能性。正如前文提到的，经历过躁狂发作的人可能会受到诱惑而放弃服药，因为他们希望重新体验躁狂发作时的令人激动的快感。然而，如果他们能够深刻理解不服药的风险，并对锂等药物有更好的了解，他们更有可能坚持治疗方案。

心理教育对于患双相障碍的来访者的治疗尤为重要，它可以帮助他们了解双相障碍的性质，以及药物治疗对控制症状如此重要的原因。此外，认知行为疗法也可以成为双相障碍来访者的有效干预手段，帮助他们应对双相症状开始出现但尚未全面发作的时期。临床医生目前并不推荐单独使用某一种治疗方法，而是建议使用各种治疗方法的组合，从传统的心理治疗药物到正念训练，甚至是营养补充剂和激素疗法。基于关于记忆、抑制控制和注意力的认知异常的文献，临床医生现在也在尝试使用认知矫正疗法。

人际关系疗法

人际关系疗法（interpersonal therapy，IPT）是作为一种简短的干预措施而被开发的，它是一种集中的治疗方法，持续 12 ～ 16 周。在人际关系疗法中，来访者被帮助去管理与他们的抑郁发作相关的人际关系压力，这

人际关系治疗师谨慎地与每个来访者合作，基于来访者的症状和对特定领域的关注生成一个量身定制的治疗计划。

©sturti/Getty Images

些压力被认为是遗传倾向的一种功能表现。人际关系疗法是根据一套准则进行的，它为临床医生提供了一个清晰的模式，使治疗能够在计划时间内进行。人际关系疗法手册还有一个好处，就是可以确保不同医生之间的一致性，从而使得实证地评估治疗的有效性成为可能。

名词解释

人际关系疗法　一种治疗重性抑郁障碍来访者的有时间限制的心理治疗形式，其基础假设是人际压力会导致对抑郁障碍易感性较强的个体出现抑郁发作。

　　临床医生分三个大的阶段进行人际关系治疗。在第一阶段，临床医生使用定量方法和半结构化访谈来评估个体抑郁障碍的程度和性质。根据来访者表现出的抑郁症状类型，医生可能会考虑将治疗与抗抑郁药物和心理疗法结合起来。

　　在第二阶段，医生和来访者合作制订一个治疗计划，重点解决主要问题。通常情况下，这些问题与哀伤、人际纠纷、角色转换以及因社交技能不足而产生的人际关系问题有关。

　　然后，治疗师实施第三阶段的治疗计划，根据来访者主要问题的确切性质而改变方法。人际关系疗法鼓励临床医生结合诸如鼓励自我探索、提供支持、教育来访者了解抑郁障碍的性质以及对来访者无效的社会技能提供反馈等技术。治疗的首要重点是关注此时此刻，而不是过去的童年或发展问题。

　　对于那些不能服用抗抑郁药物的来访者，人际关系疗法是一种特别有价值的干预措施，因为非医务人员也可以实施这种干预，或者来访者在指导下可以自己学习它。一项对30年来的研究进行的大规模分析表明，人际关系疗法比认知行为疗法或药物治疗更有效。

　　人际与社会节律治疗（interpersonal and social rhythm therapy，IPSRT）是一种治疗双相障碍的生物－心理－社会方法，它将紧张的生活事件和昼夜节律紊乱（如睡眠/觉醒周期、食欲和能量水平的改变）的概念纳入对个人人际关系的关注中。根据人际与社会节律治疗模型，心境发作很可能来自于不坚持用药、紧张的生活事件和社会节律的破坏。

　　使用人际与社会节律治疗的临床医生专注于教育来访者坚持服药，与他们进行讨论来探索他们对障碍的感受，并帮助他们深入了解障碍是如何改变他们的生活的。来访者学会仔细注意日常活动的规律性（包括事件发生的时间和伴随这些事件产生的刺激），以及积极和消极的生活事件对日常活动的影响程度。人际与社会节律治疗的目标是增加来访者社会节律的稳定性。

　　减少双相障碍来访者的人际压力很重要，主要有以下几个原因。第一，有压力的生活事件可以提高个人自主神经系统的唤醒程度，从而改变昼夜节律。帮助来访者应对压力有助于调整这些节律。第二，许多生活事件，无论是否被认为有压力，其本身都会导致日常生活的变化，从而产生更多的压力。第三，重要生活压力会影响一个人的心境，也会导致社会习惯的显著变化。当来访者稳定他们的社会节律和日常生活，同时改善他们的人际关系，他们的压力水平便会相应下降。使用人际与社会节律治疗的研究人员支持在门诊和住院来访者中使用它。然而，一项随机临床治疗研究表明，人际关系疗法与人际与社会节律治疗的疗效相同。

人际与社会节律治疗将生物疗法和其他疗法（如光照疗法）结合起来，以调节个体的昼夜节律。
©BSIP/Science Source

史蒂文·D. 霍伦（Steven D.Hollon）和凯瑟琳·庞尼亚（Kathryn Ponniah）回顾了几乎所有已发表的关于心境障碍干预的研究结果，他们得出结论：认知行为疗法和行为疗法都符合循证治疗的标准，特别是对较轻或慢性抑郁障碍来访者的治疗作用得到了强有力的支持。一项比较认知行为疗法和人际关系疗法的随机临床试验的综述显示，认知行为疗法和人际关系疗法在治疗后至少一年以内对重性抑郁障碍的治疗效果相同。更严重的抑郁障碍或双相障碍来访者也可以从认知行为疗法、人际关系疗法和行为导向疗法中获益。它们的作用超过药物治疗的作用，甚至可能完全替代药物治疗，特别是在长期治疗的情况下。

社会文化视角

根据社会文化视角，个体患抑郁障碍是对外部生活环境的反应。这些环境因素可以是特定的事件，如性侵害、慢性压力（如贫穷和单亲养育）或偶发性压力（如丧亲或失业）。女性比男性更容易遭受这些压力源的影响，这一事实至少可以部分解释女性抑郁障碍诊断频率较高的原因。

然而，急性和慢性压力因素似乎在诱发个体抑郁症状方面起着不同的作用。暴露于急性压力之下，如亲人的死亡或车祸，都可能诱发严重的抑郁发作。然而，暴露于不良工作条件、健康或人际关系问题，或经济困难带来的慢性压力，会与遗传和人格因素相互作用，导致特定个体体验到更持久的绝望感。此外，个体的抑郁和绝望感一旦被激活，便会加剧暴露于压力环境的影响，而压力环境反过来又会进一步增加个体的慢性紧张感。

从积极的方面来看，强烈的宗教信仰和精神信仰与宗教团体成员所提供的社会支持相结合，可以降低个体患抑郁障碍的可能性，即使是在那些可能患抑郁障碍的高风险人群中。在重性抑郁障碍来访者的成年子女中，那些有最强烈宗教信仰的人在 10 年内复发的可能性较小。

自杀

虽然自杀不是一种可诊断的疾病，但自杀倾向是重性抑郁障碍发作的一个潜在诊断特征。自杀的定义是"一种致命的、带有明确或推断死亡意图的、加诸自身的毁灭性行为"。自杀行为是一个连续谱，包括考虑结束自己的生命（自杀意念）、制订计划或进行非致命的自杀行为（自杀企图）和真正结束自己的生命（自杀）。

在美国，自杀死亡的比率远低于其他原因死亡的比率。2015 年，每 10 万例死亡中只有略多于 44 人的死因是自杀。然而，由于难以确定死因是故意的而不是无意的伤害，因此很可能存在漏报的情况。按年龄划分，自杀率最高的是 45 ~ 54 岁的人（每 10 万人中有 20.3 人自杀）。其次是 85 岁及以上的人（有 19.4 人），该群体的开枪自杀率也最高（有 13.7 人）。在美国，白人男性比非白人男性更有可能自杀。

在世界各地，每年大约有 100 万自杀者，全球死亡率为每 10 万人中有 16 人。全球自杀率最高的是立陶宛的男性（每 10 万人中有 61.3 人）和韩国的女性（每 10 万人中有 22.1 人），而几个拉丁美洲和加勒比海国家、约旦和伊朗的自杀率最低（接近 0）。

在美国以外的许多国家，年轻成年人的自杀风险最高。在欧洲和北美洲，抑郁和酒精使用障碍是自杀的主要心理风险因素。在美国，90% 以上的自杀发生在有心理障碍的人身上。相比之下，冲动在亚洲国家的人的自杀中起着更大的作用。

生物 - 心理 - 社会学的观点特别适合于理解人们自杀的原因，并且在许多方面与重性抑郁障碍的综合框架中的理解相类似。生物学理论强调遗传和生理上的贡献，这些贡献也是导致心境障碍的原因。心理学理论关注的是歪曲的认知过程和极端的无望感，这是自杀者的特点。从社会文化的角度来看，国家之间和国家内部的差异表明，自杀与个人的宗教信仰和价值观以及个人暴露于生活压力的程度有关。

积极心理学视角提供了一个框架来理解为什么由于上述原因处于高风险的人并没有自杀。自杀的缓冲假说将心理弹性描述为独立于风险的一个维度。你可能有自杀的风险，但如果你的心理弹性高，你就不太可能自杀。如果你觉得自己能够成功地应对这些环境因素，那么你因生活在压力环境中而面临的统计上的高风险可能不会转化为更高的自杀性。

你来做判断

自杀者的不抢救令

20世纪90年代，当美国密歇根州的杰克·凯沃尔基安（Jack Kevorkian）医生开始为身患绝症的患者提供通过药物注射结束生命的服务时，医生是否应该协助患者结束自己的生命引起了公众的关注，这一过程被称为医生协助自杀。凯沃尔基安公开表示，参与这一过程源于他认为这是一场正义运动，其目的是减轻人们的痛苦并让他们"有尊严地死去"。在通过电视播送对一名患有一种名为肌萎缩性脊髓侧索硬化症①（amyotrophic lateral sclerosis，ALS）的末期神经系统疾病的男子进行辅助自杀后，他被监禁了八年。

医务人员鼓励（有时要求）患者，无论是否身患绝症，都在"预先指示"或"生前遗嘱"中对医务人员进行指导，说明自己是否希望在无法生存的情况下获得人工生命支持。预先指示通常包括拒绝心肺复苏术（do not resuscitate, DNR）或"不抢救"命令，即患者明确不希望采取英雄式的生命支持措施来延长生命，例如使用生命支持机器。当医务人员必须做出生死决定时，他们会尊重"不抢救"条款。相反，当有心理障碍并希望结束自己的生命的个体开始实施与患有危及生命的疾病的患者相同的计划时，临床医生却会对他们进行治疗，以防止他们自杀。这种治疗可能包括非自愿住院治疗。

对于心理健康专业人员来说，在面对治疗填写了拒绝心肺复苏术并声明不希望接受生命支持的自杀来访者时，尊重临终意愿的义务可能会引发道德冲突。问题在于，患有一种严重的、使人丧失能力、无法治疗、使人衰弱的心理障碍，是否与患有一种同样无法治疗、痛苦的疾病有不同。

你来做判断： 在这种情况下，个人的自主权，即使用拒绝心肺复苏术的权利，是否不同？

可能有助于提高心理弹性的因素包括对生活环境做出积极评估的能力，以及感知到的对这些环境因素的控制。一些社会心理因素是对自杀风险的额外缓冲，如能够解决问题、有较高的自尊心、感知到的家庭和重要他人的支持以及安全依恋。那些认为面对压力时，自杀不是一种可接受的选择的人，其自杀风险也更低。在消极方面，高完美主义和无望感常常与低心理弹性共同出现。有企图自杀的朋友或家人是另一个风险因素。

基于心理弹性模型的干预措施不仅可以解决个人的特定风险因素，还可以评估并加强个体的自我控制感和对感知到的压力的处理能力。认知行为疗法就是这样一种干预措施，它可以有效地减少青少年以及曾企图自杀的军人等人群的自杀企图。

慢性但令人痛苦的悲伤心境到躁狂和抑郁之间的快速摇摆交替。尽管这些障碍清楚地反映出了神经递质功能的紊乱，但它们也反映出了认知过程和社会文化因素的影响。由于个体可能会经历多年的抑郁障碍的症状，临床医生越来越多地转向非药物干预，特别是在个体的症状为轻度或中度时。双相障碍来访者的情况更为复杂，因为对他们来说使用终生的药物维持治疗更加必要。不过，这些人可以从心理干预中受益，以帮助保持他们的症状得到监测和控制。

然而，即使个体的心境障碍症状反映了生理上的重要影响，他也应该获得一系列的治疗服务。随着循证方法的发展，干预措施被整合到个体的多个功能领域，患有这些障碍的个体很有可能愈加有能力获得治疗，使他们能够调节自己的心境并过上更令人满意的生活。

抑郁及双相障碍：生理－心理－社会视角

我们在本章中所涉及的障碍涵盖了一系列现象，从

① 肌萎缩性脊髓侧索硬化症又名渐冻症，是一种病因未明、致死性、进行性发展的神经系统变性疾病。——译者注

个案回顾

贾尼丝·巴特菲尔德

经过几周的治疗，贾尼丝的抑郁开始有所改善。然而，当她的抑郁缓解后，她停止了服药。正如她在最初的治疗过程中所说的那样，贾尼丝认为在家人面前表现得坚强很重要，并且会把心理问题和软弱联系在一起。尽管她不太想承认自己内心的挣扎，但贾尼丝还是继续每周进行心理治疗。治疗集中在她对诊断结果的感受，以及服用药物对防止未来心境波动的重要性上，尽管她当时感觉稳定。然而，回想起她过去心境波动的后果，贾尼丝慢慢地明白，如果她继续经历心境波动，对她的家庭的影响要比她努力保持稳定的影响严重得多。

托宾医生的反思：虽然在面临诸如失去工作、不得不想办法养家糊口的挑战时，感到沮丧是一种自然的反应，但贾尼丝的反应超出了大多数人所感受到的典型沮丧，符合重性抑郁发作的诊断标准。贾尼丝对她过去抑郁发作的描述也与这一诊断一致。报告还显示，贾尼丝过去曾有过躁狂发作，这不仅极大地影响了她的生活，而且还使她的家庭面临巨大的经济风险。不幸的是，直到贾尼丝试图自杀，她才去寻求她需要的帮助。患有双相障碍的人不遵守药物治疗的情况并不罕见，因为他们会经历很长一段感觉"正常"或处于基线状态的时间。贾尼丝尤其如此，她此前都没有寻求治疗，而且她难以理解在她不感到抑郁或躁狂时服药的必要性。

贾尼丝描述说，随着时间的推移，她的心境发作会越来越严重。对于多年不接受治疗的双相障碍来访者来说，这是很典型的。虽然她一直不愿意与家人谈论她的问题，但让他们参与她的治疗是很重要的，因为他们可以帮助贾尼丝了解她的心境何时会开始转变。患有双相障碍的人可能很难意识到这些心境的变化。久而久之，对贾尼丝来说，继续探讨她对心理健康治疗的耻辱感的担忧是很重要的，因为这在过去一直是阻碍她主动寻求帮助的主要障碍。

总结

◎ 抑郁及双相障碍反映了一个人的情感状态或心境的紊乱。人们可以以极度抑郁、极度兴奋或这些情绪状态的组合形式经历这种紊乱。发作是一个有时间限制的时期，在这个时期内，某种障碍的特定强烈症状是明显的。

◎ 重性抑郁障碍的特点是急性但有时间限制的抑郁症状的发作，如极度沮丧的感觉、对以前喜爱的活动失去兴趣、躯体症状以及进食和睡眠行为的紊乱。患有重性抑郁障碍的人也有认知症状，如消极的自我看法、内疚感、无法集中注意力和犹豫不决。抑郁发作可以是忧郁性的或季节性的。持续性抑郁障碍由这样的抑郁组成：它不像重性抑郁障碍那样深重或强烈，但有一个较长的持续过程。患有持续性抑郁障碍的人至少在两年内有抑郁症状，如精力不足、自卑、注意力不集中、决策困难、无望感以及食欲和睡眠紊乱。破坏性心境失调包括长期和严重的易激惹，经前期烦躁障碍发生在妇女每个月的月经来潮之前。

◎ 双相障碍的特点是强烈的、高破坏性的极度兴奋或欣快体验，即躁狂发作，表现为思维、行为和情感的异常高涨，它们对个体会造成重大损害。对躁狂和抑郁都表现出来的双相发作，可以使用特定的标注来表示其混合症状。环性心境障碍由一种在心境恶劣和更短的、更不强烈的、更不具破坏性的状态

（即轻躁狂发作）之间的波动所构成。

◎ 临床医生从生物学、心理学和社会文化的角度来解释抑郁和双相障碍。支持生物学模型的最有说服力的证据依赖于遗传学的作用；这些障碍在家族中遗传，这一点已经得到了充分的证实。生物学理论侧重于神经递质和激素功能。心理学理论已经从早期的精神分析方法转向更现代的观点，强调心境障碍的行为、认知和人际方面。行为观点认为，抑郁是积极强化减少、社会技能不足或紧张的生活经历造成的破坏的结果。根据认知的观点，抑郁个体对压力事件的反应是激活一套被称为认知三要素的观念：对自我、世界和未来的负面看法。认知扭曲是人们在从经验中得出结论的方式上所犯的错误，应用不合逻辑的规则，如武断推断和以偏概全。人际理论提出了一个理解抑郁和双相障碍的模型，强调受干扰的社会功能。

◎ 临床医生还从生物学、心理学和社会文化的角度对抑郁和双相障碍进行治疗。抗抑郁药物治疗是对抑郁个体最常见的躯体治疗方式，而碳酸锂是对双相障碍个体最广泛使用的药物。在使人丧失能力的抑郁和一些急性躁狂的极端情况下，临床医生可能会建议进行电休克治疗。对治疗抑郁和双相障碍个体最有效的心理干预措施是那些植根于行为和认知方法的干预。社会文化和人际干预的重点是在人际系统的背景下（如亲密关系）治疗心境症状。

◎ 虽然没有正式的诊断类别专门适用于自杀的个体，但许多自杀的个体都患有抑郁障碍或双相障碍，有些人还患有其他严重的心理障碍。临床医生从生物学、心理学和社会文化的角度解释令人惊讶的自杀行为。根据自杀的背景、意图和致命性，对有自杀倾向的来访者的治疗有很大的不同。大多数干预方法包括支持和直接治疗。

第**8**章

焦虑、强迫和创伤及应激相关障碍

通过本章学习我们能够：

口 区分正常的恐惧反应和焦虑障碍；

口 描述分离焦虑障碍；

口 描述特定恐惧症的理论和治疗；

口 描述社交焦虑障碍的理论和治疗；

口 对比惊恐障碍与场所恐惧症；

口 描述广泛性焦虑障碍；

口 对比强迫障碍与躯体变形障碍和囤积障碍；

口 识别创伤及应激相关障碍；

口 解释焦虑、强迫、创伤及应激相关障碍的生物－心理－社会视角。

©cybrain/Shutterstock

个案报告

芭芭拉·怀尔德

人口学信息：30 岁，单身，异性恋，白人女性

主诉问题：18 岁时，芭芭拉参军以有助于支付自己的大学学费。在她获得商学学士学位后不久，美国对伊拉克宣战，芭芭拉被派去执行她的第一次任务，这一任务持续了 18 个月。此后，她又返回战场了三次，直到在一次军警突袭中严重受伤，左腿需要截肢，她才被迫停止了在军队的服役。

当芭芭拉在退伍军人事务部（Veterans Affairs, VA）医疗中心接受治疗时，她的医生注意到她似乎总是"焦虑不安"。当被要求提供腿部受伤的细节时，她会变得焦虑和沉默。她说，她因为经常做噩梦而难以入睡。由于怀疑她可能患有创伤后应激障碍，退伍军人事务部的医生将她转到创伤后应激障碍专科诊所。芭芭拉说，自从最后一次执行任务回来后，她确实遭受了很大的心理压力。她形容自己在伊拉克的日子非常危险，压力很大。她在宪兵部队工作，负责看守战俘。她的电台经常遭到攻击，而且枪战时有发生。芭芭拉还目睹了许多平民和战友受伤或死亡的事件。

在伊拉克期间，尽管她经常受伤甚至遭受到死亡的威胁，并且目睹了许多怪诞的场景，但芭芭拉说，在前三次任务中，她基本上能够集中精力工作，而不会感到过度恐惧。然而，随着时间的推移和执行多次长时间的任务，她发现自己越来越难以不受周围事件的影响。芭芭拉回忆，在她最后一次执行任务的初期，她感觉自己好像开始"精神崩溃"。当她在突袭中受伤时，她确信自己已经被杀死了，并在震惊的状态中保持了近 12 个小时。芭芭拉回忆，她一恢复意识就"失控了"，并开始对身边的医护人员大喊大叫。她现在几乎不记得那天的事了，却记得当时完全被恐惧压倒的感觉，这种感觉一直伴随她到现在。

芭芭拉从战场回家后，除了面临情感上的困难外，她还被要求重新适应她所在社区的生活，而不再过军人的生活。这种调整是困难的，不仅因为她离开她的朋友和家人太久了，还因为她感到了与战争记忆有关的压倒性的痛苦。尽管如此，芭芭拉还是很好地应对了她的受伤——在退伍军人事务部接受物理治疗，并适应了作为一个截肢者的生活。然而，不可否认的是，由于她的受伤和她在伊拉克遭受过的可怕经历，她已经是一个不同于她当兵之前的人了。

芭芭拉原本计划在与军方的合同到期后回到学校获得工商管理学位。然而，自从六个月前回到美国后，她就放弃了这个计划。她很少离开和父母一起住的房子。回国后的前两个月，她每天都酗酒。最终她发现饮酒似乎只会让她的焦虑加剧，所以她后来完全停止了饮酒。尽管芭芭拉说她从来没有谈论过自己在伊拉克的经历，但她每天至少会有一次被她在战争中目睹的暴力画面的生动闪回所困扰。这些幻象也会出现在她的噩梦中。她说，她一定是在脑海中无数次重现了看到自己的腿被炸飞的情景。她说感觉自己好像处于一种持续焦虑的状态，而且对突如其来的巨大噪音特别敏感。因此，芭芭拉说她在周围的人面前经常烦躁不安，很容易生气。她表达了自己的恐惧，担心自己的人生将永远一事无成，并且她几乎没有动力去走向独立。曾经的她喜欢社交并且很外向，但她现在再也不想见朋友，而且经常不理睬她的父母。她描述自己在情感上是"麻木"的，并且觉得与自己的情感是脱离的——这与她平时的气质大相径庭。

既往史：芭芭拉说她总是"有点焦虑"，但她从来没有感到这种焦虑是对她日常功能的干扰。她说自己在入伍前是一个正常的、外向的人，对自己的生活基本满意。她的直系亲属中没有精神病史。

症状：芭芭拉说，自从她从伊拉克回来后，她经常经历一些痛苦的症状，这严重影响了她的生活。这些症状包括在过去六个月中睡眠困难、噩梦、闪回、不安、感觉与他人脱离、兴趣减退、情绪"麻木"、逃避谈创伤、过度警觉、愤怒加剧和易怒。

个案概念化：芭芭拉过去六个月的症状符合《精

神障碍诊断与统计手册（第五版）》关于创伤后应激障碍的标准：侵入性回忆、回避／麻木、过度警觉、持续时间（至少一个月）和功能受损。在三次在伊拉克执行任务期间，作为一名士兵，她多次暴露在危险或威胁生命的情况下，目睹了许多可怕的事件。虽然她一开始能够应对这些经历，但随着时间的推移，她的决心被动摇了，她开始对周围的环境感到恐惧和惊骇，尤其是对失去部分左腿的这一事件。尽管她曾经酗酒数周，但也已经戒酒数月，并没有达到《精神障碍诊断与统计手册（第五版）》中酒精使用障碍的诊断标准。

治疗方案：在心理评估确定芭芭拉患有创伤后应激障碍之后，她被推荐接受每周的个体心理治疗，以及每周在退伍军人事务部举办的创伤后应激障碍治疗团体。创伤后应激障碍的心理治疗通常包括通过谈论和／或写一些与创伤有关的细节来暴露于创伤中。还有一些治疗包括反思创伤是如何影响个体对信任和安全的普遍信念的。团体治疗的目的是为那些患有相同障碍的人提供社会支持，并提供应对技能的培训。团体治疗有时可以用来代替个体治疗。

萨拉·托宾博士，临床医生

焦虑障碍

焦虑障碍（anxiety disorders）的核心定义特征是一种长期而强烈的**焦虑**（anxiety）感的体验，即人们对未来可能发生在自己身上的事情感到恐惧。患有焦虑障碍的个体所经历的焦虑导致他们在日常生活中有很大的困难。这种感觉超出了人们在工作、家庭或与他人交往时偶尔会产生的典型担忧。

患有焦虑障碍的个体也会体验到**恐惧**（fear），这是对真实或感知到的迫在眉睫的威胁的情绪反应。同样，就像焦虑的体验一样，患有这些疾病的个体所产生的恐惧已经超出了他们对所处环境中可能存在的危险情境的一般甚至是理性的担忧。

名词解释

焦虑障碍　以过度恐惧和焦虑，以及相关的行为失调为特征的障碍。

焦虑　一种面向未来的全局性的反应，包括认知和情感成分，指的是个体对可能发生的可怕的事情感到异常忧虑、紧张和不安。

恐惧　对真实或感知到的迫在眉睫的威胁的情绪反应。

患有焦虑障碍的个体会竭尽全力避免那些会引起焦虑和恐惧的情绪反应的情境。当他们无法做到这一点时，他们在完成工作、享受休闲活动或与朋友及家人进行社交活动方面就会有困难。

在所有类别中，焦虑障碍在美国的终生患病率为28.8%，12 个月总患病率为 18.1%。在所有 12 个月的流行病例中，近 23% 被归类为严重。据报告，所有焦虑障碍患者的终生患病率在 30 ~ 44 岁之间达到顶峰，而 60 岁及以上人群的患病率则急剧下降至 15.3%。平均年患病率为 19.3%，从 30 ~ 至 44 岁的顶峰下降到 60 岁及以上的 9%（如图 8–1 所示）。所有焦虑障碍发病的平均年龄是 21.3 岁，范围从 15 岁甚至更年轻到 39 岁不等，这取决于疾病的性质。

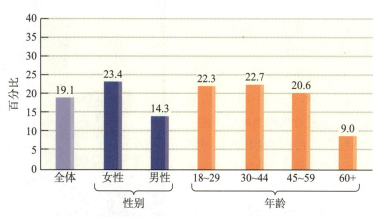

图 8–1　美国成年人中焦虑障碍在 2001—2003 年的患病率

资料来源：https://www.nimh.nih.gov/health/statistics/any-anxiety-disorder.shtml

分离焦虑障碍

患有**分离焦虑障碍**（separation anxiety disorder）的

个体对于离开家或被他们的依恋对象（他们在生活中亲近的人）抛弃有强烈而不恰当的焦虑。患有这种疾病的孩子可能会紧紧地依附于父母，不让父母离开自己的视线。符合这种障碍标准的成人对于与自己情感上最依恋的人分离有强烈的焦虑。

名词解释

分离焦虑障碍　一种起源于童年时期的疾病，其特征是由于与家庭或照顾者分离而产生强烈而不适当的焦虑，持续至少四周。

在《精神障碍诊断与统计手册（第五版）》之前，分离焦虑障碍被认为是儿童特有的。然而，由于意识到有了相当数量的成人发作病例，《精神障碍诊断与统计手册（第五版）》取消了该病的年龄限制，以使其诊断既适用于儿童，也适用于成人。尽管这种障碍的主要特征可能会随着个体的年龄而变化，但总是包括当与家或依恋对象分离时，甚至在想到这种分离发生时，感到过度痛苦。

有分离焦虑的个体的部分体验是担心伤害会降临到他们的依恋对象身上，比如他们可能被绑架，这种恐惧可能会变得极端和非理性。这种担心导致他们尽量避免在任何时候与依恋对象分开或离开家，这就妨碍了他们去工作或者上学的能力。他们需要睡在依恋对象旁边，并且可能会做与分离有关的噩梦。对分离的预期也可能会导致他们出现身体不适，如头痛、胃痛甚至恶心和呕吐。

流行病学家估计，全世界范围内有 5.3% 的人在生活中的某个阶段患过分离焦虑障碍，其中 43.1% 的人在成年期出现这种症状。不管症状从什么时候开始明显出现，这种障碍的患者更有可能曾在他们的童年中经历逆境或在他们生活的某个阶段遭受创伤事件。女性比男性更容易患分离焦虑障碍。患有这种障碍的个体之后患其他焦虑障碍和抑郁障碍

（"内化"障碍）以及多动症和品行障碍的风险更大。

分离焦虑障碍的理论与治疗

尽管对双胞胎的研究支持了基因对这种障碍的作用，但瑞典研究人员开展的一项针对双胞胎子女的新研究表明，焦虑是通过环境机制而不是遗传机制，由父母传给子女的。换句话说，父母患有焦虑障碍的孩子通过模仿而患上焦虑。

社会文化因素也在诱发某些个体患上分离焦虑障碍方面发挥了作用。在提倡个人主义和独立文化的国家，这种障碍的症状似乎比那些拥有一套更加集体主义文化规范的国家更严重。在集体主义文化中，和依恋对象待在一起似乎更容易被接受，所以患有分离焦虑障碍的个体的行为可能不会显得那么不同寻常。

如前所述，创伤可能在分离焦虑障碍的发展中发挥作用。2001 年 9 月 11 日恐怖袭击后，纽约市近 13% 的学龄儿童被诊断为分离焦虑障碍。源于生物学的气质差异可能是导致一些儿童在这类情况下有更强烈的反应的原因。

目前，有关治疗的文献不包括对成人的研究，因为在《精神障碍诊断与统计手册（第五版）》出版之前，这种情况被认为是儿童特有的。对于儿童来说，行为疗法和认知行为疗法似乎都大有希望。行为技术包括系统脱敏法、长时间暴露和模仿。权变管理和自我管理也

患有分离焦虑障碍的儿童在与主要照顾者分开时，会经历极度的痛苦。
©Design Pics/Kelly Redinger

有助于教育孩子更积极和更有能力地应对引发恐惧的情况。

研究人员开发了认知行为疗法的一种形式并正在探究该方法的有效性，他们认为临床医生可以用一种集中而有时限的方式进行治疗，这样儿童就不需要接受数周或数月的治疗。在一个完整的疗程中，患有分离焦虑障碍的女孩们参加了一个为期一周的夏令营，她们首先在团体中接受了集中的认知行为治疗。治疗包括父母和孩子们一起完成心理教育、认知重建和放松训练的组合。没有父母在场的手工活动会定期举行。在周末，孩子们和他们的父母会参加一个颁奖典礼。在夏令营结束后的几周内，父母们还接受了后续训练。最后一天的活动还包括复发预防训练，以确保如果分离焦虑再次发生，父母和孩子们不会完全再次出现他们训练之前的行为。

选择性缄默症

在特定情境下拒绝说话是选择性缄默症（selective mutism）的核心特征。患有这种障碍的儿童能够使用正常的语言，但他们在某些情况下几乎完全沉默，最常见的是在教室里。这是一种相对罕见的疾病，据估计其患病率为 0.2% ~ 2%，发病年龄在 3 ~ 6 岁；男孩和女孩的发病率是相等的。焦虑可能是选择性缄默症的根源，因为儿童通常在学校而不是在家里表现出这种行为。

名词解释

选择性缄默症 一种起源于童年时期的障碍，个体有意识地拒绝说话。

患有选择性缄默症的儿童似乎对行为疗法反应良好。临床医生设计了一个期望反应的阶梯，从奖励孩子做出任何表达开始，然后通过单词和句子慢慢进步，从家里到诊所，最终到学校。另一种行为疗法是使用权变管理，在这种方法中如果孩子出现他人期望的说话行为，他们就会得到奖励。权变管理似乎特别适合父母在家里使用。在这两种方法中，行为塑造和暴露疗法似乎更有效，但家庭权变管理仍然可以作为一个重要的附加技术。

认知行为疗法是另一种对患有选择性缄默症的儿童有改善的方法。一项关于认知行为疗法在 3 ~ 9 岁

儿童中的有效性的调查显示，5 岁以下儿童的改善率很高（78%），而 6 岁及以上儿童的改善率较低。这种治疗适用于学校环境，通过六个阶梯逐渐进步，从在父母在场的情况下与治疗师交谈，到最终在治疗师和父母都不在场的情况下与其他儿童交谈。家长和老师被指导使用"分散沟通"，在这种方式下，他们会最小化孩子说话时所承受的直接压力。认知行为疗法可以带来持久的益处，一项随访显示，使用该疗法的儿童的获益在治疗后可以持续五年。

特定恐惧症

恐惧症（phobia）是一种与特定的物体或情境有关的非理性恐惧。有点害怕或至少希望避免像蜘蛛这样的物体、封闭的空间或高度是常见的。然而，在特定恐惧症（specific phobia）中，恐惧或焦虑会非常强烈以至于让人无能为力。患有特定恐惧症的个体会竭尽全力避免害怕的物体或情境。如果他们无法逃脱，他们会忍受这种情况，但仍有明显的焦虑和不适。和所有的焦虑障碍一样，特定恐惧症会引发强烈痛苦。此外，这不是一种短暂的情况，必须存在至少六个月以证明诊断是正确的。

名词解释

恐惧症 与特定物体或情境有关的非理性恐惧。

特定恐惧症 对某一特定物体、活动或情境的非理性且强度较高的恐惧。

一种常见的恐惧症是过分害怕蜘蛛。
©Design Pics/Yuri Arcurs

几乎任何物体或情境（如开车）都可以成为特定恐惧症的目标。美国的趣味猜词游戏可能会要求你定义术语以指代不寻常的恐惧症，如小丑恐惧症（害怕小丑）。

不管特定恐惧症的清单有多么无穷无尽，它们都可以归为昆虫和动物恐惧、自然环境（风暴或火灾）恐惧、血液注射伤害恐惧（如看到血液、接受侵入性医疗程序），以及在特定情况中进行活动的恐惧（人乘坐自动扶梯、飞行）四个主要类别，第五类包括各种各样的刺激或情况，如害怕呕吐。

总的来说，在美国，特定恐惧症的终生患病率为12.5%。终生患病率最高的是对自然环境的恐惧，特别是恐高，估计占比为3.1%～5.3%。动物恐惧症的患病率为3.3%～7%。在有任何一种特定恐惧症的人群中，50%是害怕动物或恐高的，这一事实表明这是两种最常见的特定恐惧症。对22个国家的终生患病率进行比较后发现，美国、哥伦比亚和巴西的患病率类似（12.5%），而中国的患病率最低（2.6%）。动物恐惧症是最普遍的（3.8%），其次是对医疗程序的恐惧（3.0%），然后是对水和天气事件的恐惧（2.3%）。在全球范围内，特定恐惧症在60岁及以上成年人中的发病率低于年轻人，男性的发病率低于女性。

特定恐惧症的理论与治疗

正如你刚才看到的，从常见的到相对鲜为人知的特定恐惧症有很多种类型。然而，它们被组合在一起的事实表明，它们的根源以及可能的治疗方法具有潜在的共同主题或元素。

从生物学视角来看，研究人员认为与特定恐惧症相关的焦虑可能与前岛叶皮质的异常有关。这个区域位于大脑的颞叶和额叶之间，与情感和自我意识有关。杏仁核调节恐惧反应，似乎也在特定恐惧症中发挥作用，特别是那些人们通过后天学习建立了给定的刺激与恐惧情绪的联系而产生的恐惧症。

从生物学视角对特定恐惧症的治疗侧重于症状管理。持有这个视角工作的临床医生会开处方药，主要是苯二氮卓类药物，但是只在他们的来访者对其他治疗没有反应的时候开。与其他形式的焦虑障碍不同，特定恐惧症在本质上更有局限性，并且导致焦虑的情况通常更容易避免。因此，临床医生只有在特定恐惧症干扰了个

体执行日常活动的能力，以至于他们无法正常工作时才会开药。

针对特定恐惧症的行为疗法强调，当个体学会将不愉快的身体感觉与某种刺激或情境联系起来时产生的条件反射。行为主义者认为，这种反应可能具有某种适应价值，因为这些情况可能确实是我们应该害怕的，比如毒蛇。根据这一观点，当人们开始把适当的恐惧反应泛化到该类别的所有刺激物（包括无害的刺激物）时，这些症状就变成了适应不良。

特定恐惧症也可能有发展方面的因素。非常小的孩子往往害怕他们看到的物体或情境；随着年龄的增长，恐惧对象在本质上变得更加抽象（如"妖怪"）。此外，年龄较大的儿童可能会比患有同样恐惧症的年幼儿童认为他们害怕的物体和情况是更为灾难性的。在年龄谱的另一端，患有特定恐惧症的老年人可能不会报告症状，而是错误地将他们的焦虑归咎于身体状况。

根据认知行为的观点，患有特定恐惧症的个体拥有过于活跃的对危险的警报系统，他们认为事情是危险的是因为他们误解了无害的刺激。例如，认为一个物体或情况是不可控制、不可预测、危险的或令人厌恶的这种错误认知与脆弱感有关。这些归因可能解释了人们对于蜘蛛这种他们有许多误解和担心的昆虫的普遍恐惧。相比之下，在血液注射伤害恐惧症中，对污染的厌恶和恐惧发挥了突出的作用。有恐惧症的个体也倾向于在接触到令人恐惧的刺激后，高估危险结果的可能性。

所有的行为技术都依赖于正强化作为实现症状缓解的机制。然而，临床医生提供这种强化的具体方法是不同的。

小案例

特定恐惧症，自然环境型

阿尔曼，32岁，异性恋，已婚，印第安裔美国男性，因对雷雨的非理性恐惧而寻求治疗。他从4岁起就患有这种恐惧症，在生活中，他采用了各种各样的策略来应对他的恐惧。预报有暴风雨时他总是尽可能避免外出。他不仅要待在大楼里，而且要确保在一个没有窗户和电器的房间里。作为一名律师，他的工作责任越来越大。但是阿尔曼发现，由于恐惧他再也没有时间休息

了，虽然他知道这种恐惧是不理智的。

在暴露疗法中，正强化被用来引导来访者采用适应性反应（放松）代替非适应性反应（恐惧或焦虑）。暴露疗法的四种方法因其基本程序的实施方式不同而不同

（见表 8-1）。系统脱敏法给来访者呈现越来越焦虑的意象，同时训练来访者放松。该疗法背后的理念是，患者不能同时感到焦虑和放松，因此在治疗过程中，焦虑将完全被放松取代。

表 8-1 对恐惧症的行为治疗中的暴露方法

	逐步暴露	立即完全暴露
想象的	系统脱敏法	想象满灌疗法
现场的	分级实景法	实景满灌疗法

在被称为满灌（flooding）的行为技术中，来访者会完全沉浸在他们能充分感受到焦虑的恐惧情境中。实景满灌疗法（in vivo flooding）使来访者暴露在真实恐惧的情况中，如让恐高的来访者站在高层建筑的顶层。满灌疗法的另一种变体是想象满灌疗法（imaginal flooding），临床医生会将来访者虚拟地暴露在害怕的情况中。

实景满灌疗法可能是所有描述过的治疗中压力最大的，因此有很高的脱落率。另一种选择是分级实景法（graded in vivo），来访者首先面对只引起轻微焦虑的情境，然后逐渐向能引起更大焦虑的情境前进。治疗师通常会试图给来访者希望并向其示范被期望的非焦虑反应。在治疗一个害怕封闭空间的来访者时，治疗师可以和来访者一起进入越来越小的房间。看到治疗师没有表现出恐惧的迹象可能会使来访者模仿治疗师的反应。治疗师也可以表扬来访者以进一步强化来访者正在学习的新反应。如表 8-1 所示，行为治疗会根据来访者暴露于恐怖刺激的性质（现场的或想象的）和面对刺激的强度（立即完全暴露或逐步暴露）的不同而不同。

最近正在测试的暴露疗法的变体是虚拟现实暴露疗法（virtual reality exposure therapy, VRET），这种方法让来访者沉浸在计算机生成的且与他们所恐惧情境类似的环境中。虚拟现实暴露疗法似乎是为来访者提供可以让他们忘却自己恐惧的体验的理想方式，因为它明显比实景治疗更安全，也比想象的方法更现实。一项对使用虚拟现实暴露疗法治疗恐高或恐惧蜘蛛的个体的临床试验进行的元分析显示，其对恐惧行为的效果可与行为治

疗相媲美。鉴于这种技术形式的使用范围越来越广，虚拟现实暴露疗法很可能将越来越多地用于治疗特定恐惧症。

名词解释

满灌 一种行为技术，通过完全暴露于恐惧的情境，让来访者沉浸在焦虑的感觉中。

实景满灌疗法 一种让来访者沉浸在真实恐惧情境中的行为技术。

想象满灌疗法 一种让来访者通过想象沉浸在恐惧情境中的行为技术。

分级实景法 一种让来访者逐渐暴露在越来越具有挑战性的焦虑情境中的行为技术。

虚拟现实暴露疗法 一种使用虚拟现实的暴露疗法，这种方法让来访者沉浸在计算机生成的且与他们所恐惧情境类似的环境中。

特定恐惧症的认知行为疗法的重点是挑战来访者对恐惧刺激的非理性信念，帮助他们学习更适应的方式来思考以前觉得有威胁的情况和物体。例如，治疗师可能会向一个有电梯恐惧症的年轻人展示，他相信的"坐电梯会导致灾难性后果"的想法是不现实和夸张的。在这种情况下，来访者也可以学习"自言自语"的技巧，告诉自己他的恐惧是荒谬的，不会有什么坏事真的发生，并且他很快就会到达他的目的地。

社交焦虑障碍

社交焦虑障碍（social anxiety disorder）的主要特征是害怕在别人面前丢脸或尴尬。除了人们对于在表演中

会显得愚蠢或犯错误的一般担忧外，这种障碍还会使人们甚至一想到要在别人面前吃喝就感到焦虑。因此，所恐惧的不是他人（它不是恐惧症），而是他人对个体的看法。在《精神障碍诊断与统计手册（第四版－修订版）》中，这种障碍被称为社交恐惧症；在《精神障碍诊断与统计手册（第五版）》中它被写为社交焦虑障碍，并仍在后面的括号中注明社交恐惧症。

名词解释

社交焦虑障碍　以在个体可能会被他人审视的社交场合中明显或强烈的恐惧或焦虑为特征的一种焦虑障碍。

在美国，社交焦虑障碍的终生患病率为 12.1%，在焦虑障碍中其患病率仅次于特定恐惧症。在 12 个月的时间里有 6.8% 的人会患上这种疾病，其中近 30% 的病例被归类为严重。

《精神障碍诊断与统计手册（第五版）》中有什么

焦虑障碍的定义和分类

《精神障碍诊断与统计手册（第五版）》揭示了在焦虑障碍的定义和分类方面的重大变化。和现在的《国际疾病分类（第十版）》中一样，场所恐惧症成为一种单独的疾病。此外，《精神障碍诊断与统计手册（第四版－修订版）》中的社交恐惧症被重新命名为社交焦虑障碍。这一变化反映了一个事实，即社交焦虑障碍并不是代表对他人恐惧的一种恐惧症，尽管"社交恐惧症"仍然出现在括号中。强迫障碍被分为躯体变形障碍、囤积障碍、拔毛癖（拔毛障碍）和抓痕障碍（皮肤搔抓）。急性和创伤后应激障碍有它们自己的类别"创伤及应激相关障碍"。最后，以前属于起源于儿童时期的类别（这个名称现在已被取消）的几个疾病被归入焦虑障碍这一类别。

社交焦虑障碍的理论与治疗

一些研究人员认为，社交焦虑障碍的生物学基础可能与部分遗传机制有关。从这个视角来看，患有社交焦虑障碍的个体所体验的强烈焦虑本质上是一种强烈的害羞和神经质的人格特质相结合的形式。这些特质反过来又导致或由大脑负责注意力的区域的改变引起。根据这种观点，患有社交焦虑障碍的个体会变得过于关注自我，因而夸大了别人对他们的批评程度。

在可能用于治疗社交焦虑障碍的药物中，选择性5-羟色胺或去甲肾上腺素再摄取抑制剂被认为是最有效的。其他可能有效的药物则有一些相当大的缺点。苯二氮卓类药物极有可能被滥用；此外，它们可能会干扰包括心理方法的治疗，如暴露于恐惧的情境中。可以有效地控制社交焦虑症状的单胺氧化酶抑制剂也有潜在的危险副作用。

小案例

社交焦虑障碍，表现单一类型

西奥，19岁，双性恋，单身，白人男性。他是一名大二学生，说自己害怕在课堂上发言。他的焦虑非常强烈，以至于他只报名参加规模非常大的课堂，他坐在教室的后面，无精打采地坐在椅子上，尽可能地让自己不被人看到。有时，上课的教授会随机地叫学生回答某些问题。当这种情况发生时，西奥会开始出汗和颤抖。有时，他会冲出教室，疯狂地跑回宿舍，试图让自己冷静下来几个小时。

在心理学的方法中，认知行为视角认为患有社交焦虑障碍的人无法从现实的角度看待别人对他们的真实看法。就像其他形式的认知行为疗法一样，持这个视角工作的临床医生试图结合真实或想象的暴露疗法来重新构建来访者的想法。

与认知行为疗法相关的一种观点认为，社交焦虑障碍反映了对在新环境中与陌生人交往的核心恐惧。网络模型领域的研究人员并非把障碍的各种症状看作有独立的起因，他们认为特定的恐惧（如无法直视陌生人或在别人面前考试）都是通过对陌生人的核心恐惧这一中心联结点来相互关联的。遵循这种取向，疗法将尝试治疗核心恐惧，然后对更外围的症状产生级联效应。

社交焦虑障碍通过阻止个体从事他们通常喜欢的社交活动而导致痛苦。

©Comstock/age fotostock

　　然而，社交焦虑障碍的治疗可能特别具有挑战性，因为来访者可能倾向于在社交上孤立自己，因此在日常生活中很少有机会接触到具有挑战性的情况。他们受损的社交技能可能会导致他们得到他人的负面反馈，从而证实他们的恐惧。不幸的是，尝试使用虚拟现实暴露疗法的研究人员发现，虚拟场景对社交焦虑障碍的效果比其对特定恐惧症的治疗更差。虽然虚拟暴露可能会引发与实际暴露于社交情境类似的反应，但当在治疗中重现这些社交情境时，个体更需要暴露于真实的观众中。

　　对于那些对心理疗法或药物治疗没有反应的来访者，有迹象表明动机式访谈、接纳与承诺疗法，以及正念／冥想等替代方法是有好处的。它们的共同元素也出

现在认知行为疗法中，即尝试从情境中退后一步，来识别和挑战自动思维。

惊恐障碍和场所恐惧症

　　在《精神障碍诊断与统计手册（第四版－修订版）》中，场所恐惧症不被认为是与惊恐障碍分开的独立诊断。而《精神障碍诊断与统计手册（第五版）》与新兴研究和《国际疾病分类》一致，目前将这两种障碍分开。但是如果个体符合这两种疾病的标准，他们也可以同时被诊断为这两种疾病。我们将它们放在一个部分，是因为大多数关于理论和治疗的研究都是基于《精神障碍诊断与统计手册（第四版－修订版）》的诊断分类进行的。

惊恐障碍

　　患有惊恐障碍（panic disorder）的个体会经历一段称为惊恐发作（panic attacks）的身体剧烈不适的时期。在惊恐发作时，个体会被一系列非常不愉快的身体感觉所压倒。这些症状包括呼吸窘迫（如呼吸急促、换气过度、窒息感）、自主神经紊乱（如出汗、胃痛、震颤或发抖、心悸）和感觉异常（如头晕、麻木或刺痛）。在惊恐发作时，人们也会觉得自己"疯了"或失去控制。《精神障碍诊断与统计手册（第五版）》包括惊恐发作的标准，表明了个体所经历症状的性质，如心悸、出汗、颤抖、胸痛、恶心、寒战、害怕"发疯"和害怕死亡。在这些症状中，心悸（"心跳"）和头晕是最常被报告的。

名词解释

惊恐障碍　个体反复出现惊恐发作或对再次发作的可能性有持续的忧虑和担心的一种焦虑障碍。

惊恐发作　一段时间的强烈恐惧和身体不适，伴随着自己要被压倒和即将失去控制的感觉。

　　偶尔的惊恐发作并不足以被诊断为惊恐障碍。惊恐发作必须反复出现，并伴有对再次发作的恐惧，才符合诊断标准。患有这种疾病的个体也可能会采取逃避行为，远离可能再次发生惊恐发作的情况。

场所恐惧症

　　在场所恐惧症（agoraphobia）中，人们感到的强烈

恐惧或焦虑，是由真实或预期暴露在某些情况下引发的，例如乘坐公共交通工具、处于一个封闭的空间如剧院、或处于一个开放的空间如停车场，以及独自一人在外面。

名词解释

场所恐惧症 当个体真正或预期暴露在一些他们可能在丧失行为能力但却无法得到帮助的情况中所引发的强烈焦虑。

患有场所恐惧症的个体害怕的不是环境本身，而是害怕在这些情况下，如果他们有类似恐慌的症状或其他尴尬或无能的症状，他们无法得到帮助或没有逃离的可能性。他们的恐惧或焦虑与他们可能面临的实际危险不成比例。如果他们无法避免这种情况，他们就会变得高度焦虑和恐惧，并且他们可能需要同伴的陪伴来应对这种情况。与其他心理障碍一样，这些症状必须持续一段时间（在这种情况下，至少六个月），造成了相当大的痛苦，并且不是由于其他心理或躯体障碍导致的。

惊恐发作较为常见，据估计有 20% 或更多的成人会出现惊恐发作；惊恐障碍的终生患病率则要低得多，只有 3% ~ 5%。在各种研究、设置和诊断标准中，约 25% 患有惊恐障碍伴场所恐惧症症状的个体符合单独的场所恐惧症诊断标准。

惊恐障碍和场所恐惧症的理论与治疗

研究造成惊恐障碍的生物学因素的研究人员关注去甲肾上腺素的作用。去甲肾上腺素是一种神经递质，有助于身体准备好应对压力情境。较高的去甲肾上腺素水平会使个体更容易感到恐惧、焦虑和恐慌。5- 羟色胺也可能在增加个体患惊恐障碍的可能性方面发挥作用，因为 5- 羟色胺的缺乏与焦虑有关。此外，根据**焦虑敏感性理论**（anxiety sensitivity theory），患惊恐障碍的个体对血液中的二氧化碳浓度有更强烈的反应。因此，他们更有可能因为窒息的感觉而恐慌。

对惊恐障碍和场所恐惧症最有效的抗焦虑药是苯二氮卓类药物，它能增加抑制性神经递质 γ- 氨基丁酸的有效性。然而，由于苯二氮卓类药物会导致来访者对其产生依赖或滥用，临床医生可能会选择开选择性 5- 羟色胺再摄取抑制剂或 5- 羟色胺和去甲肾上腺素再摄取抑制剂类药物。

从经典条件作用的视角来看，惊恐障碍是由**条件性恐惧反应**（conditioned fear reactions）导致的。在这种反应中，个体将身体感觉（如呼吸困难）与上一次惊恐发作的记忆联系起来，导致发展出全面的惊恐发作。认知行为模型认为，惊恐障碍患者一旦感受到惊恐发作时产生的不愉快感（呼吸困难），就会认为这是不可预测和无法控制的，并且觉得他们将无法阻止它。

名词解释

焦虑敏感性理论 一种信念，即惊恐障碍的部分原因是人们倾向于以灾难性的方式解释压力和焦虑的认知和躯体表现。

条件性恐惧反应 内在或外在线索与强烈焦虑感之间的习得性关联。

患有惊恐障碍和场所恐惧症的个体除了希望避免与这些经历相关的不愉快情绪外，也可能有会加剧他们症状的人格特征，包括高水平的神经质和低水平的外向性。他们有关反刍、不希望体验强烈的情绪和不与他人交往的倾向，也可能有助于将他们的症状维持在高于或超过之前暴露在引起焦虑的情境下的水平。

小案例

惊恐障碍和场所恐惧症

弗里达，31 岁，异性恋，单身，拉丁裔美国女性。她以前是一名送货司机，因反复发作的惊恐障碍导致她变得害怕开车而寻求治疗。她非常害怕在工作中受到攻击，因此请了病假。虽然最初她能够在母亲的陪伴下离开家里，但她现在无论如何都不能出去。她的家人担心她会成为一个彻底的隐居者。

放松训练（relaxation training）是一种帮助来访者控制惊恐发作时身体反应的行为技术。在训练后，来访者应该能够在面对恐惧的情况时放松整个身体。另一种方法关注呼吸，来访者被指示有意识地强力呼吸，然后开始缓慢呼吸，即与强力呼吸相反的反应。在此训练之后，来访者在出现强力呼吸迹象时可以开始缓慢呼吸。除了改变反应本身，一些方法会让来访者觉得他们可以对惊恐发作的发展实施自主控制。在被称为**恐慌控制疗法**（panic-control therapy，PCT）的方法中，治疗师结合呼吸再训练、心理教育和认知重建来帮助个体识别并最终控制与惊恐发作相关的身体线索。

名词解释

放松训练 一种用于治疗焦虑障碍的行为技术，包括让肌肉紧张和放松的渐进而系统的模式。

恐慌控制疗法 该治疗包括认知重建、暴露于与惊恐发作相关的身体线索中以及呼吸再训练。

在放松疗法中，患者会学习各种呼吸和放松技巧，以克服焦虑的生理症状。
©PhotoAlto/John Dowland/Getty Images

广泛性焦虑障碍

广泛性焦虑障碍（generalized anxiety disorder）的关键特征是，与你目前所了解的障碍不同，它没有特定的聚焦点。患有广泛性焦虑障碍的个体在很多时候都感到焦虑，即使他们可能不能确切地说出他们为什么会有这种感觉。此外，他们非常担心，担心地认为最坏的情况会发生在自己身上。他们的症状涵盖了一系列的身体和心理体验，包括普遍的不安、睡眠障碍、疲劳感、易怒、肌肉紧张、注意力难以集中，直到他们的大脑一片空白。他们并不认为某种特殊的情况是焦虑的根源，并且他们会发现很难控制自己的焦虑。

名词解释

广泛性焦虑障碍 一种焦虑障碍，以焦虑和担心为特征，与特定的物体、情况或事件无关，但似乎是个体日常生活中的一个不变的特征。

老年人和年轻人在广泛性焦虑障碍的本质上存在差异。老年人更担心自己的健康和家庭幸福，而年轻人更担心自己的未来和其他人的健康。老年人也表现出更多的睡眠障碍，不太可能寻求安慰，并在焦虑的同时表现出更高比例和更严重的抑郁。

广泛性焦虑障碍的终生患病率为 5.7%。在 12 个月的时间内，据报道患病率为 3.1%；在这些病例中，32% 被归类为严重。

广泛性焦虑障碍的理论与治疗

基于生物学的广泛性焦虑障碍理论关注 γ-氨基丁酸、5-羟色胺和去甲肾上腺素系统的紊乱。对广泛性焦虑障碍存在生物学成分的观点的支持是发现了遗传易感性与神经质人格特质的重叠（见第 3 章"评估"）。换句话说，容易发展这种障碍的个体遗传了一种潜在的神经质人格类型。

认知行为疗法建立在这样一个假设上，即患有这种焦虑障碍的个体的体验是由他们对生活中小麻烦的认知扭曲所致。使用这种疗法的临床医生试图打破来访者消极想法和担忧的循环，通过帮助他们学习如何识别焦虑的想法、寻找更合理的替代担忧的方法，并采取行动测试这些替代方法。一旦焦虑的循环被打破，个体就能对焦虑行为形成一种控制感，并在焦虑想法可能变得难以承受时更好地管理和减少焦虑想法。

广泛性焦虑障碍的另一个复合因素可能是个体无法忍受不确定性或模棱两可的情况。生活中许多常见情境的结果确实是模棱两可的。患有这种疾病的个体试图通过确切地知道何时会发生什么来减少不确定性，而没有考虑到不可能总是知道每一种情况的结果这一事实。认知行为疗法有助于帮助有这种障碍的患者接受这种模棱两可。因此，认知行为疗法被认为是治疗患有广泛性焦虑障碍的个体的首选方法，特别是因为它避免了抗焦虑药物潜在的副作用。研究人员正在继续探索基本认知行为方法的变体来为个体提供更广泛的选择。接纳与承诺疗法与认知行为疗法有相似的机制，并作为一种独立治疗各种焦虑障碍的疗法正获得越来越多的支持。

小案例

广泛性焦虑障碍

金，32 岁，异性恋，韩国女性，单身妈妈，有两个孩子。她因长期的焦虑感正在寻求专业帮助。尽管她的个人和经济生活相对稳定，但她大部分时间都担心自己会出现经济问题，担心她的孩子会生病，也担心国家的政治局势会使她和孩子的生活更加困难。尽管她试图将这些担忧视为是过度的，但她发现实际上无法控制自己的担忧。大多数时候她都感到不舒服和紧张，有时她的紧张变得相当极端以至于她开始颤抖和出汗。她发现晚上很难入睡，白天她会焦躁不安、兴奋和紧张。她咨询了各种医学专家，但每个专家都无法诊断出她身体上的问题。

强迫及相关障碍

强迫障碍的理论与治疗

强迫思维（obsession）是一种个体认为是侵入性和不必要的，但又是反复且持续性的想法、冲动或意象，人们试图忽视或抑制这种强迫，或通过采取一些其他的想法或行动来中和它们。个体用来试图消除强迫的想法或行为被称为强迫行为（compulsion），即个体觉得自己必须按照严格的规则去执行的一种重复行为或心理行为。然而，强迫行为不一定要与强迫思维相结合。

在强迫障碍（obsessive-compulsive disorder, OCD）中，个体经历的强迫思维或强迫行为达到了他们觉得难以进行日常活动的程度。作为这种障碍的一部分，他们可能会在工作能力和拥有满意的家庭或社交生活方面经历严重的痛苦或损害。

名词解释

强迫思维　不必要的想法、冲动或意象持续而反复地进入个体的思想并造成痛苦。

强迫行为　一种重复的、看似有目的的行为，是对不可控制的冲动的反应，或根据一套仪式化的或刻板的规则而进行的。

强迫障碍　一种焦虑障碍，以反复出现的强迫思维或强迫行为为特征，这些思维和行为异常耗费时间或导致严重的痛苦或损伤。

小案例

强迫障碍，缺乏自知力

塞萨尔，16 岁，墨西哥裔美国男高中生。他的一位老师对他对教室前面电源插座所造成的危险的非理性担忧感到不安，因此让他接受治疗。塞萨尔每天都恳求老师把插座拔掉，以防有人经过时意外触电。老师告诉塞萨尔他的担心是没有根据的，但他仍然很痛苦，以至于在进出教室时，他觉得自己有必要用手电筒照进教室的插座，以确保松动的电线没有暴露出来。在课堂上，他无法思考除了插座以外的任何事情。

强迫障碍患者最常见的强迫行为是重复行为，如清洗和清洁、计数、整理物品、检查或要求安慰。这些强迫行为也可能以精神仪式的形式出现，比如每次个体有不必要的想法时就数到一个特定的数字。一些有强迫障碍的个体会抽搐，这是无法控制的运动动作，比如痉挛、发声和做鬼脸。

一般来说强迫障碍的症状主要有四个主要方面，这就是对对称、秩序、清洁和保存明显无用物品的需求。表 8–2 列出了耶鲁 – 布朗强迫障碍症状清单（Yale-Brown obsessive-compulsive symptom checklist）中的项目，这是一种常用于评估强迫障碍患者的工具。

表 8–2　　　　　　　　　　　　　　　　来自耶鲁 – 布朗强迫障碍症状清单的示例项目

量表	示例项目
侵略性的强迫思维	害怕可能伤害自我 害怕脱口而出猥亵的言语 恐惧需要对发生的其他可怕的事情（如火灾、盗窃）负责
污染的强迫思维	对身体废物或分泌物（如尿、粪便、唾液）的担忧或厌恶 被粘性物质或残留物困扰
性的强迫思维	禁忌或反常的性思想、想象或冲动 针对他人的性行为（侵略性的）
囤积 / 储蓄的强迫思维	区分对有金钱或情感价值的物体的爱好和关注
宗教的强迫思维	对不敬和亵渎的关注 过分关注对 / 错和道德
对对称或精确的需求的强迫思维	伴随着神奇的思维（如担心别人会发生意外，除非东西都在正确的地方）
混杂的强迫思维	害怕说出某些事情 吉利的 / 不吉利的数字 有特殊意义的颜色 迷信的恐惧
躯体强迫思维	对心理疾病或躯体疾病的关注 过分关注身体部位或外表（如畸形恐惧症）
清洁 / 清洗的强迫思维	过度或仪式化的洗手 过度或仪式化的淋浴、洗澡、刷牙、梳妆或如厕
检查的强迫思维	检查门锁、炉子、电器等 检查有无什么可怕的事情没有 / 不会伤害自己 检查在完成任务时有无犯错误
重复的仪式	重读或重写 需要重复日常活动（如进 / 出房门、上 / 下椅子）
计数的强迫行为	检查某种东西是否存在
排序 / 安排的强迫行为	检查某种东西是否存在
囤积 / 收集的强迫行为	区分对有金钱或情感价值的物体的爱好和关注（如仔细阅读垃圾邮件、垃圾分类）
混杂的强迫行为	过度的列表制作 需要倾诉、询问或者忏悔 需要触摸、轻拍或摩擦 涉及眨眼或凝视的仪式

资料来源：Adapted from W. K. Goodman, L. H. Price, S. A. Rasmussen, C. Mazure, P. Delgado, G. R. Heninger, and D. S. Charney (1989a), "The Yale-Brown Obsessive-Compulsive Scale II. Validity" in *Archives of General Psychiatry, 46*, 1012–1016.

一些患有强迫障碍的人对细菌和污垢忧心忡忡，有不可抗拒的冲动去打扫卫生、清洁和消毒。

©baona/Getty Images

强迫障碍被世界卫生组织列为十大衰弱性疾病之一。在美国，强迫障碍的终生患病率估计为 1.6%。12个月的患病率略低，为 1%；其中，大约一半病例被归类为严重。比起诊断为强迫障碍的患者，有更多个体是因类似强迫障碍的症状而寻求帮助。

鉴于清洁和排序等运动动作在强迫障碍中的重要作用，长期以来，这种疾病的生物学基础被认为是起源于基底神经节的异常，这是在运动控制中起作用的大脑皮层下区域。进一步导致运动症状的原因被认为是前额叶皮层无法抑制不必要的想法、意象或冲动。现在，脑扫描证据支持了这些解释，显示了基底神经节和额叶里大脑运动控制中心活动水平的提高。

对强迫障碍最有效的生物治疗是氯丙咪嗪（一种三环类抗抑郁药）或选择性 5- 羟色胺再摄取抑制剂，如氟西汀或舍曲林。在其他治疗方法都不能缓解症状的极端情况下，强迫障碍患者可以接受精神外科手术。例如，对运动控制起作用区域的脑深部电刺激可以通过减少前额叶皮质的活动来帮助缓解症状，而前额叶皮质的活动进而可能有助于减少强迫思维的频率。

强迫障碍的认知行为视角认为，非适应性思维模式有助于强迫障碍症状的发展和维持。强迫障碍患者可能

会对环境中产生焦虑的事件做出过度反应。这种启动作用可能会将强迫障碍纳入所谓内化障碍的范畴，内化障碍包括其他会引发类似惊吓反应模式的焦虑和情绪障碍。对于强迫障碍患者来说，这些经历会转化为令人不安的意象，然后他们会试图通过采取强迫性仪式来抑制或中和这些意象。使他们的症状复杂化的是他们对自己想法的危险性和意义的信念，或他们的"元认知"，这会导致强迫障碍患者担心、反刍，并觉得他们必须监控自己的每一个想法。此外，强迫障碍患者可能具有高度的完美主义人格特质，这是神经质的一个成分，可以被认为是强迫障碍特有的认知易感性。

认知行为疗法目前被认为是治疗强迫障碍最有效的方法。大量符合关系文化治疗（relational-cultural therapy，RCT）标准的研究显示，该方法对强迫障碍的疗效比对其他焦虑障碍更大。除了减少目标症状，认知行为疗法对个体的日常生活质量也有有益影响。

躯体变形障碍

患有**躯体变形障碍**（body dysmorphic disorder，BDD）的个体总是关注这样一种想法，即自己身体的某一部分是丑陋的或有缺陷的。他们的关注远远超过了一般人对自己身体的尺寸和形状或身体某个部位的外观的不满。患有躯体变形障碍的个体可能会不断地检查自己，过分地打扮自己，或者不断地从别人那里寻求对自己外表的安慰。他们不一定认为自己肥胖或超重——这两种在西方文化中常见的想法，但他们可能认为自己的体型太小或肌肉不够。

名词解释

躯体变形障碍 一种个体总是认为自己身体的某一部分是丑陋的或有缺陷的疾病。

《精神障碍诊断与统计手册（第五版）》对躯体变形障碍进行了重新归类，从之前的焦虑障碍类别改为现在的强迫及相关障碍类别。主要的变化是将照镜子或寻求安慰等重复行为作为标准的一部分，这个变化似乎提高了诊断的准确性。表 8-3 说明了这些重复行为的类型，包括来自耶鲁 – 布朗强迫障碍量表的躯体变形障碍版本的项目。

表 8–3	耶鲁 – 布朗强迫障碍量表的躯体变形障碍修订版
1. 时间都被身体缺陷占据了	
2. 由于身体缺陷的想法造成的干扰	
3. 与身体缺陷的想法有关的痛苦	
4. 抵制关于身体缺陷的想法	
5. 对身体缺陷的想法的控制程度	
6. 花在与身体缺陷相关的活动上的时间，如照镜子、梳妆、过度运动、掩饰、抓皮肤、向别人询问自己的缺陷	
7. 由与身体缺陷相关的活动造成的干扰	
8. 与身体缺陷相关的活动有关的痛苦	
9. 抵制冲动	
10. 对强迫行为的控制程度	
11. 对强迫性关注缺陷的本质的洞察	
12. 由于对缺陷的关注而避免活动	

注：耶鲁 – 布朗强迫障碍量表的躯体变形障碍修订版使用以下标准来确定来访者关于假定的身体缺陷的症状的严重程度。

资料来源：http://www.veale.co.uk/wp-content/uploads/2010/11/BDD-YBOCS-Adult.pdf

多达 87% 的女性对自己身体外观的某些方面不满意。然而，总的来说，在任何一个时间点，躯体变形障碍的发病率都是很低的，只有 2.5% 的女性和 2.2% 的男性。躯体变形障碍患者最关心的方面因性别而异，男性更关心他们的体型和稀疏的头发，而女性更关心她们的体重和臀围。

躯体变形障碍经常伴有重性抑郁障碍、社交焦虑障碍、强迫障碍和进食障碍。来访者的痛苦显然会变得非常强烈。该疾病患者的自杀完成率是普通美国人的 45 倍。

真实故事

豪伊·曼德尔：强迫障碍

加拿大喜剧演员、电视名人豪伊·曼德尔（Howie Mandel）在他的自传《这就是事情的真相：别碰我》（*Here's the Deal: Don't Touch Me*）中坦率地讲述了他是如何在患有强迫障碍的情况下成名的。在书中，曼德尔用幽默的视角来描述他经常性的痛苦经历。他对喜剧的热情和与观众的交流帮助他度过了困难时期，他在公众面前坦诚地谈论自己的疾病使他的故事更为引人注目。

除了强迫障碍，曼德尔成年后还被诊断出患有多动症。在书中，曼德尔回忆了自己童年时受到这两种诊断的影响。他在安大略省多伦多市长大，他回忆说在学校里有很多困难，经常因为恶作剧或在课堂上使用不恰当和冲动的行为而陷入麻烦。他写了一件特别令人沮丧的事，当他还是个孩子的时候，白蛉在他的皮肤下产卵。曼德尔没有进行昂贵的医疗治疗，他的母亲选择通过把曼德尔放在热水中擦洗他的皮肤直到卵排出的方式，自己把卵取出来。

曼德尔解释说：

我甚至无法告诉你这对我的心理造成了什么影响。直到今天，每当我想起这件事，我都能看到我的皮肤在冒泡。感觉就像有生物试图在我的皮肤下生存，我被带回到了那些讨厌的、令人毛骨悚然的、需要被烧掉的爬行怪物那里。每当我的强迫障碍被身体上有细菌这个想法触发时，这种感觉就会出现。

曼德尔透露，他强迫思维的主要内容围绕着对灰尘和污染的恐惧，他将其部分归因于他的家庭从早期开始对清洁的强迫性关注。例如，他的祖母甚至会对她的房子外墙进行清洁和打蜡。

曼德尔小时候从未被诊断出患有强迫障碍或多动症，并且在成年之前没有接受任何治疗。由于行为问题，他被高中开除，在接下来的几年里，他和父母住在一起，做地毯销售员。当他决定在多伦多一家受欢迎的喜剧俱乐部里表演单口喜剧时，他觉得自己终于找到了一种方式来展现自己古怪而反常的幽默感，并从偏执的想法和对细菌和污染的担忧中解脱出来：

> 我的整个人生都是为了分散自己的注意力，不去想那些不断爬进我脑袋里的可怕想法。如果我没有做一些能有效对抗强迫思维的事情，我就会找一些事情分散我的注意力。这些让我分心的事是一时冲动而来的。许多人通过食物、酒精或毒品来摆脱内心的恶魔。我最爱的药就是幽默。

结果，他发现自己是一个有天赋的表演者。

没过多久，曼德尔激情四射、时而怪诞的舞台剧开始赢得赞誉，并且不久后他就搬到洛杉矶开始了自己的演艺生涯，在广受欢迎的电视节目《波城杏话》（St. Elsewhere）中出演了六季。在此期间，他继续在喜剧领域工作，并扮演了几个电影角色。后来，他又创作了自己的动画喜剧《鲍比的世界》（Bobby's World），连续播出了八季。之后，他主持了一季的脱口秀节目，并成为电视游戏节目《一掷千金》（Deal or No Deal）的主持人。在拍摄这些节目的过程中，他被与嘉宾和选手握手的困难所困扰，这可能会引发对污染的强迫性担忧，这种担忧整天伴随着他。曼德尔尝试了几种策略来应对他与嘉宾

握手时的顾虑，包括使用"大桶"的抗生素洗液，每次录制前后用手术级肥皂擦洗，以及"碰拳头"而不是握手。最终他决定完全停止与嘉宾握手。

在书中，曼德尔描述了他在高中时认识的妻子特里（Terry）和他们的三个孩子如何在他与强迫障碍抗争的过程中提供额外的支持。

2006 年，曼德尔在霍华德·斯特恩（Howard Stern）的广播节目直播中公开了他的强迫障碍诊断。后来，他公开透露了他的多动症诊断，并继续促进人们对该障碍的认识，特别是成人多动症。最近，他加入热门电视节目《美国天才》（America's Got Talent）的明星阵容。

©s_bukley/Shutterstock

尽管曼德尔在娱乐界取得了巨大的成功，但他仍在应对强迫障碍的症状。虽然他曾担心公开自己的诊断会终结他的职业生涯，但他在书中写道，这实际上让他更接近他的粉丝。豪伊·曼德尔以其特有的幽默和非凡的自我意识，展示了个体如何在患有严重心理障碍的情况下生存并取得成功。

躯体变形障碍具有跨文化的特点。在日本，认为外表会冒犯他人的观念被称为"丑貌恐惧"，是"面对人的恐惧症"或"惧怕人际关系"的一种亚型。恐缩症或缩阳（汉语中称为"阴茎消失"）综合症还包括其他躯体变形障碍症状。

从生物学角度来看，躯体变形障碍的治疗包括药物治疗，特别是选择性 5- 羟色胺再摄取抑制剂类药物，它们可以减轻抑郁和焦虑的相关症状，以及更强迫性的痛苦症状、对身体的关注和强迫行为。一旦服用选择性 5- 羟色胺再摄取抑制剂，躯体变形障碍患者可以体验到生活质量和整体功能的改善，也许还能深入了解他们的障碍。

你来做判断

精神外科手术

正如我们在第 4 章"理论视角"中讨论的，精神外科手术越来越多地被临床医生用来控制强迫障碍的症状。然而，手术干预在多大程度上可以控制心理症状的发生？需要注意，这个手术是不可逆转的。

关于精神外科手术的争论可以追溯到 20 世纪中期，当时医生沃尔特·弗里曼（Walter Freeman）在全国各地进行了大约 18 000 次精神外科手术，他将精神病患者的额叶与大脑的其他部分切开，以控制他们难以管理的行为。未来的人们会认为精神外科手术和类似的干预是过度的甚至是野蛮的惩罚吗？另一方面，对于如此严重和致残的症状，有什么方法即使不完美也能有效控制它们吗？

格兰特·吉勒特（Grant Gillett）就当前精神外科手术的使用提出了这些问题。通过这种激进的技术改变个体的大脑，精神病学家正在篡改一个复杂的构成个体人格的交互系统。仅仅因为它们"有效"，并且目前没有其他方法可用，就能证明对个体大脑进行永久性改变是合理的吗？弗里曼所做的脑白质切除术的受害者有所"改善"，他们的行为变得更温顺了，但他们也被永远地改变了。

你来做判断： 用那些还没有充分证明有效性的方法永久地改造人合适吗？正如吉勒特总结的那样，"燃烧、加热、戳、冻结、电击、切割、刺激或以其他方式摇动（但不是搅动）大脑，将会影响心理"。

从心理社会视角来看，躯体变形障碍患者可能会在他们同一性形成的关键时期，经历过因外表而被取笑或以其他方式让他们感到敏感的情况。一旦他们开始相信自己的身体外表有缺陷，或者偏离了他们所向往的理想身体，他们就会被这种信念占据，出现一系列功能失调的想法和重复的行为。例如，他们可能会看自己外表的一个普通特征，比如腰围，但当他们看自己时却只看到自己"太大"的腰围。他们对这个身体部位的选择性关注伴随着一种信念，即没有人会喜欢他们，从而导致他们避免社交场合并进行一些仪式，如照镜子和经常研究自己的腰部。

临床医生从认知行为视角治疗躯体变形障碍患者，重点是帮助他们理解外表只是他们全部同一性的一个方面，同时挑战他们去质疑关于自己的外表实际上是有缺陷的假设。临床医生可能还会帮助这些个体意识到，其他人在看他们的时候可能根本就没有注意到他们的外表，或者即使是这样，也不是批判性的。

在一项实际操作的认知技术中，临床医生鼓励来访者照镜子，改变他们对所见事物的消极想法。人际关系治疗还可以帮助躯体变形障碍患者发展改进的策略来处理他们在与他人的关系中感受到的痛苦，以及解决他们的低自尊和抑郁情绪。

患有躯体变形障碍的人常常觉得自己的外表比别人实际看到的更有缺陷。
©Glow Images/Media Bakery

躯体变形障碍，缺乏自知力

莉迪娅，63 岁，离异，白人女性。当地的外科医生把她转到精神健康诊所。在过去的八年里，莉迪娅拜访了全美国各地的整形外科医生，想找一个能给她做手术的人来缩小她认为"太胖"的手。在她做手术之前，她不会不戴手套就出门。整形外科医生同意莉迪娅家人和朋友们的看法，认为莉迪娅对自己双手的看法是扭曲的，做整形手术是不恰当和不负责任的。

囤积障碍

在被一种叫作囤积（hoarding）的强迫行为中，人们总是很难丢弃或放弃他们的所有物，即使它们没有多大价值。这些困难包括任何形式的丢弃，例如把物品扔进垃圾桶。有囤积障碍的个体认为这些东西有实用、审美或情感价值，但实际上这些东西往往是旧报纸、袋子或剩饭剩菜。

囤积　一种强迫行为，指的是人们总是很难丢弃一些东西，即使它们没有什么价值。

当面对丢弃这些物品的前景时，这些个体会变得沮丧，而他们的家可能会因多年堆积的杂物而变得不适合居住。房间里堆满了各种各样的物品，既有真正有价值的，也有通常会被扔掉的，比如旧杂志。不像会系统地整理他们物品的普通收藏家，有囤积障碍的个体是没有任何组织形式地囤积物品。

因为在《精神障碍诊断与统计手册（第五版）》中，囤积障碍才成为一种独立的诊断，所以唯一可用的患病率数据是作者引用的估计数据，即 2% ~ 6% 的成人患有囤积障碍。有囤积障碍的成人中有相当大的比例也会有共病的抑郁症状。有囤积障碍的老年人可能会出现身体和认知障碍，且日常功能显著受到影响。

生物 – 心理 – 社会取向对囤积障碍的治疗似乎是最有效的。传统的生物学治疗包括选择性 5– 羟色胺再摄取抑制剂类药物，但研究人员认为这种疾病可能还含有可以通过解决认知功能来保证治疗的神经认知成分。例

如，囤积障碍患者可能患有多动症，他们缺乏将注意力集中在特定细节上的能力。囤积障碍也从发展的角度被理解为依恋困难和在缺乏温暖的家庭中成长。

治疗师使用认知行为疗法的家访似乎最有希望，尤其是在鼓励来访者丢弃囤积物品的方面。搬家公司或专业人员的实际帮助也可能有助于补充药物和认知行为疗法。来访者也可以咨询朋友、家人和当地官员，帮助清理自己的居住空间。

拔毛癖（拔毛障碍）

拔毛癖或拔毛障碍（trichotillomania/hair-pulling disorder）的诊断是给那些因不断增加的紧张或冲动的感觉而拔自己毛发的个体。在拔毛发后，他们会感到暂时的解脱、愉悦或满足。有拔毛癖的人对自己无法控制的行为感到不安，并且可能会发现他们的社会、职业或其他功能领域都因这种疾病而受损。他们觉得无法阻止这种行为，即使这种行为会导致脱发和失去眉毛、睫毛、腋毛和阴毛。随着年龄的增长，他们会增加拔毛发的身体部位的数量。

拔毛癖（拔毛障碍）　一种冲动 – 控制障碍，包括强迫的、持续的拔自己毛发的冲动。

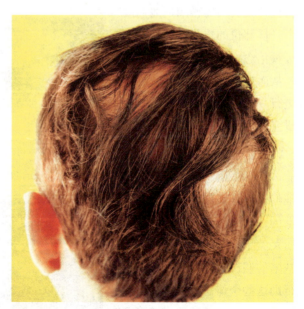

这个男人和许多有拔毛癖的人一样，由于频繁且无法控制地想拔自己的毛发而导致明显的脱发。
©*Herman Agopian/Getty Images*

有这种障碍的个体在生活的各个方面都有明显的损害，从性亲密到社会活动、医疗检查和理发。他们还会出现皮肤感染、头皮疼痛或出血以及腕管综合症。在心理上，他们可能会感到低自尊、羞愧和尴尬、有抑郁情绪、易怒和爱争论。他们的疾病出现在生命早期，并持续到成年中期和晚期。那些吃自己拔的毛发的个体会在体内产生毛球，这些毛球会在他们的胃肠道内停留，引起腹痛、恶心、呕吐、虚弱和体重减轻。

可诊断的拔毛癖相对罕见，目前估计患病率为0.6%。然而，拔毛癖的患病率可能被低估了，因为有这种障碍的个体对其行为是保密的，而且往往只在独处时才会拔毛发。

在《精神障碍诊断与统计手册（第四版－修订版）》中，拔毛癖被纳入了冲动－控制障碍的范畴，但在《精神障碍诊断与统计手册（第五版）》中，拔毛癖被移到了强迫及相关障碍的范畴。此外，这个名字被改成了拔毛，《精神障碍诊断与统计手册（第五版）》的作者一致认为这比"躁狂"更能描述这种疾病。

拔毛癖可能有两种类型。在可能占病例25%的"集中"型中，个体意识到自己有拔毛发的冲动，并且可能会形成强迫性行为或仪式来避免这样做。在"自动"型中，个体正在进行另一项工作或全神贯注于思考。属于"自动"型的个体会经历明显的压力和焦虑。对于"集中"型的个体来说，抑郁和残疾很可能伴随着压力和焦虑发生。

遗传学似乎在拔毛癖中起着重要的作用，据估计该疾病有80%的遗传性。1号染色体上一个被称为SLTRK1的基因异常可能在这种疾病中起作用；该基因也与抽动障碍有关。研究人员还发现了SAPAP3基因的异常，这是一个与谷氨酸相关的基因，而该基因又与强迫障碍有关。因此，神经递质5-羟色胺、多巴胺和谷氨酸被认为在拔毛癖的发展中起作用。对拔毛癖患者的脑成像研究表明，他们大脑中在注意力控制、记忆和抑制自动运动反应能力方面起作用的区域也可能存在异常。

考虑到这些神经递质和大脑功能的异常，拔毛癖的调节模型表明有这种疾病的个体寻求一种最佳的情绪唤醒状态，从而在他们受刺激不足时提供更大的刺激，而

在他们受刺激过度时让他们平静下来。同时，拔毛发可能会使他们从消极的情感状态转变为积极的情感状态。研究人员使用拔毛癖症状问卷（见表8-4）进行的一项在线调查发现，采取拔毛发行为的个体比不采取拔毛发行为的个体更难控制自己的情绪。在样本中有一些亚组，在是否更容易感到无聊或焦虑和紧张，以及他们感到的驱使他们拔毛发的情绪的整体强度方面各不相同。研究人员认为，问卷中的这些亚组似乎与该障碍"自动"和"集中"的亚型对应。

表 8-4　　　　　　拔毛癖症状问卷

1. 你最近有没有拔毛发
2. 在你生活的任何时候，包括现在，你有过无法控制的拔毛发的经历吗
3. 你是否（或你曾经）有过想拔自己毛发的冲动
4. 你（或曾经）试着不去揪自己的毛发吗
5. 你（或你曾经）在拔毛发时感到放松吗
6. 你（或你曾经）希望拔毛发的冲动会消失吗
7. 你有被专业人士诊断为拔毛癖吗
8. 你，或者你曾经，是否对你的拔头发感到羞愧、隐秘或痛苦

资料来源：Shusterman et al., 2009

小案例

拔毛癖（拔毛障碍）

奥德拉，15岁，白人女性。在她童年和青春期的大部分时间里，她过着相当孤独的生活，没有亲密的朋友。虽然她从未与任何人谈论起她的不快乐，但是她经常感到沮丧和绝望。小时候，许多个晚上奥德拉都躺在床上偷偷地拔自己的头发。随着时间的推移，这种行为越来越严重，以至于她会一根一根地从头皮上扯下头发。她通常会揪出一根头发，检查它，咬它，然后扔掉或者吞下去。由于她的头发浓密而卷曲，她的脱发最初并不明显，并且奥德拉一直仔细梳理她的头发以掩盖秃斑。然而，她的一位老师注意到她在课堂上拔自己的头发，并在仔细观察后发现了奥德拉头上的秃斑。她让奥德拉去找学校的心理医生，后者打电话给奥德拉的母亲，并建议寻求专业帮助。

拔毛癖的药物治疗包括抗抑郁药、非典型抗精神病药、锂和纳曲酮。其中，纳曲酮表现出的效果似乎最有希望。然而，对照研究的结果并不令人信服，并且在权

衡药物的副作用时似乎不能证明使用药物是合理的，这些副作用包括肥胖、糖尿病、神经毒性、谵妄、脑病、震颤和甲状腺机能亢进等。

习惯逆转训练的行为治疗被认为是治疗拔毛癖最有效的方法。这种方法不仅能预防药物的副作用，而且能更成功地减轻拔毛癖的症状；然而，对于耐药患者，可能需要联合药物治疗和习惯逆转训练。

在习惯逆转训练中，个体学会了一种新的反应来对抗拔毛癖的习惯，比如握拳。其主要特征是，新的反应与不良习惯不相容。当它在几十年前首次被开发出来的时候，习惯逆转训练只进行了一次治疗。从那时起，临床医生延长了治疗时间，并增加了一些认知成分，包括自我监控和认知重建。例如，来访者可能学会挑战他们的认知扭曲，比如他们的完美主义信念。辩证行为疗法可能会将正念训练和意象训练结合起来，在正念训练中，来访者学会识别诱发他们拔毛癖的线索，而意象训练中，他们要想象自己处于一种平静的状态。

接纳与承诺疗法与习惯逆转训练相结合也显示出可以缓解拔毛癖的症状的结果。认知行为疗法可以帮助治疗患有拔毛癖的儿童和青少年，与用于成人的基本治疗方案相比几乎没有什么改变。在一项研究中，77% 接受治疗的患者在六个月后仍无症状。接纳与承诺疗法治疗该疾病的一个优势是，它可以与团体形式的认知行为疗法结合使用，其效果与个体治疗相同。

虽然拔毛癖可能是一种高度致残的疾病，但基于行为疗法、认知行为疗法和帮助个体识别和处理与行为相关情感的新方法的一系列治疗方法还是有希望使患者康复的。较新的疗法也包括心理教育，这可以为来访者提供了解他们的障碍的机会。

抓痕（皮肤搔抓）障碍

在《精神障碍诊断与统计手册（第五版）》的一项新诊断中，如果个体反复地搔抓自己的皮肤，可能一天长达数小时，就被认为患有**抓痕或皮肤搔抓障碍**（excoriation/skin-picking disorder）。搔抓的皮肤可能是健康的皮肤，或者有轻微的不规则（如痣）、丘疹、老茧或痂的皮肤。有这种障碍的个体要么用自己的指甲，要么用镊子之类的工具来抓这些身体部位。当他们没有

抓自己的皮肤时，他们会有抓的冲动，并试图抑制自己这样做的冲动。他们可能会试图用衣服或绷带掩盖自己的皮肤抓痕，并且为自己的行为感到羞愧和尴尬。

名词解释

抓痕 / 皮肤搔抓障碍　反复搔抓自己的皮肤。

由于这是一种新的诊断，流行病学数据有限，但《精神障碍诊断与统计手册（第五版）》估计，至少有 1.4% 的成人被这种障碍困扰，其中 75% 是女性。研究人员认为，皮肤搔抓障碍作为一种与拔毛癖不同的独立诊断是合理的。然而，这两种疾病有相同的病因和有效的治疗方法。对于一些有皮肤搔抓障碍的个体来说，高水平的冲动似乎也起到重要的作用。

创伤及应激相关障碍

暴露于创伤或压力事件中的个体可能有发展出心理障碍的风险。创伤及应激相关障碍的类别有一个诊断标准，即作为诱因的实际事件的情况。《精神障碍诊断与统计手册（第五版）》包括了这一组最初属于焦虑障碍类别的疾病。《精神障碍诊断与统计手册（第五版）》还将一系列起源于儿童时期的疾病归为这一类，这些疾病可以追溯到暴露于压力或创伤事件中。

反应性依恋障碍与去抑制性社会参与障碍

第一个与创伤和应激相关的障碍是**反应性依恋障碍**（reactive attachment disorder，RAD），这是一种给那些"反抗"对他人的依恋的孩子的诊断。他们的症状包括退缩和抑制。他们往往不会表现出积极的情感，但他们也缺乏控制自己情绪的能力。与正常儿童不同的是，当他们感到痛苦时，他们不会从成人那里寻求安慰。

去抑制性社会参与障碍（disinhibited social engagement disorder）的诊断描述的是一种相反的情况，即一个有创伤史的孩子会对相对陌生的人做出文化上不合适的、过于熟悉的行为。

名词解释

反应性依恋障碍　一种涉及与他人交往能力严重紊乱的障碍，患有这种障碍的个体对他人反应迟钝、冷漠，宁

愿独处而不愿与朋友或家人交往。

去抑制性社会参与障碍　对那些在文化上与陌生人有不恰当的、过于熟悉的行为的孩子的诊断。

这些障碍被列为创伤和压力相关的障碍，因为这些儿童经历了社会忽视的虐待模式、主要照顾者的反复变化，或在儿童 / 照顾者比率高的机构中养育。因此，这些儿童在与其他儿童和成人互动的能力上受到了严重的损害。

研究人员对以前被机构收容的罗马尼亚儿童进行了一项纵向研究，发现他们在婴儿期由于照顾不周而发育成不加区分的社交 / 去抑制。他们的疾病没有得到改善，即使他们的护理质量得到改善（见图 8-2）。

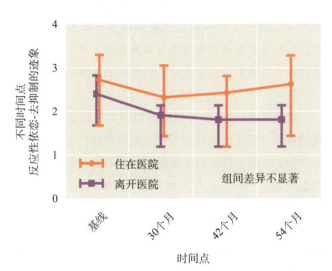

图 8-2　54 个月中不同时间点的不加区分的社交 / 去抑制反应性
依恋障碍的迹象

资料来源：Gleason et al., 2011

反应性依恋障碍的儿童也受到了较差的照顾，随着年龄的增长，更有可能出现不安全的依恋类型。这些影响可能会持续多年，至少会持续到 12 岁。

这两种疾病的起源有潜在的相似之处。然而，研究支持两者之间的区别，因此《精神障碍诊断与统计手册（第五版）》将其概念化为儿童精神病学的独立维度。

急性应激障碍和创伤后应激障碍

当个体一次或多次暴露在有害或威胁生命的环境中，并对个体的功能和心理健康产生持久的不利影响时，就会发生**创伤**（trauma）。当人们面临死亡的威胁、实际或可能受到的严重伤害或性侵犯时，他们就有可能发展为**急性应激障碍**（acute stress disorder）。面对他人的死亡或任何这些真实或威胁性的事件，也会导致这种障碍的发展。例如，事故现场的急救人员或经常接触虐待儿童案件细节的警察也可能经历这种障碍。

急性应激障碍的症状可分为有关该事件的痛苦提醒的侵入、分离性症状（如感觉麻木或与他人脱离）、对可能作为事件提醒物的情境的回避，以及包括睡眠障碍或易怒在内的高度唤起四类，这些症状可能会在创伤事件后持续几天到一个月。

可能导致急性应激障碍的事件也可能会导致更持久的障碍，即**创伤后应激障碍**（post-traumatic stress disorder，PTSD）。如果个体经历急性应激障碍症状超过一个月，临床医生就会做出创伤后应激障碍的诊断。急性应激障碍中出现的侵入、分离和回避也存在于创伤后应激障碍中，症状还包括对事件的记忆丧失、过度自责、与他人疏远及无法体验积极情绪。

> **名词解释**
>
> **创伤**　一种由个体所经历的有害或威胁生命的情况造成的状况，并对个体的功能和心理健康产生持久的不利影响。
>
> **急性应激障碍**　一种创伤事件后出现的焦虑障碍，持续时间最多一个月，症状包括人格解体、麻木、解离性失忆症、强烈焦虑、过度警觉和日常功能障碍。
>
> **创伤后应激障碍**　一种焦虑障碍，个体在创伤事件后超过一个月的时间里经历一些痛苦的症状，如重新经历创伤事件，对创伤的提醒的回避，一般反应麻木和觉醒增加。

创伤后应激障碍的诊断有很长的历史。越南战争可能是造成心理伤亡的最广为人知的战争，但在美国内战之后就出现了暴露于战争之后的心理障碍报告。在第一次世界大战和第二次世界大战中，这种情况被称为"炮弹休克""创伤性神经症""作战压力"和"作战疲劳"。据报道，20 世纪 30 年代和 40 年代欧洲集中营的幸存者也遭受了长期的心理影响，包括慢性抑郁障碍、焦虑，以及因为在这么多人被杀的情况下幸存下来的内疚导致的人际关系困难。

创伤后应激障碍的终生患病率为 6.8%，年患病率为3.5%。在一年内发展为创伤后应激障碍的人中，37%有严重症状。从阿富汗归来的美军士兵中，6.2%符合创伤后应激障碍诊断标准，而从伊拉克归来的士兵中的比例是这一比例的两倍多，为12.9%。随着这两个战区战事的加剧，出现心理健康问题，特别是创伤后应激障碍的士兵数量持续攀升。据估计，近17%的伊拉克战争退伍军人符合这种障碍的筛查标准。

虽然创伤后应激障碍经常在男性退伍军人中进行研究，但研究人员也开始研究女性在服兵役期间遭受创伤的现象。对女性影响比对男性更大的创伤经历是性侵。遭受战斗相关创伤和性侵犯的女性在发展出创伤后应激障碍和物质使用障碍方面有较高的累积风险。

小案例

急性应激障碍

布伦丹，40岁，异性恋，已婚，白人男性。他之前没有精神健康问题的病史，直到两周前，他在一场烧毁了他的公寓和附近许多建筑的大火中幸存下来。自从火灾以来，布伦丹一直被这样的画面所折磨：醒来时发现自己的房间里充满了烟雾。尽管他在急诊室接受了治疗，几小时后就出院了，但他说自己感觉很眩晕，对朋友和家人的关心反应迟钝，似乎已经麻木了。这些症状持续了几个星期，后来逐渐消退。

创伤后应激障碍和相关疾病的症状，如抑郁，可以持续多年。例如，1980年北海石油钻井平台灾难的幸存者持续经历创伤后应激障碍症状，同时伴有焦虑障碍（不包括创伤后应激障碍）、抑郁障碍和物质使用障碍，这些症状明显高于匹配对照组（见图8-3）。此外，曾经遭受过创伤的个体在经历过第二次创伤事件（如自然灾害）后，更可能有自杀的想法。

创伤后应激障碍的理论与治疗

创伤经历是一种影响个体的外部事件，因此没有生物学上的"因果关系"。然而，研究人员提出，创伤经历有其影响的部分原因是，它们确实导致了大脑的变化，使某些区域对未来可能的危险有所准备或高度敏感。

创伤后应激障碍患者的海马体（大脑中负责巩固短期记忆的结构）会发生改变。因此，这些个体无法区分相对无害的情况（如烟花）和真正创伤发生的情况（如战争）。他们带着高度觉醒来重新体验使他们受到创伤的事件，从而在以后避免类似的情境。

小案例

创伤后应激障碍

史蒂夫，35岁，异性恋，单身，混血男性。在过去的10年里，他不断地回想起在阿富汗服役九个月的恐怖经历。这些闪回会在一天的中午出乎意料地出现，史蒂夫又会回到有关他的战争经历的情感体验中。这些闪回和他经常遭受的噩梦已经成为痛苦的稳定来源。史蒂夫发现酒精是唯一能让他逃离这些幻觉和痛苦的方法。他经常反思自己应该如何做更多的工作来防止战友们的死亡，他觉得应该是他的朋友而不是他活下来。

选择性5-羟色胺再摄取抑制剂类抗抑郁药是唯一美国食品与药品监督管理局批准的治疗创伤后应激障碍的药物。然而，创伤后应激障碍患者对这些药物的反应率很少超过60%，只有不到20%～30%能够完全缓解他们的症状。研究并不支持使用苯二氮䓬类药物治疗创伤后应激障碍，尽管这些药物可以缓解失眠或焦虑。虽然研究人员认为抗精神病药物利培酮可能有益于创伤后应激障碍患者，但一项针对近300名退伍军人的大规模

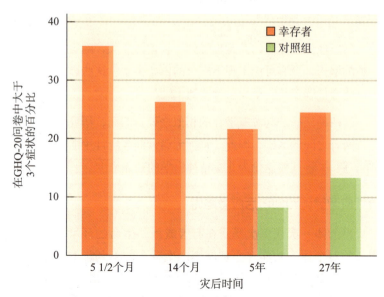

图8-3 北海灾难的长期幸存者在事件发生后27年中仍有症状的比例

研究结果并未为其用于减轻症状提供实证支持。

从心理学的视角来看，创伤后应激障碍患者有一种有偏向的信息处理方式。他们所经历的创伤，会导致他们的注意力高度偏向到潜在的威胁线索上。因此，他们更有可能感到自己处于危险之中，也更有可能避免他们认为有潜在威胁的情况。性格和应对方式也可以预测对创伤的反应，包括高水平的神经质和对焦虑的内在线索的极端敏感。

在本章开头出现的案例中，芭芭拉似乎在这方面是个例外：她好像没有高水平的神经质，并不消极，也不是童年虐待的受害者。她长期暴露在激烈的战争中，还失去了一条腿，这似乎是她患上这种疾病的原因。

认知行为疗法通常被认为是治疗创伤后应激障碍最有效的心理疗法，它将某种暴露（真实或想象）与放松和认知重建相结合。专注于创伤事件或其意义的特定创伤心理疗法作为一线治疗正在获得支持。以创伤为焦点的治疗能够产生更持久的结果，而没有与精神药物

干预相关的副作用。美国心理学会所著的《成人创伤后应激障碍临床实践指南》（*Clinical Practice Guidelines for the Treatment of PTSD in Adults*）也强烈推荐认知行为疗法和暴露疗法，并且如果需要药物治疗，就使用选择性 5- 羟色胺再摄取抑制剂，而不使用抗精神病药物。由于创伤常常是其他障碍的组成部分，包括物质使用障碍，因此美国政府的药物滥用与心理健康服务管理局（Substance Abuse and Mental Health Services Administration，SAMHSA）为从事行为健康工作的临床医生编写了一份治疗手册。该手册基于创伤知情护理（trauma informed care）的原则，这是一种促进治疗有创伤史的个体的专业人员对创伤的认识和理解的模式。心理韧性的概念是这种治疗哲学的核心，即帮助个体培养自己的内在力量，以使他们发展出更强的能力感。此外，根据创伤知情护理原则，临床医生避免让已经有过创伤史的来访者再次受到创伤。

夫妻治疗是另一种被证明有助于减轻个体和个体的

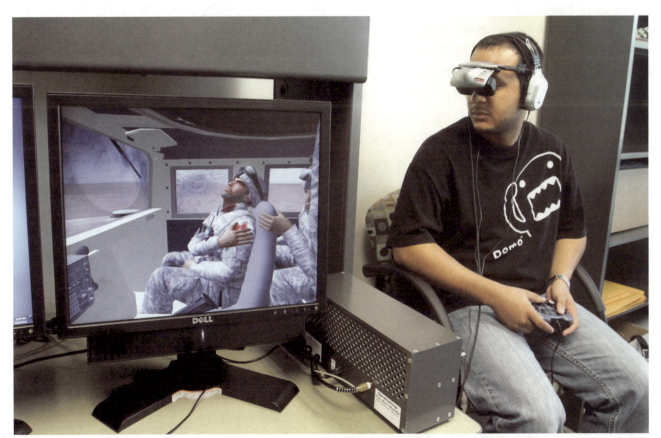

一名患有创伤后应激障碍的退伍军人使用虚拟现实技术将自己暴露在令人焦虑的图像中，这是他在退伍军人事务部的医院接受治疗的一部分。

伴侣的症状和痛苦的方法。这种方法可以帮助夫妻双方降低重新融入社会的压力，改善他们有关亲密的沟通和表达，以及减少关于养育子女的分歧。

积极心理学领域的另一种观点认为，人们可以通过经历创伤来成长，这种现象被称为**创伤后成长**（post-traumatic growth）。根据这种方法，来访者可以通过积极地理解自己的经历来应对创伤。

名词解释

创伤知情护理 一种承认创伤对个体精神健康的作用的治疗方法。

创伤后成长 遭受创伤的经历后发生的个人成长。

焦虑、强迫和创伤及应激相关障碍：生物－心理－社会视角

我们在本章中所提及的障碍涵盖了广泛的问题，从具体的和看似特殊的反应到弥漫的和无区别的恐惧感。这些疾病的症状和病因各有不同，但似乎有重要的相似之处，即它们都涉及大脑在应对恐惧或威胁情境时活跃的区域。也许决定个体是否有患焦虑障碍倾向的因素是基因、大脑功能、生活经历和社会环境的综合影响。在这些疾病中，治疗方法似乎也有相似之处，认知行为疗法可能显示出最大的效果。

个案回顾

芭芭拉·怀尔德

芭芭拉的治疗师决定不使用药物干预，而是开始使用认知加工疗法（cognitive processing therapy），这是一种专门针对减少创伤后应激障碍症状的认知行为疗法。在治疗中，芭芭拉学会了挑战那些有关她大部分时间仍处于危险中的想法。通过使用想象满灌疗法，她重新学习将她的战争记忆与放松联系起来，并已经习惯了谈论她在伊拉克的经历而不会引发恐惧或焦虑。除了个体治疗，芭芭拉的治疗师还建议她参加团体治疗。在这些会谈中，芭芭拉会见了其他七名伊拉克战争退伍军人，每周 90 分钟，为期 10 周。她能够谈论她的创伤记忆，并在其他退伍军人讨论他们的经历时提供支持。通过与她能感同身受的老兵互动，她重新学会了如何在社交中与他人互动，这减少了她对生活中其他人的易怒和愤怒感。

在退伍军人事务部开始治疗的一个月内，尽管仍然偶尔做噩梦，但芭芭拉的创伤后应激障碍症状开始有所缓解。利用她在治疗中学到的应对技巧，芭芭拉能够从闪回中恢复过来，重新开始参与生活。在装了假肢后，她的身体完全恢复了。两个月后，她的情绪麻木、易怒、焦虑等症状完全消退。芭芭拉经常对她

的治疗师说，她觉得她又是她"自己"了。几个月后，她在一家电子产品商店找到了一份兼职工作，并在附近一所社区大学注册了一个兼职工商管理硕士课程。她搬到了离父母家几个镇子远的自己的公寓里，并开始与仍住在附近的老朋友重新联系。芭芭拉每周都会继续到退伍军人事务部进行个体治疗，尽管她在伊拉克经历的事件仍然困扰着她，但她已经学会了与这些回忆一起生活，并开始适应平民生活。

托宾医生的反思：从芭芭拉最初的表现可以清楚地看出她有创伤后应激障碍的典型症状。幸运的是，她能利用可利用的资源来获得帮助，减轻她的痛苦。对那些创伤后应激障碍个体的早期干预对于预防症状在整个生命周期中的延长至关重要，并且芭芭拉通过早期治疗解决了她的创伤后应激障碍，从而恢复了正常生活。对于许多参加过早期战争（如越南战争）的退伍军人来说，当他们从战场返回家园时，所需要的资源并不可用。这些退伍军人目前在退伍军人事务系统中占很大比例，然而参加伊拉克和阿富汗战争的士兵的创伤后应激障碍发病率仍持续上升。

总结

◎ 焦虑障碍的特征是经历生理唤醒、恐惧或担心的感觉、过度警觉、回避，且有时是一种特定的恐惧或恐惧症。

◎ 分离焦虑障碍的特征是由于与家庭或照顾者分离而产生的强烈和不适当的焦虑。许多婴儿会经历一个发育阶段，当他们与照顾者分开时，他们会变得焦虑不安。在分离焦虑障碍中，这些情绪持续的时间远比正常时间要长。即使是对分离的预期也会引起极度的焦虑。虽然分离焦虑障碍似乎有很强的遗传成分，但是环境因素也有影响。认知行为技术可能是最有效的。另一种出现于童年时期、被认为是以焦虑为中心的障碍是选择性缄默症，即孩子在特定情况下拒绝说话，比如在教室里。使用行为塑造和暴露的行为主义方法似乎特别适合治疗有选择性缄默症的儿童。

◎ 特定恐惧症是指对特定物体或情境的非理性恐惧。认知行为主义者认为，以往的学习经验和消极的、非适应性的思想循环会导致特定恐惧症。行为和认知行为取向推荐的疗法包括满灌疗法、系统脱敏法、想象疗法、真实暴露疗法和虚拟现实暴露疗法，以及旨在改变个体非适应性思维的程序，如认知重建和思维停止。基于生物学视角的治疗包括药物治疗。

◎ 社交焦虑障碍是一种害怕被他人观察，同时表现出丢脸或尴尬的行为。社交焦虑障碍的认知行为取向认为疾病是由于对批评不切实际的害怕，这导致人们失去关于自己表现的能力，而是将注意力转移到他们的焦虑感上，从而导致他们犯错，并因此变得更加恐惧。提供真实暴露的行为方法，以及认知重建和社交技能训练，似乎是帮助社交焦虑障碍患者最有效的方法。从生物学视角来看，药物治疗是对于这种疾病的严重病例推荐的疗法。

◎ 惊恐障碍的特征是频繁和反复的惊恐发作——强烈的恐惧感和身体不适。这种疾病通常与场所恐惧症共病，而场所恐惧症是《精神障碍诊断与统计手册（第五版）》中的一种新疾病。场所恐惧症表现为一种围绕在公共场所的想法或经历的强烈焦虑。特别是，对于被困或无法逃离公共场所的恐惧是常见的。

生物学和认知行为视角对理解和治疗这种疾病特别有用。一些专家将惊恐障碍解释为一种后天的"对恐惧的恐惧"，个体对惊恐发作的早期迹象变得高度敏感，并且对全面发作的恐惧导致个体变得过度忧虑，并避免再次发作。基于认知行为视角的治疗包括放松训练和恐慌控制疗法等方法。药物也可以帮助缓解症状，最常见的处方是抗焦虑和抗抑郁药物。

◎ 被诊断为广泛性焦虑障碍的个体会有许多不切实际的担忧，这些担忧会蔓延到生活的各个领域。对广泛性焦虑障碍的认知行为疗法强调了这些担忧的不现实的本质，并认为这种障碍是一种自食其果的恶性循环。认知行为治疗取向建议，通过教授个体技巧，让他们觉得自己可以控制忧虑，从而打破担忧的恶性循环。生物学疗法强调药物的使用。

◎ 在强迫障碍中，个体产生了强迫思维，或他们无法摆脱的想法，以及强迫行为，即不可抗拒而重复的行为。对强迫障碍的认知行为的理解认为，这些症状是焦虑和思想或行为之间习得关联的产物，可以暂时缓解焦虑。越来越多的证据支持这种疾病的生物学解释，最新的研究表明它与5-羟色胺过量有关。药物治疗，如氯丙咪嗪，似乎是有效的，尽管认知行为方法，包括暴露和思想停止也相当有效。躯体变形障碍涉及对身体某一部分是丑陋的或有缺陷的一种成见。其他与强迫障碍相关的疾病包括囤积症、拔毛癖和抓痕障碍。

◎ 暴露在创伤或压力下的个体可能会发展成一系列障碍中的一种。《精神障碍诊断与统计手册（第五版）》将最初属于创伤及压力相关的焦虑障碍作为一组障碍，包括创伤后应激障碍和急性应激障碍以及童年障碍，包括反应性依恋障碍和去抑制性社会参与障碍。作为一种诊断标准，这组疾病包括由实际事件导致症状的情况。反应性依恋障碍的儿童在与他人相处的方式上有严重的障碍，在情感上是孤僻和受抑制的。相比之下，去抑制性社会参与障碍的儿童会对相对陌生的个体做出文化上不恰当的、过度熟悉的行为。这两种疾病都发生在那些由于主要照顾者的反复变化而经历社会忽视或在儿童/照顾者比率较高的机构中长大的儿童身上。研究表明，即使他们的环境有所改善，患有这些疾病的儿童仍然会存在问题。

◎ 在创伤后应激障碍中，个体无法从与创伤生活事件相关的焦虑中恢复，这些创伤生活事件如悲剧或灾难、事故或参与战斗。创伤事件的后遗症包括闪回、噩梦和侵入性的想法，这些想法与个体试图否认曾经发生过的事件交替。有些人对创伤性事件会有短暂但令人不安的反应；这种情况被称为急性应激障碍，持续两天到四周，包括创伤后应激障碍患者在很长一段时间内经历的各种症状。认知行为取向认为，创伤后应激障碍是由于对自己在造成创伤事件中所扮演角色的消极和非适应性想法、感到无助和孤立于他人，以及因经历而产生的对生活的悲观态度所导致的结果。治疗可能包括教授创伤后应激障碍患者新的应对技能，这样他们就能更有效地管理压力，并与能够提供持续支持的人重新建立社会关系。

第**9**章

分离与躯体症状障碍

通过本章学习我们能够:

☐ 说明分离障碍的症状;

☐ 识别躯体症状障碍的症状和治疗方法;

☐ 认识影响其他躯体疾病的心理因素;

☐ 阐述分离障碍与躯体症状障碍的生物－心理－社会学视角。

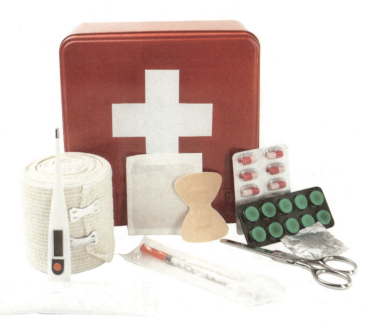

©LightFieldStudios/Getty Images

个案报告

罗丝·马斯顿

人口学信息：37 岁，白人，异性恋女性。

主诉问题：斯图尔特医生作为罗丝的医生开始担心罗丝可能有某种心理障碍的症状，并建议罗丝进行心理评估。在过去的一年里，罗丝担心自己患有严重的身体疾病，每周都会约见斯图尔特医生和其他保健医生。斯图尔特医生诊断罗丝患有早发性乳糖不耐受。然而，这个诊断似乎与罗丝所主诉的剧烈而频繁的胃痛并不相符，因为即使她之后不再食用乳制品，胃痛依然持续存在。

在心理评估期间，罗丝表示她对斯图尔特医生的结论并不满意，并且前去咨询了其他医疗保健从业者（比如顺势疗法医生）甚至灵气大师。她承认自己一直希望其中一位医生能发现她患有可诊断的疾病。许多人还劝她接受心理评估，但她都拒绝了。经过斯图尔特医生的再三坚持，她终于同意了他的建议。

罗丝报告说她在过去三个月里几乎每天都请病假，因此失去了工作。她说，她认为把时间花在咨询保健医生上更重要，同时也因为害怕疾病恶化而不愿离开自己的家。她阐述自己因在担心胃痛上花了大量时间而感到痛苦，但是如果她不采取行动来试图确定自己身体症状的原因，就会被愧疚感淹没。罗丝说，她的症状最初是轻微的胃部不适，但在过去的一年中，症状不断加剧，直到胃部出现持续剧烈的疼痛。她报告自己曾尝试过许多疗法，然而都失败了。

在评估过程中，罗丝表示她对自己身体症状的担忧已经干扰了自己的生活，并因此感到"崩溃"，但她认为自己必须集中精力找到原因。最近她和交往了两年的男朋友分手了，她承认自从她开始担心自己的身体症状后，就疏远了他。另外，她也发现自己对这些症状的担忧盖过了对这段关系的任何想法。

为罗丝做评估的临床医生要求罗丝描述一下最近她生活中的主要压力源，她报告说她最喜欢的叔叔在上一年因癌症去世。在描述自己失去叔叔的经历时，罗丝立刻就泪流满面了，她承认自己从来没有为叔叔哀悼过，在大多数时候，她都是选择忽视自己对叔叔去世的感受。

评估结束，经过罗丝同意并签署了一份信息公开书后，临床医生向斯图尔特医生咨询了她的病历。斯图尔特医生告诉临床医生，他认为罗丝现在的身体症状似乎是迟发性乳糖不耐受的征兆，但她拒绝接受这个诊断。由于没有得到适当的治疗，她的症状可能恶化了。斯图尔特医生还说，自从她叔叔去世后，罗丝的行为似乎有很大的变化。

既往史：罗丝在近 30 岁时曾因抑郁障碍看过精神科医生。她的抑郁症状在她大学毕业之后开始出现，严重程度总在变化，直到她有次抑郁发作严重到想要自杀。自那时起她开始接受一个疗程的抗抑郁药物治疗，治疗效果很好。在评估时，罗丝已经将近五年没有服用过任何精神药物，因为她觉得之前的疗程已经足够有效，于是停止了治疗。

个案概念化：罗丝符合躯体症状障碍中度至重度的诊断标准，主要表现为疼痛。这一诊断是基于她对自己身体症状反应过度而产生了重度焦虑，以至于她的生活被严重打乱（失去工作和恋爱关系）。她对症状的担忧既长期持续（持续时间超过六个月），又与症状实际的严重程度不成比例。她在自己的身体症状上面投入了过多超过客观程度的时间和精力，并拒绝接受相对轻微的乳糖不耐受的诊断。罗丝的症状可能源于她叔叔的死亡所引起的痛苦，因为她的报告表明她一直采用回避的方式处理自己对这件事的反应。

治疗方案：在与斯图尔特医生进行评估和咨询之后，临床医生将罗丝转介给了一位专门从事于针对躯体障碍的认知行为疗法的治疗师。在这种循证的疗法中，罗丝的治疗师应着重于通过认知重建来评估她对自己身体状况的过度担忧，并采取行为策略来增加她对斯图尔特医生所推荐的治疗方案的参与度，以改善她的身体症状。

萨拉·托宾博士，临床医生

分离障碍

人类的意识似乎可以几乎无休止地游离或分散注意力焦点。你可以在慢跑时专注地思考一个问题，这时或许你已经在没有注意到周围环境的情况下跑了一英里①。患有分离障碍的个体，其心理功能的分离程度比许多人在日常生活中所经历的更为极端。

分离障碍引发了一些有趣的问题，即人们的自我意识是如何随着时间的推移而演变的，记忆和现实感是如何在同一个体中变得支离破碎和截然不同的。相比之下，本章后面讨论的躯体症状障碍也提出了同样有趣的关于身心关系的问题。

分离障碍的主要形式

我们往往理所当然地认为每个个体都有一种人格和一种身份认同感。然而，在**分离性身份障碍**（dissociative identity disorder，DID）中，同一个体可能会发展出不同的人格和身份。分离出的人格似乎具有自己独特的理解、思考以及与他人交往的方式。按照定义，患有分离性身份障碍的个体至少具有两个不同的身份，并且当其中一个身份占据主导时，他们并不知道另一个身份的存在。因此，他们的体验缺乏连续性。他们在关于自己和生活事件的重要记忆中出现了很大的空白，这些空白记忆经常是创伤性记忆，例如受到伤害或虐待。

患有**分离性遗忘症**（dissociative amnesia）的人无法记住他们生活中某个事件或一系列事件的信息。这种类型的失忆与导致我们放错物品或忘记别人名字的日常性遗忘有所不同。患有分离性遗忘症

的个体会忘记生活中的特定事件，这些事件很可能是创伤性或应激性事件。他们的失忆症甚至可能会引发**漫游**（fugue）状态，这种状态使得他们无法回忆出自己部分或全部过去的经历和身份，同时在行动上他们要么是充满困惑的游荡，要么是似乎专注于特定目的的旅行。

你对自己是谁的一般感知包括知道你存在于自己的体内。**人格解体**（depersonalization）是指人们感到自己脱离了身体的情况。他们可能会有非现实感、变成一个局外观察者以及情绪或身体麻木的体验。**现实解体**（derealization）是人们感到周围环境不真实或与之分离的一种情况。**人格解体/现实解体障碍**（depersonalization /derealization disorder）是人们体验到人格解体、现实解体或两者兼而有之的情况。

名词解释

分离性身份障碍　一种分离障碍，指一个个体产生多种自我或人格。

分离性遗忘症　个体无法回忆起重要的个人信息和自身经历，通常与创伤性和应激性事件有关。

漫游　一种失忆症症状，指的是无法回忆起自己部分或

患有分离性身份障碍的个体已经学会了通过创造"子人格"来应对极度压力的生活环境，当他们感到压力时，这些人格会无意识地控制他们的思维和行为。

©*Ingram Publishing/Newscom*

---

① 1 英里 ≈1.61 千米。——译者注

全部的过去经历和身份信息，要么迷茫的游荡，要么似乎专注于某个特定目的的旅行。

人格解体　人们感到与自己身体脱离的状态。

现实解体　人们感到周围环境不真实或与之脱离的状态。

人格解体/现实解体障碍　一种分离障碍，在这个障碍中，个体反复和持续地经历着人格解体、现实解体或两者兼有。

小案例

分离性身份障碍

玛雅是一名26岁的拉丁裔异性恋女性。她处于单身状态，和两个室友住在一起，在一家百货公司当店员。除了去上班和看望住在她附近的家人外，她很少离开自己的公寓。她在工作中相当安静和害羞，即使在顾客面前也是如此。十几岁的时候，她与一个中年男人有过近两年的恋爱关系，而这个男人在身体和情感上都曾虐待过她。尽管经常有其他人向她提起这段糟糕的关

系，但玛雅声称她对那段时间的记忆很少，也无法回忆起她所遭受的身体虐待。她说，她目前对追求任何恋爱关系完全不感兴趣。那些与玛雅亲近的人知道她有不同类型的人格或"子人格"，他们名字不同，并且其行为举止与玛雅的性格完全不符。玛雅安静而内向，而她的主要子人格"丽塔"则艳丽、外向和性欲亢进。玛雅的第二个子人格"乔"偶尔出现在玛雅的公寓中，穿着男装并用低沉的语调说话。玛雅的子人格忽略了她生活中应有的细节。

分离障碍的理论与治疗

在正常的发展过程中，人们会将对自己的感知和记忆与自身的经历整合起来。你可以记住过去发生的许多事件，随着时间推移，你可以感受到这些事件的连续性。在分离障碍中，个体丧失了这种连续性，他们试图封闭或分离一些导致个体在心理上（或者生理上）极度痛苦的意识知觉层面的事件。

真实故事

赫舍尔·沃克：分离性身份障碍

赫舍尔·沃克（Herschel Walker）也许是美国有史以来最成功的职业橄榄球运动员之一。他在佐治亚大学上大学三年级时就赢得了享有盛名的海斯曼杯（Heisman Trophy），并在全美职业橄榄球大联盟（National Football League，NFL）效力了11个赛季。尽管他因其在该领域的天赋而闻名，但他童年时所遭受的痛苦几乎使他难以取得多年来积累的任何成就。

赫舍尔能够通过产生一个与其相比更年轻的男孩人格作为子人格，帮助他克服生活中的困难，并作为一个职业运动员取得巨大成功。然而，通过使用这些子人格来应对应激情况，他最终失去了控制子人格何时接管身体的能力，并于2001年被诊断出患有分离性身份障碍。赫舍尔在他的自传《挣脱束缚：患分离性身份障碍的人生》（*Breaking Free: My Life with Dissociative Identity Disorder*）中揭示了虽

然他的情况与其他患有相同障碍的人相比较轻微，但是他的个人生活还是因为他与分离性身份障碍斗争而面对并要持续面对着挑战。例如，他的子人格没有名字，并且说话方式或穿衣风格上与他不同。实际上，他说大多数人甚至不会注意到他处于子人格的状态。他瞬间就可以完成人格转变。

赫舍尔于1962年出生在美国佐治亚州的赖茨维尔（Wrightsville），父母是普通工人，家中共有七个孩子。小时候，他被体重问题和严重的口吃所困扰，他因为害怕嘲笑和尴尬，几乎无法与他人说话。他记得自己在学校每天都会被同伴戏弄和欺负。语言障碍使他深受折磨，纵然他是一个勤奋且爱学习的学生，却经常因此害怕在课堂上回答问题。尽管赫舍尔说他的家庭充满爱和支持，但他发现自己很难向他们寻求情感上的支持。当他想要入睡时，可怕的幻象和噩梦就会侵入他的脑海，使得他对黑暗感到极度恐惧。为了从焦虑中解脱，他逃

进了一个幻想世界中，这个幻想世界能给他安全感并保护他避免恐惧造成的任何伤害。赫舍尔并没有把这些困难告诉任何人，而是在他的脑海中形成各种人格来应对痛苦。这些人格具有赫舍尔认为自己所缺乏的性格特征，而这些特征可以帮他应对不断出现的尴尬和情感折磨。

赫舍尔在《挣脱束缚》这本书中描述了这种应对系统是如何改变他的：

当我做出的用于解决某种痛苦的选择奏效时，一旦发生了类似胁迫性的情况，我就会再次使用它。随着重复这种过程，由子人格接管身体的习惯成为了常规，而且大脑是一种效率极高的机器，它喜欢占据我们所参与的任何过程——从驾驶汽车到步行到使自己免受伤害性负面评论的影响——从意识层面到潜意识层面。这就是分离性身份障碍对我的影响，这也是为什么在我成长的过程中我并没有意识到自己正在这么做。

在高中时，赫舍尔努力完成学业，并赢得了学校中的最高荣誉。他还开始努力运动，每天跑步数英里，并加入了学校的橄榄球队和田径队。他将原本被同伴嘲笑的体重减了下来，而且最终克服了语言障碍。正是他在橄榄球领域的实力和天赋使他成为了大学招生中最受瞩目的对象，事实上他在田径和橄榄球领域都有着出色表现。在收到众多录取通知书之后，赫舍尔决定就读佐治亚大学，并在大三时帮助他的学校获得了全国冠军。同年，他赢得了著名的海斯曼杯。他没有继续完成大四的学业，而是选择加入了一个新组织的职业橄榄球联盟，这个联盟可与全美职业橄榄球大联盟媲美。他还和他大学里的恋人结婚了。

赫舍尔在联盟解散之前为其效力了两个赛季。之后他被达拉斯牛仔队（the Dallas Cowboys）选中，

橄榄球界的传奇人物赫舍尔·沃克（Herschel Walker）写过一本书，《挣脱束缚：患分离性身份障碍的人生》。在书中，他提到自己对赢得海斯曼杯的整个赛季都没有印象，更不用说颁奖典礼的那一天。
©John Amis/AP Images

并在 11 个赛季的全美职业橄榄球大联盟职业生涯中为四支不同的球队效力。一直以来，赫舍尔的分离性身份障碍帮助他应对了许多职业生涯中遇到的挑战，包括身体上的和情感上的。每当他面临压力或痛苦时，他在《挣脱束缚》中写道：

我的子人格就是一个支持我的团体……我再也不想经历我小时候所遭受的那种低谷，因此我成了一种情绪上的推土机——一台机器、一种强大的力量。转动钥匙，点火，启动，机器几乎每时每刻都在向前行驶，将它驶过的高低不平的道路变为一个光滑、平坦、平凡的平面。

但是，子人格并非始终用积极的方式帮助赫舍尔处理事情。他们经常偏离他真正拥有的情感方式，使他无法与队友和亲人保持亲密关系，尤其是他的妻子。当他的子人格活动时，他常常难以回忆起自己生命中的一些情节。直到他的婚姻和生活开始日渐崩溃，他才意识到自己需要帮助。2001 年，赫舍尔向一位心理医生朋友杰里·蒙加哲（Jerry Mungadze）医生寻求帮助，这位医生就职于位于德索托（DeSoto）的雪松医院（Cedars Hospital）的分离和创伤相关障碍科室。尽管他并没有挽回婚姻，但经过治疗后他的生活开始变得井然有序。赫舍尔被诊断出患有分离性身份障碍，并开始进行集中

治疗，这有助于他识别并控制自己的子人格，从而把他一生中大部分时间都持续存在的分离人格变成一个紧密结合的整体。

此后，赫舍尔开始了综合格斗的职业生涯，最近曾与唐纳德·特朗普（Donald Trump）一起出现在《名人学徒》（Celebrity Apprentice）的一季中。

他目前住在德克萨斯州（Texas）的达拉斯（Dallas），并且经常向其他被诊断出患有分离性身份障碍的人做励志演讲。在《挣脱束缚》一书中，他写道：

我希望自己的遗产不仅仅是我在橄榄球和田径领域所取得的成就。我想要敞开心扉，分享我关于分离性身份障碍的经历，以便其他人可以理解这种情况。

在诊断和治疗个体的分离性症状方面，临床医生面临着艰巨的任务。首先，他们必须确定哪一种是真实的人格、哪一种是虚构的人格。人们有可能故意装出一种分离障碍，以引起注意或避免惩罚。但是，如果他们受到诸如《庇护所》（Shelter）之类的电影或如《塔拉美国》（The United States of Tara）之类的电视节目中流行疗法的影响，他们可能会在无意中发展出其中一种障碍。由于看起来有症状的人可能是伪装的，所以分离性身份障碍仍然是最有争议的心理障碍之一。

对于症状并非捏造而来的、真实的分离障碍病例，目前的共识是认为分离是一种对早期情感或身体创伤的反应。一项大型精神科门诊的研究表明，对于有分离症状的人来说，实际上在儿童期遭受过身体和性两种虐待的人患病率会很高。但是，也有许多确实记得人生早期曾遭受过创伤事件的人并没有出现分离障碍。同样，儿童时期的创伤经历也可能导致其他类型的障碍。这仍旧存在着一个问题，即为什么有些遭受到创伤的个体会发展成分离障碍，而其他个体却没有。

小案例

分离性遗忘症与分离性漫游

特洛伊是一名 39 岁的白人异性恋男性。他在恍惚中泪流满面地进入了精神健康危机中心。外面正处于严寒天气，但他却只穿着 T 恤。"我不知道我住在哪里，也不知道我是谁！谁可以帮帮我吗？"危机小组让特洛伊从口袋里找找身份证或其他身份信息，但他身上唯一的照片是一个金发小姑娘的照片。特洛伊看上去精疲力竭，他被带到床边躺下后立刻就入睡了。危机小组打电话给当地警察，以查明是否有失踪儿童的案件报告。事实证明，照片中的小女孩是特洛伊的女儿。她在购物中心停车场被汽车撞了。虽然她的腿骨折了，但小女孩仍舒适地躺在医院的儿科病房中休息。然而，她的父亲却不见了。特洛伊显然在医院里徘徊过几个小时，并将他的钱包和手机留在了急诊室里的医院社工那里。当他醒来后，他能够回忆起自己是谁以及事故发生的情况，然而那之后发生的事情，他都想不起来了。

你来做判断

分离性身份障碍

在多重人格控制一个人的行为时，这个人可能不对其所做的行为负责，这一可能性引发了值得注意的法律问题。从理论上讲，当然，一个子人格有可能在其他子人格甚至是主人格不知道的情况下犯罪。然而，显而易见的是，对一个子人格定罪意味着主人格（以及所有其他子人格）也将被判入狱。但是，从另一个角度讲，这个问题与精神疾病的法律定义有关。如果患有分离性身份障碍的人其自身部分意识分离并独立行动，那么他是否能够控制住自己的意识呢？

对于如何捍卫被正当诊断为此病的来访者的权益，目前提出了三种可能的方法。在"控制人格"方法中，被告需要声明在犯罪发生时是子人格在控制自己。在"每个人格"方法中，公诉人必须决定是否每个人格都符合精神病的诊断标准。在"主人格"的方法中，问题在于主人格是否符合精神病的诊断标准。

在 1974 年，公众强烈抗议关于连环强奸犯比利·米利根（Billy Milligan）因缺乏完整人格而精神失常的裁定，在此之后，以分离性身份障碍作为法律辩护理由的案件很少能够辩护成功。自那时以来，案件出现了各种各样的结果，从多重人格不能排除刑事责任的判定到交替人格并不是无法区分是非的借口的裁决。近期，在华盛顿州和西弗吉尼亚州的法院驳回了另外两个案件，其理由是在诊断障碍时没有采用科学证据和 / 或适当的可靠标准。法医心理学家和精神科医生的关键议题是确定装病和真实患病之间的区别。

现在，专业的临床医生可以使用工具来协助其做出准确的诊断。《精神障碍诊断与统计手册（第四版 – 修订版）》的"分离障碍的结构化临床访谈"（The Structured Clinical Interview for *DSM-IV Dissociative Disorders-Revised*, SCID-D-R），已经在该行业严格标准化，包括细致的结构、陈述和问题评分（见表 9–1）。对此工具进行开发和研究的专业人员强调，只有了解分离的诊断和治疗主题，具有丰富经验的临床医生和评估人员才能对其进行实施和评分。

表 9–1　　　　　　　　　　　　　　"分离障碍的结构化临床访谈"中的题项

量表	题项
遗忘症	你是否觉得你的记忆中存在很大的空白
人格解体	你是否有过这样的感觉：你是在你身体之外的某个地方观察着你自己，就好像你从另一个角度看自己（或者在看一部关于你自己的电影） 你是否曾经觉得你身体的一部分或你整个人对你来说是陌生的 你是否曾经觉得自己像是两个不同的人，一个在经历生活中的各种事件，另一个在静静地观察
现实解体	你是否曾经觉得熟悉的环境或你认识的人似乎是陌生或不真实的 你是否曾经对周围环境中什么是真实的，什么是不真实的感到困惑 你是否曾觉得周围的环境或其他人都在逐渐消失
同一性混乱	你是否曾经觉得内心在挣扎 你是否曾经对自己是谁感到困惑
身份交替	你是否曾经表现得像一个完全不同的人 你是否曾经被别人说你看起来像另外一个人 你是否曾经发现属于你的东西（比如鞋子），但你不记得是怎么得到它们的

资料来源：Steinberg, M. (1994). *Structured clinical interview for DSM-IV dissociative disorders—Revised(SCID-D-R)*. Washington, DC: American Psychiatric Association.

《精神障碍诊断与统计手册（第五版）》认为分离性身份障碍的诊断是有效的，因不符合科学标准而裁定为诊断不合格的先前案例可能会被及时推翻。尽管如此，这种诊断还是充满着挑战性并且可能极易伪装，特别是如果临床医生无意间向大家植入了可以将分离性身份障碍用作辩护理由的想法后。

你来做判断：在刑事案件中是否应该考虑分离性身份障碍？为什么会考虑或者为什么不考虑？

假设患有分离障碍的人通过产生分离性症状来应对创伤，那么治疗目标主要是将自我、记忆和时间的不同部分整合到个体的意识中。分离性身份障碍的治疗指南详述了最佳方法，例如建立和维持一个强大的治疗团体，不偏袒任何子人格，并且从积极的心理学角度出发，通过重建他们支离破碎的假想来帮助来访者们以更乐观的方式看待自己和世界。

作为一项明确的技术，认知行为疗法非常适用于帮助患有分离性身份障碍的来访者形成自我和自身经历的联结感。为了帮助来访者们更好地看待自己，临床医生可以激发他们去质疑长期以来对自己的症状存在影响的核心假设。例如，他们可能认为自己应该对自身受到的虐待负责，或者对施虐者表现出愤怒是错误的，或者他们无法应对痛苦的回忆。通过面质然后改变这些认知时，来访者们可以获得一种控制感，使他们能够将这些记忆融入他们的自我意识中。

临床医生还应注意分离障碍与其他症状的共病，包括创伤后应激障碍。分离障碍的治疗通常不仅仅着眼于这些障碍本身，还涉及心境障碍、焦虑障碍和创伤后应激障碍。

人格解体 / 现实解体障碍

罗伯特是一位49岁的异性恋非洲裔美国男性。他在极度激动几乎是恐慌的状态下进入精神病医生的办公室。他向医生描述了自己可怕的"神经症发作"，这种症状开始于几年前，但现在已经达到了灾难级的程度。在"发作"时，罗伯特感觉自己好像漂浮在空中，凌驾于自己的身体之上，看着自己所做的一切，但感觉与自己的行为完全脱节。他报告说，他感觉自己的身体就像一台受外力控制的机器："我看着自己的手和脚，想知道是什么让它们移动。"然而，罗伯特的想法并非妄想。他意识到他这种改变了的知觉是不正常的。当他用重物击打自己，直到疼痛最终穿透他的意识时，他才能从症状中得到唯一的缓解。他对严重伤害自己的恐惧使他更担心自己会失去理智。

患有躯体症状障碍的个体遭受的身体上的病痛超出了躯体疾病所解释的范围。
©Terry Vine/Getty Images

躯体症状及相关障碍

在躯体症状（somatic symptoms）显著的患病群体中，人们会出现身体问题和 / 或对躯体疾病的担忧。"somatic"一词来自希腊语"soma"，意思是"身体"。躯体症状障碍本质上是心理障碍，因为无论患有这些障碍的人有没有被诊断出躯体疾病，他们都会寻求治疗身体症状和改变相关的痛苦行为、思想和感受的方法。这些障碍有一个有趣的历史：在这些障碍中，有一些先例对于弗洛伊德认识到潜意识在人格中的作用至关重要。

躯体症状障碍

患有躯体症状障碍（somatic symptom disorder）的人，其躯体症状可能是由躯体疾病引起的，也可能不是；他们同时会有适应不良的思想、感觉和行为。这些症状扰乱了他们的日常生活。患有这种障碍的人会在与实际不成比例的程度上考虑他们症状的严重性，对其感

到极度焦虑，并花费大量的时间和精力在症状上或对自己健康的担忧上。虽然有这种诊断的人似乎是在故意制造症状，但他们实际上并非有意识地习惯采用躯体症状表达自身心理问题的方式。

躯体症状　*涉及身体问题和 / 或对躯体疾病担忧的症状。*
躯体症状障碍　*一种涉及身体症状的心理障碍，能够或无法解释为一种躯体疾病，并伴有适应不良的思想、感觉和行为。*

个体所体验到的躯体症状可能包括疼痛是主要病灶，或许来访者存在可确诊的躯体疾病，但它无法解释其所报告的疼痛程度和性质。还有一些来访者患有疼痛障碍，但并不存在可确诊的躯体疾病。

躯体症状障碍相对罕见，但在寻求慢性疼痛治疗的患者中，躯体症状障碍的发生率高于预期。在一项研究中，一半以上因心悸或胸痛而转介给心脏病专家的患者在体检时并未发现其患有心脏病。在少数情况下，有躯体症状障碍的个体确实患有某种可诊断的疾病，但他们

的主诉和损害程度远远超过了医疗专业人士一般认定的与该疾病相关的程度。

小案例

躯体症状障碍，主要表现为疼痛

海伦是一位 34 岁的已婚双性恋白人女性，她的医生告知海伦，他对其病情已经无能为力了，因此她正寻求其他治疗。当被问及她的身体问题时，海伦诉说了一连串的情况，包括她经常记不清自己发生了什么事情，以及有些时候她的视力非常模糊，看不清书上的字。海伦喜欢在家里做饭和做家务，但她很容易无缘无故地感到疲倦和呼吸急促。她经常吃不下去自己精心准备的饭菜，这是因为她会对任何带有香料的食物感到恶心，并且很容易呕吐出来，哪怕只含有一点点。据海伦的丈夫说，她对性亲密失去了所有兴趣，他们大约每隔几个月才有一次性生活，而且往往是在他的坚持下才能进行。海伦诉说她在月经期间会出现疼痛性痉挛，有时她觉得自己的"内脏在燃烧"。由于背部、腿部和胸部也会疼痛，海伦在一天中的大部分时间里总是想卧床休息。她住在一栋维多利亚式的大房子里，但很少出门，以她的话说："因为我需要在腿疼的时候我能够躺下。"

而使躯体症状障碍的诊断和治疗更加复杂的是，一般患有这种障碍的人还有其他心理障碍，包括重性抑郁障碍、惊恐障碍和广场恐怖症。研究人员还试图排除可能与躯体症状障碍相关的可诊断的躯体疾病，以及与其共病的焦虑障碍和抑郁障碍的作用。

疾病焦虑障碍

疾病焦虑障碍（illness anxiety disorder）患者会充满恐惧，或错误地认为正常的身体反应代表着严重疾病的症状。他们极易对自己的健康状况感到担忧，并寻求不必要的医学检查和治疗方法来排除或治疗他们夸大的或想象出的疾病。他们担心的并非症状本身，而是他们患有严重疾病的可能性。他们还会因自己对症状严重性的错误信念而感到困扰。他们可能会转而投向非医疗性地滥用处方药，然而，这反而会使其暴露于有害的副作用以及对药物本身的依赖性中。

转换障碍（功能性神经症状障碍）

转换障碍又称为功能性神经症状障碍（conversion disorder/functional neurological symptom disorder），其基本特征是个体出现的身体功能的变化并非是由潜在躯体疾病引起的。这种障碍的形式范围从运动异常（如瘫痪或行走困难）到感觉异常（如失聪或失明）。

名词解释

疾病焦虑障碍　一种躯体症状障碍，其特征是将正常的身体功能误认为严重疾病的征兆。

转换障碍（功能性神经症状障碍）　一种躯体症状障碍，包括将难以接受的冲击或令人不安的冲突转化为身体症状。

这种障碍名称中的"转换"一词指的是心理冲突转变为被认为是某种疾病基础的躯体症状。括号中的术语——功能性神经症状障碍是一些临床医生可能更喜欢的另一种叫法。在某些方面，它比"转换"更具描述性，后者具有弗洛伊德精神分析的历史根源，其中假设心理冲突"转换"或转移为类似神经系统方面的症状（例如瘫痪）。功能性在这里指的是中枢神经系统的功能异常。使用该障碍名称的完整形式有点过长，因此我们在此将其称为"转换障碍"，并说明其正式名称包括括号中的名称。

小案例

疾病焦虑障碍，寻求服务型

汉娜是一名 48 岁的异性恋日裔美国女性。她是两个孩子的母亲，孩子们最近都离开了家。在过去的一年里，她的月经期变得越来越量大、越来越不规律。为了找到原因，汉娜花了几天时间阅读她能找到的所有关于子宫癌的信息。尽管医学书籍将月经紊乱指定为更年期的一个共同特征，但一篇报纸的文章中提到这也可能是罹患子宫癌的症状。汉娜立即约见了她的妇科医生，妇科医生对她进行了检查，并认定她的症状几乎可以肯定是由于更年期所致。汉娜却固执地认为医生是为了试图保护她，不让她知道"可怕的真相"。因此汉娜看了一次又一次的妇科医生，以寻找能够正确诊断出她确实患有致命疾病的医生。她决定辞去餐厅女服务员的工作。

首先，她担心长时间站在收银台前会加重她的病情；其次，她觉得自己不能被影响她看病的工作所束缚。

患有转换障碍的来访者可能会表现出多种躯体疾病，包括"假性癫痫"（仅表现为癫痫发作而不是真正发作）、运动障碍、瘫痪、虚弱、语言障碍、失明和其他感觉障碍以及认知障碍，这些症状可能严重到来访者无法履行其工作职责。超过一半来访者卧床不起或需要设备辅助，尽管几乎所有转换障碍的来访者都没有被诊断出医学层面的疾病，但临床医生必须在确诊之前根据医学层面的诊断进行排除。

转换障碍是一种罕见的现象，被临床医生转介进行心理治疗的人中有 1% ~ 3% 受此影响。这种疾病一般伴有家族遗传，通常在 10 ~ 35 岁之间发病，并且在女性和受教育程度较低的人群中更常见。而且可能多达一半患有转换障碍的个体也患有分离障碍。事实上，《国际疾病分类（第十版）》将转换障碍归类为分离障碍的一种形式。

小案例

转换障碍，伴感觉丧失

布赖恩是一名 24 岁的白人男性，确认是同性恋。他正在攻读工程学博士学位，经常因繁重的学业而感到压力很大。他总是认为自己是一个会发生奇怪事情的人，而且经常制造出意外。在一个下雪的晚上，他开车不小心撞上了一位正在路边行走的老人，给对方造成了几乎致命的伤势。在接下来的几个月里，布赖恩陷入了漫长的法律诉讼程序，这让他在工作中总是分心，并给他带来了巨大的情绪压力。在一个星期一的早晨，他醒来发现自己摇摇晃晃地四处走动，除了房间里物体的影子之外什么也看不见。起初他以为他只是很难清醒，然而，随着时间的推移，他意识到自己的视力正在下降。他等了两天才去学校的校医院。奇怪的是，当他从医院离开时，他对看起来极其严重的躯体疾病却毫不在意。

一项针对运动转换障碍（运动异常）患者的大型脑成像研究发现，这类患者参与计划和执行运动的额叶和前额叶区域的活跃度发生了变化，以及负责情绪的脑区的活跃度也有所改变。因此，患有这种转换障碍的个体可能不知道自己的身体在做什么，从而无法控制自己的行为。

躯体症状障碍相关障碍

诈病（malingering）是指出于获得残疾或保险福利等别有用心的目的，故意捏造躯体疾病或心理障碍的症状。虽然《精神障碍诊断与统计手册（第四版 – 修订版）》中包含这类诊断，但并未纳入《精神障碍诊断与统计手册（第五版）》。然而，当必须在法医、职业或军事场所进行诊断时，至少排除患者假装症状的可能性是必要的，因此这仍然是一个值得关注的问题。

临床医生认为，患者诈病是为了获得直接利益，如带薪休假、保险金或其他一些有形奖励。其中一些情况可以产生我们所说的原发性获益（primary gain），即作为病患角色可得到的直接好处。结构化诈病评估的应用正变得越来越广泛，这既可以改善对疑似诈病者的评估，也可以保护面临对此做决定的从业人员。

在对自身的做作性障碍（factitious disorder imposed on self）中，人们表现出一种身体、心理或两者结合的虚假症状模式。个体伪造这些症状并不是为了获取经济利益，而是为了扮演病患的角色。在一些极端的情况下，个体的全部生活都被追求医疗保健的行为所占据，这类情况被非正式地命名为孟乔森综合征（Munchausen's syndrome）。个体也可能通过对他人的做作性障碍（factitious disorder imposed on another）或代理型孟乔森综合征（Munchausen's syndrome by proxy）使他人假装生病。有趣的是，一项针对做作性障碍患病个体的流行病学研究显示，患者最常见的职业是卫生行业。

与转换障碍患者不同，做作性障碍患者是有意识地产生他们的症状，但他们的动机是由内部而非外部驱动的。他们也可能以次级获益（secondary gain）为目的，即他们想要在生病时得到他人的同情和关注。他们知道自己在捏造症状，但不清楚自己为什么要这样做。换句话说，有转换障碍的人认为他们生病了，并理所当然地承担了生病的角色。诈病的人知道他们没有生病，因此，他们从疾病中获得的任何利益都是不合法获得的。

名词解释

诈病 因为某种不可告人的动机而捏造身体或心理症状。

原发性获益 减轻由于身体或心理症状的发展而产生的焦虑或责任。

对自身的做作性障碍 一种障碍，人们假装症状或障碍不是为了任何特殊的目的，而是因为内心需要维持一个病态的角色。

对他人的做作性障碍 一个人诱发另一个受其照顾的人出现躯体症状的情况。

次级获益 患者受到别人的同情与关注。

躯体症状及相关障碍的理论与治疗

早期的心理动力学理论学家是第一个尝试从他们认为的科学角度来理解和治疗这组障碍的人。在缺乏精细的诊断工具，以及心理动力学理论基于无意识冲突的观念等原因下，他们将转化障碍称为"歇斯底里"（hysteria），字面意思是"游走的子宫"。他们找不到症状的生理原因，且这些症状往往会在个体接受催眠或精神分析治疗后消失，从而加强了这些症状基于心理因素的观念。

与弗洛伊德关于癔症的大体阐述相一致，如今采用心理动力学方法的临床医生致力于识别并意识到我们与个体症状相关的潜在冲突。通过这个过程，来访者获得了洞察力和自我意识，并能够直接表达情感，而不是通过身体表现。

从认知行为的角度来看，分离性、躯体症状和相关障碍是从来访者与其身体症状相关的思维层面上来解释的。基本模型是基于一个前提，即患有这些障碍的人容易受到认知歪曲的影响，从而导致他们误解正常的身体感觉。一旦他们开始夸大症状的严重性，他们就会对内部身体的暗示更加敏感，这反而导致他们得出结论：他们真的生病了。

运用认知行为疗法治疗有躯体症状及相关障碍的来访者时，临床医生帮助来访者对自己的身体反应进行更现实的评估。例如，在一项研究中，研究人员会让没有心脏病却报告心悸或胸痛的来访者在跑步机上锻炼，同时教导他们将自己的心跳加速解释为运动时的正常反应，而不是疾病的迹象。

催眠疗法和药物治疗是临床医生专门用于治疗转换障碍的另外两种方法。在催眠治疗中，治疗师指导被催眠的来访者移动瘫痪的肢体。然后治疗师进行催眠后暗示，使来访者在治疗师将他从催眠状态中带出来后能够维持动作。选择性 5-羟色胺再摄取抑制剂是临床医生一般用于治疗转化障碍的药物，但几乎没有具备良好控制的调查对其有效性进行研究。

针对患有疾病焦虑障碍个体的认知行为疗法关注的是他们高度的健康焦虑（health anxiety），或对身体症状和疾病的过度关注。在治疗中，个体学习重建他们对

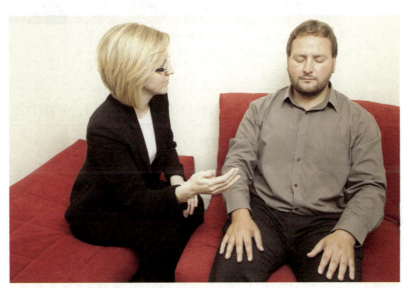

催眠疗法可以有效地帮助个体重述那些太过令人不安而无法有意识地回忆的记忆。
©Paula Connelly/Getty Images

自己身体症状的适应不良信念，并获得对自己身体反应更现实的解释。然而，在一些严重的案例中，对于既不想进入也不想继续接受个体治疗的来访者来说，使用主动式社区治疗原则的团体治疗可能是一种有效的替代方案。

名词解释

健康焦虑 指过分关注身体症状和疾病。

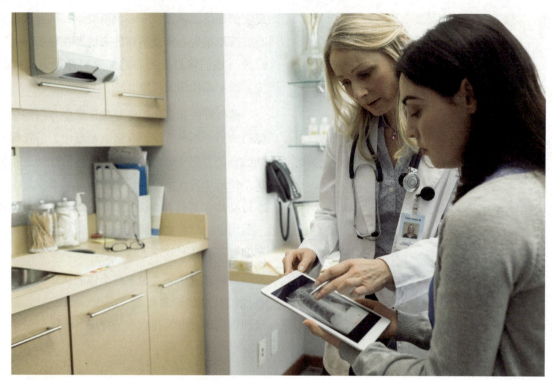

医疗环境可能是某些个体严重焦虑的根源。
©Hero Images/Getty Images

《精神障碍诊断与统计手册（第五版）》中有什么

躯体症状及相关障碍

《精神障碍诊断与统计手册（第五版）》对我们目前称为躯体症状障碍的整个类别做出了许多重大的改变。《精神障碍诊断与统计手册（第五版）》的作者承认，在《精神障碍诊断与统计手册（第四版−修订版）》中被称为躯体形式障碍的术语可能存在混淆。他们还意识到躯体症状障碍、影响其他躯体疾病的心理因素和做作性障碍都包括身体症状的出现和／或对躯体疾病的担忧。此外，他们意识到身心是相互作用的，因此临床医生无法将身体症状与其心理基础分开；反之亦然。根据《精神障碍诊断与统计手册（第五版）》作者的说法，永远不可能完全确定心理症状不存在生理基础，这一事实使先前系统更加复杂化。

"疾病焦虑障碍"这一术语取代了"疑病症"。临床医生会给那些没有身体症状但高度焦虑的个体做出这个诊断，并说明是否包括寻求照顾。

转换障碍目前在诊断中会用括号加上"功能性神经症状障碍"这一表述，表明个体表现出异常的神经系统功能。但是，此人必须具有神经系统疾病无法解释的症状才能确定为这个诊断。在医疗专业人员得出他们的症状没有神经基础之前，个体需要进行全面的神经系统检查。

除了改进术语外，《精神障碍诊断与统计手册（第五版）》的作者希望他们的修订能够对这组障碍的数据收集进行改进。诊断标准的不一致，再加上主要的理论焦点从心理动力学转向认知行为，使得目前还没有可以用于更准确地估计这组障碍患病率的可靠的流行病学数据。

影响其他躯体疾病的心理因素

到目前为止，我们所研究的障碍是指个体出现没有生理原因的躯体障碍。被称为**影响其他躯体疾病的心理因素**（psychological factors affecting other medical conditions）的诊断类别包括了来访者的躯体疾病受到一种或多种心理状态产生的不利影响的情况。这些心理状态可能包括抑郁、压力、否认诊断，或做出不良甚至危险的健康相关行为。

在表 9–2 中，我们概述了几个受心理因素影响的躯体疾病的例子。明确心理因素与躯体疾病的交互作用，可以使医疗专业人员更清楚地了解两者是如何相互影响的。一旦确定了这种交互作用，临床医生就可以解决这些问题，并努力帮助来访者改善其躯体疾病。

表 9–2　　　　　　　　　　影响其他躯体疾病的心理因素

躯体疾病	可能的心理因素
高血压（血压偏高）	慢性职业压力会增加患高血压的风险
哮喘	焦虑会加剧个体的呼吸系统症状
癌症	否认手术干预的必要性
糖尿病	不愿意为了监测血糖水平或减少摄入量而改变生活方式
慢性紧张性头痛	持续的家庭压力导致症状恶化
心血管疾病	尽管胸闷，却拒绝去看心脏病专家

小案例

影响其他躯体疾病的心理因素

迈克尔是一名 41 岁的异性恋混血儿男性。他目前是一家大型折扣连锁店的经理，在过去的几年里，他通过自己的努力逐步晋升到这个职位。尽管迈克尔取得了成就，但他患有的激越型抑郁障碍使他在多数时间里感到不耐烦和易怒。他意识到自己的情绪问题与父母之间长期存在的问题有关，而且他对自己长期受内心不安的折磨感到厌恶，而这种不安一直是他性格的一部分。迈克尔是四个孩子中最小的一个，在整个童年时期，他认为自己必须比兄弟姐妹多做"两倍"的事情才能获得父母的关注和喜爱。现在，作为一个成年人，他陷入了一种追求成功的欲望，这种欲望着实让他感到身体不适。他经常出现剧烈的头痛和胃痛，但是他却不愿意向医生寻求帮助，只因为他不想耽误工作时间。

理解影响其他躯体疾病的心理因素的相关概念

精神障碍、压力、情绪状态、个性特征和糟糕的应对能力都是影响个体身体健康和幸福的心理因素。这类障碍承认心理和生理因素通过复杂的交互作用相互影响。

压力与应对

在心理学中，"**压力**"（stress）一词（又称应激）是指当一个人认为某件事具有威胁性时所出现的不愉快的情绪反应。这种情绪反应可能包括生理唤醒水平的升高和交感神经系统的反应性增强。**应激性生活事件**（a stressful life event）是扰乱个人生活的压力源。一个人为减轻压力所做出的努力叫作**应对**（coping）。只有当应对不成功、压力没有消退时，个体才可能为生理或心理问题寻求临床治疗或心理咨询，而这些生理或心理问题是负面情绪长期存在所引起的持续生理唤醒的结果。

名词解释

影响其他躯体疾病的心理因素　来访者有某种疾病或症状，可能会因心理或行为因素而加重。

压力　当某个事件被视为具有威胁性时，个体产生的不愉快的情绪反应。

应激性生活事件　指扰乱个人生活的事件。

应对　指人们减轻压力的过程。

什么样的事件才算是压力源？描述压力源最常见的方式是通过使用应激性生活事件量表来评估，这些量表旨在量化个人暴露于可能威胁其健康的经历的程度。

其中最著名的是社会再适应量表（social readjustment rating scale，SRRS），它从生活改变单位（life change units，LCUs）来评估生活压力。在开发生活改变单位指数时，研究人员计算了每种类型的事件与躯体疾病的相关性。这一衡量方法的基本原理是，某一事件越是促使你调整自己的生活环境，就越有害于你的健康。

大学生压力量表（the college undergraduate stress scale，CUSS）是应激性生活事件量表中一个很好的样例。与适用于成年人中所有年龄段的社会再适应量表不同的是，大学生压力量表评估的是传统年龄下的大学生最熟悉的压力源类型（样本中 90% 的人年龄在 22 岁以下）。大学生压力量表中压力最大的事件是强奸，生活改变单位得分为 100 分。然而，在课堂上发言得分为 72 分，这也是相对较高的。获得全优成绩得分为 51 分，较为中等。对大学生压力量表来说压力最小的事件是参加体育活动（生活改变单位得分 = 20）。

生活事件量表之所以有较高的应用价值，是因为它相对容易完成，而且提供了一套可供我们做比较的客观标准。然而，量化压力并不总是那么容易。你和你最好的朋友可能都经历过同样的潜在压力事件，比如上课迟到，但对于这种情况，你可能比你的朋友感受到更多的困扰。因此，你的这一天远不如你朋友过得愉快，如果你一再迟到，你可能会患上与压力有关的疾病。

压力的认知模型更加强调你对事件的解释方式，而不是你是否经历过特定事件。就像一般的认知方法一样，压力的认知模型提出，对应激事件的评估决定了它是否会对你的情绪状态产生负面影响。人们不仅在解释事件的方式上有所不同，事件周围的环境也会影响他们。如果你朋友的教授没有点名，而你的教授点名了，这就有助于解释为什么对于迟到这件事，你比你的朋友感到压力更大。

正如这个例子所示，压力是因人而异的。如果你消极地看待一件相对较小的事情，它也会让你感到有压力。此外，认知模型假设，这些"小"事件可以产生很大的影响，特别是当它们在短时间内积累起来时。当麻烦（hassles）的数量足够多并且你以消极的心态看待它们时，这些麻烦就会对健康产生重大影响。如果你不仅上课迟到，而且还与你的朋友发生了争吵、脚趾被踩

到、把咖啡洒了出来、还错过了回家的公交车，那么这个下午你遇到的很多潜在压力事件累积起来产生的压力感，就如同某人经历了"大"的生活事件，比如第一次约会。

从积极的方面来看，你可以用研究人员所提出的高兴事（uplifts）来平衡你的麻烦，所谓的"高兴事"是指可以增加你的幸福感的小规模事件。也许你打开自己的 Facebook 主页，发现从前的高中同学发来了愉快的问候。这个问候带给你的笑容可以帮你消除一些由刚刚经历的麻烦事产生的压力。在积极心理学运动中，高兴事被视为有助于人们日常幸福感的因素，且处于特别重要的地位。

当生活给你带来一些高兴事的时候是很美妙的，但是如果没有的话，若你想保持自己的心理健康，就需要找其他的方法来减压。其中两种基本的应对方式是问题聚焦应对（problem-focused coping）和情绪聚焦应对（emotion-focused coping）。在以问题聚焦应对策略中，你会试图通过行动来改变任何使情况变得紧张的因素，以减轻压力。如果你经常因为公交车人满为患而迟到，而且往往比它预定时间晚到 5 分钟或 10 分钟，那么你可以乘一辆更早的公交车来应对，即便这意味着你必须提前 10 分钟起床；相反，在情绪聚焦应对策略中，你不会改变情况，而是改变你对它的感觉。你会想也许教授不会介意你迟到了，所以你不必对自己如此苛刻。回避是另一种以情绪为中心的策略，这种应对方法类似于否认的防御机制，即与其去想有压力的经历，不如把它抛在脑后。

名词解释

麻烦　指一个能够引起压力的相对较小的事件。

高兴事　指能增加你的幸福感的事件。

问题聚焦应对　该应对是指个体采取行动，通过改变使其产生压力的情况的任何方面来减轻压力。

情绪聚焦应对　一种不改变处境本身，而是试图改变对处境的感觉的应对方式。

那么两种应对方式中哪一种更好？答案是，视情况而定。通过问题聚焦应对策略，人们可以更有效地应对某些情况。在可改变的情况下，若你采用问题聚焦应对

这个女人的愤怒控制缺陷让她很难以理性、冷静的方式处理日常情况。
©Fancy/SuperStock

策略，那么你的情况可能会渐入佳境。如果你因为成绩下滑而感到压力，相比不去想这个问题，最好的方式还是通过努力学习来改变这种状况。如果你因为丢失手机而感到压力，并且确实找不到它，那么你最好通过使用情绪聚焦应对策略来应对这种情况，例如告诉自己，不管怎样你需要一个新型号的手机（以及采取一些问题聚焦的步骤，比如将丢失的手机停机）。

随着年龄的增长，人们能够更有效地使用应对策略来缓解压力，这可能是因为人们能够更好地容忍在经历人生高潮和低谷时出现的复杂情绪。例如，对居住在社区的老年人被试和大学生被试进行比较研究时，丹尼尔·L. 西格尔（Daniel L.Segal）、J. N. 胡克（J. N.Hook）和弗雷德里克·L. 库利奇（Frederick L.Coolidge）发现，年轻人在关注和发泄情绪、心理脱离、使用酒精和药物等功能失调的应对策略上得分更高。相比之下，老年人更有可能使用冲动控制和求助于其宗教信仰作为应对策略。事实上，老年人在面对照顾生病的配偶或其他亲属所带来的压力时表现出的韧性，可能是源于他们更恰当地运用了应对策略。

在影响个体暴露于潜在压力源时所能够承受的压力程度方面，个性也发挥着重要作用。一般来说，乐观的人应对压力更有弹性。你或许可以从自己的经历中回忆起大学的第一年伴随着巨大的学术和社交压力。通过对乐观主义和压力因素的测量，研究人员发现，两者都独立预测了大学生在新学术环境过渡期间报告的主观幸福

感水平。

社会文化因素也在引起和加重个体压力水平方面发挥了作用。例如，生活在一个与低社会经济地位相关的恶劣社会环境中，这种环境威胁着个人安全，干扰社会关系建立，充斥着高度冲突、虐待和暴力。长期暴露在这种环境的压力下会导致激素发生一系列变化，最终对心血管健康产生有害影响，并与个体的遗传和生理风险相互影响。对于社会经济地位较低的人来说，他们的心血管健康和免疫系统功能似乎都对其所经历的压力程度十分敏感。边缘系统调节着人们对压力的反应，在解释社会阶层和健康之间的这些关系方面似乎发挥着重要作用。

饮酒来应对压力是一种适应不良的应对策略，因为它会给压力大的个体带来更多问题，尤其是在他们饮酒过量的情况下。
©Stockbyte/Getty Images

充足的证据支持这一观点，即压力在各种躯体疾病中所扮演的角色是通过与免疫状态和功能相互影响来发挥作用的。压力事件会在体内引发一系列反应，并降低了身体对疾病的抵抗力。这些反应还会加重与压力有关的慢性躯体疾病的症状。个性也会通过与压力相互作用影响健康。对工作压力的研究表明，过度投入倾向高的人往往在工作上付出多于其报酬的努力，他们的心血管

健康状况反而较差。

情绪表达

通过控制你的负面情绪来应对压力是降低感知到的压力水平的一种方法。然而，有些时候表达出你的情绪，即使它们是消极的，也能改善身心健康。在一项经典研究中，研究人员要求一组大一学生写下他们在上大学过程中的一个极具压力的经历，就像之前所说的那样。控制组则写一些表面话题。研究表明，那些写下自己大学经历的被试比控制组的被试更想家。然而，到年底时，尽管他们经受着更多的消极情绪，但他们去看医生的次数却更少，他们在平均绩点和积极情绪体验方面的表现和控制组一样好，甚至更好。研究人员得出结论，直面压力经历的感觉和想法可以产生持久的积极影响，即使这种对抗的最初影响可能是破坏性的。

詹姆斯·W.佩尼贝克（James W.Pennebaker）和他的同事们将他们的发现扩展到了不同的人群中。在一项对146项随机化研究的元分析中，表露对于具有各式各样情绪问题的人都有积极和显著的影响。最近，研究人员甚至发现在社交媒体上写作（包括博客）也会对心理健康有积极影响。

然而，值得注意的是，尽管表达这些感受的人或许会感觉更好，但那些听他们复述悲伤或艰难故事的人可

产生压力的工作环境可能会产生严重的心理健康后果，比如职场欺凌。
©SpeedKingz/Shutterstock

能会遭受消极情绪影响。这也是从事助人行业的人可能会经历倦怠期的原因之一，也被称为"共情疲劳"。

人格特征

人格与健康之间研究最彻底的关系之一是 A 型行为模式（type A behavior pattern），这是一系列行为，包括进取心十足、争强好胜、不耐烦、愤世嫉俗、怀疑和敌视他人以及容易被激怒（见表 9-3）。

名词解释

A 型行为模式　一系列行为，包括进取心十足、争强好胜、不耐烦、愤世嫉俗、怀疑和敌视他人以及容易被激怒。

表 9-3	你是 A 型人格吗
你是不是很难抽出时间去剪头发或做发型	
你的配偶或朋友有没有告诉过你，你吃得太快了	
你有多少次实际上为了加快处理速度而曲解了别人的话	
你认识的人都认为你容易生气吗	
你是否经常发现自己即使有足够的时间，但仍然急于到达某个地方	
在工作中，你是否曾经通过快速地从一份工作到另一份工作来回切换，让两份工作同时向前进行	

注：詹金斯活动调查表（Jenkins Activity Survey，JAS）评估了一个人有冠心病倾向的人格和行为模式的等级。得分高的人，被称为 A 型人格，往往有竞争性、不耐烦、焦躁不安、好斗，并且有时间紧迫感以及责任压力感。在下面的项目中，你可以看到哪些回应将反映这些特征。

资料来源：From C. D. Jenkins, S. J. Zyzanski, and R. H. Rosenman, *The Jenkins Activity Survey*. Copyright © 1965, 1966, 1969, 1979 by The Psychological Corporation. Used by permission of the author.

具有 A 型行为模式的人会出现高水平的情绪唤醒，使他们的血压和交感神经系统处于超负荷状态，从而将他们置于患心脏病的风险中，并存在更高的心脏病发作和中风的风险。他们处于高风险中，不仅因为他们的身体处于压力之下，还因为他们进取心十足和争强好胜的生活方式通常包含高危行为，包括吸烟、过量饮酒和缺乏锻炼。

另一个导致心脏病的重要的人格风险因素发生在那些出现强烈抑郁情绪但不愿表露情感的人身上，即所谓的 D 型人格（type D personality）。与 A 型中的"A"不是首字母缩写不同，D 型中的"D"代表"痛苦"（distressed）。D 型人格出现的情绪包括焦虑、愤怒和抑郁情绪。这些个体倾向于体验消极情绪，同时在社交场合会抑制消极情绪的表达，因此他们患心脏病的风险也会增加。而这些个体除了有更高的患病或死于心脏病的风险外，还会使日常生活质量下降，且获得医生帮助的机会较少。心理学家认为，这些人的人格和心脏病之间的关系，部分是由其对压力的免疫反应受损导致的。

名词解释

D 型人格　一种人格类型，表现在那些经历焦虑、烦躁和抑郁等情绪的人身上。

如果个体难以应对他可能体验到的压力，那么应激性生活事件（如去上大学），可能会损害身体健康。
©Sam Edwards/Ojo Images/AGE Fotostock

行为医学的应用

由于导致躯体疾病的心理因素有非常广泛的范围，临床医生必须仔细评估每个特定来访者的健康是如何受到行为影响的。**行为医学**（behavioral medicine）领域应用越来越多的关于身心关系的科学证据来帮助改善人们的身体健康，主要通过改变其与压力、情绪、行为模式和人格等心理因素的关系的方式。此外，行为医学领域的临床医生经常与心理学家和其他心理健康专业人员合作，帮助来访者们学习和维持能使其身体功能最大化的行为。通过提高患者对医生的依从性，临床医生可以帮助他们变得更健康，并避免产生进一步的并发症。

名词解释

行为医学　一种根植于学习理论的跨学科方法，研究受心理因素影响的躯体疾病。

心理教育是行为医学的重要组成部分。来访者需要了解他们的行为如何影响慢性疾病症状的发展或恶化的。然后，临床医生可以与他们一起制定具体的方法来改善他们的健康习惯。例如，饮食控制和锻炼是预防和减少心血管疾病的严重并发症的关键。花时间在户外度过时，即使不进行积极的运动，也可以降低压力水平。临床医生可以教来访者如何将这些新的健康习惯融入日常生活，并训练有睡眠障碍的人改善他们的睡眠习惯。人们可以通过生物反馈等策略来控制导致抑郁症状的慢性疼痛。

行为医学也越来越倾向于干预，包括正念训练、放松和冥想。在这些方法中，临床医生引导来访者监控他们的身体内部状态（如心率和呼吸），以及他们的知觉、情绪状态、思想和想象，而不是进行判断。通过以这种客观的方式观察他们的身体反应，来访者可以对他们经历的疾病有更多差异化的理解，知道哪些方面会产生影响，哪些不会产生影响。因此，他们可以获得对自己身体反应的自控力，并将自己的疾病视为有着正常的作用，而不会妨碍他们享受日常生活的能力。

例如，具有 A 型行为模式的人可以从一些训练中受益，这些训练旨在提高他们对压力反应的意识和改善应对压力情况的方式，还可以从想要提高他们对有关降低心血管风险的医疗建议的依从性的行为干预中受益。

尤其重要的是一种掌控感，即相信自己有能力处理或控制生活中遇到的问题。那些觉得自己能更好地控制生活环境的人，患心血管疾病和相关健康问题的风险更低。越来越多的临床医生发现，除非临床医生也将这些心理问题纳入治疗，否则仅仅通过满足人们的医疗需求来改善人们健康并不会产生长期的预期效果。

分离障碍和躯体症状障碍：生物－心理－社会视角

尽管各种障碍截然不同，但我们在本章中所涵盖的障碍都揭示了身心之间复杂的相互作用，并要求区分"真实"和"虚假"心理症状。它们也都提出了关于自我本质的问题。我们还研究了压力在心理障碍中的作用及其与躯体疾病和身体症状的关系。

在使得一些个体更易患心理障碍的方面，生物学显然发挥了作用，尤其是在上述这些障碍中。一个人可能有一种已知或未确诊的躯体疾病，某些压力源会尤为影响这种疾病，然后引发躯体症状或相关障碍的症状。然而，无论生物学的作用如何，认知行为的解释的确为治疗提供了有效的方法。即使是那些有明确躯体疾病记录的人，如慢性疼痛障碍，若障碍并不是他们实际的健康相关行为导致的，他们也可以从学习如何重新构建他们对疾病的想法中受益。与此同时，我们正在了解更多关于压力是如何影响身体机能的，包括社会歧视对心脏病和糖尿病等慢性病的影响。

随着《精神障碍诊断与统计手册（第五版）》工作的发展，这些障碍背后的身心联系很可能会受到更严格的审查。这些障碍与那些似乎对许多弗洛伊德的患者有影响的所谓"神经质"障碍之间的历史联系将会消失。然而，分离障碍和躯体症状障碍即使更改了名称，仍会保持它们的魅力。

个案回顾

罗丝·马斯顿

罗丝每周接受16次个人治疗，重点是特定的认知行为疗法技术，如心理教育、认知重构技术、暴露与反应阻止、知觉再训练练习，以及记录每天思考症状的分钟数的自我监控技术。这些练习的重点是教罗丝以一种更全面、更客观的方式看待自己的身体，并将注意力从她的肚子上转移开。在每次治疗过程中，罗丝会和她的治疗师讨论前一周发生的事情，复习"家庭作业"，并为治疗设定日程。通过这种高度结构化的方法，罗丝在最初几周的治疗后开始感到症状有所缓解。此外，她开始通过饮食控制和非处方药相结合来治疗乳糖不耐症。16周结束时，罗丝的疼痛消失了，她和男朋友也和好了，同时也意识到她对自己胃痛的持续担忧给他们的关系带来了压力。她的抑郁障碍也有所减轻，她和她的临床医生都一致认为她没有必要服用抗抑郁药。罗丝继续每个月去看一次她的临床医生，检查她的病情进展并评估症状是否复发。

托宾医生的反思： 罗丝对她相当轻微的身体症状的过度敏感可能是导致她之前抑郁的原因。虽然她暂时接受了抗抑郁药物的治疗，但很明显，她的担忧一直持续到与男友分手、失业等随之而来的压力事件的出现，并导致了症状恶化。在罗丝的案例中，她对接受治疗有极高的积极性，这有助于她取得良好的结果。虽然有躯体症状障碍的人可能不愿意透露他们的症状程度和他们的想法，但是罗丝的积极性让她说出了她对自己胃部不适的想法和信念。这些信息使她的临床医生能够成功地针对她的具体问题量身定制治疗。虽然罗丝需要不断监测她的乳糖摄入量，但幸运的是，她以后能够控制她的身体症状了，这将从根源处减轻她的心理困扰和痛苦。

总结

◎ 本章涵盖三组病症：分离障碍、躯体症状障碍和影响其他躯体症状的心理因素。在每一种情况下，身体都会以不同寻常的方式表达心理冲突和压力。

◎ 当人的意识具有似乎能够游离或分离功能时，就会出现分离障碍。分离障碍的主要形式包括分离性身份障碍、分离性遗忘症、人格解体、现实解体和人格解体/现实解体障碍。

◎ 在精神卫生专业人员中，关于分离障碍的普遍观点是：随着时间的推移，某种类型的创伤性事件导致患有这些障碍的人体验到他们的意识体验、自我意识或连续性感觉的分裂。然而，临床医生在诊断和治疗个体的分离症状方面面临着艰巨的任务。

◎ 躯体症状及相关障碍是一组症状，其中个体的主要症状涉及个体所经历的身体问题和/或对躯体疾病的担忧。疾病焦虑障碍涉及对正常身体反应的错误恐惧。

◎ 转换障碍（功能性神经症状障碍）的基本特征是个体的身体机能发生变化，而不是由于潜在的躯体疾病。"转换"一词是指心理冲突假定地转化为躯体症状。躯体症状障碍和转换障碍之间的区别在于，前者涉及多种和反复出现的身体症状，而不是单一的身体不适。

◎ 与躯体症状障碍有关的症状包括诈病：出于别有用心的目的（例如接受残疾或保险福利）而故意假装躯体疾病或心理障碍的症状；和做作性障碍：其中人们表现出一种身体、心理或两者结合的虚假症状模式。

◎ 被称为影响其他躯体症状的心理因素的诊断类别包括来访者的躯体疾病受到一种或多种心理状态不利影响的状况，例如抑郁、压力、否认诊断或做出不良甚至危险的健康相关行为。

◎ 精神障碍、压力、情绪状态、个性特征和糟糕的应对技巧只是一些可能影响个体躯体疾病的心理因素。这类障碍认为心理和躯体疾病可以通过复杂的交互作用相互影响。

◎ 应对可以帮助调节焦虑情绪，从而减轻压力。然而，有时表达情绪也可以改善身心健康。积极面对由令人心烦意乱的或创伤性事件引起的情绪可以带来长期的健康好处。

◎ 由于导致躯体疾病的心理因素范围非常广泛，临床医生必须仔细评估每个特定来访者的健康是如何受到行为的影响的。行为医学领域应用越来越多的关于身心关系的科学证据来帮助改善人们的身体健康，主要通过解决其与压力、情绪、行为模式和人格等心理因素的关系的方式。

◎ 在使得一些个体更易患心理障碍的方面，生物学显然发挥了作用，尤其是在这些障碍中。一个人可能有已知或未确诊的躯体疾病，或许会受到某些应激性生活事件的影响，然后引发躯体症状障碍的症状。然而，无论生物学的作用如何，认知行为的解释为治疗提供了有效的方法是毋庸置疑的。

第10章

进食障碍、排泄障碍、睡眠－觉醒障碍以及破坏性、冲动控制和品行障碍

通过本章学习我们能够：

☐ 了解进食障碍的特征、理论和治疗方法；

☐ 理解排泄障碍的症状和理论；

☐ 识别睡眠－觉醒障碍的迹象；

☐ 辨别破坏性、冲动控制和品行障碍；

☐ 分析进食障碍、排泄障碍、睡眠－觉醒障碍以及破坏性、冲动控制和品行障碍的生物心理社会模型。

©horvatha/Shutterstock

个案报告

罗莎·诺米雷兹

人口学信息： 25 岁，拉丁裔已婚女性，异性恋。

主诉问题： 出于对抑郁感受的担心，罗莎自行来到了社区心理卫生中心就诊。在初始评估中，罗莎提到她的低落和抑郁情绪已经持续了几个月，由于无法自行改善这种情况，她决定寻求治疗。她说对她而言，这不是一个容易的决定，因为她经常能依靠自己的力量处理困难情绪。罗莎还提到她身边的人很担心她的健康状况，一段时间以来一直催促 / 敦促她寻求治疗，但她不明白为什么他们会担心。

心理医生注意到罗莎看起来体重严重偏轻和虚弱。罗莎讲述道，她感觉到沮丧主要是因为"一直觉得自己像是个肥胖的怪物"。她估计这些感觉起源于她怀她女儿的时候，现在女儿已经 2 岁了。为了全身心地抚养女儿，她在女儿出生之后就停止了工作，而丈夫负责养家糊口。罗莎说她生孩子之后，很难回到正常体重，并且她相信自己看起来仍然像个孕妇："在镜子里只能看到我的肚子，它使我看起来巨大无比。"她报告说她并不知道自己现在的体重，出于体重会继续增加的恐惧，她很害怕称体重。她大声说道："我仍然这么肥胖，我感觉到很羞愧。我觉得我再也不会看起来正常了。"

罗莎报告说她正在执行一个每天大概进食 300～400 卡路里的食谱，自从她开始担忧体重，她一直"用尽一切办法"消耗每天的卡路里。那时，罗莎在网上搜寻减肥秘诀，发现了一个在线团体，致力于支持那些想要减重和保持苗条身材的女性。她讲述道，这些"亲厌"（支持厌食症的缩写）网站给她提供了来自其他用户的支持和一些有益的技巧。这些技巧不仅能帮助她限制卡路里摄取，还有助于她躲开其他人。她觉得他们的关心很烦人，并且会干扰她的减重目标。罗莎每天都浏览这些网站，已经持续了六个月。她的丈夫在电脑上发现了它们，并意识到它们带来的危险，恳求她停止使用它们。她说她不明白为什么，因为保持低体重对她来说是如此重要，一想到体

重会增加，她就会产生强烈的焦虑感。

虽然罗莎说她对性生活不怎么感兴趣，而且已经大约有四个月没来月经了，但她解释说在过去的六个月里她和丈夫在尝试怀二胎。心理医生询问是否有她可能已经注意到的其他的生理变化。罗莎说她大多数时候都感觉到疲惫，但除此以外，她否认有其他的困难。"我常常只考虑我的女儿和保持纤瘦这两件事。真的没有时间担心很多其他事情。现在真的不是为其他事情担忧的好时机。"她还说当在公共场所时，她经常会将自己的身体和其他人的比较。这已经成为她过度焦虑的一个来源，因此她通常宁愿待在家里，以避免担忧"因为肥胖而被评价"。

据罗莎说，她的家庭一直因为她的体重而"不停地烦她"：

他们就是不理解我的感受。他们试图强迫我去吃东西，这让我感觉到非常不舒服和沮丧。那感觉像是他们因为知道我有多恶心而在嘲笑我，所以我现在常常避免和他们待在一起。

当罗莎还是婴儿的时候，她的父母从哥伦比亚移民到美国，从那之后几个其他的亲人也搬到了他们家附近。虽然罗莎说她的家庭联结紧密，但她解释说长辈很难理解哥伦比亚文化和美国文化的差异，她觉得美国文化给她施加了压力，要求她苗条而有魅力。"他们在家乡不是这样的，因此他们无法了解我的感受。"

既往史： 罗莎说，在十几岁的时候她偶尔会有暴食和催吐的行为，虽然她发现催吐的效果让人厌恶。她解释说她一直很在意她的体重，从她记事起她就在努力维持低体重。然而，随着女儿的降生，她对饮食行为的限制越来越严重。她否认有进食障碍的家族史。

个案概念化： 罗莎满足了暴食清除型神经性厌食症的诊断标准。诊断标准 A 提到个体的体重必须显著低于与年龄和身高相符的体重。经罗莎允许，临床

医生从她最近一次的家庭医生来访记录中获取了她的体重，并发现它低于预期体重的 85%，这显著低于一个与她同龄的成年女性的最低体重。罗莎还满足了诊断标准 B，因为她一直非常害怕体重增加，即使她的体重低于平均值。她满足了诊断标准 C，因为她难以意识到体重过低的严重性。

虽然罗莎说她经常情绪低落，但临床医生认为她的抑郁症状似乎与她对体重增加的担忧直接相关。因此，临床医生不会给她额外的抑郁诊断。很显然，罗莎对体重的担忧导致她与亲近的人变疏远了，即她的丈夫和直系亲属。

治疗计划：罗莎拒绝接受临床医生关于她应该接受厌食症治疗的建议。征得罗莎允许后，临床医生与她的丈夫和家庭取得了联系，他们同意治疗对于罗莎来说是至关重要的。在和她的丈夫讨论之后，罗莎同意在一个专门针对进食障碍的日间治疗项目中接受初始咨询。在那里进行评估后，罗莎认定持续的治疗将是对她们家而言最好的决定，并有助于减少她的抑郁情绪。她同意签署知情同意书，参加一个至少持续两周的治疗项目。

萨拉·托宾博士，临床医生

本章所介绍的障碍包括进食障碍、排泄障碍和一系列个体表现出对自己的冲动缺乏控制的障碍。进食障碍的特点是个体存在关于食物和对于进食、节食或食物清除的控制方面的困难。排泄障碍主要影响儿童或青少年，他们通常由于心理障碍而无法控制排尿和排便的生理功能。有睡眠 – 觉醒障碍的个体缺乏对通常与心理功能有关的生理过程的控制。最后，冲动控制障碍反映了个体调节一个或一系列与特定欲望、兴趣和情绪表现相关的行为的能力障碍。

进食障碍

有**进食障碍**（eating disorders）的人会经历持续的进食或进食相关行为的困扰，这些困扰改变了他们进食或保留食物的方式。这些障碍超过了节食或偶尔暴食的范围，严重损害了个体的生理和心理功能。

神经性厌食症的特点

当一个人表现出三种基本症状类型时，临床医生会将他诊断为患有**神经性厌食症**（anorexia nervosa，AN）：严重地限制进食，并导致不正常的低体重；强烈的、不现实的对变胖或体重增加的恐惧；以及对体形或体重的歪曲自我认知。换句话说，患有神经性厌食症的人会限制他们的食物摄取，对体重增加变得专注，并且会感觉到他们已经超重了，即使他们的实际体重可能严重过低。

名词解释

进食障碍　对于经历持续的进食或进食相关行为困扰，并最终导致个体进食或吸收食物的人的诊断。

神经性厌食症　一种进食障碍，其特征是严重地限制进食、强烈恐惧体重增加以及紊乱的身体知觉。

即使神经性厌食症的患者体重很轻，却会感到自己很"肥胖"，这让他们感到痛苦。
©Ted Foxx/Alamy Stock Photo

《精神障碍诊断与统计手册（第四版－修订版）》将对增重的"强烈恐惧"视为神经性厌食症的一个特点，但《精神障碍诊断与统计手册（第五版）》用行为（"干扰体重增加的持续性行为"）替代了这一主观测量。在神经性厌食症类别中，临床医生能将那些限制饮食摄入的患者和那些在极端限制与无法控制的进食行为之间交替往复的患者区分开。

除了神经性厌食症的心理后果之外，那些达到诊断标准的个体的营养匮乏也会导致他们发展出一系列健康变化，在极端情况下可能威胁到生命。持续的饮食不足会导致心脏和呼吸系统问题、骨骼变薄、胃肠道功能改变和能量损失。不仅仅是他们的外表会变得异常瘦弱和憔悴，他们还会遭受脱发、指甲变脆。由于长期缺乏食物而导致的体内荷尔蒙的变化也会导致他们变得不孕，他们的新功能会受到干扰。

神经性厌食症人群的高死亡风险已被确认。个体的患病越久，死亡风险越高。虽然大多数死于神经性厌食症的是年轻人，但一项挪威的研究发现，43% 的神经性厌食症相关死亡发生于 65 岁及以上的女性中。患有神经性厌食症的女性不仅会死于该疾病的并发症，还会死于自杀，特别是如果她们同时患有抑郁障碍，以及她们厌食症的表现形式是暴食与严重的摄食限制交替进行。

小案例

神经性厌食症，限制型

布莱克是一名 18 岁的白人双性恋男性，大学一年级在读。成长过程中，布莱克的体重常常低于平均值，但在他大学的头几个月他的体重开始显著地下降。他的父母第一次注意到他看起来体重过低是他感恩节假期回家的时候，但当他们询问他时，他否认一直在刻意减肥。他告诉父母，他有时候会因为忙于学业而忘记在食堂吃饭，但他向父母保证会尽可能多地规律进食。事实证明，布莱克确实痴迷于节食和锻炼，从高中开始就一直非常认真地写进食日记，并每天锻炼，但他没有告诉任何人。自从来到大学，他觉得他可以在父母无法注意的情况下限制进食。在第一年结束之前，他已经从 130 磅瘦到了 95 磅，尽管他向家人保证他感觉"很好"。

真实故事

波西亚·德·罗西：神经性厌食症和神经性暴食症

出生于澳大利亚的女演员波西亚·德·罗西（Portia de Rossi），原名阿曼达·李·罗杰斯（Amanda Lee Rogers），12 岁时就成为一名时尚模特，以此开启了职业生涯。她在回忆录《无法承受的轻盈：一个关于得失的故事》（Unbearable Lightness: A Story of Loss and Gain）中回忆道，当还是一个小女孩的时候，她就开启了模特生涯，也正是在那个时候她开始过度关注自己的体重：

从来没有哪一天，我的体重不是影响我自尊的决定性因素。我的体重决定了我的心情，我付出越多的努力去挨饿，将体重维持在一个可接受的水平，我就越会感觉到满意，因为限制和拒绝进食给我带来了巨大的成就感。

在波西亚 9 岁的时候，她的父亲意外去世，从此由妈妈抚养她和哥哥长大。虽然妈妈支持她对完美的追求，并且帮助她成名，但她并没有因此责怪妈妈给自己制造了减重的压力，她写道："这常常是内心的感受。"她将这种内心驱动描述为"教官的声音"，这种声音命令她督促自己不断减重，并且严格记录进食和锻炼。

波西亚记得在青少年时期为拍照做的"准备"，包括在短时间内减重。在临近拍照的日子里，她在妈妈的帮助下，会特别限制进食，或者一整天什么也不吃。她回忆道："我为工作做准备的减肥就像是为比赛做准备的运动员训练。"没过多久，波西亚在拍照前对节食的强烈关注变成了生活的常态。当用节食来维持体重这一方法失败时，她会根据她关注的模特的例子开始催吐。她写道，考虑到她喜欢在模特工作后暴吃垃圾食品来奖励自己，这看起来是当时最好的解决办法。暴食为她提供了情绪营养，以抵抗她对自己的消极情绪。然而，随着她开始安排更多的模特工作，不再有足够的时间来"回到正轨"，或是弥补暴食期间的体重增长，这种模式变得越来越具有破坏性。

在做了几年模特之后，波西亚发现了自己对于表演的热爱。一开始，她热爱表演是因为能短暂地逃避她自己。在出演了几部高出镜的澳大利亚电影之后，波西亚搬到了洛杉矶，在那里她终于获得了巨大的突破。在 25 岁时，她加入了热门电视剧《甜心俏佳人》（Ally McBeal）的主演阵容，在剧中饰演内尔·波特，是剧中那家律师事务所的新成员，勇敢而直言不讳。当她接手这个角色时，她做的第一件事情就是买了一台跑步机放在更衣室中，这样她就能像她看到的其他演员一样，在午休时间锻炼。

虽然波西亚对于已有的成就感到骄傲，但参演电视剧依然标志着她的生活开启了新的篇章，她开始经历变瘦的巨大压力，以及要融入好莱坞群体的压力。此外，波西亚还面临着意识到自己是同性恋的问题。她因害怕公众发现她的性取向而感到困扰，这样会破坏她作为好莱坞明星的形象。由于她隐藏了自己的这部分，在拍摄《甜心俏佳人》期间，她一直和她的体重做着斗争。

波西亚记得，虽然她享受于电视剧的拍摄工作，但强烈的不安全感一直折磨着她。讽刺的是，她所饰演的角色的闪光点就是她所展现出来的自信。波西亚努力在剧中维持这一形象。令她痛苦的是她无法和任何人分享她的感受，并且她记得每天从剧组开车回家，然后一个人哭好几个小时。

当波西亚开始《甜心俏佳人》的拍摄工作之后，她开始频繁地暴食和催吐。然而，正如在其他暴食症的案例中所常见的那样，这无法让她达到她渴望的体重，并且她觉得自己不配获得成功。她在拍摄一个美容广告时发生了意外，这导致她最终发展出神经性厌食症。当波西亚无法穿上造型师给她推荐的任何一套衣服时，她感觉到很羞愧。她回忆说，当造型师宣布她的尺码是 8 号时，她非常沮丧。

在这件事之后，波西亚开始与一名营养师见面，后者为她提供健康食物的名单，并要求她记录每日进食日记。营养师苏珊娜（Suzanne）还教她用

波西亚·德·罗西
©AF archive/Alamy Stock Photo

秤量取食物，以成功地减肥。波西亚很激动找到了节食的方向，尽管她很快就把营养师的建议带到了不健康的极端。"苏珊娜将我减肥所需的每日卡路里摄入值定为 1400 卡路里。我改到了 1000。问题解决了。"随着波西亚体重的减轻，她每日的卡路里摄入量开始减少。她从未对体重下降满意，一直在调低目标体重。她开始每天频繁地锻炼，包括在去见苏珊娜的路上，她会中途停车代之以慢跑，因为长时间坐在车里让她感觉到很焦虑。虽然她对营养师很真诚，但她隐瞒了她极端的进食限制，伪造了一个虚假的进食日记，模仿她本应该摄入的食物量。

随着体重的急剧下降，波西亚受到包括杂志封面和源源不断的狗仔报在内的媒体的积极关注，这进一步鼓励了波西亚。然而，家人和朋友的反应是非常不同的。波西亚最好的朋友在洛杉矶探望她时说她看起来太瘦了。波西亚回忆起她对这一说法的反应：

说我太瘦了，这也太好笑了吧。就在今天早上的片场里，当我在长镜头里走过律师实务所时，我还不得不收紧臀部，因为如果我像平常一样走路的话，我的臀部与大腿相交的部分会随着每一步有节奏地凸起：左侧脂

胁凸起，右侧脂肪凸起，左侧凸起，右侧凸起，然后提示对白，"你想见我？""太瘦了。"

这凸显了波西亚对自己外表的标准有多极端和不切实际，也使得她陷入了厌食症的深渊。

归功于严格的卡路里限制（每天减少到几百卡路里）和极多的运动，波西亚的体重持续下降。她运用了一些技巧，比如将公寓的温度维持在华氏60度①，这样她的身体就可以燃烧更多的卡路里；不使用牙膏，以避免"意外"摄入更多的卡路里。她的月经也停止了。媒体并未忽略波西亚的减肥，虽然她并不明白这为什么会引起关注。她写道："有些人说我有厌食症。这不是真的。我体重100磅，我这么胖，怎么可能患上厌食症。"

波西亚有着神经性厌食症患者典型的扭曲心态，她一路减肥到可怕的82磅。与此同时，她在拍摄她主演的第一步好莱坞电影《神鬼奇谋》（*Who is Cletis Tout*）。在拍摄过程中，她遇到了很大的生理上的难题，她需要出演许多动作镜头。由于限制进食和低体重，她的关节疼痛到几乎无法移动的地步。最终，她在拍摄一个特别具有挑战性的镜头时晕倒了，并立刻获得了医学救助。医学检查结果显示她患上了骨质疏松症、肝硬化和狼疮。波西亚第一次被迫面对自己痴迷于减肥的现实。她之前差点把自己饿死，由此她开始了漫长而艰难的康复之旅。

在书中，波西亚将厌食症比喻为她的初恋：

我们一见面就被对方吸引了。我们在一起度过了一天中的每时每刻……失去厌食症是痛苦的，就像失去你的目标感一样。没有厌食症，我已经不知道能做什么了……没有厌食症，我一无所有。没有厌食症，我一无是处。我甚至连失败者都算不上；我只是感觉到我的存在。

随着她开始吃得多一些，体重增加了，她再一次与暴食症做斗争，因为她对自己一年多来限制饮食的行为感到内疚。她的治疗方案包括看治疗师、服用激素替代药物和抗抑郁药，以帮助她减少对食物的痴迷。10个月后，波西亚增长了80磅。随着她慢慢康复，她也接受了自己的性取向。从和女朋友一起生活开始，她学会了如何吃她想吃的食物，而不是不断地限制自己的渴望，她意识到正是这种自我限制导致了她的强迫性节食行为。2004年，在她开始和现在的妻子艾伦·德杰尼勒斯（Ellen DeGeneres）约会时，她已经完全从厌食症中康复了。她现在享受于健康和积极的生活方式，摆脱了饮食失调的束缚。"我再也不想去考虑食物和体重了，"她写道，"对我来说，这就是康复的定义。"

神经性厌食症的核心是对个体身体意象的基本扭曲。患有神经性厌食症的人相信他们的身体比实际上更巨大，他们认为这让他们变得没有吸引力。患有限制型神经性厌食症的女性似乎并不重视变瘦，而是更排斥变胖。

女性和男性在神经性厌食症中的终生患病率分别为0.9%和0.3%。此外，神经性厌食症患者患有情绪障碍、焦虑障碍、冲动－控制障碍和物质使用障碍的概率更高。大多数人在青少年早期至20岁出头患上神经性厌食症，患病的持续时间不足两年。

神经性贪食症的特征

患有神经性贪食症（bulimia nervosa）的人会暴饮暴食，在暴食（binge eating）期间，他们会迅速摄入过量的食物，可能一次就摄入几千卡路里的热量。在这些情况下，他们会感到缺乏控制，这让他们觉得无法停止进食或调节进食量。暴食之后，他们会进行清除（purging），在这期间他们会尝试通过催吐、服用泻药或利尿剂、禁食或过度运动来消除过度的热量摄入。对于神经性贪食症的诊断，这些发作不应只出现在神经性厌食症的发作期。

名词解释

神经性贪食症 一种进食障碍，表现为两种极端情况的交替出现：短时间内吃下大量食物，然后通过呕吐或其他极端行为来抵消增加的热量以避免体重增加。

暴食 指在短时间内摄入大量食物，甚至在已经感到饱了的情况下，难以控制自己所吃的东西和食量。

---

① 大约16摄氏度。——译者注

清除 通过非自然的方法来限制消除热量，例如催吐或过度使用泻药。

以前，临床医生会将对神经性贪食症的诊断分为"清除型"和"非清除型"。在《精神障碍诊断与统计手册（第四版－修订版）》中，被诊断为"清除型"的患者会催吐、服用泻药或利尿剂。而那些被诊断为"非清除型"的患者被视为尝试通过禁食或过度运动来补偿暴食行为。《精神障碍诊断与统计手册（第五版）》的作者发现这并不是一个有效的区分，因此删除了两种子类型的分类。

小案例

神经性贪食症

埃琳娜是一名 26 岁的俄罗斯裔美国人，单身，异性恋女性。从十几岁起，她就一直为自己的体重和身材而挣扎，那时她是一名优秀的交际舞者。在她的青少年时期，她的父母非常关注她的饮食习惯，并严格控制她的饮食。随着时间的推移，埃琳娜开始在深夜偷偷把垃圾食品带进自己的房间吃，然后强迫自己呕吐。从那以后，她开始几乎每天都暴食和催吐，这导致了她多年来一系列的身体问题，尽管她的体重几乎没有任何变化。

跟神经性厌食症患者一样，神经性贪食症患者也发展出了一系列健康问题。最严重的是清除。例如，患者经常用来催吐的药物吐根糖浆，如果定期大量服用，就会产生严重的毒性作用。频繁催吐的患者也会受到蛀牙问题的困扰，因为反刍物是高酸性的。贪食症患者所使用的泻药、利尿剂和减肥药也可能有毒性作用。其他健康问题源于他们为了减肥而采取的一些行为，比如频繁灌肠、使自己反胃、反复咀嚼食物、蒸太久桑拿。持续处于脱水状态，有可能造成贪食症患者的永久性胃肠损伤、手足体液储留、心肌受损或心脏瓣膜衰竭等健康问题。

神经贪食症在女性和男性中的终生患病率分别是 1.5% 和 0.5%。研究者估计，在女大学生中，任何时候的神经性贪食症的患病率都是 1.3%，但暴食（8.5%）、禁食（8.1%）和过度运动（14.9%）要常见得多。大多数女大学生（59.7%）担心自己的体重或体型。这些估计数在 1990 年至 2004 年的 15 年期间保持相对稳定。

暴食是指个体在进食的时候失去控制，导致其在短时间内摄入大量（通常是不健康的）食物。神经性贪食症患者会在暴食之后催吐，以避免暴食带来的体重增加。
©Digital Vision/Getty Images

大学里紊乱的饮食习惯会随着时间的推移而改善，但不会完全消失。一项为期 20 年的追踪研究发现，75% 的大学生在中年早期不再有紊乱进食的症状；然而，仍有 4.5% 的人有临床意义上显著的进食障碍。进食障碍的性质也可能随着时间的推移而改变。在一项针对寻求进食障碍帮助的中老年女性的研究中，神经性贪食症的发病率低于年轻人，但其他形式的进食障碍仍然存在。

尽管神经性贪食症在女性中更受关注，而且在女性中更普遍，但男性也会罹患这一疾病。一项对某健康维持组织的 6500 多名成员的在线调查显示，相当大比例的男性曾有过失控进食（20%）、每周至少暴食一次（8%）、禁食（4%）、使用泻药（3%）、锻炼（6%）和检查身体（9%）的经历。女性比男性更可能表现出几乎所有这些行为，但在通过使用泻药和通过运动来避免暴食后的体重增加这两方面，性别之间没有显著差异。

暴食障碍

暴食障碍（bulimia nervosa）是《精神障碍诊断与统计手册（第五版）》中新加的诊断，包含那些在六个月内每周至少暴食两次、缺乏饮食控制的个体。对于暴食障碍的诊断，暴食必须发生在摄入大量食物、超出饱腹感或没有还感觉到饥饿时的情况下，发作于独处时，并紧随着自我厌恶或内疚感。暴食没有代偿行为，因此暴食障碍的患者的体重可能会显著增加。

名词解释

暴食障碍　一种患者对进食缺乏控制，并在六个月内每周至少暴食两次的进食障碍。

进食障碍的理论与治疗

进食障碍反映了个体经验与进食、身体意象和社会文化影响之间的一系列复杂交互作用。人们在一生中对食物、饮食和体形的态度都会影响罹患进食障碍的风险。

以生物学为视角的研究人员越来越关注进食障碍患者大脑活动的改变。一项创新研究中，在禁食一晚后，研究者将罹患神经性厌食症和已经从神经性厌食症中康复的女性对于食物相关线索的功能性核磁共振成像反应与健康的对照组进行了比较。即使是那些已经康复的人，其食物奖赏中心的激活度依然更低，而大脑抑制性控制区域的激活度更高，这表明这一疾病在个体处理食物相关线索的方面产生了持续效应。进一步的研究支持了神经性厌食症在负责处理情绪、身体相关刺激和自我感知区域的大脑活动的改变。

从生物学角度，暴食障碍被理解为成瘾的一种形式，即尽管会带来负面后果，但个体依然会不断重复这种行为。由于血清素在治疗中的功效，以及暴食障碍与成瘾行为的相似性，研究人员提出低水平血清素可能在这种情况下起作用。暴食障碍患者也会经历情绪障碍和焦虑障碍，这一事实进一步支持了血清素的作用。研究者对暴食障碍患者大脑内血清素活动的改变进行调查，发现了它发挥作用的证据。与健康对照组和赌博障碍患者相比，暴食障碍患者大脑中成瘾行为活跃区域的血清素水平明显更低。

临床医生从生物学角度对进食障碍的患者进行治疗，主要是通过服用精神药物，特别是选择性 5-羟色胺再摄取抑制剂。然而，尽管这些精神药物在被医生不断使用，但从循证角度来看，它们不再被认为是可取的。

如今，心理学角度被认为是治疗进食障碍的一种选择。心理学方法聚焦于身体意象失调的核心心理成分（如图 10-1 所示）。身体意象的认知-情感成分包括对自己外貌的评估（满意或不满意）以及体重和体形对个体自尊水平的重要程度。身体意象的知觉成分包括个体对自己身体的心理表征。进食障碍的个体通常会高估他们的体形。行为成分包括身体检查，例如频繁地称体重、测量身体部位的尺码以及回避，即穿宽松的服装或回避会被他人看到身体部位的社交情境。

图 10-1　身体意象的成分

根据图 10-1 中的模型，治疗的主要目标是识别并改变个体对他体形和体重的非适应性假设。此外，临床医生还会试图减少诸如身体检查和回避等非适应性行为的频率。

在认知行为疗法中，首先，临床医生尝试改变进食障碍患者的选择性偏差，这种偏差使得他们只关注到他们不喜欢的身体部位。其次，临床医生通过使用暴露疗法来试图减少他们常体验到的负面情绪，在暴露疗法中来访者需要看自己的身体（"直面镜子"）。行为干预旨在减少身体检查的频率。最后，临床医生可以通过帮助站在镜子前的来访者更全面地看待自己的身体、教授他们正念技术来减少他们关于自己身体的负面认知和情绪，以及通过对他们进行心理教育，让他们了解自身的信念如何强化了其负面的身体意象，来解决他们高估尺码的问题。

虽然接纳与承诺疗法、正念以及其他第三浪潮的疗法正在被探索成为进食障碍的治疗方法，但尚未被有足够的实证支持来证明它们可以取代认知行为疗法。然而，人际关系疗法是一种受实证研究支持，能被用于替代认知行为疗法对暴食障碍患者进行治疗的疗法。

从社会文化的角度，临床医生对仍处于青少年时期且症状出现时间较短的进食障碍患者采用了包含家庭成分的干预治疗。基于家庭的疗法似乎对于减少患有神经性贪食症的青少年的抑郁症状特别有效。

回避性／限制性摄食障碍

患有回避性／限制性摄食障碍的个体表现出明显缺乏对饮食或食物的兴趣。他们这样做是因为他们担心进食的不良后果。此外，他们可能会基于食物的感官特征来回避食物（颜色、气味、质地、温度或味道）。人们可能会因为在进食时遇到令人厌恶的经历（如窒息）而产生负性条件反射，从而患上这种疾病。

这一诊断以前在《精神障碍诊断与统计手册（第四版－修订版）》中被归为婴儿或是童年早期的喂食障碍，并被视作"挑食"的极端形式，现在则适用于任何年龄的个体，只要他们没有其他进食障碍或同时的生理疾病，或是遵循文化规定的摄食限制。患者会出现显著的体重下降（或难以达到预期的体重增加），表现出显著的营养不良，依赖胃管进食或口服营养补充剂，心理社会功能也受到干扰。

年轻人似乎尤其容易患上这种疾病。一项研究估计，25% 的女大学生和 20% 的男大学生出现了明显的进食限制。社会规范可能会强化这一行为，因为某些同伴网络似乎倾向于设定限制饮食习惯的预期。

《精神障碍诊断与统计手册（第五版）》中有什么

对进食、排泄、睡眠－觉醒、破坏性、冲动－控制和行为障碍重新分类

《精神障碍诊断与统计手册（第五版）》反映了我们在本章中所介绍疾病类别的一系列变化。此外，增删诊断以与这些重要心理疾病的新兴研究保持一致。

关于进食障碍，《精神障碍诊断与统计手册（第五版）》中最明显的变化是将所有的进食障碍都移入了"喂食及进食障碍"，这一新类别还包括了儿童的喂食障碍。《精神障碍诊断与统计手册（第五版）》作者做出的另一个重大改变是鉴别了神经性贪食症的两种亚类型（是否有清除行为）。

《精神障碍诊断与统计手册（第四版－修订版）》附录中的"暴食障碍"被作为新类别添加到进食障碍中，这是基于一篇综合性文献综述做出的变动，文章表明对暴食障碍的诊断足够稳定，将其纳入是合理的。《精神障碍诊断与统计手册（第五版）》的作者决定纳入暴食障碍，以减少"其他特定的"进食障碍的诊断数量。

喂食障碍、异食障碍和反刍障碍，在《精神障碍诊断与统计手册（第四版－修订版）》中属于儿童疾病，在《精神障碍诊断与统计手册（第五版）》中被移到了进食障碍这一类。排泄障碍单独成章。

由于《精神障碍诊断与统计手册（第五版）》的作者致力于开发一种更符合睡眠专家所使用的系统的分类体系，他们对睡眠－觉醒障碍进行了较大修改。《精神障碍诊断与统计手册（第五版）》的睡眠障碍工作组采取了一种"集中 vs 独立"的办法，即将相关疾病放进一种大类，但每种疾病都有各自的诊断标准。最后，在破坏性、冲动控制及品行障碍这部分，《精神障碍诊断与统计手册（第五版）》的作者将它们从儿童障碍这一章移到了另一个也包含成人障碍的章节，他们在调节情绪和／或行为方面都存在问题。正如你在本章中所看到的，这些障碍跨越了《精神障碍诊断与统计手册（第四版－修订版）》中的各部分，其中冲动控制和儿童反社会样障碍是分开治疗的。作者认为这些障碍都与调节功能的失调有关，因此在概念与实践上属于同一类。

儿童期进食障碍

《精神障碍诊断与统计手册（第五版）》的作者将《精神障碍诊断与统计手册（第四版-修订版）》中婴儿和儿童期的进食障碍移到了成人进食障碍的大类中。该领域的研究人员希望，对这些疾病重新分类，将有助于他们更系统地评估这些疾病的发病率、病因和治疗效果，事实似乎确实如此。

患有**异食障碍**（pica）的儿童会吃非食用性的物质，比如油漆、绳子、头发、动物粪便和纸。这是一种严重的疾病，因为即使是一次意外进食也会导致儿童因铅中毒或胃肠道损伤而经历严重的医疗后果。在患有智力发育障碍患者中，异食是他们自伤最严重的原因。临床医生在治疗异食障碍患者时，不仅使用行为治疗策略来减少他们的伤害行为，还必须通过清除家庭中潜在的危险物品来进行预防。在一项研究中，研究者对吃节日装饰的孩子的父母进行训练，让他们鼓励孩子去玩玩具而不是吃玩具。

患有**反刍障碍**（rumination disorder）的婴儿或儿童会在吞咽食物后反刍并反复咀嚼。研究人员调查了反刍障碍患者（当它与喂食障碍一起被纳入为儿童期的障碍时），发现了这些儿童存在五种常见的失调：（1）喂食和进食技能的发展迟缓或缺乏；（2）难以管理或忍受食物或饮料；（3）因食物的味道、质地和其他感官因素而不愿进食；（4）对食物缺乏食欲或兴趣；（5）借助喂食行为来安慰自己，自我安抚或是自我刺激。

名词解释

异食障碍　个体进食非食用性物质的情况，如尘土或粪便，通常与智力发育障碍有关。

反刍障碍　一种进食障碍，患病的婴幼儿在咀嚼后会反流食物，然后将反流的食物吐出或再吞咽。

不足为奇的是，发育正常儿童中只有25%～45%在食物和喂食方面存在某种问题，但智力发育障碍儿童中有80%存在食物和喂食方面的问题。由于临床医生报告这些失调的方式多种多样，流行病学家缺乏对其患病率的准确估计。此外，从窒息到胃肠道异常的许多因素都可能导致儿童的进食问题，这使得临床情况变得更加复杂。然而，符合喂食相关障碍诊断标准的儿童比例

依然相对来说比较小。

排泄障碍

排泄障碍（elimination disorders）的特点是与年龄不相符的大小便失禁，并且通常确诊于儿童时期。5岁以上的儿童应该已经接受过上厕所的训练，但**遗尿症**（enuresis）患者还是会尿床或是尿在衣服里。要达到诊断标准，儿童必须连续三个月表现出遗尿症状。在**遗粪症**（encopresis）中，一个至少4岁的儿童在他的衣服里或是其他不合适的地方排便。

名词解释

排泄障碍　特点是与年龄不相符的大小便失禁，开始于儿童时期的障碍。

遗尿症　一种排泄障碍，儿童在预期能正常排尿的年龄之后出现尿失禁，并尿在床上或衣服上。

遗粪症　一种排泄障碍，儿童大便失禁，并在衣服中或其他不合适的地方排便。

虽然4或5岁的儿童应该已经接受了完全的厕所训练，但可能有20%～25%的4岁儿童依然会尿床，30%的3岁儿童依然出现遗粪。到5岁时，遗尿症大约影响5%～10%的儿童，但随着时间的推移，15岁及以上的人群患病率下降到1%。相对于女孩而言，男孩更容易罹患这种疾病，在过去的15年中，被诊断患病的儿童表现出越来越年轻的趋势。

根据儿童在一天中不合时宜排尿的时间（仅在日间、仅在夜间、在夜间和日间），遗尿症被分为几种亚类型。而遗粪症的亚类型区分了伴便秘和溢出性失禁及无便秘和溢出性失禁的儿童。研究人员认为这些区别是很重要的，因为它能区分哪些儿童有构成其症状的躯体疾病，哪些没有。

对儿童排泄障碍的循证治疗注重于通过生物行为疗法建立儿童的自控力。遗尿症可以通过使用"排尿报警器"来治疗，这是一种连接到儿童内裤或睡衣的装置，可以对尿液做出听觉和/或触觉的回应。然后，儿童会发展出条件性回避反应，在漏尿之前，触发膀胱外括约肌的肌肉收缩。实证研究支持的遗粪症治疗包括强化型如厕训练和生物反馈。在强化型如厕训练中，儿童会因

为做出控制性行为而获得奖励，并接受适当排便的动力学训练，还被教授呼吸技术、肌肉训练练习以控制肛门括约肌。

如果儿童患有持续性遗粪症，他们可以从行为训练中获益，他们会因为增加了纤维和液体的摄入量而获得奖励，这一训练也能确保他们将如厕时间作为每天日程的一部分。另一个更注重心理方面的疗法关注儿童在面对家庭问题时所表达出但并未解决的愤怒。这类问题可能包括父母之间的冲突、新生弟妹的到来或是哥哥姐姐对儿童的折磨与欺凌。解决这些家庭系统问题的治疗有助于减少儿童的症状。

睡眠－觉醒障碍，例如这个男人正在经历的失眠，可能会使人丧失能力，但是新技术带来了治疗方法的改进。
©Koldunova Anna/Shutterstock

睡眠－觉醒障碍

睡眠科学和针对睡眠－觉醒失调的治疗正在迅速获得关注，以至于睡眠医学现在已经成为一个独立的领域。睡眠医学的研究人员和临床医生通常采用生物心理社会方法，研究影响个体睡眠质量和数量的遗传和神经生理学贡献、心理互动以及社会和文化因素。

《精神障碍诊断与统计手册（第五版）》的作者将睡眠－觉醒障碍组织为一个他们认为有实证研究基础的临床可用系统。在某些情况中，该系统结合了《精神障碍诊断与统计手册（第四版－修订版）》中的相关疾病，并将其他最好理解为单独实体的疾病区分开。睡眠专家有一套比《精神障碍诊断与统计手册（第五版）》中所呈现的更精细的诊断系统，这意味着寻求睡眠诊所帮助的来访者可能会遇到一个与《精神障碍诊断与统计手册（第五版）》所提供的稍有不同的诊断。

《精神障碍诊断与统计手册（第五版）》对于睡眠－觉醒障碍的诊断标准反映了评估和鉴别诊断技术的可用性的进步。现在许多诊断使用的是**多导睡眠描记法**（polysomnography），这是一种记录脑电波、血氧水平、心率、呼吸、眼动和腿部运动的研究。

多导睡眠描记法　*记录脑电波、血氧水平、心率、呼吸、眼动和腿动的睡眠研究。*

我们在表 10–1 中总结了睡眠－觉醒障碍的主要分类。正如你所看到的，它们可以分为失眠障碍、发作性睡病、嗜睡障碍、与呼吸相关的睡眠障碍、昼夜节律睡眠－觉醒障碍和异态睡眠障碍。要进行诊断，症状必须持续存在相当长一段时间，出现得相当频繁，并导致了个体的痛苦。

表 10–1		睡眠－觉醒障碍
疾病（或分类）	类别下的特定疾病	主要症状
失眠障碍		难以入睡或维持睡眠状态，伴随早醒
发作性睡病		在同一天内反复地、不可抑制地睡眠、昏睡或打盹。诊断还要求满足大笑时下颌张开或面部肌肉张力下降，或在多导睡眠图中显示脑脊液（cerebral spinal fluid，CFS）异常或睡眠失调
嗜睡障碍		在同一天内反复睡眠或陷入睡眠中，主要的睡眠周期延长，或突然觉醒后难以完全清醒

续前表

疾病（或分类）	类别下的特定疾病	主要症状
与呼吸相关的睡眠障碍	阻塞性睡眠呼吸暂停，是一种特定的疾病	多导睡眠图显示睡眠时频繁出现呼吸暂停和呼吸不足，并伴有打鼾、打鼾/喘息，或睡眠时呼吸暂停，以及日间困倦、疲劳或睡眠缺乏
	中枢性睡眠呼吸暂停	睡眠时经常出现呼吸暂停
	睡眠相关的通气不足	睡眠时呼吸（通气）减少的发作
昼夜节律睡眠-觉醒障碍		一种持续的或反复的睡眠中断模式，主要是由于昼夜节律系统的改变，或在内源性昼夜节律与个体环境或工作或社交时间表所要求的睡眠-觉醒周期之间的错位。包括延迟睡眠时相型（主要睡眠周期时间延迟）、提前睡眠时相型（比常规睡眠周期早几个小时的睡眠-觉醒周期）、不规则睡眠-觉醒型、非24小时的睡眠-觉醒型和倒班工作型
异态睡眠障碍	非快速眼动睡眠唤醒障碍	反复发作的从睡眠中不完全觉醒，伴随睡行或与快速眼动（rapid eye movement，REM）无关的睡行
	梦魇障碍	反复出现的延长的、极端烦躁和能够详细回忆的梦，通常涉及对个体生命的威胁
	快速眼动睡眠行为障碍	睡眠中反复发作的与发生和/或复杂的运动行为有关的唤醒，在快速眼动睡眠期出现
	不安腿综合征（restless legs syndrome，RLS）	移动双腿的冲动，通常伴有对双腿不舒服和不愉快的感觉反应，在休息或不活动时开始或加重，通过运动可以部分或完全缓解，在傍晚或夜间比日间更严重，或只出现在傍晚或晚上

睡眠障碍影响了大量的人，仅失眠这一种情况，普通人群中可能就有多达30%的成年人患有睡眠障碍。如果你和很多大学生一样，你很可能已经受到一种或多种这些疾病的影响，因为大学宿舍或学生公寓楼的典型环境中，夜间的噪音干扰了他们睡眠的质量和数量。

记录睡眠长度、觉醒时间甚至是睡眠阶段的穿戴式技术的普及，使得人们越来越有可能了解自己的睡眠模式。因此，与过去相比，越来越多的人可能会寻求睡眠治疗，过去人们仅可能通过"感觉到疲惫"这一信号来感知到自己患有睡眠障碍。

睡眠-觉醒障碍的治疗因疾病的性质而异。认知行为疗法被认为对失眠非常有效，与放松训练和睡眠卫生训练一起使用时能改善大学生群体的睡眠。

新技术使得个体不仅越来越可能自行检测出睡眠障碍，而且有助于个体在家中自己完成治疗。正压通气机（continuous positive airway pressure，CPAP）是用于治疗睡眠呼吸暂停的仪器设备，它们正逐渐变得越来越实用、实惠。

小案例

阻塞性睡眠呼吸暂停低通气

塞缪尔是一名68岁的已婚非洲裔美国异性恋男子。他正在寻求婚姻咨询，因为他的妻子决定不再忍受他打鼾，坚持要分房睡。此外，他白天常常感觉到疲惫和困倦。咨询师将塞缪尔转介给一名睡眠专家，做了睡眠多导图，发现塞缪尔每隔4分钟就会呼吸阻隔一次。睡眠专家正在给塞缪尔做治疗评估，探索各种方案，包括一个可以套在鼻子上的机械装置，让塞缪尔和她的妻子能在同一张床上恢复他们以前的睡眠模式。

破坏性、冲动-控制和品行障碍

患有破坏性、冲动-控制或品行障碍中某一种疾病的人显示出极度缺乏抑制（"去抑制"）。他们无法抑制自己表达通常是高强度的负面情绪。虽然患有一系列其他疾病的人也会经历调节行为的困难，但这些特殊的疾病会使这些他们与社会规范或权威人物发生巨大冲突。

对立违抗障碍

大多数儿童都会经历消极和温和的反抗时期，尤其是在青少年时期，大多数父母也会抱怨他们的孩子偶尔会有敌意或是争吵。但如果这些行为总是发生，而不仅仅是只在某个阶段出现呢？

患有**对立违抗障碍**（oppositional defiant disorder）的儿童和青少年表现出生气或易怒的情绪、争论或违抗行为以及报复心理，从而导致重大的学校或家庭问题。患有这一疾病的青少年反复发脾气、愤怒、拒绝服从命令、故意惹怒其他人。他们敏感、易怒、好斗、心怀恶意、自以为是。他们不认为自己是问题的根源，而是责怪他人或坚称自己才是环境的受害者。如果他们的行为影响了他们在学校的表现和友谊，他们和教师、同伴的关系就有了受影响的风险。这些损失会反过来使得他们感觉到不满足和沮丧，可能导致他们做出更多出格的行为。

名词解释

对立违抗障碍 一种以愤怒或易怒的情绪、争辩或违抗的行为以及报复为特征的疾病，会导致严重的家庭或学校问题。

诊断罹患对立违抗障碍的男孩可能会发展成反社会型人格障碍，但很多男孩会在后青春期到来之前摆脱这种疾病。
©Image Source/PunchStock

对立违抗障碍在青春期前的 8 ~ 12 岁首次出现，男孩的患病比例更高。很多患有这种疾病的儿童，特别是男孩，会在成年期发展成反社会型人格障碍，一小部分可能会有严重的犯罪行为。患有对立违抗障碍的女孩罹患抑郁的风险更高，特别是如果她们表现出情绪调节困难以及违抗的倾向。

对立违抗障碍的治疗目标是帮助儿童学会表现出适当的行为（如合作和自我控制），以及取缔问题行为（如攻击、偷窃和撒谎）。治疗侧重于强化、行为收缩（behavioral contracting）、模仿和放松训练，可能在同伴治疗团体和家长训练的背景下进行。其中一种方法——个体化社会能力疗法，使用专门针对儿童遇到困难的情境而制定的认知行为疗法。

间歇性暴怒障碍

间歇性暴怒障碍（intermittent explosive disorder）的患者无法控制他们表达强烈愤怒情绪和相关暴力行为的冲动。他们可能会有口头上的愤怒爆发（发脾气、长篇大论、争吵）或身体上的爆发，在这种情况下，他们会变得富有攻击性和破坏性，而这与他们所受到的任何压力或挑衅都不成比例。这些身体上的爆发，在 12 个月之内至少发生三次，可能会对个体、他人或财产造成损害。然而，即便表现出言语或身体攻击行为的个体没有造成伤害，他们仍然可能得到这个诊断。

名词解释

间歇性暴怒障碍 一种冲动 – 控制障碍，包括难以抑制表达愤怒情绪和相关暴力行为的冲动。

患者表现出的愤怒与任何特定的挑衅或压力都不相符，他们的行为也不是事先预谋的。在此之后，他们会感到非常痛苦，遭受人际或职业方面的后果，或遭受财产或法律方面的后果。

据估计，美国有 4% ~ 7% 的人患有间歇性暴怒障碍，其中 70% 的人每年至少有 3 次情绪爆发，平均每年 27 次。患有这种疾病的人更容易出现身体健康威胁，包括冠心病、高血压、中风、糖尿病、关节炎、背部 / 颈部疼痛、溃疡、头痛和其他慢性疼痛。他们还可能同时患有各种疾病，包括双相情感障碍、人格障碍（如反社会或边缘型人格障碍）、物质使用障碍（特别是酒精）和认知障碍。

间歇性暴怒障碍似乎有很强的家族性成分，而与之相关的任何共病条件都无法解释这部分。研究人员认为，这种失调可能的原因是血清素系统的异常所导致的运动抑制能力的丧失。

错误的认知进一步促进了间接性暴怒障碍的发展。患者有一套负面信念，认为其他人想要伤害他们，这种信念可能是他们从小受到父母或照料者的严厉惩罚而形成的。因此，他们觉得暴力是正当的。此外，他们可能通过模仿学习到攻击是应对冲突或挫折的方法。除了这些心理过程之外，还有对于男性角色相关的暴力的认可，这一看法可能部分解释了这一疾病在男性中更普遍的原因。

考虑到 5- 羟色胺能异常在这种疾病中可能的作用，研究人员调查了选择性 5- 羟色胺再摄取抑制剂在治疗中的效用。然而，尽管选择性 5- 羟色胺再摄取抑制剂在减少攻击行为方面有效，但只有不到 50% 的病例能得到完全或部分的缓解。用于治疗双相情感障碍的情绪稳定剂（锂、奥卡西平、卡马西平）在减少攻击性行为方面也有一些效果，但有良好对照的研究很少。

认知行为疗法对这类患者也有好处。愤怒管理疗法是这种方法中的一种形式，它使用放松训练、认知重建、分级想象暴露和复发预防，为期 12 周，以个体或团体的方式进行。认知行为疗法侧重于减少愤怒和攻击性，以及提高个体的社交技能。尤其重要的是减少个体对社交威胁的误解，这会反过来减少关系攻击的公开表达。

间歇性暴怒障碍患者可能会因为他们频繁的、无缘无故的攻击性爆发而遭受人际关系中的负面后果。
©Ingram Publishing

中教师。他经常无缘无故、猛烈地爆发出攻击性行为，他会扔任何他能拿到的东西，并大声骂脏话。但他很快会平静下来，对自己造成的伤害感到非常后悔，并解释说他不知道自己怎么了。在最近一次爆发时，埃德在教室休息室里向一名教师扔了咖啡壶，给对方造成了严重伤害。救护车将伤者送到医院后，埃德的校长报了警。埃德被拘留，并立刻被停了职。

品行障碍

品行障碍（conduct disorder）患者会侵犯他人权力和社会规范或法律。他们的违法行为包括对人类和动物的攻击（如欺凌和虐待动物、破坏财产、欺骗或偷盗），以及严重违反规则（如逃学或离家出走）。《精神障碍诊断与统计手册（第五版）》也明确了儿童或青少年期发病（10 岁之前或之后）；自责、内疚和同情心的存在或缺失；以及行为的严重性，从说谎、逃学到身体虐待，使用武器，当着受害者的面偷盗。

名词解释

品行障碍 一种冲动 – 控制障碍，包括重复侵犯他人权利和社会规范及法律。

尽管各国对品行障碍的定义不同，但在世界范围

小案例

间歇性暴怒障碍

埃德是一名 28 岁的单身，白人，异性恋男性，高

内，品行障碍的患病率具有跨国的一致性，大约为 3.2%。

品行障碍的诱发条件包括在涉及创伤、虐待和忽视的恶劣环境中长大。遗传易感性可能会进一步加剧在这类家庭中长大的风险。在一项研究中，研究人员比较了 1100 对 5 岁双胞胎及其家庭中基因和父母身体虐待的影响。在同卵双胞胎中，如果双胞胎有品行障碍（遗传风险高），当父母对他们进行身体虐待时，他们被诊断为品行障碍的概率接近 25%。相比之下，那些受身体虐待的低遗传风险儿童只有 2% 的机会发展为品行障碍。目前尚不清楚品行障碍中起作用的特定基因，但遗传人员对于全基因组关联研究在识别与品行障碍及其他以行为失调为特征的障碍相关的常见变异体方面的潜力持乐观态度。

不幸的是，不管原因是什么，我们知道具有攻击性和反社会的儿童很可能在成年后会有严重的问题。在一项经典的纵向研究中，只有六分之一的原始样本在成年后完全没有心理障碍。超过四分之一的人患有反社会型人格障碍。随后的研究证实了这一悲观的前景，结果表明至少 50% 的品行障碍儿童会发展为反社会型人格障碍（见第 14 章 "人格障碍"）。最近的一项纵向研究表明，冷酷无情（尤其是男孩）是品行障碍的一个关键特征，这一症状将会持续到青春期。

冲动 – 控制障碍

冲动 – 控制障碍（impulse-control disorders）的患者表现出重复的且通常有害的行为，他们觉得这些行为超出了自己的控制。在他们根据冲动行事之前，这些人会体验到紧张和焦虑的情绪，而他们只能通过遵循冲动来缓解这些情绪。冲动之后，他们会体验到一种愉悦或满足的感觉，尽管此后他们可能会为自己的行为后悔。

纵火狂

纵火狂（pyromania）患者会故意纵火，他们在实施行为之前会感觉到紧张和情感唤起。他们对火及与火相关的场景感到迷恋和好奇，当他们纵火或目击燃烧或参与善后时，会感觉到愉快、满足或解脱。对于一个被诊断为纵火狂的个体来说，纵火不能是为了金钱原因，不能有其他躯体或精神疾病。相比之下，纵火罪是为了

患有纵火狂的个体经常对点火的每个方面都很关注，包括点燃火柴。
©Redfx/Alamy Stock Photo

获得经济利益而故意纵火，纵火者不会感受到纵火狂所表现出的那种解脱感。

大多数纵火狂是男性。然而，即使是纵火犯群体中，纵火狂也很罕见。在 90 个纵火惯犯样本中，芬兰研究人员发现只有 3 个符合《精神障碍诊断与统计手册（第四版 – 修订版）》的纵火狂标准。一项对住院精神病患者的研究报告了略高的百分比，其中 3.4% 当前具有纵火狂症状，5.9% 有与纵火狂诊断相符的终生症状。

如果个体不接受治疗，纵火狂会发展为一种慢性疾病。一些患有纵火狂的人可能会停止纵火，转而转向另一种上瘾或冲动行为，如偷窃狂或赌博障碍。一项针对 21 名有终生纵火史的深入研究发现，他们行为的最可能诱因是压力、无聊、不足感和人际冲突。

像其他冲动 – 控制障碍一样，纵火狂可能反映了涉及行为成瘾的大脑区域中多巴胺功能的异常。然而，遵循认知行为模型的纵火狂治疗，似乎是最有希望的。这些技术包括想象暴露和反应预防，对冲动反应的认知重建，以及放松训练。

偷窃狂

冲动 – 控制障碍中的**偷窃狂**（kleptomania）患者的偷窃是被一种持续的渴望所驱使的。与商店扒手或小偷

不同，他们的动机不是金钱收益，而是从偷窃行为中寻求兴奋。就像患有其他冲动－控制障碍的人一样，他们并不愿做出这种行为，他们觉得自己的冲动是令人不快的、不想要的、侵入性的、毫无意义的。他们在冲动或渴望的状态下偷窃，之后他们会体验到满足感。因为他们关注的不是物品而是偷窃行为，所以有偷窃狂障碍的他可能会把偷来的东西扔掉。

—个有偷窃狂障碍的女人在逛化妆品店时，会有不可抗拒的冲动去偷哪怕是很小的、很便宜的东西。
©Ignard ten Have/123RF

名词解释

冲动－控制障碍　一种心理疾病，人们反复进行可能有害的行为，觉得无法阻止自己，如果他们的行为尝试遭到挫败，就会感觉到绝望。

纵火狂　一种冲动－控制障碍，涉及到持续的、强迫的点火冲动。

偷窃狂　一种冲动－控制障碍，有持续的冲动去偷窃。

你来做判断

冲动－控制障碍的法律影响

　　根据定义，冲动－控制障碍起源于无法控制的冲动。患有如偷窃狂和纵火狂疾病的个体分别做出非法的偷盗和纵火行为。那些有间歇性暴怒障碍的个体也可能在他们暴怒爆发期间从事非法的行为。当这些患者被送入司法系统，问题出现了，我们应该把他们视作患者还是视为一种类似精神变态的非法和越轨行为？

　　偷窃狂患者由于无法抑制冲动而做出偷窃行为。偷盗可能会让他们暂时从焦虑驱使的冲动中解脱出来，但最终只会给他们的日常生活带来巨大的痛苦和紊乱。偷窃狂和反社会型人格障碍之间的一个关键区别是，偷窃狂患者会感到强烈的后悔；此外，他们不为特定的金钱原因而偷窃。类似地，根据定义，纵火狂患者不从他们的纵火行为中寻求金钱回报。那些患有间歇性暴怒障碍的患者并不是寻求暴力行为，而是对无法抑制的冲动做出反应。赌博障碍的患者不是为了物质利益而偷窃或欺骗，而是为了支持他们的赌博习惯。

　　有观点认为，冲动－控制障碍不是"意志"障碍。意志障碍可以为个人的行为免除道德和法律责任。认知损害会阻碍人们知道或记住他们先前成瘾行为的负面后果，从而导致意志障碍。一旦这种行为开始，损害的程度就会增加。

　　然而，心理健康专业人士用以描述偷窃狂和纵火狂的术语表明，患有这些疾病的个体会在某种程度上被偷窃和纵火的机会所吸引。就纵火狂而言，消防员、保险调查人员、执法人员甚至心理健康专业人员都可能无法充分了解这一疾病的诊断标准。事实上，临床医生在长期纵火犯中诊断出纵火狂的比例非常小。我们通常认为纵火狂患者能从他们的行为中获得性快感。事实上，这种情况只发生在少数情况之下。丽贝卡·多利（Rebekah Doley）认为，缺乏关于纵火狂的准确信息意味着不能确定纵火狂患者是否真实存在，更不用说对他们的行为负责了。

你来做判断：对于那些做出非法和对他人有潜在危害的冲动－控制障碍患者，我们应该将他们视为罪犯还是视为有心理疾病呢？

当临床医生不能用反社会型人格障碍、品行障碍或双相情感障碍（躁狂发作期）的诊断来更好地解释这个人的偷窃行为时，才能做出偷窃狂的诊断。偷窃狂的症状与情绪、焦虑和其他冲动－控制障碍存在重叠，因此临床医生参与全面的鉴别诊断过程尤为重要。

偷窃狂障碍对个体的生活有许多重大影响，不仅仅是害怕或真的被逮捕。在一项针对 101 名成年人（其中 73% 为女性）的研究中，69% 的人被捕，21% 的人入狱。半数以上的人被逮捕过两次或两次以上。他们的症状平均出现于 19 岁，每周至少在商店偷窃两次。大多数人会偷盗衣服、家居用品和杂物。有时，他们还从朋友亲戚处和工作场所偷东西。一项研究重复了那些小规模的调查，报告有偷窃狂患者有很大可能终生与抑郁障碍（43%）、焦虑障碍（25%）、其他冲动－控制障碍（42%）和毒品成瘾或依赖（18%）共病。在偷窃狂患者中，自杀尝试很常见。

小案例

偷窃狂

格罗丽娅来自高加索，是一名 45 岁的单身异性恋女性。她是一家金融公司的主管。在过去的几年中，她一直承受着相当大的压力，为公司的重组工作很长时间。青少年时期，格罗丽娅偶尔从药店里偷小而便宜的物品，例如发卡、指甲油，尽管她有能力支付它们。最近，她又开始在商店偷东西了。这一次，她的行为强烈到难以控制。在午饭期间，她通常会光顾一家在办公楼附近的大型百货商店，在其中逛来逛去，直到她发现一件引起她注意的东西，然后把它放进钱包或口袋里。虽然格罗丽娅已经向自己发誓说她再也不会偷东西了，但每过几天她就会发现这种紧张的感觉太强烈了，以至于她无法空着手走出商店。

针对偷窃狂的神经生物学研究表明，就像物质使用障碍一样，这一诊断与多巴胺、血清素和阿片类受体功能的改变以及类似于可卡因依赖者的大脑结构变化有关。

偷窃狂患者在寻求治疗前可能已与他们的症状斗争多年，或许是因为他们害怕被起诉，或是因为他们为自己非法但难以自控的行为而感到羞耻。纳曲酮是一种用于治疗物质依赖患者的药物，似乎对偷窃狂有一定疗效。认知行为治疗也是有效的，虽然在使用时需要超出经典的 12 次会谈结构。

进食、排泄、睡眠－觉醒和冲动－控制障碍：生物－心理－社会视角

我们在本章中所描述的疾病表现了一系列广泛的症状，包括了生理原因、情绪困难和社会文化影响，因此生理心理学方法似乎适合于理解每一种疾病。此外，这些疾病都有一个发展过程。进食和对立／品行障碍似乎源于生命早期。在成人期，个体可能发展出冲动－控制障碍，在晚年，心理变化可能使老年人容易患上睡眠－觉醒障碍。

对于每一种类型的疾病，来访者都可以从多方面的方法中获益，临床医生考虑到了这些疾病发展和生物－心理－社会的影响。有些疾病，例如睡眠－觉醒类障碍，最好通过睡眠多导仪等生理测试进行诊断，即使治疗可能聚焦于睡眠的行为控制。有进食障碍症状的个体也应该接受医学评估，但有效的治疗要求心理健康和医学专业人员的多方团队合作。冲动－控制障碍的心理和社会文化因素在诊断和治疗上往往更加突出，尽管这些因素中也有生物学的贡献。

这类范围广泛的疾病提供了一个极好的例证，说明了为什么以生命周期为视角、广泛而综合的方法在理解和治疗心理疾病上如此重要。随着这些领域研究的进展，可能未来的来访者能更多地从利用多方视角的干预中获益。

个案回顾

罗莎·诺米雷兹

罗莎持续参加了一个日间治疗项目，这一项目包含了每周两次的个体心理治疗和每周几次的团体治疗会谈。她会见了一位营养学家，这位营养学家帮助她了解限制饮食的危险，作为治疗的条件，她保持每天至少摄入 1500 卡路里。一开始，她挣扎于改变饮食，这导致她对于超重非常焦虑。她在个体治疗和团体治疗中的工作聚焦于维持健康的身体意象，以及减少她对于超重的非现实信念。

几周过去了，罗莎的体重一直在增加，她歪曲的身体意象开始改善。她的丈夫和家庭曾经是她紧张和焦虑感的来源，现在已经成为她从厌食症中康复的重要因素，为她提供了强大的支持和鼓励。虽然罗莎仍然担忧变得超重，但她学习到了营养的重要性，并对自己的身体有了更现实的看法。经过最初几周的治疗，罗莎的抑郁有所缓解，她决定在这个项目里待上完整的三个月。在离开这个日间治疗项目之后，罗莎每周都持续和她的治疗师见面。

托宾医生的反思： 像罗莎这样的人很少因为真正担心减肥而前来治疗，因为这些人有典型的歪曲观点，即使按照客观标准，他们体重严重过低，也依然认为自己超重。实际上，罗莎忽略了家人对她接受治疗的鼓励。如果她不到 18 岁，她的家人就可以把她带来治疗。然而，在这个案例中，是罗莎的抑郁经历促使她寻求治疗。对经历进食失调的个体来说，有些抑郁症状是非常典型的，她的症状并不满足抑郁障碍的独立诊断。虽然罗莎在青少年时就经历了一些进食失调行为，但她能在成年后的大部分时间里都维持正常的体重。这种波动模式在进食失调中非常典型。根据她的自我报告，虽然直到她怀上女儿并面临长胖的现实之前这种负面身体意象并没有表现出任何症状，但她持续维持着负面的身体意象。怀孕后长胖这一压力源触发了限制进食的模式，最终导致了极端的体重下降。

最后，这个案例的文化方面非常值得考虑。罗莎的家庭来自一个对体重和外表不那么在意的文化。她成长于美国，美国社会中的女性有保持低体重的压力，而她的家庭却来自没有这一压力的哥伦比亚，这成了她紧张感的来源。她的家庭无法理解她与体重和身体意象的斗争，这增加了她的孤独感。在美国等发达国家中，生理外貌的重要性更为突出，这导致了这些国家中进食障碍的发病率较高。

总结

◎ 神经性厌食症患者会出现三种症状：（1）他们拒绝或难以维持正常体重；（2）他们强烈地害怕体重增加或变胖，即使他们可能严重体重过轻；以及（3）他们对体重或身体外形的感知是歪曲的。神经性贪食症患者会在短时间内吃大量食物（暴食），然后通过催吐或其他极端行为（排泄）来补偿额外的热量。暴食型和回避/限制摄食型障碍是进食障碍的另一种形式。异食障碍和反刍障碍与童年有关。去甲肾上腺素和 5- 羟色胺神经递质系统的生化异常可能有遗传基础，它们被认为与进食障碍有关。从心理学视角看，进食障碍发生于遭受了大量内心混乱和痛苦的人身上，他们被身体问题所困扰，通常从食物中寻求安慰和滋养。根据认知理论，随着时间推移，进食障碍患者会由于拒绝改变而受困于他们的病理模式。在社会文化的视角下，进食障碍已经能用家庭系统理论解释。进食障碍的治疗需要多种方法的结合。虽然有时会开一些药，特别是那些能影响血清素水平的，但同时心理治疗也是非常必要的，尤其是使用认知行为和人际治疗。家庭治疗也可以是干预计划中重要的组成部分，特别是当来访者是青少年的时候。

◎ 排泄障碍在 15 岁以下的儿童中最常见，但能在任何年龄段的个体中确诊。遗尿症包括尿失禁，而遗粪症则包括粪便失禁。

◎ 睡眠－觉醒障碍包括失眠障碍、发作性睡病、嗜睡障碍、与呼吸相关的睡眠障碍、昼夜节律睡眠－觉醒障碍和异态睡眠障碍，每一种障碍的特点都是睡眠模式受到严重的干扰。失眠障碍可以被定义为无法入睡或保持睡眠状态，而嗜睡障碍和发作性睡病涉及太频繁和不在适当时间的睡眠。与睡眠相关呼吸障碍、昼夜节律睡眠－觉醒障碍以及异态睡眠的特点是，异常的身体运动或行为扰乱了睡眠或觉醒周期。

◎ 患有破坏性、冲动控制和行为障碍的人会反复做出潜在有害的行为，感觉到无法停止，如果他们的冲动行为受到阻碍，他们会出现一种绝望感。对立违抗障碍的特点是愤怒或易激惹的情绪、争论或违抗

行为和报复心理，这些会导致重大的家庭或学校问题。

◎ 间歇性暴怒障碍的患者感到无力拒绝做出攻击性或破坏性行为。理论学家提出，生物和环境因素的交互作用导致了这种情况。从生物学的角度来看，血清素似乎与此有关。在心理学和社会文化因素方面，理论学家关注情感爆发的强化特性，和这些行为对家庭系统以及亲密关系的影响。治疗可能包括处方药物，虽然心理治疗方法也会包含在干预之中。

◎ 纵火狂患者被强烈的愿望驱使去准备、纵火和观赏火灾。这种疾病似乎源于童年时的问题和纵火行为。成年后，纵火狂患者通常有各种功能障碍，例如物质滥用问题和人际关系困难。有些治疗项目关注于出现了这种疾病早期征兆的儿童。对于成年人，使用各种各样的方法专注于来访者更广泛的心理问题，例如低自尊、抑郁、沟通问题和难以控制愤怒。

◎ 偷窃狂患者被持续的冲动驱使去偷窃，不是因为他们希望得到被偷的物品，而是因为他们在偷窃行为中体验到一种兴奋感。除了推荐药物治疗，临床医生通常会用行为疗法来治疗偷窃狂患者，帮助他们控制偷窃的冲动。

第11章

性心理与性功能障碍

通过本章学习我们能够：

- 识别代表心理障碍的性行为模式；

- 比较并对比性欲倒错障碍及其发展理论；

- 识别性功能失调的迹象，并了解相应的治疗方法；

- 掌握性别烦躁的理论和症状；

- 从生物、心理、社会视角解释性欲倒错障碍、性功能失调和性别烦躁。

©iofoto/123 RF

个案报告

肖恩·博伊登

人口学信息： 24 岁，单身，白人，无性恋，跨性别男性

主诉问题： 肖恩正在寻求心理治疗，以应对焦虑和性别烦躁史。在接受治疗时，他报告说他正在研究接受激素替代疗法（hormone replacement therapy, HRT）的选择，以便在医学上从女性向男性转变。在做这个决定时，他感觉到焦虑明显增加了。肖恩补充说，在他的生活中，很少有人肯定和支持他的性别认同，他能获得的社会支持十分有限。他来自一个非常保守的宗教家庭，自从他合法地改了名字，并以男性自称后，他的家人就疏远了他。大学毕业后，肖恩一直在努力维持亲近的友谊；有几个朋友在他向他们坦白自己是跨性别者之后就不再和他说话了。他报告说，虽然他在生活中总是很焦虑，但他发现，现在管理自己的焦虑想法变得比以往任何时候都更具挑战。他经常感到紧张，特别是当人们误以为他是女性，叫他的法定名字或是使用女性代词称呼他时。

肖恩回忆说，从小到大他一直是个假小子，相比和女孩玩，他对和男孩玩更感兴趣。一开始这没有给他带来压力，直到他进入青春期并发展出第二性征，那时他第一次开始感觉到他现在所描述的性别烦躁，或者一种他的身份和他的生理特征不相符的感觉。肖恩意识到他觉得自己像个男人，并且因为外人将他看成女人而感到痛苦。

由于他成长于一个保守的小镇，那里没有明显的酷儿或是性别认同与生理性别不一致的人，肖恩因为有这些感觉而感到羞耻和尴尬，并感到非常困惑。当他在互联网搜索后，他意识到他并不是唯一一个有过这些感觉的人，这既让他感到解脱又觉得可怕。有一次，他在网上订购了束胸带，每当他独自一人在房间时，他就会戴上。在这些时候，他注意到自己的性别认同焦虑大大减少，他沉醉于能够想象自己是一个男

人而非年轻女子。事实上，他越是表现出男性化，或具有男性特征，他就越认同自己的新身份。

肖恩回忆道，在十几岁的时候，他从来没有对约会感兴趣过，从未在他人身上感到过性吸引。他在网上了解到了无性恋这个词，并加入了一个在线支持小组，让他和其他有类似身份认同的人获得了联系。他还找到了在线跨性别社群。肖恩在网上得到的支持和他在日常生活中得到的形成了鲜明的对比。在生活中，他被要求穿女性化的服装，他的家人不喜欢他假小子风格的衣服。

在大学期间，肖恩继续和性别认同焦虑斗争，但他发现很难从生活中的其他人那里得到支持。随着时间的推移，他开始更多地研究医学变性方法，如激素治疗或"顶级"手术（手术切除乳房组织，并做出男人样子的胸部），因为他知道他的父母不会支持任何医疗程序，所以他将不得不等到他拥有自己的医疗保险。肖恩在大学里享受到比在家里更多的自由，因此他感觉更能穿着有典型男子气概的衣服，留短发。然而，就像在他家乡一样，校园里几乎没有和他有共鸣的人，因此他隐藏了自己关于跨性别的想法。

大学毕业后，肖恩搬到了一个新的城市，他知道那有一个蓬勃发展的 LGBTQ 社群[①]，他希望能得到更多的社会支持，并认真准备医学变性。他开始进行相关步骤，例如合法地更改他的名字和他的代词，并最终在一家他认为可以接受他身份的公司找到了工作。然而，他在与陌生人见面时感到很焦虑，除了上班之外，他都孤独地待在公寓。即使在工作中，他也很孤僻，大部分时间都是自己一个人待着。

虽然他可以咨询一些医疗机构来尝试变性，但肖恩觉得他做不到去预约，因为尽管他知道他想将自己的身体改变为符合他所认同的性别，但他认为这可能是一个错误的选择。就在这时，他第一次寻求了心理

---

① LGBTQ 指女同性恋（lesbian）、男同性恋（gay）、双性恋（bisexual）、跨性别者（transgender）、酷儿（queer）。——译者注

治疗。

既往史： 肖恩有轻微的焦虑史，但从未有达到临床意义的症状或损害。他报告大概在青春期开始时有性别烦躁史，经历了与之相关的明显的痛苦。

个案概念化： 肖恩满足了《精神障碍诊断与统计手册（第五版）》定义的成年人性别烦躁的相关标准，考虑到他的烦躁体验已经持续超过了六个月，引起了临床意义的痛苦。虽然他现在有一些焦虑和社交回避，但这些症状可能和他长期的性别烦躁更相关，不满足额外进行焦虑障碍诊断的标准。考虑到他的焦

虑总是伴随着他的性别烦躁减少而减少，他从未感觉到与性别烦躁无关的焦虑，这进一步支持了排除额外诊断。

治疗计划： 肖恩同意为每周的心理治疗见面，以获得支持并处理他的性别烦躁。在积极的环境（如治疗）中获得支持，可以帮助肖恩更充分地思考他对医学变性的感受。治疗还可以聚焦于为肖恩找到开始在当地社区建立更多社会支持的办法，并克服一些让他无法与他人建立更多联系的焦虑。

萨拉·托宾博士，临床医生

哪种性行为模式代表有心理障碍

当谈到性行为时，决定哪种行为模式代表有心理障碍是一个复杂的过程，或许比其他领域的人类行为更为复杂。当我们评估某一性行为是否"正常"时，其环境极其重要，习俗和风俗也一样，它们随着文化和时间的变化而变化。与性相关的态度和行为在不断进化。

文化相对性决定了什么是性规范，最近互联网出现的性成瘾可以作为一个例子。一项对 1500 多名心理健康专业人员的调查显示，他们的来访者存在 11 类问题行为，第二常见的是网络色情（见图 11-1）。

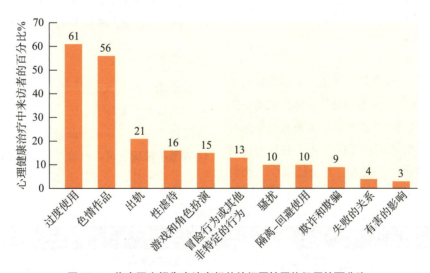

图 11-1 临床医生报告来访者相关的问题性网络经历的百分比

资料来源：Mitchell, K. J., Becker-Blease, K. A., & Finkelhor, D. (2005). Inventory of problematic internet experiences encountered in clinical practice. *Professional Psychology: Research and Practice, 36*, 489–509. American Psychological Association.

或许是因为这个话题有太多禁忌，直到近些年才有关于性功能障碍的科学研究。1886 年，奥利地－德国精神病学家理查德·克拉夫特－埃宾（Richard Freiherr von Krafft-Ebing）写了一篇综合性论文《性变态》（*Psychopathia Sexualis*）。文中，他记录了各种他称之为"性变态"的形式，也将性幻想和杀人冲动联系在一起。

三位被公认为人类性研究铺平道路的人是阿尔弗雷德·金赛（Alfred Kinsey）、威廉·马斯特斯（William Masters）和弗吉尼亚·约翰逊（Virginia Johnson）。金赛是美国第一个对性行为进行大规模调查的人。马斯特斯和约翰逊是第一批在实验室中研究性行为的研究者。印第安纳大学金赛研究所一直支持着对人类性行为的研

印第安纳大学金赛研究所成立于 1947 年，一直是性、性别与生殖领域重要问题研究的重要来源，例如此处展示的关于避孕套使用的调查。
©Hello Clue

究，性医学领域本身已经成为一门专业。

性欲倒错障碍

　　"性欲倒错"（paraphilia）这一术语，字面意思是个体的性吸引偏离了规范。性欲倒错是指个体反复出现强烈的性幻想、性冲动或与非人类物体、儿童或其他非自愿的人、自我或伴侣痛苦或羞辱进行相关的行为。当性欲倒错引起强烈的痛苦和损害，并持续至少六个月

时，临床医生就会将其诊断为**性欲倒错障碍**（paraphilia disorder）。性欲倒错障碍的主要分类详见表 11–1。

> **名词解释**
>
> **性欲倒错**　个体反复出现的、强烈的性幻想、性冲动，或涉及与非人类物体、儿童或其他非自愿的人、自我或伴侣的痛苦或羞辱进行的行为。
>
> **性欲倒错障碍**　对导致痛苦和损害的性欲倒错的诊断。

表 11–1　　　　　　　　　　　　　　　　　　　　　性欲倒错障碍

疾病	特点
恋童障碍	由于儿童或青少年的存在而引起的性唤起
露阴障碍	将生殖器暴露给毫无戒心的陌生人而引起的性唤起
窥阴障碍	通过观察他人的裸体或性行为而获得的性快感
恋物障碍和迷恋身体部位	物体（恋物）或身体部分（恋身体部位）引起的性唤起
摩擦障碍	对摩擦或触碰未征得同意的人，从而引起性冲动和性唤起的幻想
性受虐和性施虐	因受到折磨（性施虐）或折磨他人（性施虐）而引起的性唤起
易装障碍	与强烈痛苦或损伤有关的易装

　　个体非常规的性行为本身并非是病态的。性欲倒错的症状必须包括幻想、冲动或带来"反复而强烈的性唤起"的行为，且这是其他方式无法实现的。无论是《精神障碍诊断与统计手册》还是《国际疾病分类》都没有

将偏离异性恋性交作为性欲倒错的标准。

性欲倒错障碍的基本特征是，患有这些障碍的人在心理上非常依赖于他们渴望的特定形式或目标，否则他们就无法体验性唤起。即使性欲倒错患者不能真正满足自己的欲望或幻想，他们也会沉迷于按照这些欲望或幻想行动的想法之中。那些欲望或幻想的吸引力会变得如此强烈和令人信服，以至于他们看不到除了以这种特定方式实现性满足之外的任何目标。在患者身处巨大压力时，症状可能会加重。

性欲倒错障碍的发展历程是从青春期开始，趋向于慢性发展；然而，在之后的生活中，患者做出他人认为的性偏差行为的冲动可能会下降。性欲倒错障碍在男性中也比女性更普遍。

罹患性欲倒错障碍并不违法，但按照性欲倒错的冲动去行事可能会犯法。因此，报告罹患这种疾病的人有可能会被逮捕、定罪，然后被要求登记为性犯罪者。由于人们不会主动向精神卫生保健专业人员报告性欲倒错，这些障碍可能难以被诊断，而调查中的自我报告实际上可能更有信息价值。此外，在线调查中关于性欲倒错的自我报告数量多于电话调查。

小案例

非专一型恋童障碍

柯克是一名 38 岁已婚白人，异性恋男性。在婚后不久，柯克就开始和他 8 岁的继女艾米发展出不恰当的亲密关系。开始的时候一切似乎都是清白的，他会花额外的时间给她洗泡泡浴并按摩后背。但当他们在同一间房子住了两个月之后，柯克的行为开始超出父母对身体关爱的一般界限。当每天早上他的妻子外出上班之后，柯克会邀请艾米到他的床上，理由是她可以在他的卧室里看电视上播放的动画片。柯克会开始抚摸艾米的头发，并逐渐进行更加直白的性行为，说这会对她了解"爸爸"是什么样子的有"好处"。艾米感到又困惑又害怕，但还是按照他说的做了。柯克为了强化艾米对他的要求的服从，威胁说如果艾米把他们的秘密告诉给任何人，他都将否认一切，并狠狠地责打她。这一行为持续了两年多，直到有一天柯克的妻子意外回家发现他正在这样做。

恋童障碍

被诊断患有恋童障碍（pedophilic disorder）的人会被儿童或青少年性唤起。临床医生将这一诊断用于 18 岁以上并被比他们小至少 5 岁的儿童所吸引的成年人身上。这一疾病的主要特点是当个体与儿童在一起时会经历强烈的性唤起，这种性唤起的强度可能等于，甚至大于他和生理成熟的个体在一起时的性唤起强度。这种诊断包括那些对孩子有性冲动并采取行动的人，以及那些性吸引的表现形式是看包含儿童的网络色情但没有采取行动的人。

名词解释

恋童障碍　一种成年人被儿童或青少年性唤起的性欲倒错障碍。

如前所述，由于恋童行为是违法的，因此很难获得性欲倒转障碍尤其是恋童障碍的流行病学数据。或许最好的估计来自一项通过在线方式调查恋童障碍流行病学数据的研究。6% 的男性和 3% 的女性表示，如果能确保不被抓到，他们会和儿童发生性关系。这些人在网上观看与儿童发生性行为的可能性会高一些，9% 的男性和 3% 的女性表示他们会观看儿童色情作品。对男性和女性来说，对与儿童发生性行为的兴趣与更高的反社会或犯罪行为率以及更高的童年期受虐待率相关。

美国儿童性虐待案件流行率的数据提供了恋童障碍流行率数据的另一个潜在来源。根据对性虐待案件的估计，仅在美国，每年的受害儿童就有 13.5 万多人。

另一种估算恋童障碍流行数据的方法是借助关于儿童性侵犯的报告。这一测量方法估算了近三分之二的 18 岁以下儿童。最常见的性侵犯形式是强迫爱抚（45%），其次是强奸（42%）。与年龄较大的受害者相比，18 岁以下的受害者更有可能在住宅内受到性侵害，而且针对儿童的性侵害案件大多发生在下午。几乎所有诉诸法律的罪犯（96%）都是男性，他们最常报告的年龄在 15～20 岁。

小案例

露阴障碍，通过暴露生殖器给躯体成熟的个体达到性唤起

艾尼是一名 28 岁的非洲裔美籍异性恋男性。近两

年内，他因在公共场合露阴四次入狱。艾尼告诉访谈他的法庭心理学家，他的冲动"一闪而过"的次数远远超过他被逮捕的次数。在每一个案例中，他都会选择一个毫无戒心的女大学生作为受害者，然后从门后、一棵树后或停在人行道上的汽车后跳出来对她露出阴茎。他从未碰过其中任何一个女孩，而是在露阴后自行逃离现场。在某些情况下，他会在露阴后立即自慰，并产生性幻想。这一次的受害者给警察打电话请求追捕他。艾尼被淹没性的性无能感压垮了，并为此而感到丢脸。

有些人通过观察露阴行为来获得性兴奋，例如用望远镜看毫无戒心的受害者。
©ColorBlind Images/Blend Images LLC

露阴障碍

露阴障碍（exhibitionistic disorder）患者有幻想、冲动和行为，通过对毫无戒心的陌生人暴露生殖器来获得性唤起。在露阴障碍中，这些幻想、冲动和行为会导致严重的痛苦或损害。

露阴障碍开始于成年早期，并贯穿终生。在一项对患有这一疾病的男性门诊患者的小样本研究中，研究人员发现，几乎所有人都还患有另一种精神疾病，包括重性抑郁障碍和物质滥用。超过一半的人有过自杀的想法。这是为数不多的研究对象为没有犯罪行为的患者的研究之一。在另一项以男性罪犯为样本的调查中，大约四分之一的人也患有另一种心理疾病。来自这些样本的数据与来自瑞典全国非临床、非犯罪的罪犯样本的发现一致，他们的露阴障碍也与其他心理疾病的存在相关。

重性抑郁障碍和物质滥用等共病情况的存在，加上患者不愿主动报告，都为了解露阴障碍的病因和制定治疗计划带来了许多挑战。治疗中最重要的一步是准确评估疾病本身以及共病情况。

窥阴障碍

窥阴障碍（voyeuristic disorder）患者从观察别人的裸体或性行为中获得性快感，而这些人并没有意识到自己正在被观察。与此对应，窥阴障碍患者通过观察一个毫无戒心的人赤身裸体，或者正在脱衣服的过程中，或者正在进行性行为，从而引起性唤起。窥阴障碍与露阴障碍有关，是最常见的性欲倒错障碍。患有其中任何一

种疾病的人也有可能有性施虐、性受虐和易装行为。

名词解释

露阴障碍 一种性欲倒错障碍，患者有强烈的性冲动和对陌生人暴露生殖器的性幻想。

窥阴障碍 一种性欲倒错障碍，患者有从观察他人裸体或性行为中获得性满足的冲动。

恋物障碍

恋物障碍（fetishistic disorder）患者会被一个不特定用于性情境的物体引发性唤起。恋物障碍患者依恋的物品范围很广。然而，它们不包括变装的衣物或器具或是用来达到生殖器触觉刺激的振动器。在一种相关的障碍，**身体恋性障碍**（partialism）中，个体会被特定的身体部位引起性唤起。同样的，和所有的性欲倒错障碍一样，对物体和身体部位的吸引必须是反复的、强烈的，并持续了至少六个月。

名词解释

恋物障碍 一种性欲倒错障碍，个体沉迷于一个物体，依赖于这一物体获得性满足，而非与伴侣的性亲密。

身体恋性障碍 一种性欲倒错障碍，个体只对身体某一特定部位（如脚）的性满足感兴趣。

恋物障碍通常被定义为单身个体的独自行为。然而，如前所述，利用在线调查的方法可以更准确和广泛地估计性欲倒错行为，研究人员查实，有同伴的行为确实更为普遍。事实上，那些在线报告的人认为，有同伴

的恋物活动比单独的恋物活动在性方面更令人满意。此外，尽管人们可能更偏好拥有恋物对象，但报告有恋物活动的个体并不一定需要它真实存在。

小案例

恋物障碍，无生命物体

约翰是一名 45 岁的单身白人异性恋男性。数年来，约翰总是闯入汽车偷取靴子或是鞋子，有好几次差点被抓住。获得一双靴子或鞋子、去一个隐秘的地方抚摸它和自慰，每当他做出这种仪式化行为时，都会体验到兴奋感，并由此获得巨大的快感。在他家里，有一个放了十几双女鞋的衣橱，他会从中选择用以自慰的鞋子。有时他会坐在某家鞋店里观察女性试穿鞋靴。在一位女士试穿并放回某双鞋子后，他会从货架上将鞋子拿出来，带到收银台买下，并向店员解释说，这是送给妻子的礼物。然后，他会带着极大的渴望和期待冲回家，再次进行自慰仪式。

摩擦障碍

"摩擦癖"（frotteuristic）这一术语来源于法语单词 frotter（意为摩擦）和 frotteur（做出摩擦行为的人）。摩擦障碍（frotteuristic disorder）患者有反复出现的强烈性冲动和性唤起的幻想，比如摩擦或抚摸一个未取得同意的人。在被诊断为性欲倒错障碍的男性中，大约有 10% ~ 14% 的人曾有过摩擦癖行为。

患有摩擦障碍的男性喜欢去人群密集的地方，例如高峰时段的地铁，在那里他们可以安全地与毫无戒心的受害者擦身而过，而公共交通似乎确实是发生这种行为的主要场所。受害者报告说感觉受到了侵犯，他们可能会避开人群，但很少会选择向警察报案。

小案例

摩擦障碍

布鲁斯是一名 40 岁的已婚异性恋白人男性。作为一个大城市的快递员，他整天都要乘坐拥挤的地铁。他会利用这个机会，通过与毫无戒心的女性摩擦来获得性快感。由于布鲁斯掌握了一些巧妙的技巧，他常常能在

女性毫无察觉的情况下占到便宜。随着时间的推移，他的性兴奋门槛变得更高，所以到了晚上的高峰时段，他会瞄准一个特别有魅力的女人，只有那样他才会达到性高潮。

性受虐和性施虐障碍

"受虐狂"这一术语描述的是从痛苦中寻求快感的行为。性受虐障碍（sexual masochism disorder）的患者通过被打、被绑或其他折磨来引起性唤起；相反，性施虐障碍（sexual sadism disorder）的患者通过使得另一个人遭受生理或心理折磨而获得性唤起。《精神障碍诊断与统计手册（第五版）》并没有将奴役、支配和施虐受虐（bondage, domination, and sadomasochism，BDSM）的使用作为一种疾病的本身来分类。

名词解释

摩擦障碍 一种性欲倒错障碍，患者对与不知情的陌生人进行摩擦或爱抚的强烈性冲动和性幻想。

性受虐障碍 一种性欲倒错障碍，特点是通过对自己的身体施加痛苦刺激来获得性满足。

性施虐障碍 一种性欲倒错障碍，通过伤害他人的行为或冲动来获得性满足。

就像一些性欲倒错障碍一样，关于性受虐障碍和性施虐障碍的科学研究非常少。这些疾病的患者往往不会寻求治疗，因为他们觉得没必要改变，而且他们的行为往往发生在双方同意的关系中。即使是在自愿的成年人中，性受虐和性施虐行为也被秘藏。然而，对奴役、支配和施虐受虐行为的偏好依然相对普遍，在比利时的一个网络样本中，46.8% 的受访者报告说，他们参与过至少一项与奴役、支配和施虐受虐有关的行为，另外有22% 的受访者表示他们正在或曾经对奴役、支配和施虐受虐有过幻想。在线样本中 12.5% 受访者表示，他们会定期地进行至少一项与奴役、支配和施虐受虐有关的行为，这一比例虽然较小，但是意义重大。

小案例

性受虐和性施虐障碍

贾伦是一名 55 岁的已婚，混血，异性恋男性。多

年来，他一直坚持他的妻子卡米尔对他进行侮辱和虐待性行为。在他们这段关系的早期，贾伦的要求相对轻微，卡米尔会在性亲密的时候掐他、咬他的胸。然而随着时间的推移，他对痛苦的渴望增加了，疼痛的性质也改变了。目前，两人正在进行他们所谓的"特殊会谈"，在此期间，卡米尔会将贾伦铐在床上，并施加各种形式的酷刑。卡米尔答应了贾伦的要求，给了他一个惊喜，用新的方法来制造疼痛。她还发明了一系列新行为，从用火柴烧他的皮肤到用剃须刀片割伤他。卡米尔和贾伦只对包含疼痛的性亲密感兴趣。

易装障碍

易装也被叫作"变装"，指的是穿其他性别衣服的行为。在表现出这种行为的人中，男性占了绝大多数。只有当一个人表现出性欲倒错障碍的症状，即痛苦或损伤时，临床医生才会诊断他患有易装障碍（transvestic disorder）。心理学家会认为，一个经常穿异性服装并从

只有当易装这个行为使个体感觉到痛苦时，才会被认为是一种心理疾病。易装行为与变性行为的区别还在于，穿着异性服装的人通常认同自己的生理性别。

©ValaGrenier/Getty Images

这种行为中获得性快感的男人是易装狂，但他们不会诊断他患有易装障碍。《精神障碍诊断与统计手册（第四版 - 修订版）》将这一诊断局限于异性恋男性群体中，但《精神障碍诊断与统计手册（第五版）》将诊断开放给了有这种性兴趣的女性或男同性恋。

名词解释

易装障碍　对于做出易装行为并表现出性欲倒错障碍症状的个体的诊断。

小案例

易装障碍，伴性别幻想

菲尔是一名 48 岁的已婚白人，异性恋男性。晚上，当他的妻子离家去做兼职工作后，菲尔通常去他的工作室的秘密藏身之处。在上锁的柜子里，菲尔放了一小柜的女士内衣、袜子、高跟鞋和裙子，以及化妆品和假发。菲尔关上房间的百叶窗，手机关机，穿上这些衣服，幻想他被几个男人追求。大约两小时之后，他一边想象有一位性伴侣正在爱抚他，一边自慰到高潮。然后他会把这些衣服收起来放好。虽然他的变装行为主要发生在晚上，但在白天他也经常想到这件事，这使他变得性兴奋，并希望放下工作、回家、穿上他的特殊衣服。他知道自己做不到那样，于是他在工作服里穿了女士内衣，然后偷溜进男厕，对着身上衣物的丝滑感所带来的性刺激开始自慰。

性欲倒错障碍的理论和治疗

正如我们在一开始提到的，决定在性领域中什么是正常的，是一个充满了困难和争议的问题。批评人士反对将几项性欲倒错障碍纳入《精神障碍诊断与统计手册（第五版）》，因为他们认为这样做会将一种碰巧小众的性行为病理化。此外，他们坚持认为，违法并不能充分证明一个有性欲倒错行为的个体是否有心理疾病。这种批评尤其针对露阴障碍、窥阴障碍和摩擦障碍的诊断，它们的受害者与其他性欲倒错障碍的受害者具有不同的意义。

性施虐和性受虐领域的研究人员和辩护者对将这些疾病纳入《精神障碍诊断与统计手册（第五版）》持批

评态度，认为它们不具有其他性欲倒错障碍的特点，因为它们是由成年人自愿参与的。他们认为，《精神障碍诊断与统计手册》的作者应该基于经验证据而非政治或道德考虑来做出精神病诊断的决定。目前的《精神障碍诊断与统计手册》系统虽然不完善，但仍满足了一些批评者的要求，即奴役、支配和施虐受虐行为本身并不被视为疾病。

这一疾病导致了如此多的伤害和法律后果，可以想象，当研究人员在试图了解其病因时，会面临多少挑战。除了难以识别患有这种疾病的人之外，即使是那些可以接受研究人员调查的人，也可能无法代表他们来自的群体。例如，我们可以研究的大多数涉及犯罪行为的人，如恋童障碍，都可能会被逮捕。即使在不涉及刑事犯罪的性欲倒错障碍中，被试自我选择的是否参与，也影响了参与研究的样本人群。样本不具有代表性的问题意味着流行率估计数可能是有偏差的、不可靠的。

要记住的重点是，《精神障碍诊断与统计手册（第五版）》的作者希望能通过定义在这个领域伴随强烈的痛苦或损伤的疾病，来避免判断行为的正常程度，疾病的标准应以个体的主观痛苦体验或日常生活的受损程度为基础。

生物学视角

尽管生物学视角承认心理和社会文化因素的作用，但它更强调基因、荷尔蒙和感官因素的改变在性欲倒错障碍中的作用。对于男性来说，男性性激素睾酮是理论和治疗的焦点，但多巴胺和血清素也在男性性行为中发挥着作用。因此，世界生物精神病学协会（World Federation of Societies of Biological Psychiatry）提倡通过选择性 5– 羟色胺再摄取抑制剂、抗雄激素和黄体生成素释放激素（luteinizing hormone-release hormone，LHRH）来治疗男性的性欲倒错障碍，后者能抑制男性睾丸激素的分泌。

刺激黄体生成素释放激素的药物被认为是减少男性性欲倒错症状的有效治疗方法。然而，它们的缺点是，由于睾酮水平会被降到甚至低于阉割后的水平，传统的非性欲倒错行为和性欲也会下降。针对黄体生成素释放放

世界生物精神病学协会提出了针对性欲倒错障碍患者的药物治疗指导方针，根据患者症状的严重程度，分阶段进行治疗。
©Paul Bradbury/AGE Fotostock

激素的药物也会导致一些副作用，例如骨矿物质含量减少、心血管疾病、疲劳、睡眠障碍和潮热，因此不建议进行终身治疗。

心理学视角

弗洛伊德对性欲倒错障碍的精神分析解释是整个 20 世纪中占据主导地位的心理学观点。根据弗洛伊德的理论，这些障碍代表了早期发展中心理和生理因素的"变态"；相反，颇具影响力的理论家约翰·莫尼（John Money）则认为，所谓的性欲倒错是 **爱情地图**（love map）的表达，爱情地图是指个体性幻想和实践偏好的内在表征。人们在童年晚期第一次开始发现和检验关于性的想法时，形成爱情地图。这一过程的"错误印刷"可能导致个体建立偏离规范的性习惯和性实践。根据这一观点，性欲倒错是由于爱情地图出错了。在某种意义上，个体被看作将社会不接受的、潜在有害的性幻想付诸行动。

名词解释

爱情地图　个体性幻想和实践偏好的表征。

大多数关于性欲倒错障碍的心理学文献都集中于恋童障碍。这类文献的一个共同主题是"受害者–施虐者循环"或"受虐者–施虐者现象"，意思是施虐者自己在生命中的某个时刻也遭受过虐待，可能是年轻的时候。反对这些解释的事实是，大多数受虐者都没有反过

来虐待或猥亵儿童。另一方面，一些在童年受到虐待的恋童障碍患者表现出的年龄偏好与他们受虐时的年龄相符，这表明他们正在重演童年时针对他们的虐待行为。

从心理学角度来看，个体与团治疗相结合的治疗方法似乎最有效。尤其是在团体中，同理心训练可以帮助这些人理解被害者的感受。临床医生还可以帮助来访者

学习如何控制他们的性冲动。就像治疗成瘾障碍一样，复发预防帮助来访者接受，即使他们意外失足，也不意味着他们无法克服他们的疾病。临床医生不再推荐过去使用的厌恶训练，在这一方法中，他们会教来访者将负面后果与对儿童的性吸引联系起来，并使用自慰修复来改变他们对儿童的取向。

你来做判断

对性犯罪者的治疗

性欲倒转障碍对心理学家来说是一项道德上的挑战，因为它们可能会对他人，尤其是儿童和青少年造成伤害。治疗必须在患者的权利与临床医生防止伤害他人和患者的义务之间取得平衡，患者的权利包括保密权、知情同意权和自决权。由于治疗通常是法庭强制必需的，另一个问题是它是否代表这是惩罚而非治疗。

社会工作者戴维·普雷斯科特（David Prescott）和吉尔·莱文森（Jill Levenson）在治疗性犯罪者方面都具有相当的经验，他们建议临床医生可以采取以符合临床医生道德准则的方式进行强制治疗。他们认为，强制治疗并不代表惩罚，而是帮助罪犯纠正对他人和自己造成伤害的行为。此外，临床医生在保密方面遵守的道德标准与性犯罪治疗的"警告义务"是一致的："强制报告胜过所有优待"。其次，关于当事人的自决权，法律规定治疗的对象不仅仅是性犯罪者。虐待儿童者和酒后驾车被捕的司机就是治疗的两个例子，但司法系统还会对家庭成员发出最后通牒，要求他们对强迫性赌博等行为进行治疗。

根据普雷斯科特和莱文森的观点，选择与性犯罪者工作的人是出于同情和帮助他们的来访者改过自新的目的，这样这些罪犯就能成为社会中有用的一员。他们找到了一种在不审判的情况下同情犯下性暴力行为的当事人，并克服"蔑视"这些人的"自然人类反应"的方法。

你来做判断：你是否同意专业协会提出的，当性犯罪者接受治疗时，人权原则和道德准则能保护他们？司法系统是否应该为性犯罪者提供治疗，或者干脆把这些人关进监狱？另一方面，是否如普雷斯科特和莱文森所说，改造罪犯是一个现实的目标？还是性犯罪者是无法被帮助的？

心理疗法，尤其是认知行为疗法，是第一阶段推荐的治疗方法。临床医生会根据治疗是否有效来增加激素治疗，从抗雄激素开始，发展到孕激素，最后是神经激素。它们作用于脑垂体中控制性激素释放的区域。这一部分只适用于最严重的病例，目标是完全抑制性欲和性行为。

治疗的另一个关键可能是临床医生自己。由于人们对这些疾病，特别是恋童障碍的污名化，临床医生可能不太愿意为他们提供治疗。在一次干预中，研究人员向培训中的治疗师展示了一段 10 分钟的视频，有效地挑战了关于恋童障碍的典型叙事，比如恋童是一种选择，以及患有这种疾病的人会根据自己的冲动采取或不采取

行动。

性功能失调

性唤起能导致整个身体发生一系列的生理变化，通常会达到性高潮。**性功能失调**（sexual dysfunction）是指个体在性反应周期中的反应出现显著差异，并伴有明显的痛苦或损伤。当临床医生无法将这种差异归因于心理疾病、毒品滥用或药物影响，或是一般的躯体疾病时，能诊断为性功能障碍。

名词解释

性功能失调　指个体性敏感和性反应的异常。

《精神障碍诊断与统计手册（第五版）》区分了终身性性功能失调和获得性性功能失调，以及它们是广泛性的还是情境性的。患有终身性性功能失调的人，从他们有性活跃时，症状就一直存在；相反，获得性性功能失调患者在出现症状之前有过正常的性功能。情境性性功能失调的症状只发生在特定类型的性刺激、性情境或性伴侣中发生。广泛性性功能失调则在所有的性情境下都会影响个体。

享有盛名的研究者威廉·马斯特斯和弗吉尼亚·约翰逊是首先在实验室控制的条件下系统观察男性和女性性反应的科学家。他们确定了性反应周期的四个阶段：兴奋（唤起）、持续、高潮和消退。

在兴奋（唤起）阶段，个体的性兴趣增强，身体开始为性交做准备（女性阴道润滑、男性阴茎勃起）。在持续阶段，性兴奋持续增加；到高潮阶段，个体会体验到生殖器区域的肌肉收缩，带来强烈的快感。消退阶段是生理恢复正常状态的一段时间。人们的典型性行为模式是不同的；有些人更容易进行这些阶段，而另一些则速度较慢。然而，并不是每一次性接触都必须包括所有的阶段，性刺激进行过程中，性兴奋和性欲望可能同时发生。

生理因素和慢性健康疾病与发展出性功能失调的风险密切相关，这些疾病包括糖尿病、心血管疾病、其他泌尿生殖系统疾病、心理障碍、其他慢性病以及吸毒。在这些躯体疾病中，是药物而非疾病本身将个人置身于危险中。例如，治疗高血压的药物可能有降低男性性反应的副作用。

性功能失调的可靠流行数据很少，这或许是不足为奇的。许多疾病的定义会定期变化，导致不同的数据估计，而且人们不愿意报告他们经历的症状。直到最近，研究人员才开始基于这些疾病所需的独特评估方法，得出可测量的标准。幸运的是，《精神障碍诊断与统计手册（第五版）》的工作使得诊断程序得到改进，变得更加严格，最终将带来更为可靠的数据来源。

在研究背景下，女性性功能指数（female sexual function index，FSFI）是在许多研究中用于调查女性功能失调患病率和衡量治疗效果的实证测量指标。女性性功能指数评估是一个有 19 个条目的多维度自我报告量表，条目问题与过去一个月的性功能有关，分量表涉及与性交相关的润滑、欲望、主观唤起、性高潮、性满意度和疼痛等特定方面。另一种更注重性行为的方法是要求个人以自我报告日记的形式记录每天的性事件。

唤起障碍

在性反应周期的初始阶段出现性功能障碍的人会出现性欲低下或没有性欲，或无法达到生理唤起。因此，他们可能会回避性交，或无法性交。

男性性欲低下障碍（male hypoactive sexual desire disorder）患者的性活动频率异常少，或可能对性活动根本没有兴趣。此外，患有这一疾病的男性很少或从没有过性幻想。患有女性性兴趣 / 唤起障碍（female sexual interest/ arousal disorder）的女性对性交感兴趣，但她的身体在性唤起阶段没有生理反应。《精神障碍诊断与统计手册（第五版）》将女性性欲降低和女性唤起障碍合并为一个单一的综合征，称为女性性兴趣 / 唤起障碍，因为这两种功能障碍无法可信地区分。

名词解释

男性性欲低下障碍　一种性功能失调，指个体对性活动的兴趣异常低。

女性性兴趣 / 唤起障碍　一种性功能失调，其特征是在行活动中持续或反复地难以达到或维持正常的生理和心理唤起反应。

一些报告显示，性欲低下在女性中相当普遍，在一些样本中估计高达 55%，尽管来自世界各地的大多数研究认为这一比例接近 40%。总的来说，苦恼于性欲低下的女性比例远低于男性。因此，将性功能失调仅仅定义为以性欲低下为特点的女性，那么它将适用于很大比例的女性，而不一定是那些真正受困扰的女性。

因为性欲低下似乎是相当普遍的，所以给女性做诊断的问题在于，性欲丧失可能不是判断谁患有性功能失调的最好或唯一的标准。因此《精神障碍诊断与统计手册（第五版）》将这种障碍定义为一系列包括行为的性兴趣丧失，而非仅仅是性兴趣丧失。性兴趣水平较低的行为包括较低的性唤起水平、较少的性想法、较少的性活动乐趣以及性活动中较少的强烈感觉。

小案例

获得性女性性兴趣／唤起障碍

卡罗尔说自己承担着全职广告工作和抚养3岁双胞胎的压力，她"没有时间和精力"与丈夫鲍勃发生性关系。事实上，自从他们的孩子出生后，他们就再没有过性生活了。一开始，鲍勃试图理解并尊重卡罗尔刚从艰难的怀孕和分娩过程中恢复的事实。然而，几个月过去了，他变得越来越挑剔和不耐烦。他越向卡罗尔施压，要求和她拥有性亲密，她就越感到生气和抑郁。卡罗尔觉得她爱鲍勃但她不会想到性，也无法想象自己会再次拥有性生活。这一变化对她的婚姻造成的影响让她很难过，但她觉得没有动力去尝试改变。

……………………………………………………………………

患有**勃起障碍**（erectile disorder）的男性在性活动中无法达到或保持勃起，但足以使他们开始或维持性活动。即使他们能够勃起，也无法在性交过程中插入或体验到快感。尽管勃起障碍曾经被认为是由生理或心理原因引起的，但现在被认为有更多种原因，而不能单纯分为这两类。一个非常粗略的估计显示，勃起障碍的患病率为每1000人中26～28人患病，老年男性患病率更高。

小案例

获得性勃起障碍

卡伊34岁了，和同一位女性已经约会了一年多。这是他第一段认真对待的关系，这位女性是他第一个达到与之性亲密的人。在过去的六个月里，他们频繁地尝试性交，但每一次他们都因为卡伊难以保持勃起状态超过几分钟而失败。每次发生这种事，卡伊就会变得非常沮丧，尽管他的女朋友保证下一次事情会进展得更顺利。每当他想到自己已经30多岁，而人生中第一次尝试性行为，就遇到了如此令人沮丧的困难时，他的焦虑就会加剧。他担心自己"阳痿"，并且将永远无法拥有正常的性生活。

……………………………………………………………………

性高潮障碍

女性性高潮障碍（female orgasmic disorder）指无法达到性高潮、令人痛苦的性高潮延迟或性高潮强度的降低。尽管以前版本的《精神障碍诊断与统计手册》认为

阴蒂刺激导致的性高潮与性交导致的性高潮是不同的，但《精神障碍诊断与统计手册（第四版－修订版）》去除了这一标准，承认女性可以通过各种类型的刺激来体验性高潮。同样地，《精神障碍诊断与统计手册（第五版）》在定义这一障碍的诊断标准时也没有区分性高潮的来源。这些变化反映了一种共识，即并非所有女性都会经历马斯特斯和约翰逊所描述的性反应周期。

名词解释

勃起障碍 一种性功能失调，指男性在性交过程中无法达到或维持勃起状态，不足以使他开始或维持性活动。
女性性高潮障碍 一种性功能失调，指女性在性活动无法达到高潮。

与女性报告的女性性高潮障碍相关的因素包括压力、焦虑、抑郁、关系满意度，以及与年龄相关的生殖器区域的变化，这些变化可能会导致疼痛、不适、刺激或出血。阴蒂的大小和位置也可能与女性达到性高潮的能力有关。

小案例

终身性女性性高潮障碍

在十几岁的时候，玛格丽特就像她的许多朋友一样，会想知道性交和性高潮是什么感觉。当她在大学里的性活动中变得活跃时，她意识到自己可能仍然缺少了一些东西，因为她并没有像她想象的那样感到仿佛"火箭发射"。事实上，当她和一个男人在一起时，无论进行哪种性活动，她都无法体验到高潮。当玛格丽特爱上霍华德时，她迫切地希望情况会有所好转。然而，尽管比起其他人，他让她感受到了更多的生理快感，但她对他的反应总是在高潮之前停止。每次性接触时，她都很焦虑，事后又往往感到低落和不适。然而，为了避免让霍华德担心，玛格丽特决定假装高潮，而不是告诉他实情。在一起五年之后，她仍然没有告诉霍华德她没有体验到过性高潮，尽管她一直非常痛苦，但她感到太尴尬了，以至于她无法去寻求专业帮助。

……………………………………………………………………

总的来说，女性比男性更有可能报告涉及主观体验方面的性困难。男性则更有可能报告在实现或维持勃起

方面的生理问题。

有明显射精延迟的男性或很少有射精体验的男性可能会患有延迟射精（delayed ejaculation）障碍。患有早泄［premature（early）ejaculation］的男性在性接触时插入前、插入中或插入后不久，以及希望达到性高潮之前（1 分钟以内），就以最小的性刺激到了高潮。临床医生倾向于只在个体对这一情况感到痛苦时才给出精神疾病诊断。早泄的流行率差异很大，从 8% 到 30%，似乎取决于年龄和国家。

名词解释

延迟射精　一种性功能失调，指男性在性活动中难以达到高潮；也被称为抑制男性高潮。

早泄　一种性功能失调，男性在自己希望达到高潮之前就达到了高潮，甚至可能在插入之前就达到高潮。

小案例

终身性早泄

杰里米是一名 45 岁的投资经纪人，他一直以来都在和早泄问题抗争。他在大学时有了第一次性经验，自那时到现在，他一直都无法控制性高潮，习惯性地在插入后几秒钟就射精。由于这一问题，多年来，他的亲密关系一直都十分紧张和艰难。每一次，他的约会对象都会失望，而杰里米也会因为太尴尬而无法维持这段关系。在接下来的几年里，他完全远离了性关系，因为他知道，每一次失败的经历都只会让他感到沮丧和愤怒。

男性和女性高潮困难的本质区别导致一群自称"为女性的性问题的新观点而工作"的临床医生和社会科学家批评《精神障碍诊断与统计手册》未能更多地考虑女性对性关系方面的更多关注，以及女性性生活中的个体经历差异性。他们建议专业人士将性问题定义为在性的任何方面——情感、身体或关系方面。研究人员还认为，需要做更多的工作来了解来自不同文化、不同年龄和不同性取向的女性的经历。

其他的批评者认为，"痛苦"一词并不能准确地描述女性在达到性高潮中遇到困难的主观经验。研究人员使用焦点小组的方法，发现"挫败感"更适合描述经历过性高潮问题的女性的感受。

《精神障碍诊断与统计手册（第五版）》中有什么

性功能障碍的重组

性功能障碍在《精神障碍诊断与统计手册（第五版）》中得到了重大调整。最重要的是声明了除非患者伴有痛苦或损害，否则临床医生不会考虑性欲倒错障碍。这一改变承认了性行为的连续性，并消除了不给他人带来痛苦、损害或伤害的性行为的污名。

性功能失调也在《精神障碍诊断与统计手册（第五版）》中被重新定义。性欲低下障碍只在男性中被诊断，女性则被诊断为性兴趣／唤起障碍。以前分开的阴道痉挛（不允许插入）和性交困难（性交疼痛）被合并为生殖器–盆腔痛／插入障碍，因为它们很难相互区分。

其他变化还包括，"早"这一术语被加到了"早泄"后的括号里，男性性高潮障碍被重标记为"延迟射精"。这两个变化都反应了再一次对人类性行为去污名化的一种愿望。

最后，《精神障碍诊断与统计手册（第四版–修订版）》中的"性别认同障碍"被重新定义为一种新的词语"性别烦躁"。以及，这一类别中的其他变化，提供了一种全新的看待这些疾病的观点，不仅与研究证据更加一致，而且还能帮助人们更好地理解那些因生理性别与自己认同的性别不相符而经历情感痛苦的人。

尽管《精神障碍诊断与统计手册（第五版）》在性功能障碍方面的变化是基于实证的，但它也以重要的方式澄清了许多正常人类性行为的变种。当这些变化在心理和精神病学领域扎根时，它们将为治疗那些因性行为而经历痛苦的人提供成功的治疗方法与治疗方向。

包含疼痛的疾病

临床医生诊断的性疼痛障碍具有的特征是，由于性交时生殖器的疼痛感、生殖器 – 盆腔痛 / 插入障碍（genito-pelvic pain/ penetration disorder）而给性关系带来困难。生殖器 – 盆腔痛 / 插入障碍可能同时影响到男性和女性。个体在性交前、性交时或性交后会经历反复或持续的生殖器疼痛。

名词解释

生殖器 – 盆腔痛 / 插入障碍　一种影响男性和女性的性功能失调，在性交前、性交中或性交后出现反复或持续的生殖器疼痛。

在《精神障碍诊断与统计手册（第五版）》之前，临床医生必须在产生阴道痉挛或阴道外肌肉不自主痉挛的疾病，与性交困难或性交疼痛之间做出选择。尽管临床上认为这两种情况很难区分，但一些研究人员现在认为，这两种情况在恐惧维度上存在差异。阴道痉挛的女性更害怕、更逃避插入，即使是在妇科检查中。就治疗意义而言，这可能是一个重要的区别，但目前这两种情况仍然属于同一种诊断类别。

性功能失调的理论和治疗

性功能失调代表了复杂的生理、心理和社会文化因素的交互作用，因此生物 – 心理 – 社会视角是理解它们的最佳方式。要帮助一位性功能失调患者，临床医生必须首先进行一个包含生理检查和心理测试的全面评估，如果可以，也要对患者的伴侣评估。此外，临床医生必须评估个体的物质使用情况，不仅包括毒品和酒精，还有所有药物，包括心理治疗药物。

生物学视角

也许研究得最透彻的性功能失调之一就是勃起障碍。1970 年，马斯特斯和约翰逊宣称，几乎所有患有勃起障碍的男性（95%）都有心理问题，譬如焦虑、工作压力、与长期性伴侣的无聊，以及其他关系问题。从那时起，研究人员得出了非常不同的结论，因为全新的、更复杂的评估仪器对生理异常的存在很敏感。

现在，卫生保健专业人员认为，超过一半的勃起障碍的案例可以归因于血管、神经或激素性质的生理问

对于亲密的伴侣来说，性功能失调可能是破坏性的、令人沮丧的。
©John Dowland/Getty Images

题，或是药物、酒精和吸烟导致的功能受损。因此，治疗男性勃起障碍的临床医生在将病因归为心理因素之前，可能首先会考虑生理因素对个体症状的影响。

治疗勃起障碍的药物包括处方药万艾可（伟哥）、艾力达和希爱力。这些都属于磷酸二酯酶（phosphodiesterase，PDE）抑制剂的范畴，其作用是在性刺激时增加阴茎的血流量。这类药物之所以吸引人，是因为他们的侵入性比之前治疗勃起障碍的手术和植入物要小得多，也比真空泵或阴茎注射要小得多。这些药物只有在性兴奋时才会起作用，而不像其他治疗方法：男性通过人工方式实现勃起，而不依赖于与他自己或伴侣发生性行为。

小案例

终生性生殖器 – 盆腔痛 / 插入障碍

雪莉是一名 31 岁的单身女性，在过去的 10 年中尝试过和很多不同的男人发生性行为。尽管她能通过自慰达到高潮，但她发现她无法忍受性交中被插入。她在脑

海中感觉到自己准备好了，但她的阴道肌肉会不可避免地收紧，导致她的性伴侣无法插入。对于雪莉来说，她的问题显然来源于她童年的创伤经历，那时她被一个年长的表亲性虐待了。虽然她意识到她应该寻求专业帮助，但她觉得这样做太尴尬了。她说服自己，如果能找到一个合适的男人理解她的问题，这一问题就会迎刃而解。

··

更年期时，荷尔蒙的变化会影响性，导致男性和女性的生殖能力逐渐丧失。对于女性来说，这些变化发生在绝经前后，那时她们的月经周期停止，雌激素分泌也会减少。对于男性，相应的变化是由于成年中期和后期睾丸激素分泌减少。

在整个更年期期间，雌激素水平的降低会导致女性经历一些影响性相关事情的生理症状，包括阴道干燥、阴道尺寸和肌肉张力逐渐减小。然而，这些变化本身并不会影响女性在性行为中的唤起能力。女性也会经历游离睾酮（男性性激素）的下降，但这一下降是否与性欲和性满足的变化相关尚不清楚。一系列慢性病也会影响女性的性欲和性反应，包括糖尿病、脊髓损伤、多发性硬化症、甲状腺功能减退（甲状腺水平低）以及癌症子宫手术的后遗症。对血清素和多巴胺系统起作用的药物也会干扰女性的性反应。

生殖器–盆腔痛/插入障碍代表了一套不同的挑战。从生物学角度看，生理症状可能有多种来源，包括盆腔区域（称为"盆底"）肌肉纤维的紊乱。然而，在治疗这些疾病时，临床医生可能难以追踪个体疼痛的确切原因。最好的方法似乎是多方面的，包括应用皮质类固醇和物理疗法，来促进肌肉放松，并改善血液循环。临床医生也可以使用神经电刺激来缓解患者的疼痛，并开出药物，如阿米替林和普瑞巴林。

心理学视角

我们已经认识到了生理因素在性功能失调方面的作用，即使个体对性的认知、情绪和态度不是其中的关键因素，但心理学的观点依然强调其进一步的作用。

性刺激和性愉悦感之间的习得性联系在性兴奋中扮演着重要的角色。在一个勃起障碍的案例中，研究者将男性对性绝对正确的"大男子主义神话"的信念确定为一个易感因素。对这一神话的信念会使男性在性生活失败时更容易产生功能失调的想法（比如"我无能"）。一旦这些想法被激活，他们处理色情刺激的能力、产生性想法和图像的能力就会受损。通过将其注意力从失败遭遇转移到自己的无能感、悲伤感上，他们在未来的性接触中会更难实现和维持勃起。

研究人员还发现，男性对生殖器大小的自我意象也是导致勃起功能失调的一个因素。在 40 岁及以下的军人样本中发现，那些生殖器自我意象较低的人有较高的性焦虑发生率，这反过来又与较高的勃起功能失调发生率相关。

对于女性来说，对身体形象的关注会干扰性功能，或许还会与对性的总体态度产生交互影响。

除了对自己的身体不满意，个体还可能持有负面的"性自我图式"，例如感觉不被爱、不够好和不值得。然后，他们会将这些自我图式转移到性情境中，当他们觉得无法达到高潮会让伴侣感到疲惫时，他们就会变得焦虑。这种认为自己在性方面无能的信念抑制了他们对性的享受，这是可以理解的。"性情境的认知图式激活问卷：男性版本"是一个简短的测试，向受测者展示了四种不同的情节，解释常见的性功能失调。例如，其中一个条目展示了个体在性交过程中经历早泄的情节。受测者被要求评估他们经历每种情节的频率，然后从一份清单中选择那些在经历最常见性功能失调时代表他们当下感觉的情绪。这个测试可以识别许多不同的与性功能相关的自我图式。

关系的质量也可能会影响性功能失调，尤其是对于女性来说，她们的性欲对于包括积极互动在内的人际因素非常敏感。研究人员还发现了与生殖器–盆腔痛/插入障碍相关的认知因素，这些因素使生理原因复杂化，甚至使得患有这一疾病的女性对于性有关的词汇高度敏感。

对包含性唤起和高潮障碍的性功能失调的核心治疗遵循马斯特斯和约翰逊建立的原则，即治疗夫妻双方，减少他们对于性方面的表现的焦虑，并发展出特定的技能，例如感觉聚焦（sensate focus），在这一过程中，互动的目的不是为了达到性高潮，而是为了在性高潮之前的阶段体验到愉悦感。它降低了夫妻的焦虑水平，直到他们最终不再专注于自己的不满足感，而是专注于性行为本身。临床医生也可以教授伴侣自慰，或者结合性交以外的性刺激方式，比如只刺激阴蒂。

感觉聚焦　一种治疗性功能失调的方法，在这一方法中，互动不是为了达到性高潮，而是为了在性高潮之前的阶段体验到愉悦感。

真实故事

苏·威廉·西尔弗曼：性成瘾

在《爱情病：一个女人的性瘾之旅》（ *Love Sick: One Woman's Journey* ）中，作者苏·威廉·西尔弗曼（Sue William Silverman）讲述了她与性成瘾抗争的故事，并记录了一个集中的、持续28天的住院治疗项目，在那里她开启了与性成瘾的第一次斗争。她加入这一项目，仅仅是出于她的治疗师泰德（Ted）的强烈要求，他意识到她的性成瘾已经在逐渐地毁坏她生活的方方面面。

苏所在的病房里住满了其他与性成瘾抗争的女性。她写道：

我唯一一次被女性（事实上是女孩）包围的时候是住在大学宿舍的时候。不过当时我也没觉得周围都是女孩。因为我的注意力总是被吸引到飘窗之外，那里有扰乱波士顿夜晚的男人们。

苏与其他女性的互动从更客观的角度为她展示了其他女性是如何被性成瘾所影响的，这帮助她对自己的性成瘾有了不同的看法。

在医院里，苏被要求维持严格的日程安排，包括与其他患者进行团体治疗，与泰德进行个体治疗，固定的用餐时间，以及个人反思的时间。就像匿名戒酒小组一样，治疗遵循了12个痊愈步骤。当苏翻阅在治疗中使用的工作手册时，她回忆起过去与男人的许多次性接触，以及她反复寻找性爱的方式，她希望借此获得真正的满足感，尽管这些性接触只会让她产生更多的需要。

苏意识到，由于她对性满足的持续需要，以及

作者苏·威廉·西尔弗曼在《爱情病：一个女人的性瘾之旅》中记录了她与性瘾的斗争。
资料来源：www.SueWilliamSilverman.com

她倾向于根据她所追求的男人的关注点来转变她的身份，她从来没有花时间去了解自己的身份。不是寻找那些男人的真实的她，而是一个不同版本的她——一个瘾君子的形象。她写道：

讽刺的是，当我完全处于那个成瘾的女人的力量中、病得最厉害的时候，我完全有能力游泳、参加聚会、社交：成为一个看起来很正常的女人。是的，这些年来，我不仅说服了自己，也骗过了其他人，我的行为是正常的，因为在性瘾的力量之下，我能让自己看起来是正常的……然而，现在，当我的瘾消退时，当我戒断时，尽管我正在好转，但一切都让我感到害怕，我看起来要崩溃了。除非我不是崩溃；我正在变正常的过程之中。

她不仅在从性瘾中恢复，而且在成为她自己。在书中，苏描述了治疗如何帮助她意识到成瘾的危害，以及

她行为的后果：

> 好几个月来，我的治疗师就像念咒语一样告诉我"这些人要杀了你"。我不知道他是指情感上、精神上还是指生理上，我没有问。他解释说我把性与爱弄混了，并且在一个又一个男人身上强迫性地重复着这种破坏性的模式。我这么做是因为，当我还是个女孩的时候，我从父亲身上学习到，性等同于爱，他是第一个在性方面不爱我、充满了危险的男人。

苏解释道，从她还是个小女孩开始，父亲就开始性虐待她，一直到她离开家去波士顿上大学。她一上大学，就发现自己把大部分时间都花在了为性而思考并寻找男人上面。她开始了一连串的性生活，直到她进了医院。每一段性关系都是在遇到一个男人之后不久开始的，在每次性接触中，她都会获得强烈的满足感，随之而来的则是空虚感，然后是立刻寻求下一次性接触的欲望：

> 这种强度是上瘾的那种"嗨"，我的治疗师解释说"不是爱"。我用性来麻痹与过去和现在的性行为有关的羞耻与恐惧，这自相矛盾。但有时那种"嗨"不再有效。通常是在一次疯狂的狂欢之后。

苏还有进食障碍行为，当她进入治疗项目时，她瘦到了危险的地步。治疗项目中的一些治疗团体专注与她的身体意象和成瘾之间的关联，她反思了对自己身体的想法：

> ……但那不是我——虽然我的身体是我的一部分——越瘦越好。身体越小，烦恼越少；没有身体，就没有麻烦。如果没有男人能看到我的身体，那我就不用继续做爱了。

在书中，苏谈到了她的婚姻，在她接受治疗的时候就已经破裂了，她和丈夫安德鲁睡在不同的卧室里，几乎不说话。她写道，她嫁给他只是为了寻求正常和稳定。安德鲁并不知道她在与性成瘾抗争，当她前往住院治疗项目时，她只告诉他自己在寻求对抑郁障碍的治疗。安德鲁在她住院期间短暂看望过她，他们的关系给了她一种安全感，帮助她克服了保持清醒的困难。在这个项目中，苏发现她渴望在生活中获得一种平衡感和稳定感。她称之为："一种虚无的状态，我不会喝醉；我也不用那么努力地保持清醒"。在治疗师的帮助下，她意识到，稳定比不向成瘾行为屈服更重要。这意味着她会找到她是谁，并真的成为那个人。

离开医院后，苏仍旧参加了个体治疗和每周一次的性成瘾者匿名小组。凭借在医院中获得的力量和觉察，她开始了缓慢的康复过程。书的结尾描述了苏从医院回到家中的第一天。虽然她发现她失去了病房里的安全感，也失去了那些她认识的女性，但和丈夫一起做饭这些平凡的事情让她感到安心，并开始规划她的未来。"现在我必须明白，爱是我开拓自己生活的地方。"她写道。

资料来源：*Love Sick: One Woman's Journey Through Sexual Addiction* by Sue William Silverman.

在这些方法的基础上，治疗师依赖于来自认知行为疗法的原则，这些原则专注于个体能阻止唤起和性欲望的想法。正如我们之前所看到的，歪曲的身体意象和消极的性自我概念会干扰性满意度。因此，重建这些认知可以帮助缓解性功能失调症状。此外，帮助患者理解到，每一次性接触不需要完美，但可以"足够好"，这可以帮助夫妻专注于性快感而非性表现。

临床医生经常让患者的伴侣也参与进来，鼓励双方更有效地沟通，并有更多积极的亲密体验。对于性疼痛疾病，单纯的认知行为疗法似乎没有效果，但与肌肉放松、生物反馈和心理教育结合是最有益的。女性可以学习训练或再训练她们的盆腔肌肉，以减少性交时疼痛的肌肉收缩，同时也能降低她们的焦虑水平和自我意识。

性别烦躁

现在我们来看看另一些疾病，患有这些疾病的个体因感知到**生理性别**（biological sex）和**性别认同**（gender identity）之间的不一致而感到痛苦。在《精神障碍诊断与统计手册（第五版）》中，"性别烦躁"（gender dysphoria）这一术语指的是，当一个人体验到或表达的性别与他的生理性别不一致时，可能产生的痛苦。

不是每一个人都会因为这种不一致而痛苦，但很多人会因为无法接受激素和 / 或手术的治疗而感到痛苦。在目前的疾病诊断标准中，个体会体验到对另一性别的认同。"在一个错误的身体里"这种感觉会让个体感到不适，并对生理性别感到不恰当感。这两种情况必须都存在，临床医生才能做出诊断。因此，临床问题是烦躁，而非个体的性别认同。

另一个与跨性别认同相关的术语是"**易性癖**"（transsexualism），它也描述了认为自己属于另一性别的内心感受（体验到这种感觉的人可能被称为"跨性别者"）。这个词通常被认为等同于**跨性别**（transgender）认同。

名词解释

生理性别 由个体的染色体所决定的性别。

性别认同 指个体内心对自己性别的感觉。

性别烦躁 当一个人体验或表达的性别与生理性别不一致时，就会感受到痛苦。

易性癖 一个通常用来指代性别烦躁的术语，特别是那些选择接受变性手术的人。

跨性别 指生理性别与其性别认同不一致的个体的身份。

一些性别烦躁的患者希望以另一性别的身份生活，他们的行为和穿着也相应地符合另一性别。与易装障碍患者不同的是，这些人不会从易装中获得性满足。此外，许多其他身份认同也属于跨性别者的范畴，包括性别不明者、非二元性和无性别者。这些术语对应的概念是，不是所有的跨性别者都将自己视为异性。相反，他们可能会觉得自己不属于任何特定的性别。

《精神障碍诊断与统计手册（第五版）》的作者提出了一个强有力的主张，即使用"性别烦躁"这一术语来取代"性别认同障碍"，并具体说明了患者是儿童还是后青少年。提出这一改变的原因之一是为了消除将跨性别认同视为"疾病"的标签的污名化。因此，具有跨性别认同并不意味着个体一定会痛苦或患有疾病。只有当那个人对他与生俱来的性别特征感到焦虑烦躁时，才能对其进行诊断。此外，尽管一些组织主张将性别烦躁这一术语从诊断术语中完全删除，但这样做可能会因为临床医生无法给出诊断，而将希望寻求性别确认手术的个体排除在保险范围之外。

有些性别烦躁患者可能会选择采取性别确认的医疗程序。这些手术范围从服用激素到一系列外科手术，例如脸部女性化手术、胸部手术（"上部"手术）和生殖器手术（"下部"手术）。每一个程序都需要心理和其他评估，以确保个体没有任何可能影响判断或决策的心理健康状况，并有记录在案的持续的性别烦躁。

性别烦躁的理论与治疗

和体验着性别烦躁的跨性别个体工作的临床医生，可以通过心理治疗提供支持，还可以帮助患者决定他们是否要寻找其他可能的治疗，例如激素治疗或性别确认手术。美国心理学会关于《跨性别者和性别不明者的心理治疗实践指南》（*Transgender and Gender Nonconforming People*，TGNP）建议，当患者获得了社会支持或跨性别确认关怀，同时临床医生以跨学科的角度去看待他们，并努力让自己做好与自我认同为《跨性别者和性别不明者的心理治疗实践指南》的患者进行工作的心理学受训的准备时，患者能收获最积极的治疗结果。

根据世界跨性别者健康专业协会（World Professional

查兹·波诺在 2008 年至 2010 年间经历了从女同性恋到跨性别人的性别转换过程。
©buzzfuss/123RF

Association for Transgender Health，WPATH），临床医生在确定某一特定的患者是否能在寻求医学治疗的过程中做出良好的判断和决策时，最好评估患者的生活质量，而不是考虑诊断标准。在这一方法中，临床医生可以被视作看门人的角色，他们的决定可能影响患者寻求性别确认治疗的能力。

即使跨性别认同本身在《精神障碍诊断与统计手册（第五版）》中是病理化的，患者仍然会继续面对**跨性别恐惧**（transphobia）现象，即对跨性别个体的负面刻板印象和恐惧感。向跨性别者提供社会支持也能改善他们的生活质量。

名词解释

跨性别恐惧　指对跨性别个体的负面刻板印象和恐惧。

性欲倒错障碍，性功能失调和性别烦躁：生物－心理－社会视角

性相关障碍在性功能和行为两方面构成了三组独立的困难。虽然关于这些疾病的成因仍有许多未解之谜，但我们需要从生物、心理和社会的角度来理解，随着时间的推移，个体是如何出现并维持这些不同的问题的。此外，研究者和临床医生正在越来越多地开发整合治疗的模型。《精神障碍诊断与统计手册（第五版）》的作者使用日益增多的研究基础不仅反映了性相关障碍实证方法的扩展，还反映了他们采用了更广泛、更包容、更具有社会文化敏感性的方法去理解和治疗这些疾病。

个案回顾

肖恩·博伊登

对肖恩来说，接受心理治疗是他第一次有机会在一个支持和肯定的环境中，和另一个人公开讨论他的性别认同。考虑到他在人际关系中很少获得支持，肖恩的焦虑似乎很大程度上来源于内化的跨性别恐惧。也就是说，他很难真正接纳自己，因为他从未被别人接纳。他所体验到的焦虑阻碍了他冒险进入他的社群，在那里他可以找到更多的支持来源，因此在治疗中，他为自己设定了包括参加活动、向新朋友介绍自己并随着时间的推移建立这些关系的目标。在治疗中获得的额外支持帮助他在自我认同上获得了更多肯定，尽管他仍然在与焦虑感做斗争。

最终，肖恩决定开始使用激素替代疗法。在治疗师的支持下，他被转介给一位专家，他给肖恩开具了低剂量的睾丸激素。在开始激素替代疗法后，肖恩注意到他的性别烦躁立刻减少了，并发现迈向变性的重要一步给了他希望。他开始对采取额外措施（如"上部"手术）有了更多的信心。

托宾医生的反思：跨性别者从不遵循特定的路径或叙事，因此作为一名临床医生，保持开放的心态、关注于支持跨性别患者并帮助他们在治疗中感到安全，这些是至关重要的。以这种方式提供肯定式关怀十分关键，跨性别患者因此能公开地探索自己的感受。在某些情况下，治疗师有可能会成为他们为数不多的支持源之一。治疗师也应该帮助跨性别患者获取医疗诊所或社区服务等资源，特别是在患者自己难以获取这些资源的情况下。

萨拉·托宾博士，临床医生

总结

◎ 当谈到性行为时，正常与异常之间的区别可能比其他领域的人类行为要更加复杂。在评估某一性行为

◎ 是否正常时，行为背景极其重要，习俗和风俗也同样重要，因为它们会随着时间的推移而改变。

◎ 性欲倒错是指个体有反复而强烈的性唤起幻想、性冲动或涉及与非人类物体、儿童或其他非自愿的个体以及自我或伴侣进行的痛苦或羞辱的行为。

◎ 当性欲倒错带来强烈的痛苦和损伤时，临床医生可以诊断个体患有性欲倒错障碍。性欲倒错障碍包括恋童障碍、露阴障碍、摩擦障碍、性受虐障碍、性施虐障碍和易装障碍。

◎《精神障碍诊断与统计手册》的批评者主张反对在《精神障碍诊断与统计手册（第五版）》纳入几种性欲倒错障碍，因为这样做是将不正常的性行为病态化。《精神障碍诊断与统计手册（第五版）》的作者希望通过将这些疾病定义为强烈的痛苦或损伤的结果，来避免将疾病诊断标准建立于判断某一行为的正常程度之上，而是建立于个体在日常生活中痛苦或受损程度的主观体验之上。

◎ 从生物学角度来看，性欲倒错障碍涉及遗传、荷尔蒙和感官因素与认知、文化和环境影响的交互作用的综合影响。然而，这些变化也可能是早期身体受虐待或性侵的结果。研究人员还发现了性欲倒错障碍患者体内血清素水平的改变；然而，这些变化也可能与这些个体中存在的其他心理疾病有关。基于生物学视角，临床医生治疗性欲倒错障碍时，可能会使用心理治疗药物来改变个体的神经递质水平。

◎ 针对性欲倒错的大多数研究都集中于恋童障碍。心理学文献中一个常见的主题是"受害者-施虐者循环"或"受虐者-施虐者现象"，意味着施虐者本身可能在生命中的某个时刻也曾遭受过虐待，可能是他们年轻的时候。个体与团体治疗结合似乎是心理学角度最有效的治疗。认知行为视角在帮助患者认识到他们的歪曲和否认方面特别有用。与此同时，这些患者能从共情训练中受益，这样他们就能理解受害者的感受。从心理学视角来看，临床医生还可以训练患者学会控制自己的性冲动。研究人员认为最有效的治疗是降低雄性激素水平的激素药物与心理治疗的结合。

◎ 性唤起会导致身体出现一系列的生理变化，通常会达到性高潮。性功能失调包括个体在性反应周期中的反应出现显著差异，并随着带来强烈的痛苦或损伤感。

◎ 性欲低下或没有性欲的人，或是那些在性反应周期的初始阶段无法达到生理唤起的人，都可能被诊断为唤起障碍。因此，他们可能会避免或难以性交。这些障碍包括男性性欲低下障碍、女性性兴趣/唤起障碍和勃起障碍。

◎ 还有与性高潮有关的障碍，如无法达到性高潮、令人感到痛苦的延迟性高潮或是高潮强度的降低构成了女性性高潮障碍。有明显射精延迟的男性或是很少射精的男性，可能患有延迟射精。

◎ 临床医生诊断的性疼痛障碍包括性交时因生殖器疼痛导致的性关系困难，如生殖器-盆腔痛/插入障碍，这种疾病可以同时影响男性和女性。

◎ 我们最好从生物-心理-社会的视角来看待性功能失调，它是生理、心理和社会文化因素的复杂交互作用。为了帮助性功能失调患者，临床医生必须首先进行全面的评估，包括生理检查和心理测试，如果可以的话，还要对患者的伴侣进行评估。此外，临床医生还必须评估个体的物质使用情况，不仅包括毒品和酒精，还要包括所有的药物（如心理治疗药物）。

◎《精神障碍诊断与统计手册（第五版）》的作者使用"性别烦躁"这一术语代替了"性别认同障碍"，同时具体说明了该个体是处于儿童期还是后青春期。在现行的性别烦躁诊断标准中，个体体验到对另一性别的认同。"在一个错误的身体里"这种感觉会让个体感到不适，并对生理性别感到不恰当感。这两种情况必须都存在，临床医生才能做出诊断。另一个与跨性别认同相关的术语是"易性癖"，它也描述了认为自己属于另一性别的内心感受。

◎ 在心理学领域，关于跨性别体验的理论观点正经历着根本性的变化。在过去，"跨性别"意味着"疾病"，而新的术语并没有关注那些自我认同与生理特征或社会角色不同的人的"错误"。

◎ 性欲倒错障碍、性功能失调和性别烦躁构成了性功能和行为的不同方面的三组不同的困难。尽管有许多关于其成因的未解之谜，但我们需要从生物、心理和社会视角来理解个体如何出现并维持这些不同的问题。

第 12 章

物质相关及成瘾障碍

通过本章学习我们能够：

- ☐ 阐述物质障碍的主要特征；

- ☐ 区分特定物质相关障碍；

- ☐ 阐述物质使用障碍的理论和治疗；

- ☐ 识别非物质相关障碍的症状；

- ☐ 分析物质障碍发展的生物 – 心理 – 社会视角。

©TokenPhoto/Getty Images

个案报告

卡尔·沃兹沃思

人口学信息： 32 岁，非洲裔美国人，单身，异性恋男性

主诉问题： 卡尔的姐姐沙仑很担心卡尔的酗酒问题，于是为他预约了当地一家门诊治疗诊所的治疗师。沙仑说，他们的家人"受够了一直为他担心"。她报告说，在过去的几年里，卡尔比以往的任何时候都更频繁、更大量地饮酒，最终致使其在公共场合因酗酒闹事而被捕。沙仑解释说，卡尔患有双相情感障碍，但是他目前没有接受药物治疗，这一点也让他的家人非常担心。

在接受治疗期间，治疗师注意到卡尔似乎是醉酒状态，但当治疗师问他最近是否饮酒时，他否认了这一点。根据诊所的政策，治疗师被迫提前结束治疗，以确保他能安全回家。当卡尔再次醉醺醺地来到诊室时，治疗师直接问他在治疗前是否饮酒，因为治疗师担心饮酒会影响治疗。卡尔的回答是"也许吧……只是一点点"。治疗师要求卡尔在下次会面前不要饮酒，他同意了。

在第三次会面时，卡尔却再次以醉酒的状态出现，此时治疗师明白，治疗是必要的，但除非治疗师能更直接地解决卡尔的酗酒问题，否则治疗难以继续进行。卡尔说他为自己的酗酒行为感到羞愧，但他发现自己无法减少饮酒量，不过他慢慢地意识到多年的酗酒已经对他造成了伤害。例如，他说他最近因公共场合酗酒闹事被捕后就被解雇了，并且因为他没有收入来源而被迫和姐姐沙仑住在一起。

在那次会面之后，卡尔将发生的事情都告诉了沙仑，沙仑把家里所有的酒都清空了，并禁止卡尔独自外出。起初，卡尔能够与严重的戒断症状做斗争。然后，他开始频繁地在屋子里踱来踱去，由于思绪繁杂和精力充足，他连续三天都无法入睡。在说服沙仑他需要借她的车去趟杂货店后，卡尔开车来到附近的一家卖酒的商店买了一瓶威士忌，并在几分钟之内就把一瓶酒喝光了。在返回沙仑家的路上，他撞上了一根灯柱，随后因酒后驾车而被逮捕。法院命令卡尔去接受治疗，他的治疗师允许他重新接受治疗，条件是他必须在清醒的情况下参加治疗。

在接下来的几次治疗中，卡尔开始向他的治疗师讲述他的故事。他解释说，他在 18 岁时躁狂发作，从而被诊断出患有双相情感障碍，并接受了锂盐治疗，锂盐是一种经常用于治疗这种疾病的药物。他说，与服药相比，他更喜欢饮酒，因为饮酒没有副作用，而且他发现服用锂盐时每周的血液检测"令人厌烦"。虽然他在成年早期并不是一个酗酒者，但他的父母都曾经有过酗酒行为，因此他也担心自己可能会酗酒。

卡尔 28 岁时，他所在的电信公司裁员，因此他失去了工作。卡尔变得十分沮丧，他试图在父母家里自杀，不过被他的母亲发现了。他住院治疗了大约一个月，并登记为无劳动能力状态，这使他能够获得药物和接受治疗。之后，他在一家酒类商店找了一份工作，以增补他的经济收入，这帮助他能够负担得起自己住的公寓的房租。

当时，卡尔的药物治疗情况稳定，几个月来没有出现任何明显的心理障碍症状。"我从来没打算在工作时喝酒，但我的老板很喜欢，所以我们会在晚上打烊后一起喝酒直到喝醉。"卡尔说道。如果卡尔拒绝了他的提议，老板就会嘲笑他。自从他发现在服用锂盐的时候无法大量饮酒，便决定停止服药，这样他就可以继续和老板一起喝酒了。

由于卡尔晚上的大部分时间都在饮酒，而且他一个人住，所以家里没有人注意到他在饮酒。卡尔每天都在工作时饮酒，这一状况持续了几个月之后，他开始在早上醒来时出现戒断症状，这使得他一醒来就要开始饮酒，工作时也一样。在接下来的两年里，他一直保持着这种习惯，然而很快，他除了工作之外基本上不能再从事任何活动。他的家人越来越担心他，尤其是当他多次在喝醉后跑到父母家时。尽管卡尔否认

自己有任何问题，但家人还是劝他去嗜酒者匿名互戒会，并警醒他饮酒的危害。为了向他的家人证明这一点，卡尔会戒酒一两个星期，但是他对酒的欲望过于强烈，使得他无法再坚持得更久。由于没有药物治疗，他变得越来越抑郁，酗酒情况也越来越严重。然而，卡尔并没有寻求治疗，而是在他感到特别沮丧的时候喝得更多。

卡尔偶尔会在工作中与人发生争执，但他的老板通常不会太在意。然而，有一天，卡尔威胁要对一位顾客使用暴力，他的老板别无选择，只能解雇他，并报了警，警察以公共场所酗酒的罪名逮捕了卡尔。警察拘留了他一夜，第二天顾客选择不起诉他，他才被释放。没有了收入，卡尔被迫搬出公寓，和住在附近的沙仑同住。那时，沙仑更担心卡尔失控，不知道自己该如何帮助他，于是把他介绍给了心理医生。卡尔解释说，如果不是沙仑，他也许不会去寻求帮助。

既往史：卡尔18岁时在躁狂发作后被诊断为双相情感障碍。他用药物治疗了10年，在这期间他失去了工作并试图自杀。在酒类商店工作后，他开始每天大量饮酒。他之前并没有物质使用的治疗史。

个案概念化：在卡尔的案例中，一个重要的区别点是他的酒精使用是由于他的双相情感障碍继发的，还是独立产生的，这有可能使其得到共病诊断。正如卡尔在谈到他住在姐姐家时发生的酗酒事件时所说的那样，他在躁狂发作时开始大量饮酒，并且相信自己可以消化大量酒精，依然能够安全驾驶。然而，这是他报告中唯一一次说他饮酒时伴随情绪症状出现。

在仔细考虑了他的情况后，卡尔最初的酗酒问题似乎并未伴有情绪症状。饮酒似乎也没有引起他的情绪症状。由于这两个区别，卡尔被双重诊断为重度酒精使用障碍和双相情感障碍。此外，由于出现躁狂发作，而不是轻度躁狂发作，因此他符合双相I型障碍的标准，这严重影响了他的功能，他需要入院治疗。

治疗方案：卡尔同意每天参加当地的嗜酒者匿名互戒会会议，同时每周接受心理治疗。他还同意去看精神科医生并进行药物评估。

萨拉·托宾博士，临床医生

物质障碍的主要特征

物质（substance）是指当一个人通过烟吸、注射、醉酒、鼻嗅或吞服时能够改变其情绪或行为的某种化学物质。物质相关障碍反映了滥用这些物质的模式、由此造成的中毒以及停止使用该物质的后果。处于物质戒断（withdrawal）状态的人会表现出生理和心理变化，这些变化会根据其涉及的实际物质而有所不同。当一个人需要越来越多的物质来达到其预期效果时，或者当一个人在使用相同量的物质后感觉效果不佳时，就说明出现了耐受性（tolerance）。

物质使用障碍（substance use disorder）是一组认知、行为和生理症状，表示为即使某种物质严重影响了他的生活，个体却仍然继续使用这种物质。临床医生通过评估个体的四类症状来诊断物质使用障碍：失控、社交障碍、危险使用和药理学变化。根据个体表现出的症状数量，临床医生将严重程度从轻度到重度进行分级。

尽管许多人将这些障碍称为"成瘾"，但《精神障碍诊断与统计手册（第五版）》的作者更喜欢使用物质使用障碍这个术语，认为它更准确，负面含义更少。同样，患有这些障碍的人被称为"患有物质使用障碍的个体"，而不是"成瘾者"。当然，人们在日常对话中仍然会使用"上瘾"和"成瘾"，但这些术语并未包含在《精神障碍诊断与统计手册（第五版）》的官方诊断术语中。"成瘾"一词仅作为描述性术语出现在章节名称中。

患有物质使用障碍的人在日常生活中受到一系列严重影响。他们会忽视工作中应尽的责任，对家庭和家人的义务承担能力也逐渐减弱。他们可能会开始冒着将个人及他人置于危险之中的风险行事，例如醉酒驾驶或操作机器。

合乎情理的是，滥用物质的人可能会遇到法律问题。除了因服用药物后驾驶而被捕外，他们还可能面临行为不检或攻击行为的指控。物质使用障碍也经常引发人际关系问题，因为使用药物或酒精会给与家人、朋友和同事的关系造成压力。在极端情况下，这些障碍还会导致健康问题甚至英年早逝。

物质相关障碍还包括物质引发的障碍，它们是由物质本身的作用引起的障碍。

个体所使用的药物可能会影响甚至严重损害其生理功能，当人们出现上述迹象时，就会被诊断为**物质中毒**（substance intoxication）。物质中毒的程度取决于特定药物、作用速度以及作用的持续时间。与以药丸形式服用的药物相比，静脉注射式药物或可烟吸式药物会被有效地吸收到血液中，从而使中毒更严重。

名词解释

物质 指一种化学物质，当一个人烟吸、注射、醉酒、鼻嗅或吞服该物质时，它能改变人的情绪或行为。

戒断 当一个人停止服用某种物质时所发生的生理和心理变化。

耐受性 指个体需要越来越多的物质来达到其预期效果的程度，或指个体在使用相同数量的物质后感觉其效果下降的程度。

物质使用障碍 一组认知、行为和生理症状，表明个体尽管存在与物质相关的重大问题，但仍继续使用某种物质。

物质中毒 由于物质在体内积累而导致的行为或心理变化的暂时性适应不良体验。

第二类物质引起的障碍包括那些反映了戒断作用的障碍，其中个体会发生特定于具体物质的行为变化。这些变化包括与停用有关物质相关的生理和认知改变。物质使用也可能导致其他障碍的发生，包括精神病性障碍、情绪障碍、焦虑障碍、性功能障碍和睡眠障碍。人们也可能表现出物质相关障碍与其他障碍的共病现象，例如焦虑障碍或情绪障碍。

《精神障碍诊断与统计手册（第五版）》中有什么

合并滥用和依赖

《精神障碍诊断与统计手册（第五版）》的作者将滥用和依赖合并为现在所说的"物质使用障碍"。个体只需满足两个标准就可以确诊，但会根据其症状的严重程度进行评级。批评者认为，修订后的系统可能会把太多症状轻微但没有"成瘾"的个体诊断为物质相关障碍。然而，多轴评分在理论上允许临床医生将障碍程度从轻度到重度进行等级划分。

《精神障碍诊断与统计手册（第五版）》的第二个主要变化是咖啡因戒断从仅用于研究的类别转变为临床诊断。《精神障碍诊断与统计手册（第五版）》的作者认为，已有足够多的人口学证据可以将这种情况确认为精神病学诊断。此外，他们相信，临床医生以此为标准对病情进行诊断后，将更有可能识别并正确治疗出现该症状的个体。许多患有咖啡因相关障碍的咖啡因使用者将他们的症状归因于其他障碍，这就造成了不必要的治疗及相关费用的浪费。将此诊断纳入《精神障碍诊断与统计手册（第五版）》或许有助于他们接受所需的干预措施。

特定物质相关障碍

美国阿片类物质成瘾率的上升引起了广泛关注，而大麻合法化引发了性质不同但同样迫在眉睫的担忧。公共卫生专家和政治家正在寻找方法，将物质使用对高危人群的影响降至最低，而《精神障碍诊断与统计手册（第五版）》的诊断标准为评估包括酒精在内的精神活性物质相关问题的范围提供了分类方法。

根据美国药物滥用和精神健康服务管理局组织的全美药物使用和健康调查（National Survey on Drug Use and Health，NSDUH）显示，2016年约有11%的人口在过去30天内至少使用过一次非法药物，也就是说，他们目前就是使用者。过去一个月内，美国有2860万12岁及以上的人报告使用过任何一种非法药物，而大麻是最常用的物质。各类非法药物的使用者人数见图 12–1。

目前 12 岁及以上个体的非法药物使用率因人口群体而异。根据全美药物使用和健康调查，三个最重要的分类特征是种族 / 民族、年龄和性别。过去一个月内，美国印第安人或阿拉斯加原住民的非法药物使用率为 15.7%；其次是黑人或非洲裔美国人，为 12.5%；白

人为 10.8%，西班牙裔或拉丁裔为 9.2%，亚裔为 4.1%。该比率通常随着年龄的增长而下降，从 18 岁至 25 岁的 22.3% 的峰值下降到 65 岁及以上的 1.9%。男性的吸毒率（12.8%）高于女性（8.5%）。大学毕业生、就业人员和中西部地区人群的非法药物使用率往往较低，而城市居民的非法药物使用率最高。

大多数被滥用的药物都直接或间接地以大脑的奖赏中枢为目标，将多巴胺注入其回路，如图 12–2 所示。过度刺激奖赏系统会产生滥用者寻求的欣快效果，并致使他们出现重复体验的行为。药物比进食和性行为等活动自然产生的"快感"更容易上瘾，因为它们释放的多巴胺（多巴胺是自然奖励的 2 ~ 10 倍）要多得多，而且效果持续时间更长。随着时间的推移，这些多巴胺通路中的神经元会对这些多巴胺的激增产生"下调"反应，这意味着它们自身产生的多巴胺减少或多巴胺受体的数量减少。然后使用者需要服用药物以将他们的多巴胺水平恢复到正常水平。为了体验他们最初从药物中感受到的效果，他们就需要服用越来越高的剂量；换句话说，他们会产生耐受性。

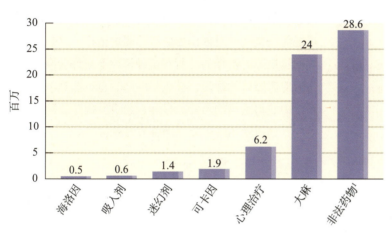

注：非法药物包括大麻 / 大麻、可卡因（包括快克）、海洛因、迷幻剂、吸入剂或非医学用途的处方类心理治疗药物。

图 12–1 12 岁及以上人群过去一个月的违禁药物使用情况（美国，2016）
资料来源：Substance Abuse and Mental Health Services Administration. (2018). Retrieved from https://www.samhsa.gov/data/sites/default/files/ NSDUH-DetTabs-2016/NSDUH-DetTabs-2016.htm#tab1-29A 4/9/2018

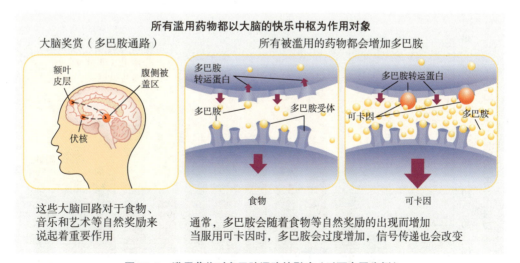

图 12–2 滥用药物对多巴胺通路的影响（以可卡因为例）

除了多巴胺外，一些被滥用的药物还会影响谷氨酸，这是一种活跃于记忆和学习过程中的神经递质。长期滥用药物会降低个体的谷氨酸水平并引发记忆障碍。

因为使用者学会了将使用药物的愉悦感与他们服用药物时所处环境中的线索联系起来，所以他们会产生经典条件反射来维持他们的成瘾。

患有情绪障碍和焦虑障碍的人更有可能滥用物质。2016 年，美国有 370 万心理障碍患者使用过非法药物；其中，130 万人使用过阿片类物质，170 万人使用过大麻。物质使用障碍最常见的是与情绪障碍、焦虑障碍、边缘型人格障碍和反社会型人格障碍共病。精神分裂症患者更容易使用酒精和烟草，并有物质使用障碍。据估计，因使用处方止痛药而接受物质使用治疗的人被诊断出患有心理障碍或出现心理障碍症状的概率多达 43%，尤其是重性抑郁障碍和焦虑障碍。

物质使用障碍和其他心理障碍共病的发展有三种可能的途径：第一，物质使用障碍和其他心理障碍的风险因素的相似性；第二，有心理障碍或症状的人或许会使用药物作为自我治疗的一种形式；第三，使用物质的人随后可能会发展成心理障碍，这是由于物质使大脑活动发生变化或生活方式改变，从而引发压力，进而导致抑郁和焦虑症状的出现。

药物使用通常始于青春期，这一时期也是对其他心理障碍更加易感的时期。早期物质使用也是后期患有物质使用障碍的风险因素，也可能是随后出现其他障碍的风险因素。这些风险尤为可能发生在具有高度遗传易感性（genetic vulnerability）的个体中。在一项针对青少年到成年早期的纵向研究中，那些具有特定基因变异的重度大麻使用者患精神分裂症的风险显著更高。

较高的物质使用障碍的发生率也出现在身体或情绪受到创伤的个体中。对于美国从伊拉克及阿富汗等地作战回来的退伍军人来说，这是特别值得关注的问题。在被诊断为创伤后应激障碍的退伍军人中，有多达一半的人也患有物质使用障碍。此外，研究人员估计，美国各州和地方监狱中 45% 的罪犯同时患有心理健康问题和物质使用障碍。共病物质使用障碍和创伤后应激障碍的人或有犯罪史的人可能难以接受治疗。在物质使用障碍治愈之前，患有创伤后应激障碍和物质障碍的退伍军人可能无法接受针对创伤后应激障碍的治疗，这是因为传统的物质障碍治疗的诊所在这种情况下或许会推迟对创伤后应激障碍的诊治，被监禁的罪犯也可能难以在监狱系统中获得适当的治疗。显然，患有共病障碍的个体在治疗其物质使用障碍方面面临着特殊挑战。

酒精

酒精使用与多种类型的障碍有关，包括使用障碍、中毒和戒断。根据世界卫生组织的数据，全世界每年有 330 万人死于酒精，占所有死亡人数的近 6% 且全球 5% 的疾病和受伤的成因是酒精使用。

酒精使用模式与年龄有关（见图 12-3）。21 岁至 25 岁的年轻人酗酒率最高，重度饮酒率最高。在整个成年期中，酗酒和重度饮酒的比率急剧下降；在 65 岁及以上的人群中，9.7% 的人酗酒，2.3% 的人重度饮酒。

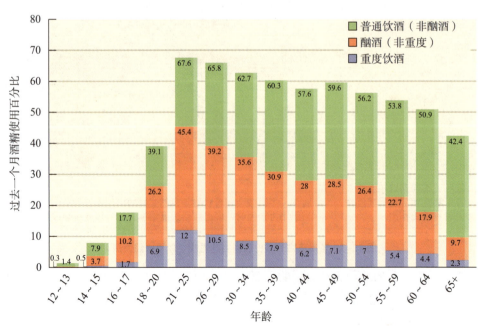

图 12-3　12 岁或 12 岁以上人群普通、酗酒和重度饮酒情况，按年龄分列，2018 年

尽管按年龄划分，65 岁及以上的人酒精使用率较低，但纵向研究提供了不同的结果。人们可能不会在成年后就开始饮酒，但许多人在整个成年期仍存留他们先前建立的酒精使用障碍模式。然而，经历某些生活转变的成年人也许会改变他们的酒精使用模式。对男性而言，38 岁以后为人父母与饮酒率降低有关；女性表现出相反的模式。38 岁以后失业的男性饮酒率最高；对女性而言，工作状况与酒精使用的持续性之间没有关系。这些发现表明，酒精使用、生活转变和性别之间的关系很复杂，仅凭衰老不足以解释酒精使用障碍与年龄相关的变化。

要了解酒精如何影响行为，需要从生理学角度考虑，酒精是一种神经系统**抑制剂**（depressant），它对个体的影响方式取决于饮酒者的摄入量。少量酒精具有镇静作用，因此饮酒者会感到更放松。随着饮酒量的增加，饮酒者可能会开始感到更加开朗、自信和无拘无束。超过某一点后，抑制作用变得明显，使得饮酒者感到困倦、身体协调能力变差、烦躁不安和易怒。在更大的剂量下，酒精或许是致命的，会导致个体的重要功能衰竭。当个体将酒精与其他药物混合使用时，也会产生更严重的影响；**增效作用**（potentiation）使两种药物合在一起的效果大于两者中任何一种单独的效果。例如，将酒精与另一种镇静剂结合使用可能会产生致命的后果。

酒精在血液中被吸收的速度取决于很多因素，包括个人的酒精摄入量和摄入时间段，以及消化系统中是否存有食物。另一个因素是饮酒者的代谢率（身体将食物类物质转化为能量的速度）。普通人每小时代谢酒精的速度为三分之一盎司[①]100% 浓度的酒精，相当于每小时代谢一盎司威士忌。大量饮酒后，个体很可能会出现戒断综合征，或通常称为"宿醉"的现象。戒断综合征的症状包含一系列现象，包括恶心呕吐、颤抖、极度口渴、头痛、疲倦、烦躁、抑郁和头晕。与酒精吸收一样，一个人出现的戒断综合征的程度反映了其饮酒的数量和速度以及个体的代谢率。

酒精直接或间接地影响身体的几乎每个器官系统。长期使用会造成永久性脑损伤，出现痴呆、昏厥、癫痫、幻觉和外周神经系统部分受损等症状。痴呆症的两种类型与长期大量饮酒有关。

韦尼克氏病（Wernicke's disease）是一种急性且可能可逆的疾病，其特征是谵妄、眼球运动障碍、运动和平衡困难以及手脚外周神经退化。导致韦尼克氏病的并不是酒精本身，而是相关的硫胺素（维生素 B1）缺乏。长期大量饮酒会损害身体代谢营养的能力，而饮酒者往往总体上营养不良。摄入足够的硫胺素可以逆转韦尼克氏病。

科尔萨科夫综合征（Korsakoff's syndrome）是一种永久性痴呆症，患者会出现**逆行性遗忘症**（retrograde amnesia）和**顺行性遗忘症**（anterograde amnesia）。科尔萨科夫综合征康复的几率不到四分之一，大约四分之一的患有这种疾病的人需要永久住院治疗。

名词解释

抑制剂　一种抑制中枢神经系统活动的精神活性物质。

增效作用　两种或多种精神活性物质作用的结合，使总作用大于任何一种物质单独作用时的效果。

韦尼克氏病　一种与长期饮酒相关的可逆性神经认知障碍。

科尔萨科夫综合征　一种与长期饮酒相关的永久性神经认知障碍，个体会出现逆行性和顺行性遗忘症，导致其无法记住最近的事件或学习新信息。

逆行性遗忘症　指一种对过去事件失去记忆的遗忘症。

顺行性遗忘症　指一种无法记住新信息的遗忘症。

长期大量饮酒还会致使神经系统以外的身体其他部位发生一系列有害变化，包括肝脏、胃肠道系统、骨骼、肌肉和免疫系统。当人们在长期饮酒的状态下突然停止饮酒时，他们或许会出现睡眠障碍、极度焦虑、颤抖、交感神经系统过度活跃、精神错乱、癫痫发作或死亡。

小案例

酒精使用障碍

马拉是一名 55 岁的已婚异性恋以色列裔美国女性。

---

① 　1 盎司 ≈29.6 毫升。——译者注

自从她和她丈夫的第一个孩子出生以来，她一直是一名全职太太。每天下午，马拉都会率先喝一些代基里酒。有很多次等到她丈夫在晚上下班回家时，她已经昏倒在沙发上了。一年前，马拉因醉酒驾驶而被逮捕过三次，之后便失去了驾照。尽管她的家人敦促她接受治疗，但她否认自己有问题，因为她觉得她可以"控制"自己的饮酒量。作为三个成年孩子的母亲，马拉在45岁左右开始饮酒，当时她最小的孩子去上大学了。在此之前，孩子们的课外活动让她忙得不可开交。每天下午，当她发现自己是孤单一人时，她就会早早地喝一杯鸡尾酒来安慰自己。在几年的时间里，每天的鸡尾酒发展成一系列五六种烈性混合酒。马拉的大女儿最近坚持要为她母亲做些什么来改变现状。她不想看到马拉患上曾导致她祖母过早离世的致命的酒精相关疾病。

酒精使用障碍的理论和治疗

生物学视角

双生子、家庭和收养类的研究一致指出，遗传是影响酒精相关障碍的重要因素，估计遗传率为50%~60%。然而，对研究人员来说，确定导致酒精相关障碍的基因是一个巨大的挑战，因为很可能多个基因在遗传中都是起作用的。最为成功的是对控制酒精代谢和神经传递的基因之间关联的研究。研究人员正试图将其中一些基因的变异不仅只与饮酒模式联系起来，还与社交焦虑症、人格特征和儿童早期预测因子等共病障碍联系起来。

社会文化影响似乎也与遗传易感性相互作用。在一项针对中年成年人的全国性大型研究中，研究人员发现，以社会经济地位为依据时，双胞胎之间的酒精使用水平存在差异。在社会经济水平较低的家庭中，遗传因素似乎比环境起着更大的作用。在社会地位较高的家庭中，个体饮酒量受家庭习惯和传统等因素的影响。这些发现支持了将遗传易感性与环境应激源联系起来的素质-应激模型。

从生物学的角度来看，患有酒精使用障碍的个体的治疗依赖于处方药，这些处方药可以单独使用，也可以与心理治疗相结合使用。大量控制严谨的研究支持使用纳曲酮作为预防复发的辅助手段。作为阿片受体拮抗剂，它可能通过涉及多巴胺来阻碍身体中由酒精诱导的阿片类物质产生效果。服用纳曲酮的人不太可能体验到酒精带来的愉悦感，更不可能在想到酒精时感到愉悦。因此，他会减少喝酒的冲动，从而很少再次酗酒。大量研究提供了关于纳曲酮影响饮酒的支持性证据，包括其降低个人欲望从而减少消费的效果。

戒酒硫（disulfiram）是一种根据厌恶疗法原理运作的药物。服用戒酒硫后，饮酒者在两周内一旦饮酒就会出现各种令人不适的身体反应，包括面红、心悸、心率加快、血压降低、恶心呕吐、出汗和头晕。戒酒硫主要是通过抑制一种酶的作用来产生效果，这种酶通常用于分解乙醛（乙醇代谢的有毒产物）。戒酒硫虽然不如纳曲酮有效，但它确实适用于积极性高的个体，特别是那些在监督环境中接受治疗、年龄较大、饮酒史较长并参加嗜酒者匿名互戒会的人。

已被证明可有效治疗酒精使用障碍的第三种药物是阿坎酸，一种似乎可以调节谷氨酸受体的氨基酸衍生物。阿坎酸通过减少个体饮酒的冲动来降低复发的风险，从而约束其使用酒精作为减少焦虑和其他负面心理状态的一种方式的欲望。

关于阿坎酸的证据一般是正面的，而从中受益最多的人似乎是那些年龄较大的人。当他们依赖酒精时，生理特征表明其依赖性更强，焦虑程度更高。在开始治疗时更有动力完全戒断的个体更有可能继续服药进行治疗，因此有更大可能性得到改善。最近才停止饮酒且体重正常或接近正常的个体似乎受益更大。

心理学视角

当前针对酒精使用障碍的心理学方法侧重于指导人们饮酒行为的认知系统。根据双过程理论（dual-process theory），一个认知系统会产生快速、自动的过程，从而引发饮酒冲动。这些自动过程是基于人们与酒精形成的条件性积极关联。另一个较慢的系统由受控且费力的处理过程组成，它允许个人调节和抑制这些积极联想引发的行动。双过程理论认为，个体越能抑制自动冲动，他过度饮酒的可能性就越小。性格或许也在这个过程中发挥着作用，因为情绪控制能力较低的人似乎更难以参与抑制饮酒冲动的刻意过程。

饮酒还受个体对饮酒后会发生什么这类期望的引

导。个体在人生早期，甚至在他们第一次品尝酒精之前，就形成了酒精预期。这些预期可能包括酒精可以减轻紧张感或帮助他们应对社交挑战，感觉更好或更性感，或变得更加思维敏锐。对酒精的预期还包括人们对自我效能或他们抵制或控制饮酒能力的信心。

认知因素也会影响一个人饮酒时的行为。根据酒精近视理论（alcohol myopia theory），人们饮酒越多，注意广度就越狭窄。该理论还预测，当人们饮酒时，他们也更容易做出冲动和潜在有害的行为，比如高风险的性行为。因此，大学校园中酗酒的高发率尤其令人担忧。随着个人饮酒量的增加，他们更有可能做出冒险的选择，因为当下的诱惑（如从事危险的性行为）战胜了对行为长期后果的考虑（例如患上性传播疾病）。

名词解释

戒酒硫 戒酒硫通常被称为安塔布司，一种用于治疗酒精中毒的药物，可抑制醛脱氢酶，与酒精结合时会引起严重的身体反应。

双过程理论 该理论提出了关于酒精使用的两个过程，产生饮酒冲动的自动过程和控制这些自动冲动的约束、努力过程。

酒精近视理论 该理论认为随着个体饮酒量的增加，他们更有可能做出冒险的选择，因为当下的诱惑战胜了对该行为的长期后果的考虑。

即使是那些生活方式健康的人也可能面临酒精使用障碍的风险。一项关于饮酒（啤酒）和体育活动参与度的大型研究发现，参与活动越多的人越有可能在同一天去喝啤酒。这是因为那些认为自己正在参与健康活动的大学生也许会觉得自己"赢得"了喝酒的权利，从而使自己处于养成过度饮酒习惯的潜在风险之中。

临床医生在设置针对酒精使用障碍患者的干预措施时，首先要对其来访者的酒精使用模式进行评估。表 12-1 概述的酒精依赖疾患识别测试（alcohol use disorders identification test, AUDIT）就是一种评估工具。

表 12-1   酒精依赖疾患识别测试

1. 你喝酒的频率是多少
2. 你一天喝多少酒
3. 你一次喝六杯或更多酒精饮料的频率如何
4. 你多久才发现一旦开始饮酒就无法停止每天饮酒
5. 在过去的一年中，饮酒使你无法做通常应该做的事情的频率有多少
6. 在过去的一年里，你有多少次需要在早上喝一杯酒来让自己在晚上大量饮酒后恢复活力
7. 在过去的一年中，你有多少次在饮酒后感到内疚或懊悔
8. 在过去的一年中，你有多少次因为饮酒过多而无法记住前一天发生的事情
9. 你或其他人是否因饮酒而受到伤害或损失
10. 有没有亲近的人或医疗保健专业人士和你谈过你的饮酒问题或建议你减少饮酒量

注：酒精依赖疾患识别测试提供了一种自我报告的测试，个体可以通过该测试来评估他们的饮酒量、饮酒行为和酒精相关问题。以上是酒精依赖疾患识别测试中创建的问题的摘要，每一个问题均按频率等级评分。

资料来源：Adapted from https://www.drugabuse.gov/sites/default/files/files/AUDIT.pdf

治疗酒精使用障碍有几种经过充分检验的心理方法。最成功的方法依赖于认知行为干预、动机方法和期望操纵。有效治疗的一部分是**复发预防**（relapse prevention），临床医生实质上会将"失败"纳入治疗。如果来访者意识到偶尔的戒断必然会发生，那么他就不太可能在经历短暂的挫折后完全放弃治疗。正念训练也可以被添加到复发预防中，用于帮助个体更深入地了解引发复发的因素，并认识到物质使用可能是逃避当下的一种方式。

名词解释

复发预防 一种治疗方法，鼓励个体不要将戒断的某些过失视为一定失败的迹象。

作为由国家酒精滥用和酒精中毒研究所（National Institute on Alcohol Abuse and Alcoholism, NIAAA）资助项目的一部分，药物和行为干预相结合项目（combining medications and behavioral intervention, COMBINE）制定了最全面的心理治疗方案。在这种被称为综合行为干预（combined behavioral intervention,

CBI）的治疗中，参与者根据他们的需要接受多达20次疗程，刚开始是每半周一次，最后是每两周一次或间隔更短时间进行一次，最多持续16周。综合行为干预的重点主要是加强对戒酒的强化和社会支持。临床医生在一开始会使用动机增强疗法，这意味着他们试图激发来访者自己改变的动机。综合行为干预中使用的临床风格遵循动机访谈的角度（见表12–2），其中临床医生使用以来访者为中心但又具有指导性的风格。

表 12–2	对来访者陈述的反思性倾听和其他治疗师反应的比较
来访者：我想我有时确实喝得太多了，但我不认为我有酗酒问题	
对抗：不，你是有问题的！你怎么能坐在那里告诉我当……的时候你什么问题都没有	
询问：为什么你认为你没有问题	
反思：所以，一方面你可以看到一些令人担忧的原因，你真的不想被贴上"有问题"的标签	
来访者：我妻子总是说我是个酒鬼	
判断：这有什么不对？她可能有一些很有力的理由这么想	
询问：她为什么这么认为	
反思：这真的让你很恼火	
来访者：如果我戒酒了，我应该和朋友做些什么	
建议：我想你必须去交一些新的朋友	
暗示：嗯，你可以告诉你的朋友你不再喝酒了，而且你还是想见他们	
反思：你很难想象没有酒精的生活会怎样	

资料来源：Miller, W. R. (2002). *Combined Behavioral Intervention Manual: A Clinical Research Guide for Therapists Treating People With Alcohol Abuse and Dependence*, Bethesda, MD: National Institute on Alcohol Use and Alcoholism.

临床医生期望并鼓励家人和重要他人参与整个治疗过程，他们还鼓励来访者之间的互助和参与，包括参加嗜酒者匿名互戒会。综合行为干预包括侧重于应对技巧（用于应对渴望和冲动）、拒绝饮酒和避免因社会压力而饮酒的方式、沟通技巧、自信技巧、情绪管理、社交和娱乐咨询、戒酒的社会支持和求职技能。根据需要，临床医生还可以监测清醒度、提供电话咨询和提供危机干预。他们还制定了与在治疗期间恢复饮酒的来访者合作的程序。在治疗期即将结束时，来访者进入维持阶段，然后在终止阶段完成治疗。

药物和行为干预相结合项目以安慰剂和药物管理作为对照条件，继续评估纳曲酮和阿坎酸单独的疗效及其联合综合行为干预的疗效。最初，研究人员报告，在戒断症状出现的天数方面，虽然单独使用综合行为干预不如综合行为干预加药物的治疗并在治疗后立即管理有效，但治疗结束一年后，仅使用 综合行为干预 组与接受药物治疗的组没有显著差异。随后的研究继续调查通过单独药物治疗或与综合行为干预 结合促进酒精模式改变的机制。一个有希望的途径是研究在使用纳曲酮和

综合行为干预中，渴望作为一种共同因素所起的作用。

社会文化视角

在社会文化视角下工作的研究人员和理论家认为家庭、社区和文化中的压力因素与遗传易感性的结合，导致了个体发展为酒精使用障碍。如前所述，社会经济地位似乎与遗传易感性相互作用，从而影响个体的饮酒量。社会经济地位较高的家庭其饮酒模式似乎更可能受家庭模式和偏好的影响，而不是受遗传因素的影响。

在20世纪80年代早期的一项具有里程碑意义的纵向研究中，社会文化视角首次得到了明显的支持性证据。研究人员从童年或青春期开始跟踪个体到成年时期，这是大多数酒精依赖者从社交饮酒或偶尔饮酒过渡到酒精使用障碍的时期。那些最有可能在成年后患上酒精使用障碍的人存在童年反社会行为史，包括攻击性和虐待性行为、违反法律、叛逆、学业成绩较差、上学年数更少以及逃学率较高。这些人还表现出可能表明早期神经功能障碍的各种行为，包括婴儿时期的紧张和烦躁、儿童时期的多动症，以及在正常运动神经发育重要

同龄人的压力和在学校的学习成绩差是青少年饮酒率较高的原因。
©WILL & DENI MCINTYRE/Getty Images

阶段的成长过程中身体协调性差。研究人员得出结论，这些特征反映了遗传的易感性与环境压力相结合时，会导致酒精使用障碍的出现。

家庭还可以通过其他影响青少年饮酒的方式为青少年提供社会支持。在一项对 800 多名郊区青少年进行的为期两年的研究中，那些从家人那里得到高度社会支持的人饮酒的可能性较小。这种影响似乎主要是由于这些家庭更有可能在家里强烈强调宗教信仰。此外，在学校取得好成绩的青少年有更大可能性从家人那里获得更高水平的社会支持，而这反过来又使他们酒精使用率较低。研究还发现，饮酒的青少年更可能表现出较差的学习成绩。

社会文化视角中的另一种方法考虑了社会化对酒精使用障碍模式的作用。研究人员已经证明了专门为女性设计的认知行为疗法的好处。针对女性的认知行为疗法主要采用在相关培训小插图和学习单中使用女性模型来强调自我照顾和自信的主题，以及以此定位友谊、社会支持和自信程度的方法进行治疗。

兴奋剂

兴奋剂（stimulants）这一物质类别包括对神经系统具有激活作用的药物。它们的化学结构、特定的生理和心理效应以及对使用者的潜在危险各不相同。兴奋剂

与使用、中毒和戒断相关的障碍有关。

苯丙胺

苯丙胺（amphetamine）又称安非他明，是一种兴奋剂，会影响中枢神经和自主神经系统。除了唤醒或促进中枢神经系统的活动外，它还会引起血压和心率升高，以及食欲和体力活动减少。它可用于医疗目的，例如治疗多动症或用作减肥药。然而，即便用于医疗目的，苯丙胺也会引起依赖性并产生令人不适的或危险的副作用。渐增的剂量会让使用者充满敌意、变得暴力和偏执。使用者还可能会遇到一系列生理效应，包括发烧、出汗、头痛、视力模糊、头晕、胸痛、恶心、呕吐和腹泻。

甲基苯丙胺（methamphetamine）是一种与苯丙胺有关的成瘾性兴奋剂物质，但这种药物能引起更强烈的中枢神经系统反应。无论是口服、鼻嗅、静脉注射还是通过烟吸，甲基苯丙胺都会引起兴奋或欣快感，并且很快就会上瘾。甲基苯丙胺过量会导致身体过热和抽搐，如果不立即治疗，很可能会致死。长期使用甲基苯丙胺会导致使用者出现情绪障碍、暴力行为、焦虑、困惑、失眠、严重的牙齿问题（"冰毒口"），并增加患肝炎和艾滋病毒/艾滋病等传染病的风险。甲基苯丙胺的长期影响还包括严重的脑损伤（如图 12-4 所示）。

2016 年，美国 12 岁及以上的人群中有 667 000 人（占比 0.2%）目前是甲基苯丙胺的使用者，几乎是 2010 年 353 000 人（占比 0.1%）的两倍。12 ～ 17 岁的使用者数量大幅增加（估计为 9000 人），18 ～ 25 岁的使用者数量也进一步增加（65 000 人）。年龄在 35 ～ 39 岁的使用者是月度使用者比例的峰值（0.5%）。

高中生使用兴奋剂阿得拉和利他林引起了家长和教育工作者的关注，因为这些可能被滥用的物质可以从处方单的朋友那里或直接从学生自己的医生那里获得。2017 年，大约 5.5% 的高中生表示他们使用过阿得拉，

侵蚀心智
研究人员绘制出了使用甲基苯丙胺引起的大脑衰退的图像，这些损伤会影响记忆、情绪和奖赏系统

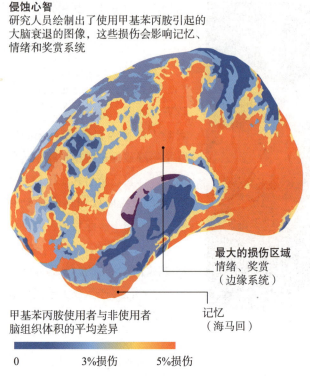

最大的损伤区域
情绪、奖赏
（边缘系统）

记忆
（海马回）

甲基苯丙胺使用者与非使用者
脑组织体积的平均差异

0　　3%损伤　　5%损伤

图 12-4　甲基苯丙胺对大脑的长期影响

1.3% 表示他们将利他林用于非医疗目的。高中生的甲基苯丙胺障碍的终身患病率为 1.1%，低于 2014 年的 1.9%；苯丙胺的终身患病率为 9.2%，低于 2013 年的峰值 13.8%。

可卡因

可卡因（cocaine）是一种极易上瘾的中枢神经系统兴奋剂，使用途径有个人鼻嗅、注射或烟吸。使用者可以用鼻子吸入粉状可卡因盐酸盐或将其溶于水后注射。crack 是可卡因的街头叫法，可卡因经过加工形成水晶，加热时会产生蒸汽供个人吸入。可卡因的作用包括产生欣快感、提高精神警觉性、减少疲劳和增强精力。血液吸收可卡因并将其输送到大脑的速度越快，使用者的兴奋度就越高。由于这种强烈的快感持续时间相对较短（5～10 分钟），因此使用者可能会以"暴饮暴食"的方式再次给药。

名词解释

兴奋剂　一种对中枢神经系统有激活作用的精神活性物质。

苯丙胺　一种同时影响中枢神经和自主神经系统的兴奋剂。

甲基苯丙胺　一种使人上瘾的兴奋剂，与苯丙胺有关，但能引起更强烈的中枢神经系统反应。

可卡因　一种通过鼻嗅、注射或烟吸方式极易上瘾的中枢神经系统兴奋剂。

小案例

兴奋剂使用障碍，苯丙胺类物质

卡亚是一名 23 岁的单身双性恋非洲裔美国女性。多年来，她一直在与肥胖做斗争，在过去的三年里，她尝试过许多不同的减肥方法。她的医生给她开了安非他明，但警告她可能会对这些药物产生依赖。卡亚的体重确实开始减轻，但她也发现她开始喜欢减肥药带来的额外能量和良好感觉。当她减到想要的体重后，她回到医生那里，要求医生继续给她开处方药，以帮助她保持身材。在医生拒绝了她后，卡娅在她的朋友中四处询问，直到她找到一位医生愿意满足她继续补充处方药的愿望。在一年的时间里，卡娅出现了许多心理问题，包括抑郁、偏执和易怒。尽管她意识到事情有些不对劲，但她还是被迫继续使用这种药物。

像苯丙胺一样，可卡因会升高体温、血压和加速心率。使用可卡因的风险包括心脏病发作、呼吸衰竭、中风、癫痫发作、腹痛和恶心。在极少数情况下，使用者可能会在第一次使用可卡因时突然死亡或之后意外死亡。随着时间的推移，身体会出现其他不良反应，包括鼻子内部的变化（嗅觉丧失、长期流鼻涕和流鼻血），以及吞咽问题和声音嘶哑。由于消化系统的血流量减少，使用者可能会出现严重的肠坏疽。可卡因使用者也可能有严重的过敏反应，并增加患艾滋病毒／艾滋病和其他血液传播疾病的风险。当人们大量使用可卡因时，他们或许会出现长期烦躁、易怒和焦虑等问题。长期使用者可能会出现严重的妄想症状，他们会产生幻听并且脱离现实。

我们在图 12-1 中可以看到，2016 年 12 岁及以上的人群中，有 1.9% 的人过去一个月里使用过可卡因；男性可卡因使用率是女性的两倍；首次使用的平均年龄为 20.4 岁；每天约有 1600 人开始使用可卡因；估计 4.2% 的高中生曾使用过可卡因。

一名警官持有从吸食者手中没收的可卡因样本。可卡因非常容易上瘾，因为它能产生一种非常强烈但短暂的快感。
©Larry Mulvehill/Corbis

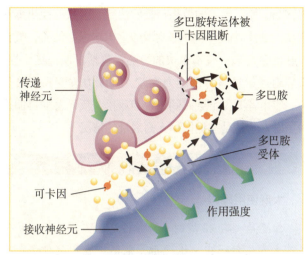

在正常的信息传递过程中，多巴胺由神经元释放到突触，在那里它可以与邻近神经元的多巴胺受体结合。正常情况下，多巴胺会通过一种叫作多巴胺转运体的特殊蛋白质循环回到传递神经元中。如果可卡因存在，它会附着在多巴胺转运体上，阻碍正常的循环过程，导致突触中多巴胺的积聚，这有助于可卡因带来的愉悦效果。

图 12-5 大脑中的可卡因

图 12-5 显示了可卡因对神经突触的影响。与其他被滥用的药物一样，可卡因通过刺激多巴胺受体发挥作用。研究人员认为，它专门对中脑中称为腹侧被盖区（ventral tegmental area，VTA）的区域起作用。腹侧被盖区的通路延伸到伏隔核，这是大脑中与奖赏有关的关键区域。可卡因的作用方式似乎是因为它阻止了多巴胺在突触中被清除的过程，导致多巴胺的积聚，从而将信号放大到接收神经元。使用者报告的欣快感似乎与这种多巴胺活动模式相对应。除了多巴胺外，血清素似乎在药物的激励和强化作用中发挥作用，也可能至少在一定程度上调节了可卡因的厌恶效应。

大麻

大麻与使用、中毒和戒断相关的障碍有关。**大麻**（marijuana）是由大麻属植物火麻（cannabis sativa）的花、茎和叶混合而成，火麻是一种高大、多叶的绿色植物，适宜生长在温暖的气候下。这种植物含有 400 多种化学成分，但其主要活性成分是 Δ-9- 四氢大麻酚（delta-9-tetrahydrocannabinol，THC）。大麻含有浓缩形式的四氢大麻酚，来自于植物的花中的松香酯。流通于街道上的大麻和印度大麻（hashish）从来都不是纯的 Δ-9- 四氢大麻酚，而是混合了其他物质，例如烟草。合成形式的 Δ-9- 四氢大麻酚有一些药用目的，例如治疗哮喘和青光眼，以及减少癌症患者在接受化疗时的恶心感觉。

名词解释

大麻 一种源自大麻植物的精神活性物质，其主要活性成分是 Δ-9- 四氢大麻酚。

大多数使用大麻的人将其作为卷烟或置于烟斗中吸食。使用者还可以将药物混合在食物中或作为茶饮用。吸食后，血液中的大麻含量在 10 分钟左右达到峰值水平，但中毒的主观效果在 20 ~ 30 分钟内并不明显。这种效果可能会持续 2 ~ 3 小时，然而 Δ-9- 四氢大麻酚的代谢物可以在体内停留 8 天或更长时间。

人们吸食大麻是为了改变他们的身体感觉和对环境

的感知。他们寻求的效果包括欣快感、强烈的性快感和性欲，以及对内部和外部刺激的意识增强。然而，吸食大麻也会带来一些不愉快的影响，包括短期记忆受损、反应迟缓、身体协调能力变差、判断力改变和决策失误。使用者不仅不会感到愉悦和放松，反而会变得偏执和焦虑，尤其是在他们摄入高剂量的情况下。

小案例

大麻使用障碍

加里是一名22岁的单身异性恋白人男性。自从三年前大学一年级中途退学后，他就一直和父母住在一起。加里在高中时是一个普通学生，虽然他很受欢迎，但他并没有参加很多课外活动。进入大学后，他对诱人的新体验机会产生了兴趣，并开始和室友一起随意地吸食大麻。然而，不像他的室友们只在聚会时才抽大麻，加里发现在夜间抽一次能够帮助他放松。他开始将其合理化，认为这也使他的思维更具创造性，有助于他的学习。

随着第一个学期过去，加里逐渐对学习失去了兴趣，他更喜欢待在自己的房间里，一边听音乐一边吸食大麻。他意识到通过向宿舍里其他人出售大麻很容易维持自己的习惯。尽管他深信自己不是真正的大麻供应商，但加里还是成为了校园里大麻的主要供应商之一。当他拿到第一学期的成绩时，他并没有因为自己不及格而感到特别沮丧；相反，他觉得有更多属于自己的时间是有好处的。他回到了家乡，并和当地一些经常光顾附近公园并在那里分享毒品的青少年成为了朋友。加里的父母对他的懒惰和工作能力低下深感失望，几乎放弃了他。他们知道他在吸毒，但对于让他去寻求专业帮助这件事感到无能为力。他们知道最好避免和加里讨论此事，因为一旦讨论起来，激烈的争吵总是接踵而来。

正如本章前面提到的，大麻是美国最常用的非法药物。然而，目前的流行率统计数据并没有考虑到现在大麻的娱乐和医疗用途在一些州是合法的，而且这些州的联邦法规也有所放宽。大麻使用合法的州（截至2018年）包括加利福尼亚州、科罗拉多州、华盛顿州、俄勒冈州、阿拉斯加州、内华达州、马萨诸塞州、佛蒙特州、缅因州以及哥伦比亚特区。另外有21个州允许大

麻在医疗中使用。随着法律的这些变化，"非法"药物的定义在流行率统计数据的估计中也需要随之改变。此外，随着大麻使用合法化，调查其对个人日常生活的影响是有必要的。一项针对科罗拉多州工人的研究显示，大麻的使用在食品加工行业的工人中最为普遍，这引起了人们对这些人的职业安全以及其所服务的人群健康的担忧。

大麻，是美国最常用的非法药物。这里显示的是它的植物形态。
©travelib prime/Alamy Stock Photo

Δ-9- 四氢大麻酚通过作用于大脑中被称为大麻素受体的特定部位来发挥作用。大麻素受体密度最高的大脑区域是影响愉悦感的区域，但在记忆、思维和注意力、时间感知、感官反应和协调运动能力方面也很活跃。只要个体不长期使用大麻，大麻对认知功能的一些急性影响是可逆的。

大量和持续使用大麻会对身体机能产生许多有害影响，包括更高的心脏病发作风险和更严重的呼吸功能受损。除了对大麻产生心理依赖外，长期吸食大麻的人可能会经历教育成就和职业成就低下、精神错乱和持续性认知障碍。表12-3总结了关于大麻使用影响执行功能中认知过程的研究结果，尤为危险的是那些从小就开始使用大麻并终身持续使用的个体。

表 12-3   大麻对执行功能的影响总结

测量的执行功能	急性影响	残留影响	长期影响
注意力 / 专注力	受损（轻度使用者） 正常（重度使用者）	混合结果	大部分正常
决策与风险承担	混合结果	受损	受损
抑制 / 冲动	受损	混合结果	混合结果
工作记忆	受损	正常	正常
言语流畅性	正常	混合结果	混合结果

急性效应指最后一次使用大麻后 0 ~ 6 小时，残余影响指最后一次使用大麻后 7 小时至 20 天，长期影响指的是在最后一次使用大麻后 3 周或更长时间

资料来源：Crane, R. D., Crane, N. A., & Mason, B. J.（2011）. An evidence-based review of acute and long-term effects of cannabis use on executive cognitive functions. *Journal of Addiction Medicine,* 5, 1–8.

致幻剂

致幻剂相关障碍包括使用和中毒，但不包括戒断。致幻剂（hallucinogens）是导致人们对现实的感知产生严重扭曲的药物。在致幻剂的作用下，人们会相信他们看到的图像、听到的声音以及感受到的感觉是真实的，但其实这些图像、声音和感觉并非真实存在。在某些情况下，使用者会经历快速、强烈的情绪波动。有些人会发展成一种称为致幻剂持续性知觉障碍的疾病，在这种情况下，他们会出现闪回或自发性幻觉、妄想或情绪紊乱，类似于他们吸毒时发生的变化。每种致幻剂的具体作用和风险因特定物质而异，如下所述。

人们以片剂、胶囊，偶尔也以液体形式服用麦角酸二乙基酰胺（lysergic acid diethylamide, LSD）。服用后使用者的感觉和情绪会发生剧烈变化。他们或许会同时感受到几种情绪，或者快速地从一种情绪转向另一种情绪。如果剂量较大，使用者会产生错觉和视幻觉。此外，他们可能会感到时间和自我意识的错乱，还可能伴有联觉，也就是他们"听到"颜色和"看到"声音。这些知觉和情绪的变化也许伴随着严重的、可怕的想法和绝望、恐慌的感觉，以及对失去控制、发疯或死亡的恐惧。甚至在他们停止服用麦角酸二乙基酰胺后，使用者也可能会经历闪回，这使得他们在社交和职业功能上受到明显的困扰和损害。

名词解释

致幻剂 以幻觉或幻觉的形式导致异常感知体验的精神

活性物质，通常是视觉上的。

麦角酸二乙基酰胺 一种致幻药物的形式，使用者以片剂、胶囊和液体形式摄入。

与其他物质不同，麦角酸二乙基酰胺似乎不会产生强迫性的寻药行为，大多数使用者在选择减少或停止使用它时并没有出现戒断症状。然而，它确实会产生耐受性，因此使用者可能需要服用更大的剂量才能达到他们想要的效果。鉴于药物作用的不可预测性，如此增加剂量也许有危险。麦角酸二乙基酰胺还会影响其他身体机能，其影响包括出汗、食欲不振、口干、失眠、颤抖以及体温升高、血压和心率升高。

小案例

其他致幻剂使用障碍

坎达丝是一位 45 岁的已婚同性恋白人女性。作为一名艺术家，她已经使用麦角酸二乙基酰胺多年了，因为她觉得这样可以增强她画作的感觉，让它们在视觉上更令人兴奋。尽管她声称知道自己能承受多少麦角酸二乙基酰胺剂量，但她偶尔还是会措手不及，并出现令人不安的副作用。她开始出汗，视力模糊，身体不协调，全身发抖。她通常会变得偏执和焦虑，并可能会出现奇怪的行为，比如跑出工作室、跑到街上、语无伦次地咆哮。警察不止一次把她抓起来，带她去急诊室，在那里医生会给她开抗精神病药物。

佩奥特掌（peyote）是一种无刺的小仙人掌，其主

要活性成分麦司卡林（也称为三甲氧苯乙胺），该成分也可以人工生成。使用者咀嚼含有麦司卡林的仙人掌花冠或将其浸泡在水中制成一种液体，有些人会通过在水中煮仙人掌来制备茶，以去除它的苦味。墨西哥北部和美国西南部的土著民族将其用作宗教仪式的一部分，麦司卡林对这些人和娱乐性质的使用者有着长期影响，但尚不清楚具体的影响机制。然而，它对身体的影响与麦角酸二乙基酰胺相似，包括体温升高和心率加快、运动不协调、大量出汗和面红。此外，麦司卡林可能会引起闪回，与麦角酸二乙基酰胺相关症状相似。

裸盖菇素（psilocybin）及其生物活性形态4-羟基-N、N-二甲基色胺是在某些蘑菇中发现的物质。使用者将蘑菇煮熟或将它们添加到其他食物中以掩盖其苦味。含有裸盖菇素的蘑菇中，其内部的活性化合物（如麦角酸二乙基酰胺）会改变个体的自主神经功能、运动反射、行为和感知，个体可能会出现幻觉、对时间认识错乱以及难以区分幻想和现实。大剂量服用可能导致闪回、记忆障碍以及患心理障碍的几率更大。如果个体误食了这种蘑菇，除了有中毒的风险外，对身体的影响还包括肌无力、运动控制丧失、恶心、呕吐和嗜睡。

研究人员在20世纪50年代开发出了苯环利定（phencyclidine, PCP）作为静脉麻醉剂，但由于患者在从其作用中恢复时，会变得烦躁、妄想以及失去理性，因此它已经不再用于医疗上了。使用者可以轻松地将这种白色结晶粉末与酒精、水或有色染料混合。苯环利定也可能以药丸、胶囊或彩色粉末的形式在非法药物市场上出售，使用者能够以烟吸、鼻嗅或口服的方式使用它。当个体采用烟吸的方式吸食苯环利定时，他们可能会将这种药物涂抹在薄荷、欧芹、牛至或大麻上。

苯环利定会让使用者体验到一种与周围环境和自身自我意识分离的感觉。它有很多副作用，包括类似精神分裂症症状、情绪障碍、记忆力减退、言语凌乱和思维奔逸、体重减轻和抑郁。尽管这些负面影响使其作为街头毒品的受欢迎程度下降，但苯环利定仍然吸引着那些仍在使用它的人，因为他们觉得它会让他们变得更强壮、更强大和无懈可击。尽管存在不良反应，但使用者可能还是会产生强烈的渴望和强迫性的苯环利定寻药行为。

苯环利定对个体会产生广泛的生理影响。低至中等剂量会导致使用者呼吸频率增加、血压升高和脉搏加速、四肢麻木、肌肉协调性丧失，以及面红和大量出汗，高剂量时，使用者会出现血压下降、脉搏和呼吸减缓，并可能伴有恶心、呕吐、视力模糊、眼球运动异常、流口水、失去平衡和头晕，他们可能会变得暴力或有自杀倾向。此外，高剂量使用者或许还会出现癫痫发作、昏迷和死亡。将苯环利定与其他中枢神经系统抑制剂（如酒精）混合使用的人可能会陷入昏迷状态。

名为3,4-亚甲基二氧甲基苯丙胺（3,4-methylenedioxymethamphetamine，MDMA）并在街上被称为摇头丸的化学物质是一种合成物质，其化学性质类似与甲基苯丙胺和三甲氧苯乙胺（麦司卡林）。使用者有能量增加感、欣快感、情感温暖、感知和时间感扭曲以及不寻常的触觉体验。在被称为"狂欢"的周末舞会中，3,4-亚甲基二氧甲基苯丙胺曾以胶囊或片剂的形式在在白人青少年和青年人之间大受欢迎。一些使用者将3,4-亚甲基二氧甲基苯丙胺与其他药物混合使用，包括大麻、可卡因、甲基苯丙胺、氯胺酮和西地那非（伟哥）等。

名词解释

佩奥特掌　一种致幻药物，其主要成分是三甲氧苯乙胺。

裸盖菇素　在某些蘑菇中发现的一种致幻药物。

苯环利定　一种最初作为静脉麻醉剂开发的致幻药物。

3,4-亚甲基二氧甲基苯丙胺　一种致幻药物，由化学上类似于甲基苯丙胺和三甲氧苯乙胺的合成物质制成。

2013年，美国有140万12岁及以上的人（占人口的0.5%）报告他们使用过致幻剂。在美国高中生中，4.9%的人报告说他们一生中至少使用过一次3,4-亚甲基二氧甲基苯丙胺，5%的人至少使用过一次麦角酸二乙基酰胺。

3,4-亚甲基二氧甲基苯丙胺的使用者可能会体验到一系列不愉快的心理影响，包括混乱、抑郁、睡眠问题、对药物的渴望和严重焦虑。该药物可能具有神经毒性，这意味着随着时间的推移，使用者可能会在执行认知任务时遇到更大的困难。像兴奋剂一样，3,4-亚甲基二氧甲基苯丙胺会作用于交感神经系统，

3,4- 亚甲基二氧甲基苯丙胺也被称为摇头丸，是一种纯化学药物，经常与其他化学物质结合，为使用者产生持久的欣快感。
©Fotoman/Alamy Stock Photo

引起心率和血压升高、肌肉紧张、恶心、视力模糊、昏厥、发冷或出汗，以及不自觉地紧咬牙关。个体还面临体温急剧升高的风险，这反过来又会导致肝脏、肾脏或心血管系统衰竭。短时间内反复服用也可能会干扰 3,4- 亚甲基二氧甲基苯丙胺 代谢，导致体内大量有害物质的积累。

与 3,4- 亚甲基二氧甲基苯丙胺相关的主要神经递质是血清素。如图 12-6 所示，其中血清素由橙色三角形表示，3,4- 亚甲基二氧甲基苯丙胺与负责从神经突触中去除血清素的血清素转运蛋白结合。因此，3,4- 亚甲基二氧甲基苯丙胺扩展了血清素的作用。此外，3,4- 亚甲基二氧甲基苯丙胺进入神经元，并刺激血清素过度释放。3,4- 亚甲基二氧甲基苯丙胺对去甲肾上腺素有类似的作用，从而导致自主神经系统活动增加。该药物也会释放多巴胺，但涉及范围较小。

研究人员发现很难研究 3,4- 亚甲基二氧甲基苯丙胺的使用对认知功能的长期影响，因为使用者通常会将它与其他物质一起服用。然而，单独使用 3,4- 亚甲基二氧甲基苯丙胺确实会对语言记忆产生显着的负面影响。3,4- 亚甲基二氧甲基苯丙胺对认知的影响似乎至少部分地与药物对个人认知资源可用性的影响有关。此

外，当与酒精结合使用时，3,4- 亚甲基二氧甲基苯丙胺会产生许多长期的不良心理影响，包括偏执、身体健康状况不佳、易激惹、混乱和情绪低落。

阿片类物质

阿片类物质相关障碍与阿片类物质的使用、中毒和戒断有关。阿片类物质（opioid）是一种缓解疼痛的物质。许多合法处方药都属于这一类别，包括氢可酮 / 维柯丁、羟考酮 / 奥施康定 / 扑热息痛、吗啡 / 硫酸吗啡缓释胶囊剂、可待因和相关药物。临床医生最常开氢可酮类产品来缓解各种疼痛情况，包括牙科手术和受伤时。医生经常在外科手术前后使用吗啡以减轻患者剧烈的疼痛。另外，可待因是用于轻度疼痛的处方药。一些阿片类药物——例如可待因和地芬诺酯 / 复方地芬诺酯片——分别用于缓解咳嗽和严重腹泻。

当人们按照处方服用时，这些药物可有效安全地控制疼痛。然而，由于它们可能产生欣快感和身体依赖性，因此它们成了最常被滥用的处方药之一。滥用奥施康定的人可能会吸入或注射它，从而造成其出现严重过量反应的后果。

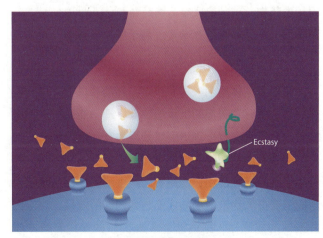

图 12-6　3,4- 亚甲基二氧甲基苯丙胺对 5- 羟色胺能神经元的影响

被滥用的阿片类物质包括处方止痛药、海洛因和合成阿片类物质，如芬太尼。所谓的阿片类物质危机，即对处方止痛药上瘾并导致死亡的人数增加，现在被视为美国的重大公共卫生危机。据估计，每天有 115 名美国成年人死于过量服用阿片类物质。此外，美国疾病控制和预防中心估计，仅在美国处方阿片类药物滥用的总经济负担就达到了每年 785 亿美元，包括医疗保健、生产力损失、成瘾治疗和刑事司法系统介入的费用。图 12-7 显示了美国各地区疑似阿片类物质过量使用的增长率，其中增幅最大的是中西部地区。

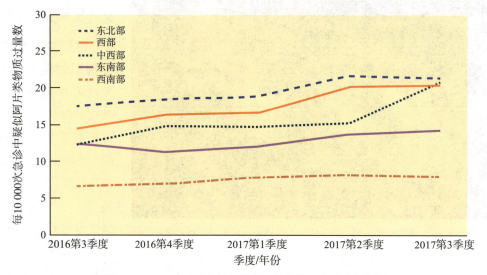

图 12-7　2018 年美国各地区疑似阿片类物质过量季度比率

海洛因（heroin）是一种阿片类物质，它是一种由吗啡合成的止痛药。吗啡是一种从亚洲罂粟植物的种子荚中提取的天然物质。使用者注射、鼻嗅、烫吸或烟吸海洛因。然后身体会将其转化为吗啡，后者与遍布整个大脑和身体的阿片受体结合，尤其是那些活跃于奖赏和痛感的受体。阿片受体也位于脑干中，其中包含控制呼吸、血压和性唤起的结构。

名词解释

阿片类药物　一种能减轻疼痛的精神活性物质。

海洛因　一种精神活性物质，属于阿片类药物，由吗啡合成。

使用者会体验到一阵欣快感，伴随着口干、皮肤温热潮红、手臂和腿部的沉重感以及心理功能受损。不久之后，他们将交替出现清醒以及昏昏欲睡两种状态。如果使用者不注射药物，他们可能根本感受不到兴奋。随着海洛因的持续使用，使用者会产生耐受性，这意味着他们需要更大剂量的药物才能达到同样的效果。海洛因有很高的成瘾性。据估计，多达 23% 的使用者会产生依赖性。

小案例

阿片类物质使用障碍

吉米是一名 38 岁的单身异性恋混血男性。他无家可归，而且在过去 10 年里一直吸食海洛因。在一位朋友的建议下，他开始使用阿片类这种药物，这位朋友告诉他这有助于减轻吉米因不幸的婚姻和经济问题而感到的压力。他在很短的时间就对毒品产生了依赖，并卷入了一个盗窃团伙来维持他吸食海洛因的需求。最终，他失去了自己的家并搬到了庇护所，那里的工作人员给吉米安排了美沙酮治疗计划。

使用海洛因会产生许多严重的健康后果，包括致命性过量使用、传染病（与共用针头有关）、心血管系统受损、脓肿以及肝肾疾病。使用者往往总体健康状况不佳，因此更容易患肺炎和其他肺部并发症，以及经常添加到药物中的有毒污染物会对大脑、肝脏和肾脏造成损害。

开处方药

　　患有慢性疼痛的患者对医护人员来说是一个巨大的挑战。通过长期使用处方药治疗慢性疼痛或许会使患者产生依赖性。而且，由于患者需要不断增加剂量才能达到相同程度的缓解效果，因此他们的疼痛敏感性和疼痛程度实际上可能会增加。与此同时，患者可能因担心成瘾的风险而害怕服用对他们有益的阿片类药物，这也许会使他们遭受难以忍受的痛苦，尤其是在他们身患绝症的情况下。讽刺的是，对那些还有几个月存活期的患者来说，由于担忧用药存在成瘾的风险，一些医护人员会采取和患者如出一辙的做法。

　　为解决处方止痛药过度使用的国家危机，美国国立卫生研究院（2018 年）发起了一项名为"帮助戒除毒瘾长期倡议"的运动（Helping to End Addiction Long-Term Initiative，HEAL），并将联邦资助翻了一番，以加快制定遏制全国成瘾流行病的科学解决方案。

　　显然，开发有效的、非成瘾性的止痛药是公共卫生的优先事项。越来越多的老年人和受伤的军人使这个问题变得迫在眉睫。研究人员需要探索可以减轻疼痛但滥用可能性较小的替代药物。同时，心理学研究人员和从业人员可以对有效的慢性疼痛控制方式进行更深入的理解，包括确定使某些患者容易成瘾的因素以及制定预防滥用的措施。

你来做判断：在美国国内和国际处方止痛药滥用危机日益严重的情况下，平衡患者对缓解疼痛的需求的最佳方法是什么？

　　长期海洛因使用者一旦停止使用就会出现严重的戒断症状。极度的渴望会在 2 ～ 3 天内开始并持续长达一周时间。如果个体经历了某些触发因素或压力，他们可能会在数年后复发。突然停止使用也有危险性，特别是对于那些健康状况不佳的长期使用者。戒断症状可能包括烦躁、肌肉和骨骼疼痛、失眠、腹泻、呕吐、寒颤和踢打动作。

镇静剂、安眠药和抗焦虑药

　　镇静剂、安眠药和抗焦虑药（抗焦虑的药物）的类别包括作为中枢神经系统抑制剂的处方药。**镇静剂**（sedative）具有舒缓或镇静作用，**安眠药**（hypnotic）可诱导睡眠，**抗焦虑药**（anxiolytic）用于治疗焦虑症状。这些中枢神经系统抑制剂的镇静作用是由于它们增加了神经递质 γ - 氨基丁酸的水平，而 γ - 氨基丁酸会抑制大脑活动，从而产生镇静作用。此类障碍包括使用障碍、中毒和戒断。

镇静剂　一种对中枢神经系统有镇静作用的精神活性物质。

安眠药　一种引起镇静作用的物质。
抗焦虑药　一种治疗焦虑的药物。

　　这些药物是美国最常被滥用的药物之一，它们包括苯二氮䓬类药物、巴比妥类药物、非苯二氮䓬类睡眠药物，例如唑吡坦 / 安必恩、右佐匹克隆 / 舒乐安定和扎来普隆。2016 年，美国有 50 万 12 岁及以上的人出于非医疗目的使用镇静剂，200 万人滥用镇静剂。虽然按处方规定服用是安全的，但这些药物有很高的滥用和依赖可能性。一个人使用它们的时间越长，产生镇静效果所需的剂量就越大。除了有依赖风险外，这些药物还可能对服用其他处方药和非处方药的人产生有害影响。

　　对于老年人来说，滥用药物的风险也很高，特别是考虑到药物与酒精及其他药物相互作用的潜在因素。此外，认知能力下降的老年人可能会错误地服用药物，进而导致认知能力进一步下降。

咖啡因

　　咖啡因（caffeine）是一种兴奋剂，存在于咖啡、茶、巧克力、能量饮料、减肥药和头痛药中。咖啡因通过增加肾上腺素的释放来激活交感神经系统，从而提高个体的能量感知水平和警觉性。它还会使血压升高，并可能导致体内皮质醇（一种压力荷尔蒙）的分泌增加。

名词解释

咖啡因　一种存在于咖啡、茶、巧克力、能量饮料、减肥药和头痛药中的兴奋剂。

红牛等能量饮料含有大量咖啡因和牛磺酸等其他添加剂，用于提高能量。这些饮料使消费者面临摄入过量咖啡因的风险，这会导致严重的健康问题。

©Jill Braaten/McGraw-Hill Education

　　因为咖啡因是日常生活中的常见物质，人们往往意识不到它的危险。大量摄入咖啡因会导致许多不良反应，包括其他形式的物质依赖。在美国，至少有 130 种能量饮料的咖啡因含量超过了美国食品与药品监督管理局建议的 0.02% 的限制。最新的记录是电子烟中使用的含咖啡因的液体，这些液体被当作能量增强剂出售。

　　咖啡因相关类别中的障碍包括中毒和戒断，但却不含咖啡因使用障碍。越来越多的人支持将咖啡因使用障碍作为与其他物质使用障碍类似的诊断。

《精神障碍诊断与统计手册（第五版）》是美国第一本将咖啡因戒断作为诊断的精神病学手册（《国际疾病分类（第十版）》中已经将其列入诊断）。咖啡因戒断的症状包括头痛、倦怠和疲劳、嗜睡和困倦、情绪烦躁不安、注意力不集中、抑郁、易怒、恶心、呕吐、肌肉酸痛和僵硬。据估计，在实验研究中，13% 的人戒断咖啡因会造成严重痛苦以及日常功能受损。

小案例

咖啡因中毒

　　卡拉是一名 19 岁的单身异性恋白人女性。她是一名大二的学生，在时间和精力允许的情况下，她必须在每一项任务中都努力表现出色，并尽可能多地参与活动。随着她承担的任务越来越多，她的学习负担越来越重，卡拉便越来越依赖咖啡、苏打水和非处方兴奋剂来减少睡眠需要。在期末考试周，卡拉服用了过量的补充剂。她连续 3 天每天大约喝 10 杯咖啡，外加几瓶能量饮料。除了焦躁不安、肌肉抽搐、脸色发红、胃部不适和心律失常等身体症状外，卡拉在说话时还开始胡言乱语。她的室友在看到卡拉的情况后很担忧，坚持要带她去急诊室，接诊人员确认她的情况是咖啡因中毒。

　　尤为危险的是咖啡因和酒精的结合使用，这一问题在大学校园中最为严重，多达 75% 的人报告终身使用含咖啡因的饮料。当使用者把酒精和咖啡因混合在一起时，他们可能没有意识到自己醉得有多厉害，因此可能会导致酒精相关后果的发生率更高。在一项对本科生的每日日记研究中，研究者要求他们记录每天的咖啡因和酒精摄入量，那些从能量饮料中摄入咖啡因的人存在更多的酒精相关问题。

烟草

　　个体可以被诊断为烟草使用障碍或戒断，但没有烟草中毒这一说。**尼古丁（nicotine）**是香烟中的精神活性物质。烟草对健康的危害众所周知，这些风险主要与吸烟有关，除了尼古丁外，香烟还含有焦油、一氧化碳和其他添加剂。尼古丁很容易被血液吸收。尼古丁还存在于嚼用烟草、烟斗丝和雪茄中。

　　当尼古丁进入血液时，它会刺激肾上腺素（去甲肾上腺素）的释放，从而激活自主神经系统并使血压升高、心率和呼吸加快。与其他精神活性物质一样，尼古丁会增加多巴胺水平，影响大脑的奖赏和快乐中枢。在烟草烟雾中发现的物质，如乙醛，可能会进一步增强尼古丁对中枢神经系统的作用。与戒烟相关的戒断症状包括易怒、注意力不集中和对尼古丁的强烈渴望。

尽管美国的吸烟率正在下降，从 2002 年 12 岁及以上人口的 26% 的高峰降到 2016 年的 19.1%，但截至 2016 年，18 ~ 25 岁的年轻人吸烟率仍为 23.5%。2016 年，12 ~ 17 岁青少年的这一比例为 3.4%。不过，电子烟正取代烟草香烟。2016 年，3.2% 的成年人目前使用电子烟，超过 200 万的美国初高中学生报告在过去 30 天使用过电子烟，其中包括 4.3% 的初高中学生和 11.3% 的高中生。

吸入剂

吸入剂（inhalants）是一组不同的物质，它们通过产生化学蒸气使人受到精神方面的影响，这些产品本身无害，事实上，它们都是家庭和工作场所常见的产品。吸入剂有四类：挥发性溶剂（油漆稀释剂或去除剂、干洗液、汽油、胶水和打火机液）、气溶胶（含有推进剂和溶剂的喷雾剂）、气体（丁烷打火机和丙烷罐、乙醚和一氧化二氮）以及亚硝酸盐（一种个体用作性增强剂的特殊产品类别）。青少年（12 ~ 15 岁）倾向于吸入胶水、鞋油、喷漆、汽油和打火机液体。年龄较大的青少年（16 ~ 17 岁）吸入一氧化二氮，而成年人（18 岁及以上）最有可能吸入亚硝酸盐。在吸入剂障碍的范畴内，个体可被诊断为吸入剂使用障碍或中毒，但不能诊断为吸入剂戒断。

名词解释

尼古丁 在香烟中发现的精神活性物质。
吸入剂 一组不同的通过产生化学蒸气而引起精神作用的物质。

吸入剂的作用往往是短暂的，因此使用者试图通过在几个小时内反复吸入来延长快感。吸入剂的影响类似于酒精，包括吐字不清、丧失协调能力、欣快感、头晕，以及随着时间的推移，失去抑制和控制能力。使用者可能会感到困倦和头痛，但根据物质的不同，他们也

可能会感到混乱和恶心。这些蒸气会置换肺部的空气，导致缺氧（氧气剥夺），这对中枢神经系统的神经元尤其致命。长期使用还可能导致轴突周围的髓鞘退化，引发震颤、肌肉痉挛，甚至可能造成永久性肌肉损伤。吸入剂中的化学物质还会导致心力衰竭和猝死。

如图 12–1 所示，2013 年美国有 60 万 12 岁及以上的人目前是吸入剂使用者。据估计，2010 年有 3.6% 的高中生报告终身使用吸入剂。

物质使用障碍的理论和治疗

由于所有精神活性物质都作用于大脑中的奖赏和快乐系统，因此个体对它们产生依赖的机制存在相似性。然而，酒精和其他物质在物质的受体途径、与使用者依赖相关的社会心理因素以及最终的最佳治疗方法方面存在重要差异。

生物学视角

研究证据明确支持这一观点：遗传在严重物质问题的发展中发挥作用。对人类和实验室小鼠的广泛研究表明，1 号染色体上的阿片受体可能存在遗传异常，这可能与对酒精和其他物质的易感性以及对疼痛的敏感性有关。第二个遗传异常出现在 15 号染色体上的一组烟碱型受体亚基中，这些亚基活跃于尼古丁依赖中。第三个是一种被广泛研究的影响儿茶酚 –O– 甲基转移酶的异常，它与疼痛敏感性、焦虑和物质滥用有关。目前研究人员已经将 22 号染色体上编码腺苷 A2A 受体的基因突变与咖啡因摄入的个体差异以及咖啡因对睡眠、脑电和焦虑的影响联系起来。

除了酒精依赖的情况外，药物疗法的有效性缺乏证据证明。对于可卡因、甲基苯丙胺、大麻、致幻剂、摇头丸或处方阿片类物质的依赖，目前还没有美国食品与药品监督管理局批准的治疗方法。然而，有几种治疗海洛因依赖的方法与行为干预相结合时疗效甚好。

药物辅助戒毒是治疗海洛因依赖的第一步。在戒毒过程中，个体可以接受药物治疗以尽量减轻戒断症状。临床医生可能会使用三种不同辅助药物中的一种或多种来防止复发。**美沙酮**（methadone）是 30 多年前开发的一种合成阿片类物质，它通过与中枢神经系统中相同的受体位点结合来阻断海洛因的作用。合理的使

用需要专业指导，包括团体和/或个体咨询以及其他医疗、心理或社会服务的转介。美沙酮并不被认为是一种理想的治疗方法，因为它具有潜在的依赖性，即使与社会心理干预相结合也是如此。2002年，**丁丙诺啡**（buprenorphine）获得了美国食品与药品监督管理局的使用批准，它产生的身体依赖性更小、过量风险较低和戒断反应较轻。它最初是作为一种止痛药开发的，现在也被批准用于治疗阿片类物质依赖。美国食品与药品监督管理局也批准了**纳曲酮**（naltrexone）用于治疗海洛因依赖，但它并没有被广泛使用，因为患者会由于其恶心和头痛等副作用而不太愿意遵守治疗。

名词解释

美沙酮　一种合成的阿片类药物，比海洛因产生更安全、更可控的反应，用于治疗海洛因成瘾。

丁丙诺啡　一种用于治疗海洛因成瘾的药物。

纳曲酮　一种用于治疗海洛因成瘾的药物。

对于尼古丁依赖，临床医生可能会使用基于生物学的治疗方法。尼古丁替代疗法（nicotine replacement therapies，NRT）是第一个获得美国食品与药品监督管理局批准的药物治疗方法，包括使用尼古丁口香糖和尼古丁贴片。这些向个体提供控制好剂量的尼古丁以缓解戒断症状。其他美国食品与药品监督管理局批准的产品包括鼻腔喷雾剂、吸入器和含片。然而，尼古丁贴片治疗尼古丁依赖的能力受到质疑。一项对近800名吸烟者的跟踪研究发现，使用和未使用贴剂的吸烟者的复发率不存在差异。尼古丁依赖的其他生物学方法是不释放尼古丁的药物，包括丁氨苯丙酮/安非他酮，一种抗抑郁药，和靶向大脑中尼古丁受体的酒石酸伐仑克林/伐伦克林。

心理学视角

无论对酒精以外的物质依赖的个体是否接受基于生物学的治疗，认知行为疗法现在都被广泛认为是成功治疗的关键组成部分，也是生物学理论和治疗的重要配套方法。

通过认知行为疗法治疗酒精以外的物质使用障碍的原则与治疗酒精依赖的原则相似。严谨的对照研究支持了认知行为疗法对各种物质依赖人群治疗的有效性。临床医生可以将认知行为疗法与动机增强疗法以及侧重于应急管理的行为干预相结合。此外，临床医生可以有效地使认知行为疗法适用于一系列临床模式、环境和年龄组。鉴于纯药物治疗的局限性，认知行为疗法还为住院和门诊诊所提供了有效的辅助手段。帮助来访者发展应对技巧的能力对于促进其对美沙酮和纳曲酮等药物治疗的依从性也大有用处。由于这些干预措施相对简短且高度集中，因此它们适用于在管理式护理中接受治疗但可能无法获得长期治疗的来访者。

真实故事

小罗伯特·唐尼：物质使用障碍

好莱坞背景下的小罗伯特·唐尼（Robert Downey Jr.），其故事与许多其他与物质使用障碍做斗争的人类似。童年时期，罗伯特由他的父亲老罗伯特·唐尼（Robert Downey Sr.）抚养长大，他的父亲是一名演员、制片人和电影导演。由于他自己一直与药物滥用做斗争，因此他是在一个吸毒和酗酒的环境中长大的。罗伯特本人在6岁时就开始吸毒，当时父亲给了他大麻。谈到他生命中的这段时间，罗伯特说："我爸爸会和我一起吸毒，就像是他试图用他知道的唯一方式来表达对我的爱。"

十几岁时，罗伯特开始在他父亲的电影和百老汇中扮演小角色，直到他开始出演故事片。20世纪80年代，他因出演乳臭派（Brat Pack）系列电影获得了相当多的关注，包括《摩登保姆》（Weird Science）以及与莫利·林沃德（Molly Ringwald）一起演的《泡妞专家》（The Pick-up Artist）。重要转折点发生在1987年，他在《零下的激情》（Less than Zero）中扮演了一个富有的年轻人，他的生活被吸毒消耗殆尽。罗伯特对该角色的描绘获得了极大的赞誉。"这个角色就像是圣诞节后的幽灵。"他后来说道，这是他对毒品使用稳步增长的反思，正是这种增长导致了他多年的动荡。

随着罗伯特开始在电影中扮演更重要的角色，物质使用问题开始占据他的生活并阻碍他的职业生涯。1996 年至 2001 年间，他多次因吸食海洛因、可卡因和大麻等毒品被捕。他每天都在喝酒，并花费大量时间获取毒品和吸毒。在 1996 年 4 月，他因在洛杉矶日落大道上超速行驶而被拦下，并因藏有海洛因和可卡因以及车内有枪而被捕。一个月后，在假释期间，他在物质的影响下闯入邻居家，并在其中一张床上昏倒。随后，他在强制性药检后被判处三年缓刑。之后他错过了法庭指定的一项药物测试，因此被监禁了四个月。

像许多试图摆脱反复成瘾的人一样，罗伯特在康复中心经历了很多次失败。尽管他确实意识到自己的问题有多严重，但他常常将难以将戒毒这件事归因于自己早期的吸毒行为以及与父亲因毒品产生亲密关系。1999 年，他告诉一位法官："这就像我把猎枪对准我的嘴，手指放在扳机上，我喜欢枪金属的味道。"

2000 年，罗伯特在加州的一家药物滥用治疗机构待了一年。出院后，他加入了热门电视剧《甜心俏佳人》（Ally McBeal）的演员阵容。虽然他的角色取得了巨大的成功，并提高了收视率，但在他再次因持有毒品而被捕后，他被该剧组剔除。

在 2004 年接受奥普拉·温弗瑞（Oprah Winfrey）采访时，罗伯特说：

当有个声音说"我真的想知道，也许我应该去戒毒"，嗯，你现在一团糟，你刚丢了工作，你妻子也离开了你。你也许想试试……最后我说"你知道吗？我觉得我不能再这样下去了"。于是我去寻求帮助，然而我却逃跑了……你可以以一种半途而废的方式寻求帮助，你会得到帮助，但你不会利用它。克服这些看似可怕的问题并不难……真正困难的是决定去做这件事。

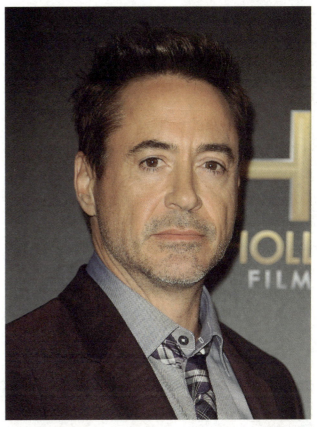

©Jason LaVeris/Getty Images

尽管去戒毒所是法庭命令他做的，但罗伯特态度的改变也帮助了他成功戒除毒品。在戒毒后，他回到了好莱坞，在独立电影中扮演了几年小角色后，他的职业生涯在出演电影《钢铁侠》（Iron Man，2008）后青云直上。从那以后，他继续在几部好莱坞大片中担任主角，这在他人生的最低谷时似乎根本想象不到。

非物质相关障碍

赌博障碍

尽管知道赌博会给自己或他人带来负面后果，但患有**赌博障碍**（gambling disorder）的人仍无法抗拒反复出现的赌博冲动。在《精神障碍诊断与统计手册（第四版–修订版）》中，赌博障碍被列入冲动控制障碍类目下。在《精神障碍诊断与统计手册（第五版）》中，它被纳入物质使用障碍中，主要原因是它现在被概念化为表现出许多与物质使用障碍相同的行为，例如渴望、参与该行为的需求增加以及负面的社会后果。赌博障碍的独特特征包括试图追回损失的赌注、谎报损失金额、寻求经济救助以及为支持赌博而犯罪等行为。

名词解释

赌博障碍　一种非物质相关障碍，包括持续的赌博冲动。

　　随着赌博场所分布得越来越广泛，包括在线赌博和梦幻联赛等形式，赌博障碍的发生率似乎在逐步增加。在赌博合法化的国家中，终身赌博率估计占成年人口的 0.5% ~ 3.5% 不等。在美国，尽管绝大多数成年人都曾在他们人生中的某个阶段参与过赌博，但大约只有 0.6% 的人患有赌博障碍。此外，人们赌博的次数越多，他们患赌博障碍的几率就越高——赌博 1000 次后发病率最高。

　　赌博障碍通常与其他心理障碍同时发生。赌博障碍的最高风险发生在那些在涉及智力技能的游戏（如纸牌）上赌博的人，其次是体育博彩、使用赌博机，以及投注赛马或斗鸡和斗狗。于体育上下赌注的赌博障碍患者往往是患有物质使用障碍的年轻人。那些在老虎机上下注的人更有可能是老年女性，她们患有其他心理障碍的几率较高，并且赌博开始于较晚的年龄。对于这些老年女性来说，乘坐巴士前往赌场也会带来问题赌博的风险。一般来说，女性较男性更不喜欢依赖策略的赌博类型，例如扑克。

　　患有赌博障碍的人其他障碍发生率也很高，特别是尼古丁依赖（60%）、其他物质依赖（58%）、情绪障碍（38%）和焦虑障碍（37%）。情绪障碍和焦虑障碍更有可能发生在赌博障碍之前，而非之后。与年轻人相比，老年人患赌博障碍的可能性更小，但收入有限且无法参与更多体育活动等因素使他们仍然面临着患赌博障碍的风险。

　　赌博障碍的重复行为特征可能被视为是由两种相对独立且相互竞争的神经生物学机制（负责冲动和负责认知控制）之间的不平衡造成的。也可能存在遗传因素，可能包括多巴胺受体基因异常。

　　从行为的角度来看，赌博障碍的出现也许部分是因为赌博遵循可变比率的强化规律，其中奖励平均每 X 次发生一次。这种强化模式会产生对于停止具有高度抵抗的行为。特别是老虎机，在这种类型的规律上可产生收益，使得赌徒保持高反应率。经典条件反射也能维持

患有赌博障碍的个体经常会遇到严重的财务问题，因为无论他们多么努力，他们都无法停止赌钱。
©Glowimages/Getty Images

这种行为，因为赌徒学会了将某些线索与赌博联系起来，包括他们的内部状态或情绪以及外部刺激，例如赌博广告。

认知因素在赌博障碍中也起着重要作用。患有这种

障碍的人似乎会出现一种被称为概率奖励折扣的现象，即他们会将未来可能获得的奖励打折扣或贬值，并将其与即刻获得的奖励相比较。他们还会产生其他认知扭曲，其中许多源于他们对自己赌博取得成功结果的可能性判断错误（如表 12-4 所示）。

表 12-4　　赌博障碍患者的常见认知扭曲

扭曲类型	认知扭曲的示例	举例
代表性	赌徒谬误	当随机过程产生的事件在短期内偏离了总体平均值时，例如轮盘球连续四次落在红色上，个体可能会错误地认为相反的偏离（例如，球落在黑色上）变得可能性更大
	过度自信	个体对自己的知识或能力表现出一定程度的信心，而这并非是客观现实所能保证的
	选号趋势	彩票玩家通常会尝试将长期随机模式应用于他们选择的短字符串中，例如避免数字字符串中出现重复数字和相邻数字
有效性	虚幻的相关性	人们相信，由于先前的经验或感知，他们认为与之相关的事件已经与先前的经验相关了，即使他们其实并不具有相关性，例如戴上他们之前获胜时戴的"幸运帽"
	他人胜利的有效性	当人们看到和听到其他赌徒获胜时，他们开始相信获胜是常态，这加强了他们如果他们继续玩就会获胜的信念
	固有记忆偏差	个体倾向于更容易地回忆出胜利而不是失败。然后，他们以一种专注于积极体验（胜利）而忽视消极体验（失败）的方式重新构建他们对赌博体验的记忆。这使他们对继续赌博的决定进行合理化
其他认知扭曲	控制错觉	个体对成功的期望高于真实的客观概率
	切换和双切换	个体在不积极参与赌博时，会以理性的方式认识错误并处理与赌博有关的情况，但在个体参与赌博时则会放弃理性思考

资料来源：Fortune, E. E., & Goodie, A. S. (2011). Cognitive distortions as a component and treatment focus of pathological gambling: A review. *Psychology of Addictive Behaviors, 26*（2），298-310.

路径模型（pathways model）从发展的角度探讨赌博障碍，提出三个导致赌博障碍患者的三种不同亚型的主要路径。具有行为适应亚型的人在发展为赌博障碍之前几乎没有症状表现，但通过频繁接触赌博，他们会产生积极的联想、扭曲的认知和对赌博的错误决策。情绪脆弱亚型的个体先前就存在抑郁、焦虑，或许还有创伤史；赌博可以帮助其感觉变得好些。第三种病理性赌博者具有预先存在的冲动性、注意力集中困难和反社会特征。对这个人来说，赌博的风险给他带来了刺激和兴奋。

名词解释

路径模型　赌博障碍的方法，预测了存在导致三种不同亚型的三种主要发展路径。

路径模型表明，不同的治疗方法可能对三种赌博障

碍亚型都有效，而认知行为疗法的实证支持最多。临床医生通过让来访者描述他们的赌博行为模式来引导他们了解自身赌博的诱因。例如，常见的触发因素包括松散的或空闲的时间、负面情绪状态、体育广播或广告等提醒以及可用资金。使用这些信息帮助来访者分析他们何时赌博和何时不赌博，然后临床医生帮助他们增加愉快的活动，想办法处理渴望或冲动，让他们变得更加自信，并纠正他们的非理性认知。在治疗结束时，临床医生使用预防复发的方法帮助来访者对挫折做好准备，这些方法的目标不是完全戒断，而是使其降低到低于治疗前的水平。表现出积极效果的个体也可能表现出有助于防止复发的性格变化。

简短的动机访谈对于有赌博问题的个体来说也可能是一种有益的治疗方法。个体可以选择追求完全戒断或

节制作为这种治疗的目标，这两者在减少赌博金额、个体赌博天数以及个体对已实现治疗相关目标的看法方面有同样效果。

其他非物质相关障碍

除了将赌博障碍归类为与非物质相关障碍之外，《精神障碍诊断与统计手册（第五版）》的作者还考虑将网络游戏障碍添加到该类目中。然而，就目前而言，他们已将其作为一种需要进一步研究的障碍列入了第三部分。尽管有充分的证据表明网络游戏本身正在成为一种有问题的行为，但现有的研究还不够完善，不足以证明将其纳入诊断系统是合理的。大部分支持这种情况的数据是由在亚洲进行的研究中得出的，而且这些研究对这一现象的定义不一致。因此，《精神障碍诊断与统计手册（第五版）》工作组认为需要进一步调查以得出可靠的流行率估计值。工作组考虑添加的其他障碍包括"性

成瘾""运动成瘾"和"购物成瘾"等。然而，该小组认为，即使它们被列入第三部分，但在同行评审的文章中，对这些障碍的实证研究甚至更少。

物质障碍：生物－心理－社会视角

生物心理社会模型为理解物质使用障碍和治疗方法提供了一种极其有用的方法。遗传显然在这些障碍的发展中起着作用，并且物质对中枢神经系统的作用也维持着依赖性。发展问题对于理解这些障碍的性质尤其重要，这些障碍通常起源于儿童晚期和青春期早期。此外，由于酒精、药物和具有高滥用潜力的药物仍然随处可得，社会文化因素在维持使用者的依赖方面发挥了重要作用。几千年来，成瘾一直是人类行为的特征。然而，随着更广泛的公共教育以及遗传学和心理治疗干预的进步，我们也许会看到预防方面的进展。

 个案回顾

卡尔·沃兹沃思

卡尔一开始很难找到一个让他感到舒服的嗜酒者匿名互戒会聚会。不过当他找到了适合他的团体后，他就每天期待着参加聚会，并且保持高度的动力来克制自己不喝酒。他与小组中的许多成员建立了联系，并有生以来第一次感觉到他拥有一群支持他的朋友。他还开始了一个服用不需要每周验血的情绪稳定药物的疗程，其副作用明显低于锂盐，这有助于鼓励他继续定期服用药物。在心理治疗中，卡尔和他的治疗师专注于处理他在嗜酒者匿名互戒会中学到的知识以及双相情感障碍的情绪监测技能。卡尔将继续和沙仑住在一起，直到他感觉自己已经稳定到可以找工作并重新开始养活自己为止。

托宾医生的反思： 卡尔的案例有些不同寻常，因为许多经历过物质滥用和／或依赖的人在人生早期就开始滥用物质。另一方面，卡尔多年来一直能够克制自己，直到他受到老板引诱。在那之前，根据他父母

的病史，他意识到自己可能具有酗酒的遗传倾向，这表明了他具备洞察力。在治疗中，他可以探索自己开始喝酒以获得老板认可的原因。

卡尔的案例也是酒精使用障碍和心理障碍破坏性结合的一个很好的例子。这种共病并不少见，尤其是在患有情绪障碍的人中，因为酒精有时会产生自我治疗的作用。幸运的是，酒精使用障碍在适当干预后通常预后良好，而且并非无法治愈。

卡尔必须努力保持清醒并监测他的双向情感障碍。他的治疗重点将放在保持情绪稳定上，以此防止其将来再次酗酒。幸运的是，他似乎真的很想戒酒，想让自己的生活恢复正常。找到一个支持性的嗜酒者匿名互戒会，让他觉得他可以信任其他成员，这是他治疗的一个关键方面，这将是帮助他康复的极好的支持资源。

总结

◎ 物质是指当一个人烟吸、注射、醉酒、鼻嗅或吞服时能够改变其情绪或行为的某种化学物质。物质中毒是一种由于物质在体内积累而导致的行为或心理变化的暂时性适应不良体验。当某些物质停止使用后，人们可能会出现物质戒断症状，包括一系列生理和心理障碍。当一个人需要越来越多的物质以达到其预期的效果时，或者当一个人在使用相同数量的物质后感觉效果不佳时，就说明其出现了耐受性。物质使用障碍是一组认知、行为和生理症状，表明个体尽管存在明显的物质相关问题，但仍继续使用物质。

◎ 在美国，大约七分之一的人有酗酒或依赖酒精的历史。由于这种物质的镇静作用，酒精使用的短期影响吸引了许多人，尽管宿醉等副作用会引起痛苦。过量使用的长期影响令人担忧，并且会对身体的许多器官造成严重伤害，引起医疗问题，并可能导致痴呆症。酒精依赖领域的研究人员是最早提出生物心理社会模型来解释心理障碍发展的人之一。在生物学贡献者领域，鉴于依赖性存在于家族中，因此研究人员专注于遗传的作用。这一方向的研究侧重于标记和遗传图谱。心理学理论侧重于源自行为理论的概念，以及认知行为和社会学习的观点。例如，根据被广泛接受的预期模型，患有酒精使用障碍的人在人生早期通过强化和观察性学习对酒精产生了有问题的信念。在社会文化视角下工作的研究人员和理论家将家庭、社区和文化中的压力源视为导致人患上酒精使用障碍的因素。

◎ 临床医生可能会从这三个角度不同程度地得出治疗酒精问题的方法。在生物学方面，药物可用于控制戒断症状，控制与共病障碍相关的症状，或在饮酒后引起恶心。临床医生使用各种心理干预措施，其中一些是基于行为和认知行为技术。

◎ 兴奋剂对神经系统有激活作用。适量的苯丙胺会引起欣快感、增强信心、健谈和精力充沛。剂量越大，使用者反应就越强烈，久而久之，就会上瘾并出现精神病症状。可卡因使用者会在较短的时间内体验到强烈的刺激效果。中等剂量的可卡因会导致欣快感、性兴奋、效能感、精力充沛和健谈。在较高剂量下，可能会出现精神病性症状。除了令人不安的心理症状外，使用可卡因还会引起严重的身体问题。火麻或大麻会导致感知和身体感觉的改变，以及适应不良的行为和心理反应。大麻中毒的大多数急性影响是可逆的，但长期滥用很可能导致依赖性和不利的心理和生理影响。致幻剂以错觉和幻觉的形式引起异常的知觉体验。阿片类物质包括天然存在的物质（吗啡和鸦片）以及半合成药物（海洛因）和合成药物（美沙酮）。阿片类物质使用者会出现以一系列心理反应和强烈身体感觉为特征的冲动，其中一些反映出危及生命的症状，特别是在戒断发作期间。镇静剂、催眠药和抗焦虑药是引起放松、睡眠、安宁和意识降低的物质。虽然通常不会把咖啡因视为滥用物质，但高剂量的咖啡因会导致许多心理和身体问题。尼古丁是一种存在于烟草中的精神活性化学物质，极易上瘾。戒断尼古丁会导致情绪和行为障碍。

◎ 从生物心理社会的角度来看，已经出现了针对物质相关障碍患者的各种治疗方案。生物治疗可能包括开阻止或减少渴望的处方药物。行为治疗依赖于应急管理等技术，而临床医生则利用认知行为技术来帮助来访者调整与药物使用相关的想法、期望和行为。详细的复发预防计划是酒精治疗计划的重要组成部分。

◎ 赌博障碍的特点是对赌博的持续冲动。患有这种障碍的个体可能会感到其无法阻止自己参与赌博活动或游戏，即使他们经历了重大的经济和物质损失。

第 13 章

神经认知障碍

通过本章学习我们能够：

- 描述神经认知障碍的特征；

- 识别谵妄症状；

- 理解由于阿尔茨海默病所致的神经认知障碍的症状、理论和治疗；

- 解释与阿尔茨海默病无关的神经认知障碍之间的区别；

- 识别创伤性脑损伤（TBI）所致的神经认知障碍；

- 描述物质／药物以及由于艾滋病病毒感染所致的神经认知障碍；

- 解释由于其他一般躯体疾病所致的神经认知障碍；

- 通过生物－心理－社会的视角分析神经认知障碍。

©Imagesbybarbara/Getty Images

个案报告

艾琳·海勒

人口学信息： 76 岁，已婚，白人，异性恋女性

主诉问题： 艾琳被她的初级保健医生转介到一家私人专业机构进行神经心理学测试，因为医生注意到艾琳的记忆力和运动功能与前一年相比显著下降。

在进行神经心理学测试之前的初次访谈中，医生向艾琳询问了她的认知功能。但她难以回答其中的一些问题，陪伴她的女儿吉莉安提供了大部分信息。吉莉安反映说，母亲去看医生并不是她最近行为异常的第一个迹象。在过去的一个月里，她和她的哥哥史蒂夫都注意到他们的母亲行为古怪。艾琳目前独自一人居住，她的两个成年子女和她住在同一个小镇上。邻居们反映说曾有两次深夜在她公寓的停车场发现了穿着睡衣的她，看上去像是"完全失控了"。邻居们把她带回了家，但艾琳事后不记得这些事。

当被问及最近是否注意到任何身体的变化时，艾琳说她因为不能握笔或者拿其他书写工具而难以写字。所以她无法支付账单，而且有时为自己准备食物也有困难。她说自己实际上因此在过去两个月中瘦了大约 10 磅。吉莉安也说她注意到母亲最近还出现了严重的行走困难。因此，艾琳现在更喜欢呆在家里，而且她也不再参加以前喜欢的许多活动，比如与家人共度时光、参加每周的桥牌游戏。

吉莉安补充说，艾琳通常每天至少给她或哥哥打一次电话，他们每周一起吃一两次饭。而在过去的两个月里，当吉莉安或她的哥哥给母亲打电话时，母亲说的话有时令人费解，而且她会忘记自己在和谁说话。尽管艾琳不承认吉莉安说的事情，但这一切都让吉莉安非常不安。艾琳说："我想我有时很难付款或者给我的孩子们打电话。我想我只是这几天不想做这些事。"

吉莉安说她和哥哥认为艾琳的行为可能是疾病所致。艾琳患有 II 型糖尿病，并且据吉莉安说，艾琳曾经连续两天忘记检查血糖和注射胰岛素。当吉莉安和史蒂夫没有收到她的消息时，他们就去艾琳家查看，结果发现她晕倒在客厅中几乎不省人事。在帮她注射胰岛素之后，兄妹俩就和艾琳的初级保健医师预约了第二天的检查。

临床访谈之后，艾琳完成了神经心理学测试，这些测试包括一系列测量其整体认知功能的测试。

既往史： 艾琳报告称自己一生都相对健康，从来没有经历过严重的疾病、情感或者认知问题。吉莉安说她的母亲在两年前被确诊为 II 型糖尿病，并一直通过注射胰岛素来控制血糖。吉莉安还说，在艾琳近期功能衰退之前，她一直相当活跃，参加了很多社会活动，完成各种日常生活活动也毫无困难。

个案概念化： 艾琳突然出现的症状是血管疾病所致的神经认知障碍。一旦艾琳停止服药，她会就面临严重的疾病风险。此外，根据诊断标准，艾琳的生活功能也严重受损——她停止了以往的活动，甚至因为行动困难而不能支付账单。

神经心理学测试的结果表明，艾琳的短时记忆以及说话的流利度与连贯性确实都受到了损害。还有证据表明，她在执行功能上也有困难，包括难以组织和排列呈现给她的信息。结合医生的体检结果，艾琳被诊断为伴随有行为障碍的重度血管性神经认知障碍。不过在她进行核磁共振成像检查证实脑部病变之前，这一诊断将只是暂时的。

治疗方案： 艾琳将接受核磁共振成像检查来确认诊断。在此基础上如果有需要，她将接受药物治疗和后续的家庭护理。

萨拉·托宾博士，临床医生

神经认知障碍的特征

　　许多伤害的来源会影响个体的大脑，比如创伤、疾病和接触药物等有毒物质等。由于这些伤害来源对大脑的影响，人们会产生错觉、幻觉、情绪紊乱和极端的人格变化。**神经认知障碍**（neurocognitive disorders）具体是指与大脑改变有关的、一个或者多个认知领域的获得性衰退。

名词解释

神经认知障碍　与大脑改变有关的、生活中一个或者多个认知领域获得性衰退的障碍。

　　临床医生使用神经心理学测试、神经成像技术并结合个体病史，判断个体的症状是否属于神经认知障碍的范畴。神经心理学测试有助于临床医生识别符合已知疾病特征的特定反应模式。他们将这些知识与患者的病史结合起来，判断是否是某个特殊的事件引发了这些症状。此外，神经影像学为临床医生提供了大脑内部的情况，帮助他们将症状与特定的疾病或者损伤联系起来。个体需要经过这两种形式的评估才能被诊断为某一种障碍。

　　表 13-1 显示了神经认知障碍包含的领域以及每一领域各自包含的能力类型。临床医生根据需要，结合额外的神经心理学系列测试来帮助评估患者在这些领域各自的功能水平。通过访谈患者及其家人或者重要他人，医生们也会根据每个领域的标准，将患者评定为表现出重度或者轻度的神经认知障碍。例如，轻度的记忆损伤是指个体依赖笔记或提醒来完成日常任务。如果个体无法记住简短的列表或者在一段时间内完成一项任务，则会被诊断为重度损伤。

表 13-1　《精神障碍诊断与统计手册（第五版）》中的神经认知领域

领域	相关能力的示例	评估任务的示例
复杂的注意	维持性注意	维持注意力一段时间
	选择性注意	从干扰中分离出信号
	分配性注意	同时注意两个或者多个任务
执行功能	计划	决定一系列行动
	决策	在备选方案中进行决策的任务表现
	工作记忆	能够在操纵刺激的同时保持记忆信息
	精神/认知弹性	在两个概念、任务或者反应规则中变换（例如，选择奇数，然后选择偶数）
学习和记忆	瞬时记忆广度	记住一系列数字或单词
	短期记忆	编码新的信息，如单词序列或者短故事
语言	表达性语言	能够命名物品
	语法和句法	当执行其他任务时没有语言表达错误
	感受性语言	能够理解单词的定义与说明
知觉运动	视觉感知	根据二维空间的描述，评估一个物体是否是真实的
	视觉构造	完成需要手眼协调的项目
	实践	能够运用一般的运动技能，使用一般的工具、模仿工具的使用、模仿手势
	真知	识别面孔和颜色
社交认知	情绪识别	识别面部图片中的情绪
	心理理论	能够根据图片和故事考虑他人的心理状态

在《精神障碍诊断与统计手册（第五版）》中，"神经认知障碍"这一术语取代了《精神障碍诊断与统计手册（第四版－修订版）》中的"痴呆"，指代一种个体认知功能逐渐丧失的认知损伤形式，这种丧失严重到会干扰其正常的日常生活以及社交关系。《精神障碍诊断与统计手册（第五版）》工作组也考虑到医学领域通常使用"痴呆"这一术语，但还是希望这一过于笼统的术语最终会被全部替换。

根据标准化的神经心理学或者其他量化的临床评估，当个体在表 13-1 所示的六个领域中，表现出与先前的水平相比显著的认知能力下降时，就可以被诊断为**重度神经认知障碍**（major neurocognitive disorders）。这些认知缺陷不仅发生在谵妄时，而且必须干扰个体在日常生活中完成必要任务的能力，且不能用其他疾病更好地解释。当个体表现出中等程度的认知水平下降时被诊断为**轻度神经认知障碍**（mild neurocognitive disorder）。这些认知水平的下降尚不足以影响个体独立生活的能力。

当诊断出认知损伤的程度之后，临床医生接下来必须进行一项有挑战性的任务，即明确可能是哪些疾病导致了这些认知症状。当无法确诊为一种具体疾病时，临床医生可以说明无法诊断，或者指出可能导致症状的多种疾病。

名词解释

重度神经认知障碍　与先前的表现水平相比，认知能力显著下降的障碍。

轻度神经认知障碍　与先前的表现水平相比，认知能力轻微下降的障碍。

谵妄

被诊断为谵妄（delirium）的人会暂时经历注意力和意识的障碍。这些症状通常突然出现并且在发病期间波动。谵妄的核心特征是认知过程中急性的混乱和功能损害，包括对记忆、定向、执行功能、言语使用能力、视觉感知和学习的影响。

名词解释

谵妄　一种暂时性的神经认知障碍，包括注意力和意识障碍。

个体只有在大约数小时或者数天这样很短的时间内表现出知觉和意识的改变，才能被诊断为谵妄。该诊断的确定也要求这一障碍必须由一般躯体疾病引起。因此临床医生需要明确谵妄是由物质中毒、物质戒断、某一药物还是其他躯体疾病所致的。他们还将谵妄分为急性谵妄（发生数小时或者数天）或者持续性谵妄（发生数周或数月）。

小案例

由于其他躯体疾病所致的谵妄：急性

杰克是一名 23 岁的单身异性恋非洲裔美国男性，是一名承包商。有一天下班时，他发高烧而且浑身发冷，昏倒在地。所幸他的同事们看见了他。当他们告诉杰克要把他紧急送往医院时，他反复地说"这个锤子不好"这样无厘头的话。杰克说他的同事们想偷他的工具，这让同事们吓了一跳。他抓着空气中的东西，还坚称有人向他扔东西。他不记得在场的任何人的名字。事实上，他也不确定自己身处何处。刚开始时，他拒绝同事送他去医院的好意，因为他担心同事们密谋伤害他。

谵妄发生的原因有很多，包括物质中毒或者物质戒断、头部受伤、发高烧以及维生素缺乏。任何年龄段的人都可能经历谵妄，但在因为躯体或精神原因而住院的老年人中更为常见。除了年龄以外，谵妄的风险因素还包括既往的中风史、神经认知障碍、感觉损伤、多种处方药的使用（复方用药）等。高危人群在感染传染病、尿滞留或者使用导尿管、脱水、行动不便或者心率紊乱后，可能会出现谵妄。免疫系统炎症反应的增加也可能导致谵妄。

传染病是高危人群谵妄发作的另一个诱因。在一项从 1998 年到 2005 年间，对近 130 万参与研究的患者进行的调查中，研究者发现最常引发谵妄的原因就是传染病，包括呼吸道传染病、蜂窝织炎、泌尿路和肾脏传染病。第二大原因是某些中枢神经系统障碍，包括癌症、神经认知障碍、中风和癫痫发作。引起谵妄的第三大常

谵妄是一种暂时的情况，可能有许多的生理原因。经历这种状况的个体会同时经历多种感觉障碍。
©Marie Docher/Media Bakery

见原因包括代谢紊乱、心脑血管疾病和骨科手术。然而在研究过程中，老年人群由药物引起的谵妄患病率逐渐增加，这表明可能是医护人员更加习惯对老年人使用这一诊断，或者是这一年龄段的人有更大的可能性接受诱发谵妄的药物治疗。只有让卫生专家意识到药物的副作用才可能有助于降低高危人群谵妄的患病率。

除了注意力不集中和记忆丧失等认知症状外，谵妄患者还可能出现幻觉、妄想、睡眠－觉醒周期异常、心境变化和运动异常。一旦出现这些情况，谵妄患者更容易出现并发症，继而导致再次住院和更高的死亡风险。经历外科手术或者损伤后免疫系统的炎症对大脑造成影响的另一种可能的结果是阿尔茨海默病。

已有一些用于评估谵妄的专业测试。谵妄评定量表－修订版（The Delirium Rating Scale-Revised，DRS-R-98）是一种广泛使用的测量工具（见表13–2），它已经被翻译成多种语言，具有良好的信效度。该量表的优点在于，虽然它是为精神科医生设计的，但其他专业人

员（医生、护士、心理学家）和研究人员也可以使用它。完成测量后，临床医生还可以使用从家庭成员、来访者、医院工作者、病历甚至病友处收集的信息。

表 13–2	谵妄评定量表项目

1. 存在睡眠－觉醒周期障碍
2. 感知障碍与幻觉
3. 妄想
4. 情绪反应不稳定、缺乏自我调控或者对情境反应不恰当等外在表现
5. 语言功能损伤
6. 思维过程的异常，如思维松散
7. 运动激越，如踱步、坐立不安或躁动不安
8. 运动的自发性减缓或丧失
9. 缺乏对人、地点和时间的定位
10. 缺乏集中注意力和维持注意力的能力
11. 短时记忆的丧失
12. 长时记忆的丧失
13. 在生活区域或环境中难以确定位置和方向

注：以上项目使用每个功能领域内制定的评分表，用于评估谵妄的情况。
资料来源：Trzepacz, P. T., Mittal, D., Torres, R., Kanary, K., Norton, J., & Jimerson, N.（2001）. Validation of the Delirium Rating Scale-Revised–98: Comparison with the Delirium Rating Scale and the Cognitive Test for Delirium. *The Journal of Neuropsychiatry and Clinical Neurosciences, 13,* 229–242.

谵妄的治疗包括使用氟哌啶醇和利培酮等抗精神病药物的药理学方法。一项研究发现，这一药物的组合能在 4 ~ 7 天的时间内解决 84% 的谵妄症状。虽然氟哌啶醇被认为在降低高危患者的谵妄中有潜在的作用，但是研究并没有证实它作为预防性药物的有效性。

临床医生可以为高危患者提供认知刺激活动而非药物来预防谵妄的发展，如时事讨论或者文字游戏等。在此方案中，全科团队能在患者被送进急救中心进行康复治疗后（如髋骨骨折）立即处理谵妄的风险因素，而不是等待谵妄发展后再处理。

由于阿尔茨海默病所致的神经认知障碍

由于阿尔茨海默病所致的神经认知障碍（neurocognitive disorder due to Alzheimer's disease）是一种与记忆、学习和至少一个其他认知领域的进行性、渐进性衰退有关的障碍（见表13–3）。记忆丧失的初始症状先于一系列变化发生，随着感染或者重要身体器官衰竭会引起躯体疾病的发展，最终导致死亡。

表 13–3　　　　　　　　　　　　　由于阿尔茨海默病所致的神经认知障碍的诊断标准

由于阿尔茨海默病所致的神经认知障碍包括重度和轻度神经认知障碍的诊断标准如下

对于重度神经认知障碍，因为阿尔茨海默病在尸检前都无法确诊，临床医生可以将诊断分为"可能的"（同时满足 1 和 2）或者"可疑的"（只满足 1 或 2 中的一项）

1. 已知家族史或基因测试中存在与阿尔茨海默病相关的基因突变的证据
2. 满足以下三条中的全部症状
（1）记忆、学习以及至少一个其他的认知领域能力下降的明确证据
（2）认知功能持续进行性的、渐进性的衰退
（3）没有证据表明存在另一种神经退行性疾病或其他可能导致认知能力下降的疾病

对于轻度神经认知障碍，如果基因检测或家族史提供了基因突变的证据，则诊断为"可能的"；如果没有遗传表征，但标准 2 中的上述三种症状均存在，则诊断为"可疑的"

名词解释

由于阿尔茨海默病所致的神经认知障碍　一种与记忆、学习和至少一个其他认知领域的进行性、渐进性衰退有关的神经认知障碍。

　　阿尔茨海默病是德国精神病学家、神经病学家阿洛伊斯·阿尔茨海默（Alois Alzheimer，1864—1915）于 1907 年首次报告的，他记录了一名叫作"奥古斯特·D"的 51 岁女性的病例，这名女性抱怨记忆力不好、会混淆时间与地点。最终奥古斯特·D 变得抑郁，而且出现了幻觉。她表现出了典型的认知症状，这些症状现在被视为该疾病的诊断标准之一。阿尔兹海默无法解释这种疾病恶化的过程。直到患者去世之后，她的尸检结果显示其大脑皮层的大部分组织都严重地退化了。在显微镜下检查脑组织时，阿尔兹海默还发现个别神经元退化并且形成了异常的神经组织团。90 年后，有关这一著名病例的脑切片的一项发现证明，奥古斯特·D 脑中所见的变化就是现在为人所知的阿尔茨海默病的变化（如图 13–1 所示）。

阿尔茨海默病的患病率

　　根据大众媒体广泛但不精确的报道，阿尔茨海默病在美国的患病人数为 500 万至 570 万，占据了 65 岁以上人口的 12%、85 岁以上人口的 50%。世界卫生组织（2001 年）提供了一个低得多的患病率估计值：全世界 5% 的男性以及 6% 的女性患有阿尔茨海默病。在 60 ~ 65 岁的人群中，每年的新发病例的发病率不到 1%；在 85 岁以上人群中可能高达 6.5%。实际上，一

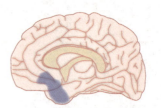

非常早期的阿尔茨海默病

轻度至中度的阿尔茨海默病

严重的阿尔茨海默病

随着阿尔茨海默病的发展，神经纤维缠结（如蓝色部分显示）扩散到整个大脑，斑块也从新皮质扩散到整个大脑。到了最后阶段，大脑大范围受损并且脑组织明显萎缩。

图 13–1　与阿尔茨海默病相关的大脑变化

项基于加拿大医疗保险数据的研究报告表明，2015 年新报告的病例数有所下降；此外，报告还指出，由于 60% ~ 80% 的重度痴呆包含血管的成分，中风发病率的下降可能进一步导致痴呆患病率的下降。

　　尸检结果支持了更低的估计值。在宾夕法尼亚州的一个农村社区，研究者发现阿尔茨海默病是 65 岁以上人群中 4.9% 的人的死因。当然，这一估计值只包括那

些被证实是死于阿尔茨海默病的人。在许多病例中，其他疾病才是晚期阿尔茨海默病的患者的直接死因，比如肺炎。然而，这一比例大大低于我们根据媒体公布的数字预期的比例。令人惊讶的是，在新英格兰百岁老人研究的 100 岁以上参与者中，大约有 90% 的人在 92 岁之前没有阿尔茨海默病的症状。

对阿尔茨海默病发病率的普遍高估强化了一种错误的观念，即人们在晚年（或者更早的时候）经历的任何认知变化都反映了阿尔茨海默病的发病。对大多数人来说，工作记忆的丧失通常发生在晚年。然而，一旦人们对自己的记忆力有了自我觉察，他们往往会夸大非常小的损害，认为自己得了阿尔茨海默病。但很不幸，这种自我觉察只会恶化他们的记忆功能，从而导致进一步的恶性循环。这种情况下人们很可能陷入绝望，而不采取例如记忆练习或者其他有认知挑战性的活动等作为预防措施。

为什么会出现高估患病率的情况？最重要的原因是，报告者倾向于将其他形式的神经认知障碍评估为阿尔茨海默病所致。多达 55% 的神经认知障碍是由阿尔茨海默病以外的疾病所致的，其中有 20% 只由心血管疾病引起。因此，"550 万人"中实际上患有某种形式的血管性疾病或者其他神经系统障碍的人可能多达 200 万到 300 万。因为心血管疾病与高血压和糖尿病相关，而人们能够通过饮食和运动来控制或预防这两种疾病。因此，对于正在经历神经认知症状的老年人及其家人来说，获得准确的诊断非常重要。

阿尔茨海默病协会（The Alzheimer's Association）在评估中也使用了"阿尔茨海默氏痴呆"这一术语，用于描述"那些由于阿尔茨海默病导致轻度认知损伤的人和那些有阿尔茨海默病生物标志但无症状者"。这一拓展的术语与《精神障碍诊断与统计手册（第五版）》不一致（《精神障碍诊断与统计手册（第五版）》在诊断中并不使用"痴呆"这一术语），也将定义拓展到了符合实际诊断标准的个体之外。

在美国，与阿尔茨海默病有关的带有误导性的公众信息之所以出现还有其他原因，包括没有考虑到参加流行病调查的个体的教育水平、症状测量的差异，以及没有充分解释健康状况或其他可能形式的神经认知障碍。

《精神障碍诊断与统计手册（第五版）》中有什么

神经认知障碍的再分类

《精神障碍诊断与统计手册（第五版）》的修订改变了先前包括谵妄和痴呆在内的一组疾病的分类。修订后的版本将这些障碍分为两大类，包括重度和轻度的神经认知障碍。在《精神障碍诊断与统计手册（第五版）》增加的许多有争议的诊断中，由于阿尔茨海默病所致的轻度神经认知障碍受到了最多的批评。轻度神经认知障碍包括与先前相比轻微的认知变化，这些变化不会影响个体独立生活的能力，但可能需要补偿策略来应对。

有批判者认为这一新的分类只是给一些行为贴了一个诊断标签，而临床医生并不会认为这些行为是达到诊断标准的。况且，如果缺陷不影响个体在社区内的独立生活能力，那么做出诊断并没有明显的好处。尽管去除了"痴呆"这个词有助于减少我们与记忆缺陷相关的耻辱感，但批评者认为，把与年龄相关的轻微正常变化标记为精神障碍，抵消了诊断的好处。

此外，《精神障碍诊断与统计手册（第五版）》目前允许在个体没有记忆和学习异常、而只有一些能力丧失以及阿尔茨海默病家族史的情况下，使用"可能的"这一术语。"可能的"和"可疑的"之间的区别对于大众（如果不是专业人士）来说可能是一个难以理解的问题。尽管《精神障碍诊断与统计手册（第五版）》的作者明确希望指出"可能的"比"可疑的"严重，但当个体断章取义地听到这些术语时可能判断不出细微的差别，也可能对自己或者亲人的情况得出错误的结论。

阿尔茨海默病的阶段

按照定义，阿尔茨海默病的症状会随着时间的推移逐渐恶化。但并不是所有表现出阿尔茨海默病早期症状的人都患有这种疾病。如图 13-2 所示，一些个体直到去世前都保持健康。一些经历着记忆问题（这里称为

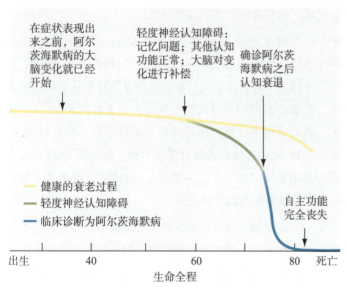

在症状表现出来之前，阿尔茨海默病的大脑变化就已经开始

轻度神经认知障碍：记忆问题；其他认知功能正常；大脑对变化进行补偿

确诊阿尔茨海默病之后认知衰退

健康的衰老过程
轻度神经认知障碍
临床诊断为阿尔茨海默病

自主功能完全丧失

出生　40　60　80　死亡
生命全程

图 13-2　健康衰老、轻度神经认知障碍和阿尔茨海默病的发展过程

"遗忘型轻度神经认知障碍"）的人有能力补偿这些缺陷，因此不会发展成为阿尔茨海默病。然而在那些患有阿尔茨海默病的个体身上，自主功能的丧失一直渐进地持续，直至去世。发病时年龄较轻、受过高等教育以及首次发病时认知状况较差等都是与疾病早期迅速恶化有关的因素。

阿尔茨海默病的诊断

由于需要早期诊断以排除可以治疗的神经认知障碍，研究人员和临床医生为开发诊断阿尔茨海默病初期的行为测试投入了大量的精力。如果一个人患有某种神经认知障碍，临床医生可以在患者症状初显时采用适当的治疗使其得到恢复，这时如果诊断不正确那么将会是一个致命的错误。同样，如果个体患上有确切心理基础的障碍，诊断不正确将会导致临床医生错失关

键的干预机会。但不幸的是，阿尔茨海默病的早期症状并不能为诊断提供充分的依据。

只有尸检才能让病理学家观察到脑组织的特征性变化，从而得出阿尔茨海默病最可靠的诊断。因此，尤其是在病程早期，对疑似患者的评估取决于临床医生通过排除做出诊断。在病程后期，临床医生可以采用准确率达 85% ～ 90% 的诊断标准。1984 年，美国国立神经障碍、语言交流障碍及卒中研究所（National Institute of Neurological and Communicative Disorders and Stroke，NINCDS）和阿尔茨海默病及相关疾病学会（Alzheimer's Disease and Related Diseases Association，ADRDA）联合委员会制定了这些标准，因此这些标准被称为 NINCDS/ADRDA 标准。目前基于 NINCDS/ADRDA 标准的阿尔茨海默病诊断，还需要全面的医学和神经心理学检查才能确诊。即使依据这些非常严格和完整的标准，做出的诊断最多也只是"可能的"的阿尔茨海默病。这再一次印证了临床医生只有通过尸检才能得到确切的诊断。

2011 年，一群研究人员和临床医生召开会议修订了 1984 年的 NINCDS/ADRDA 标准，考虑了对阿尔茨海默病的临床表现和生物学变化的进一步认识。他们指出，必须认识到即使是大脑表现出疾病迹象的个

为了诊断阿尔茨海默病，表现出症状的个体必须经过一系列包括记忆测试等的认知评估。
©Blend Images/Alamy Stock Photo

体，其记忆可能发生变化也可能不变化。他们的目标是开发一套不依赖昂贵的、可能具有侵入性的、用于研究的大脑扫描的诊断标准。研究组意识到，目前没有绝对可靠的办法来诊断一个活着的个体是否患有阿尔茨海默病，因此建议临床医生诊断个体"可能"或"可疑"患有阿尔茨海默病。他们还基于脑部病理学的证据提出了第三种诊断类别，即"可能的或可疑的"。这不是一个临床诊断，而将只用于研究的目的。然而，《精神障碍诊断与统计手册（第五版）》的作者采纳了这一术语，用来表示诊断的准确程度。

如表 13-4 所示，临床医生最常用的快速筛查阿尔茨海默病的临床工具是一种特殊形式的精神状态检查，被称为简易精神状态检查量表。阿尔茨海默病患者以特定的方式对这一量表的几个项目做出反应。当描述物品、人物或者事件时，他们往往间接地、自我重复地、缺乏丰富细节地进行描述。简易精神状态检查量表作为一种筛查工具，可以提供个体可能患有神经认知障碍的初步迹象，但是不能作为诊断的唯一依据。

表 13-4 简易精神状态检查量表

时间定向
　"今天的日期是？"
记忆
　认真听。我将说三个词语。你等我停止后复述给我。
　准备好了吗？这三个词是……
　苹果（停顿）、便士（停顿）、桌子（停顿），现在把这些词重复一遍。[最多重复 5 次，但只在第一个试次中计分]
命名
　"这是什么？"[指向一支铅笔或者钢笔]
阅读
　"请阅读这个词语并且按照它的指示做。"[给测试参与者展示刺激表格中的词语]
　闭上你的眼睛

资料来源：Psychological Assessment Resources, Inc., 16204 North Florida Avenue, Lutz, Florida 33549, from the MiniMental State Examination, by Marshal Folstein and Susan Folstein.

区分神经认知障碍的病因之所以复杂，还因为除了阿尔茨海默病外，抑郁也会导致和阿尔茨海默病早期相似的症状。这种情况被称为假性痴呆（pseudodementia），或假性神经认知障碍，是一种严重的、有主要认知症状的抑郁。

名词解释

假性痴呆 顾名思义，是一种假性神经认知障碍，或是一系列由抑郁引起的、类似于阿尔茨海默病早期阶段的症状。

有一些指标可以帮助临床医生区分抑郁和神经认知障碍。例如，抑郁的个体更能敏感地意识到他们受损的认知能力，且常常抱怨自己错误的记忆。但阿尔茨海默病的患者恰恰相反，他们通常试图隐藏或者轻描淡写自己认知损伤的程度，或者在无法掩饰损伤的情况下进行解释。随着病程的发展，阿尔茨海默病患者对自己的认知缺陷程度失去觉察，甚至在失去关键的自我意识能力时反而报告病情有所改善。

在一项对约 1400 位老人长达 40 年的追踪研究中发现，患有抑郁的男性罹患阿尔茨海默病的风险是没有抑郁的男性的两倍。有趣的是，对 90 名研究过程中死亡的参与者进行脑部解剖，结果显示他们并没有出现阿尔茨海默病所引起的特异性脑部变化。一项将孤独感和阿尔茨海默病的发生相联系的研究也发现了类似的结果。这些发现支持了孤独感能引发抑郁的观点，而抑郁最终可能导致大脑的不良变化，并且出现类似于阿尔茨海默病患者的神经认知障碍症状。

阿尔茨海默病的理论与治疗

所有关于阿尔茨海默病病因的理论都聚焦于神经系统的生物学异常。但是结合其他视角的治疗方法可以发现，目前没有任何生物疗法对减轻症状的严重程度有长期的效果。

理论

阿尔茨海默病的生物学理论试图解释大脑中两种特异性异常的发展：神经纤维缠结和淀粉样斑块。**神经纤维缠结**（neurofibrillary tangles）由一种名为 tau 的蛋白质组成（见图 13-3），tau 是一种可能在维持微管稳定、支持轴突内部结构方面发挥作用的蛋白质。微管就像火车轨道，将营养物质从胞体引导到轴突末端。tau 蛋白质就像是微管"火车轨道"上的铁路枕木和横木。在阿尔茨海默病中，tau 会发生化学变化，失去分离和支持微管的能力。随着支持的消失，微管开始缠绕在一起，而且不再发挥其运输的功能。这种神经元内运输系统的崩溃可能首先导致神经元之间的交流失常，并且可能最终导致神经元的死亡。神经纤维缠结的发生似乎出现在病程的早期，并且可能在个体表现出任何行为症状前发展迅速。

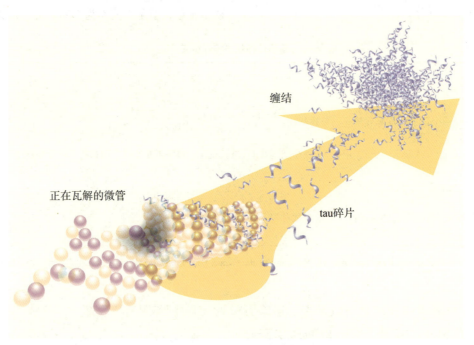

图 13-3　神经原纤维缠结随时间发展的过程

淀粉样斑块（amyloid plaques）是神经元外由异常的、被称为 β 淀粉样蛋白的蛋白质片段组成的团簇。淀粉样蛋白是蛋白质片段的总称，它们以特定的方式聚集起来形成不溶性沉积物（即它们无法溶解）。淀粉样斑块（也称作 β-淀粉样斑块）是在大脑中发现的一种叫作淀粉样前体蛋白（amyloid precursor protein, APP）的物质嵌入神经元细胞膜时形成的。一小块淀粉样前体蛋白位于神经元内，而大部分淀粉样前体蛋白则留在神经元外。在健康衰老的过程中，被称为**分泌酶**（secretases）的酶无害地修剪淀粉样前体蛋白的多余长度。在阿尔茨海默病中，这一过程出现了一些问题，导致淀粉样前体蛋白修剪后没有与细胞膜平齐。β 淀粉样蛋白的切割碎片最终聚集成 β-淀粉样斑块，而身体无法处理或者回收这些斑块（见图 13-4）。

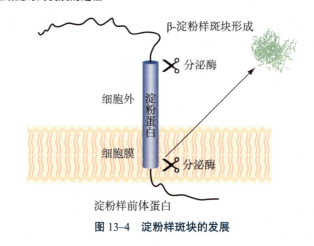

图 13-4　淀粉样斑块的发展

名词解释

神经纤维缠结　阿尔茨海默病的一种特征，即神经元胞体内的物质充满了密集的、扭曲的蛋白质微纤维或者微小的链。

Tau 一种通常助于维持轴突内部支撑结构的蛋白质。

淀粉样斑块 阿尔茨海默病的一种特征，即死亡或者濒死的神经元团簇与蛋白质分子碎片混合在一起。

分泌酶 修剪留在神经元外的淀粉样前体蛋白部分、使其与神经元细胞膜平齐的酶。

尽管研究者正在检验不同的理论以确定阿尔茨海默病的病因，但最可能的原因是神经活动遗传程序中的潜在缺陷引起了缠结和斑块的形成。一种名为早发型家族性阿尔茨海默病的发现推动了遗传理论，这种疾病始于 40 ~ 50 岁这样非常年轻的年龄，在特定家庭中有较高的发病率。其他基因似乎与一种晚发型家族性阿尔茨海默病有关，这种疾病的发病年龄预期在 60 ~ 65 岁。研

究人员推测这些基因导致了过量的 β - 淀粉样斑块的形成。

随着早发型阿尔茨海默病家族模式的发现以及基因工程的进展，研究人员已经确定了一些可能是理解这一疾病病因的关键基因。19 号染色体上的 apoE 基因有三种常见的 e2、e3、e4 形式。每一种产生与之相应形式的载脂蛋白 E（apoE），被称为 E2、E3 和 E4。e4 等位基因的存在设置了产生 e4 型 apoE 的机制，研究者认为这会损伤神经元内对细胞活动发挥关键作用的微管。通常，apoE2 和 apoE3 保护 tau 蛋白，这有助于稳定微管。理论上，如果 tau 蛋白不受 apoE2 和 apoE3 的保护，微管就会退化，最终导致神经元的损坏。

你来做判断

阿尔茨海默病的早期诊断

正如你在这一章学到的，阿尔茨海默病除了针对症状之外没有其他的治疗方法。而且这些治疗方法也只能在几个月内暂缓病情的恶化。这些问题引出了这样一个疑问：通过脊椎穿刺和脑部扫描等潜在的侵入性方法来诊断早期阿尔茨海默病的开销和努力是否值得。

一方面，排除阿尔茨海默病的早期诊断对于患有可治疗的神经认知障碍的人是有益的。如果能确定是其他病因导致了严重的认知改变，临床医生就可以使用手术、医学或者其他康复程序，使得这些个体能够以往常的参与水平来继续他们在工作、家庭以及社会中的角色；但另一方面，由于诊断的方法并不是百分百准确的，临床医生可能会错误地告知那些并不患有阿尔茨海默病的人，称他们的情况无法治疗。

基因检测也可以识别那些阿尔茨海默病的高风险人群。但是如果一个人并没有阿尔茨海默病的症状，告知其有罹患这种没有治疗方法的疾病的基因风险可能有哪些好处呢？个体可以尝试一些可能有益的干预措施，如身体锻炼、有心理挑战性的活动或者规避潜在的有害环境毒素等。进行这些行为有益无害，因为这些行为不仅仅是针对那些有阿尔茨海默病遗传标记的个体，而是对大多数老年人都有好处。

早期诊断的倡导者认为，从基因检测中获得的信息可以让个体和其家人规划未来。但如果这些信息可以被保险公司和那些政府管理的项目所获取，有患病风险的个体可能会面临保险费用增加和资产处理受限等问题。比如，如果你知道自己将患阿尔茨海默病，因此需要昂贵的私人照顾费用，那么在当下你可能会为了自己的孩子而把钱投入信托基金，以便有资格获得政府对你未来医疗费用的援助。

对于一种可能无法医治的疾病，是否应该给予个体最多只能是"可能的"这一诊断？上述内容只是这一问题引发的实践和伦理困境中的一小部分。

你来做判断：在这种情况下，你想知道你患有阿尔茨海默病的风险吗？

大多数早发型家族性阿尔茨海默病患者都有所谓的早老素基因（PS1 和 PS2）的缺陷。顾名思义，这些基因很可能与导致大脑过早衰老有关。PS1 基因突变的家

庭平均发病年龄为 45 岁（32 ~ 56 岁）；PS2 基因突变的家庭平均年龄为 52 岁（40 ~ 85 岁）。早老素基因的遗传模式是常染色显性遗传，这意味着如果父母中有

经常锻炼的老年人可以预防多种与年龄相关的身体问题的发生。
©Jupiterimages/Getty Images

尽管遗传理论是令人信服的，但它最多只能解释未知遗传风险的阿尔茨海默病患者中 50% 的患病，可见阿尔茨海默病可能涉及行为因素，其中包括吸烟和久坐的生活方式；相反，健康饮食的人患有阿尔茨海默病的风险较低。地中海人的饮食中富含西红柿和橄榄油，配上少许红肉，偶尔小酌一杯红酒。遵循这种饮食习惯的人患阿尔茨海默病的风险较低。

记录阿尔茨海默病的行为危险因素的研究主要有两个意义。首先，人们可以通过避免助长阿尔茨海默病发展的行为来降低患病的风险。其次，这些危险因素也增加了个体患脑血管疾病、抑郁和其他神经认知障碍的可能性。鉴于其他与危险因素相关的、可预防的神经认知障碍夸大了老年人中阿尔茨海默病患病率估计值，那么旨在减少肥胖、糖尿病和吸烟的公共卫生工作一旦有所进展，就会降低阿尔茨海默病患者的数量估计，无论是否能真正减少这种疾病患者的数量。

治疗

显然，对阿尔茨海默病进行深入研究的最终目标是在没有预防和治愈方法的情况下找到有效的治疗方法。科学界非常乐观地认为，一旦发现这种方法，那么也将有利于那些患有其他脑部退化疾病的患者。随着对阿尔茨海默病病因的研究进一步发展，研究者正尝试寻找能够缓解其症状的药物。

美国食品与药品监督管理局批准的治疗轻中度阿尔茨海默病的药物包括加兰他敏 / 拉扎丁、卡巴拉汀 / 艾斯能和多奈哌齐 / 安理申（见表 13–5）。考虑到他克林 / 科涅克斯的安全性，临床医生很少开这一种药物。

一方携带了致病的等位基因，那么后代患病的可能性为 50%。研究者正试图确定早老素基因 1 和 2 与淀粉样前体蛋白、β–淀粉样斑块以及缠结如何相互作用。研究者估计，早老素 1、早老素 2、淀粉样前体蛋白和 apoE 这四个基因约占阿尔茨海默病遗传风险的一半。

表 13–5 阿尔茨海默病药物的作用机制和副作用

药物名称	药物类型与应用	作用原理	副作用
纳门达（美金刚）	N–甲基–D–天门冬氨酸拮抗剂，用于治疗中重度的阿尔茨海默病	阻断过量谷氨酸的毒性作用并调节谷氨酸的活性	头晕、头痛、便秘、神志不清
拉扎丁（加兰他敏）	胆碱酯酶抑制剂，用于治疗轻中度的阿尔茨海默病	防止乙酰胆碱的分解并刺激尼古丁受体，在大脑中释放更多乙酰胆碱	恶心、呕吐、腹泻、体重减轻、食欲不振
艾斯能（卡巴拉汀）	胆碱酯酶抑制剂，用于治疗轻中度的阿尔茨海默病	防止大脑中乙酰胆碱和丁酰胆碱（一种类似于乙酰胆碱的大脑化学物质）的分解	恶心、呕吐、腹泻、体重减轻、食欲不振、肌肉无力
安理申（多奈哌齐）	胆碱酯酶抑制剂，用于治疗轻中度、中重度阿尔茨海默病	防止大脑中乙酰胆碱的分解	恶心、呕吐、腹泻

资料来源："Evaluating Prescription Drugs Used to Treat: Alzheimer's Disease," *Consumer Reports Best Buy Drugs*, updated May 2012.

上述药物有抑制乙酰胆碱酯酶的作用，而这种酶通常在乙酰胆碱释放到突触间隙后对乙酰胆碱造成破坏，是导致记忆丧失的因素之一。这些药物能够减缓乙酰胆碱的分解，能让大脑中乙酰胆碱含量保持在更高的水平，从而促进记忆。它们都有明显的副作用。美金刚属于美国食品与药品监督管理局批准的另外一类治疗中重度阿尔茨海默病的药物。它是一种 N–甲基–D–天冬氨酸拮抗剂，调节谷氨酸以防止过量的谷氨酸破坏神经元。

表13-5中列出的副作用被临床医生认为是轻微的，所以可以接受。然而胆碱酯酶抑制剂可能会有严重的副作用，包括晕厥、抑郁、焦虑、严重过敏反应、癫痫、心跳缓慢或不齐、发烧和战栗。美金刚的副作用包括幻觉、癫痫发作、言语变化、突发和严重的头痛、攻击性、抑郁和焦虑等。临床医生在开这些药时必须权衡其益处和副作用，并且这些药本身可能会与患者因其他健康状况而服用的药物相互作用，如阿司匹林和非甾体抗炎药、泰胃美（用于治疗胃灼热）、某些抗生素、抗抑郁药以及改善呼吸的药物。

目前治疗阿尔茨海默病症状的药物都只有短期的益处（见图13-5）。摄入更高水平的胆碱酯酶抑制剂可能在一定程度上减缓疾病的发展，但不能防止长期认知功能的恶化。多奈哌齐可能会降低看护者感知到的负担以及对他们所看护的患者表现出的其他症状，但这些影响在治疗之后的12周时并没有被研究。作为一种胆碱酯酶抑制剂，另一种药物——加兰他敏（拉扎丁），可能的积极疗效长达3年，但是它也与较高的死亡率相关。解决tau蛋白有害变化的药物正在研发中，但目前不适用于人类。

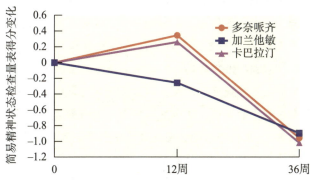

美国食品与药品监督管理局批准的每一种治疗阿尔茨海默病的方法都有相对短暂的疗效，36周后所有的药效都消失了。

图13-5 阿尔茨海默病的药物对比
资料来源：Lopez et al., 2013

另一种治疗阿尔茨海默病引起的神经认知障碍的方法是以自由基为作用点。自由基是当 β–淀粉样蛋白分解成片段时形成的分子，会破坏周围脑组织的神经元。抗氧化剂可以解除自由基，因此可能是阿尔茨海默病的另一种治疗方法。生物类黄酮是一种抗氧化剂，天然存在于葡萄酒、茶、水果和蔬菜中。研究者认为天然存在的生物类黄酮（例如在蓝莓中）在降低成年后期记忆丧失的程度上具有重要的预防作用。一项对1300多名法国人的追踪研究发现，生物类黄酮有助于减少阿尔茨海默病的风险。

目前治疗阿尔茨海默病的药物之所以不能被证明有疗效，其中的一个原因是因为除了淀粉样斑块和神经纤维缠结的发展之外，在病程发展过程中还可能发生了其他变化。也需要考虑到包括心血管功能和糖尿病的变化等可能的影响因素。

小案例

由于阿尔茨海默病所致的重度神经认知障碍：可能的

埃伦是一名69岁、已婚的异性恋白人女性。她的丈夫带她去看家庭医生，因为他越来越担心埃伦衰退的记忆力和奇怪的行为，比如她记不起"勺子"和"洗碗机"等基本家用物品的名称。她日常的健忘已经产生了问题，以至于她经常忘记喂狗或者遛狗。几周过去了，埃伦的病情似乎越来越严重。她烹饪时忘记关火以至食物烧焦，洗澡时忘记关水龙头以至浴缸的水溢出。但是她并没有亲属被诊断为早发型阿尔茨海默病的家族史。埃伦的医生向一名神经心理学家询问，后者认为埃伦在记忆、学习和语言方面表现出明显的损伤。此外，全面的体检没有发现她认知症状的其他可能原因，而且她也不符合重性抑郁障碍的诊断标准。

鉴于目前还没有治疗方案可以治愈这种疾病，行为心理学家正在制定策略以最大程度地提高阿尔茨海默病患者的日常功能水平。他们通常把这些努力的目标聚焦于照料者，也就是主要负责照顾患者的人（通常是家人）。照料者经常因为不断地被要求而受到不好的影响，也就是所谓的"照料者的负担"。但是照料者可以学习行为策略，促进他们亲人的独立性，同时减少让他们痛苦的行为的频率。支持小组还可以提供一个论坛，让照料者学习如何管理他们处于这一角色时所产生的情绪压力。

提高患者独立性的行为策略包括给予自我生活维持的提示、线索和指导。例如，临床医生可以鼓励患者重学穿衣服的步骤，然后积极地表扬和关注他们，以作为其完成这些步骤的奖励。通过给患者设立模仿对象，让患者通过模仿重新学习曾经会的技能。照料者还可以学习时间管理，遵循严格的日程时间。这样，患者更有可能过上日常活动规律的生活。这对于患者和照料者都有益处。如果患者恢复了一定程度的独立，就能减少照料者对于患者能够自理的那一部分事务的负担。

行为策略还可以消除，至少能够减少阿尔茨海默病患者走失和攻击行为的次数。一种可能的方法是消退，尽管并不总是能够实行。照料者忽略某些破坏性行为，以消除强化这些行为的维持性因素。然而对于那些可能导致患者受伤的行为，比如离家出走、流落街头，采用消退的方法并不现实。一种可行的方法是给予患者正强化，使其保持在一定的活动范围内；但这可能还不

够，此时照料者需要安装护栏。另一种可行的方法是由照料者确定患者最可能出现问题的情境，比如在浴缸里或者在餐桌上。在这种情况下，照料者可以使用行为疗法。例如，如果在吃饭时遇到困难，照料者可以鼓励患者重新学习使用刀叉，而不是喂他吃饭。同样，这种干预可以减轻照料者的负担，同时也可以提高患者的操作技能。

照料者可以通过个体治疗或支持小组实施行为干预。支持小组的负责人可以将这些方法教给参与者，照料者可以根据他们的经验彼此分享。照料者为彼此提供的情感支持和他们所接受的实际指导同样有价值。最终，阿尔茨海默病患者得到更高质量的护理的同时，也最大程度减小了照料者的负担。

诚如所见，尽管阿尔茨海默病的未来堪忧，并且让所有相关的人都感到痛苦，但是有许多干预措施是有效果的。然而在研究者找到治疗这种疾病的方法之前，临床医生不应该只以在治愈患者方面的进展来衡量治疗是否成功，而是应该更多地关注如何延长患者及其家人保持良好功能的时间。

真实故事

罗纳德·里根：阿尔茨海默病

罗纳德·里根（Ronald Reagan）出生于1911年，年近70岁的他是当时年龄最大的宣誓就职的美国总统。他在1981至1989年间连任两届，被认为是近代历史上最受欢迎的总统之一。他的政治和经济政策改变了美国的面貌，而且任职期间帮助结束了美国和苏联之间的冷战。1994年，里根卸任仅仅4年后，就公开披露自己被诊断患有阿尔茨海默病。他在加利福尼亚州家中的病床上度过3年后，于2004年去世。

里根是伊利诺伊州人，在搬到爱荷华州开始他的广播事业之前，他在尤里卡上过大学。他很快搬到了洛杉矶，开始了他的演艺生涯，主演了许多受欢迎的电影和电视节目。在成为通用电气公司的发言人后，里根开始涉足政坛。在1980年当选总统之前，他曾担任加州州长达10年。在两次竞选失

败后，里根最终击败了时任总统吉米·卡特（Jimmy Carter），当选美国总统。

《纽约时报》（New York）在1997年的一篇文章中描述了里根在被诊断为阿尔茨海默病之后短短几年中的生活。当时，里根看上去一切如常，尽管在不久的将来他会表现出一些更严重的阿尔茨海默病症状。文章指出："如果在86岁的高龄，老电影演员看上去依然是精力充沛、身体健康的形象，那么真相其实是在挥手有力和白发鲜少的背后，这个男人正在一步一步、确确实实地衰老。"里根仍然能够完成自己穿衣等日常生活活动，而且他也继续进行着打高尔夫、锻炼和偶尔公开露面的常规日程。但尽管里根看起来健康且拥有广泛的支持网络，此时他的情况已经开始恶化。

众所周知，罗纳德·里根在任期间的记忆力一直很差，尤其在记人名方面。到了1997年，这种困难更加

明显，他唯一能够一直记住的人就是他的妻子南希（Nancy）。在他的诊断结果被披露之后，关于他在担任总统时是否患有阿尔茨海默病的问题存在很多争议。《纽约时报》的文章引用了里根的医生所说的话，他证实里根在最后一个任期结束至少 3 年后才开始出现一些症状。

"阿尔茨海默病通常被认为影响了患者的家庭，"文章这样说，"因为它无情地切断了沟通，这种疾病不仅给患者，而且给其配偶、亲友带来了孤独、沮丧和困惑。里根的许多老朋友和长期的助理说，他们觉得把患有阿尔茨海默病的里根和从前的他作比较是一件太过痛苦的事。"

2001 年，在这篇文章发表 4 年之后，里根在家中摔了一跤，摔断了髋骨。虽然骨折痊愈了，但由于阿尔茨海默病病情恶化，他开始闲居在家。里根的女儿帕蒂·戴维斯（Patti Davis）在她所著《漫长的告别》（The Long Goodbye）一书中回忆，医生认为里根只能活几个月，但最终他继续活了 4 年。她的书深刻地描绘了垂死于阿尔茨海默病的患者与其家人的心痛与挣扎。帕蒂强调，看着所爱之人患阿尔茨海默病，最痛苦的是患者身心状况恶化的长久过程以及这对家庭的心理影响。

"我是一个一生都在怀念父亲的女儿。"帕蒂说，她描述她的父亲因为担任一个大国领导人长达 8 年，所以几乎没有时间参与孩子的生活。由于里根防备的个性，看着父亲缓慢地离世更让她痛苦。正如帕蒂在书中描写的那样，"就连我母亲也承认他身上有一部分——一个核心——是她无法触及的。"

这本书以收录帕蒂写的日记作为开始，讲述了她看着父亲屈服于病痛的经历。帕蒂是里根的五个孩子中排行老四，经常与她父亲的社会政治观点不合。在书中，她写到他们的关系如何随着时间的流逝而改变，以及在父亲病情的发展过程中她一直陪伴在他身边。不仅仅是父亲和她的关系随着病程而改变，而且因为他们渴望在一起度过这段艰难的时光，所以他们之间的分歧逐渐消失，整个家庭也焕发活力。这种情况并不罕见，因为为了应对患有阿尔茨海默病的亲人的缓慢衰竭，家庭成员们会凝聚在一起。

罗纳德·里根在连任两届美国总统任期结束之后的几年，就开始出现明显的阿尔茨海默病症状。
资料来源：Library of Congress Prints and Photographs Division [LC-DIG-highsm-15747]

"阿尔茨海默病把所有门和出口都上了锁。没有缓刑也无逃脱之法。时间变成了敌人，它似乎在我们面前伸展开来，就像绵延数英里的休耕地。"帕蒂接着描述了这种疾病隐匿的本质，以及她在父亲身上目睹的这些年来疾病的缓慢恶化。随着父亲年龄的增长和阿尔茨海默病的日益严重，帕蒂回忆起她一生中对父亲的记忆——父亲在她的婚礼上发表演讲，和她一起在海里游泳，一起在教堂唱歌。这些记忆对于帮助这个家庭应对慢慢失去父亲的痛苦非常重要。

你把生命注入自己的记忆，因为就在你面前，坐在他常坐的椅子上，或走进大厅，或凝望窗外，是回忆被抹去时唯余空虚的一种提醒。所以你会欣然接受过去的影像或者是一些对话的重现。你会抓住它们，掸去他们身上的灰尘，祈祷他们能像从前那样熠熠生辉。

在她的书中，帕蒂描述了她的母亲在慢慢失去相伴40 多年的丈夫时经历的过程：

我母亲说起她现在生活的孤独。父亲他似乎就在那里，但在各种情形下他都消失了。她会因为父亲常在她背上抹乳液这样小事感到孤独，因为现在他再也无法那样做了。她也会因为未来永远无法和父亲一起度过莫大的、无从抵抗的事情而感到孤独。

帕蒂还提到了南希·里根决定在媒体的关注中对丈夫经历的细节保密：

　　我的妈妈说阿尔茨海默病缓慢夺去一个人的过程就像是一场漫长的告别。这是她仅有的公开言论之一。当涉及我父亲的情况时，我们一致选择保持沉默。这是一句令人心碎的话，她告诉我她不会再说了，因为这会让她流泪。

　　甚至在 2004 年 6 月 5 日，她父亲去世的那天，帕蒂回忆曾有一名记者徘徊在他们家周围，因为当时有传言称父亲即将去世。在里根的弥留之际，家人们齐聚在他床前，帕蒂记得听到隔壁房间传来的关于他病重的新闻报道，越来越多的记者开始打电话并且到他们家来。最后，尽管这个家庭已经为他们父亲的离世做好了准备，但是这并不能抹去他们面对父亲与阿尔茨海默病的斗争终于结束时的痛苦。

　　帕蒂在谈到他们面对父亲的去世的反应时写道：

　　有些时候我们会被回忆鼓舞，有时我们会因悲伤跪倒。尤其是我的母亲，她有时会想为什么他要先离开人世。我们等待他入梦。我们在每一扇敞开的窗吹进的微风中寻找他。我们会深呼吸，等待他的耳语源源不断地传来，告诉我们秘密，让我们微笑。

由于阿尔茨海默病以外的神经系统障碍所致的神经认知障碍

　　神经认知障碍的症状可能有多种成因，包括阿尔茨海默病以外的神经退行性疾病。每种疾病都有单独的诊断。图 13–6 显示了这些神经系统障碍症状之间的重合之处。额颞叶神经认知障碍（frontotemporal neurocognitive disorder）并不像我们在阿尔茨海默病中看到的那样表现为记忆力下降，而是反映在人格变化上，如冷漠、缺乏抑制、强迫和丧失判断力等，最终个体会忘记个人习惯并且失去沟通能力。这种疾病起病是缓慢而隐匿的。尸检显示，大脑额叶和颞叶皮质萎缩，但没有淀粉样斑块或者动脉损伤。

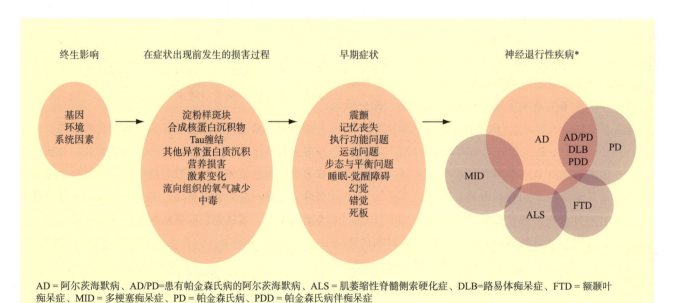

AD = 阿尔茨海默病、AD/PD=患有帕金森氏病的阿尔茨海默病、ALS = 肌萎缩性脊髓侧索硬化症、DLB = 路易体痴呆症、FTD = 额颞叶痴呆症、MID = 多梗塞痴呆症、PD = 帕金森氏病、PDD = 帕金森氏病伴痴呆症

营养影响、毒素的各种终生影响和破坏过程可能会导致类似阿尔茨海默病的症状，这些疾病可能与阿尔茨海默病伴随出现（在重叠的圆圈中显示），也可能独立发生。

图 13–6　可能导致认知功能恶化的其他疾病

资料来源：Progress Report on Alzheimer's Disease 2004–2005, U.S. Department of Health and Human Services.

神经认知障碍伴路易体（neurocognitive disorder with Lewy bodies）的特征是记忆、语言、计算和推理等高级心理功能的逐渐丧失。这种疾病的名字来源于大脑中存在的路易体，即一种叫作 α-突触核蛋白的蛋白质的异常沉积。这些沉积物影响多巴胺和去甲肾上腺素，进而影响运动功能和记忆。神经认知障碍伴路易体的患者除了认知改变之外，还会产生情绪和运动的改变。

神经认知障碍的另一个可能原因是影响大脑血液供应的心血管疾病。这种被称为血管性神经认知障碍（vascular neurocognitive disorder）的情况是非常普遍的，研究者会将其与各种心血管危险因素联系起来。最常见的形式是多发脑梗死性痴呆（multi-infarct dementia, MID），其起因是流向大脑的血流因动脉堵塞或爆裂而中断引起的瞬时发作。动脉的损伤剥夺了周围神经元的血液和氧气，导致神经元死亡。尽管每个梗塞大小而常被忽视，但随着时间推移，由梗塞引起的进行性损伤会导致个体丧失认知能力。记忆损伤似乎与阿尔茨海默病中观察到的相似，但是这两种疾病之间存在一些显著的差异。血管性神经认知障碍患者表现出一系列特殊的生理异常，如行走困难和四肢无力，且认知功能模式也与阿尔茨海默病患者明显不同。

名词解释

额颞叶神经认知障碍 一种涉及大脑颞额叶区域的神经认知障碍。

神经认知障碍伴路易体 因整个大脑中路易体的异常积累导致的、一种伴随着记忆、语言、计算和推理等高级心理功能能力逐渐丧失的神经认知障碍。

血管性神经认知障碍 一种由血管疾病引起的神经认知障碍，会导致大脑供血不足。

多发脑梗死性痴呆 一种神经认知障碍，起因是流向大脑的血流因堵塞或动脉爆裂而中断的短暂发作。

在血管性神经认知障碍的典型临床表现中，某些认知功能保持完整，而另一些则表现出明显的丧失，神经心理学家称之为斑片状退化（patchy deterioration）。血管性神经认知障碍的另一个独特特征是，它表现为认知功能的阶梯式恶化：之前相对正常的功能突然丧失或严重恶化；这与阿尔茨海默病逐渐恶化的模式形成了鲜明对比。

正如阿尔茨海默病一样，没有任何治疗方法可以逆转血管性神经认知障碍的认知损害。但是个体可以在整个成年期采取预防措施，以保护自己不受这种疾病的影响。其中，降低患高血压和糖尿病的风险是降低晚年患认知障碍可能性的一个重要途径。

皮克氏病（Pick's disease）是一种相对罕见的渐进的退行性疾病，影响大脑皮层的额叶和颞叶，它是由神经元中不常见的蛋白质沉积（称为皮克小体）的积累引起的。除了有记忆问题，患有这种疾病的人在社交上变得不受控制，要么表现得不恰当和冲动，要么表现得冷漠和无动力。与阿尔茨海默病的功能变化顺序不同，皮克氏症患者在开始出现记忆问题之前会先经历人格改变。例如，他们可能会经历社交能力下降、语言异常、情绪低落和控制力丧失等。

由于帕金森氏病所致的神经认知障碍（neurocognitive disorder due to Parkinson's disease）会导致控制运动的皮层下结构基底神经节中的神经元变性。大脑皮层的弥散区域可能会因此恶化。认知变化并不会在所有帕金森氏病患者身上发生，但研究人员估计，认知改变的发病率高达 60%，其中大多数是年龄较大、处于在疾病晚期的人。帕金森氏病通常是渐进性的，最显著的特征是各种运动障碍。例如，在休息时，人的手、腿或头可能会不由自主地颤抖。肌肉变得僵硬，人很难开始运动，这种症状称为失运动症（akinesia）。运动活动普遍减缓，称为运动迟缓（bradykinesia），也会丧失精细运动协调性。有些帕金森氏病患者走路步态缓慢、拖沓。他们刚开始走路困难，一旦发病就很难停止恶化。除了这些运动异常之外，他们还表现出认知能力下降的迹象，例如视觉识别任务的扫描速度减慢、概念灵活性减弱、运动反应减慢等。患者的脸也显得毫无表情，说话变得呆板，失去了正常的节奏感。在语言流利性的测试中，患者很难写出单词。但是患者的许多认知功能，如注意力、专注力和瞬时记忆，仍然完好无损。

名词解释

皮克氏病 一种相对罕见的退化性疾病，影响大脑皮层的额叶和颞叶，可引起神经认知障碍。

由于帕金森氏病所致的神经认知障碍　一种包括控制运动的皮层下结构的神经元退化的神经认知障碍。

失运动症　一种运动障碍，人的肌肉变得僵硬，很难开始运动。

运动迟缓　一种运动障碍，包括运动活动的普遍减缓。

作为最知名的帕金森氏病患者之一，演员迈克尔·J. 福克斯（Michael J. Fox）引起了公众对这一致残情况的关注。
©Kathy Hutchins/Shutterstock

由于亨廷顿氏病所致的神经认知障碍（neurocognitive disorder due to Huntington's disease）虽然主要症状为丧失运动控制，但其实是一种退行性神经障碍，也会影响人格和认知功能。研究人员将亨廷顿氏病追溯到 4 号染色体上的异常，这种异常导致一种蛋白质（现在被称为"亨廷顿蛋白"）积聚并达到有毒的水平。症状首先在成年期出现，发病年龄在 30 ～ 50 岁，这种疾病导致控制运动行为的皮层下结构神经元死亡。

亨廷顿氏病会引起许多障碍，包括认知功能的改变以及社会和人格的改变。我们将这种疾病与情绪紊乱、性格变化、易怒易爆、自杀、性行为变化以及一系列特定的认知缺陷联系起来。因为这些症状，即使个体没有相关病史，临床医生也可能会错误地将其诊断为精神分裂症或情绪障碍。因为他们计划、发起或执行复杂活动的能力下降，亨廷顿氏病患者也可能表现得冷漠。他们不受控制的运动会干扰所有需要持续执行的行为持续，甚至影响直立姿势的保持，最终大多数亨廷顿氏病患者会卧床不起。

由于朊病毒病所致的神经认知障碍（neurocognitive disorder due to prion disease），又被称为"克－雅氏病"（Creutzfeldt-Jakob disease），是一种罕见的被称为**朊病毒病**（prion disease）的神经系统障碍，研究者认为其是由传染源引起的，导致大脑中蛋白质异常聚集。这种疾病最初的症状包括疲劳、食欲紊乱、睡眠问题和注意力不集中。随着病情的发展，个体表现出越来越多神经认知丧失的迹象，直至去世。在这些症状的背后是一种被称为海绵状脑病（spongiform encephalopathy）带来的广泛损害，这意味着脑组织中会出现大的空洞。这种疾病似乎是通过某些牛传染给人类的，这些牛吃了感染这种疾病而死去的农场动物（特别是绵羊，在其中被称为"羊瘙痒病"）的身体部位。1996 年，英国"疯牛病"的流行，以及人类感染疯牛病的病例报告，导致英国牛肉被其他国家禁止进口。在欧洲国家和美国，人们对这种疾病的担忧目前依然存在。

名词解释

由于亨廷顿氏病所致的神经认知障碍　一种引起神经认知障碍的遗传性疾病，包括皮质下脑结构和控制运动的额叶皮质部分的广泛退化。

由于朊病毒病所致的神经认知障碍（克－雅氏病）　一种由动物传染给人类的神经系统疾病，由于大脑中蛋白质的异常聚集而导致神经认知障碍和死亡。

朊病毒病　由感染脑组织的异常蛋白质颗粒引起的疾病。

由于创伤性脑损伤所致的神经认知障碍

创伤性脑损伤（traumatic brain injury，TBI）是指

头部创伤导致意识改变或丧失、或创伤后失忆等。由于创伤性脑损伤所致的神经认知障碍（neurocognitive disorder due to traumatic brain injury）的诊断标准要求有头部撞击、意识丧失、创伤后遗忘症、定向障碍与混乱以及癫痫等神经异常的证据。症状必须在创伤后或意识恢复后立即出现，并且在急性创伤后时期还持续。

名词解释

创伤性脑损伤　因创伤造成的大脑损害。

由于创伤性脑损伤所致的神经认知障碍　有证据表明头部受到撞击且伴随认知和神经系统症状的一种障碍，这些症状持续超过急性创伤后时期。

2013 年，大约有 280 万例与创伤性脑损伤相关的住院、急诊就诊和死亡病例（见图 13-7）。0 ~ 4 岁的儿童、15 ~ 24 岁的青少年与年轻人以及 75 岁以上的成年人患创伤性脑损伤的风险最高。74 岁以上的成年人因脑损伤住院和死亡的比率最高。这些年龄段的人因为不同的原因而遭受意外的创伤性脑损伤。儿童和青少年最可能因摔倒、运动受伤和事故而导致创伤性脑损伤。在老年人中，摔倒是创伤性脑损伤最常见的原因；摔倒对于这个年龄段的人来说也是最致命的，因为摔倒通常也会引起其他严重的伤害和并发症。

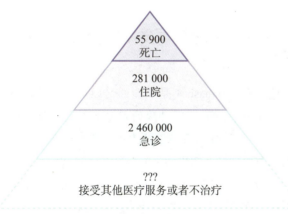

图 13-7　美国创伤性脑损伤的发病率估计和相关风险，2013 年
资料来源：Taylor, Bell, Breiding, & Xu, 2017

在伊拉克和阿富汗战争的美国士兵中，高达 12% ~ 20% 的人因为简易爆炸装置（improvised explosive devices，IED）受伤而导致创伤性脑损伤。这些病例中大多数受伤程度相对较轻，他们出现了 30 分钟以内的意识丧失，或者 24 小时以内的创伤后遗忘症（post-traumatic amnesia）。大多数受害者在受伤六个月后康复，但有一小部分士兵并没有。另一部分士兵可能有无法察觉的症状持续到他们军队部署之后。创伤性脑损伤不仅会带来严重的健康风险，而且经历过创伤性脑损伤的退伍军人更容易换上创伤后应激障碍、焦虑和适应障碍。与以往的退伍军人不同，那些参加过伊拉克和阿富汗战争的人更可能头部受伤，因为比起以往战争中士兵所佩戴的头盔，他们的现代头盔可以提供更好的保护。因此，他们会在爆炸中幸存下来，却可能遭受了严重的头部（和其他）伤害。

患有轻度创伤性脑损伤的人可能会经历一种被称为脑震荡后综合征（postconcussion syndrome，PCS）的相关症状。在这一情况下，他们会出现疲劳、头晕、注意力不集中、记忆问题、头痛、失眠和易怒等症状。最有可能发展成为脑震荡后综合征的个体是那些在受伤前有焦虑或者抑郁障碍、在受伤后约有 5 天急性创伤后应激的人。然而，脑震荡后综合征也可能发生在实际上并没有遭受轻度创伤性脑损伤但具有上述特征的创伤患者身上。

名词解释

脑震荡后综合征　一种一系列生理、情感和认知症状持续数周至数年的障碍。

职业运动员也可能遭受轻度的创伤性脑损伤，尤其是那些从事接触性运动如足球和曲棍球的运动员。他们的伤势在发生时可能没有得到正确地评估，导致他们在尚未完全恢复前就返回赛场。尽管他们似乎已经康复到可以重返赛场了，但他们仍然可能遭受精神上的损伤，而且这种损伤只在将来才会显现。在一项针对从事高接触性运动的男女大学生运动员的研究中，研究者发现那些即使看起来没有遭受脑震荡的运动员，记忆也会受损。与创伤受害者不同，运动员更有可能在 2 ~ 14 天就恢复到原有功能水平。

一段时间内的反复受伤，就像大学球队和职业足球运动员常常经历的那样，可能会导致慢性创伤脑病（chronic traumatic encephalography，CTE），它会引起一种形式的神经认知障碍并可能导致早逝。足球运动员尤其可能会经历这种与额叶损伤有关的执行功能缺陷。慢性创伤脑病的影响至少有部分源自 tau 蛋白的改变，从而导致在运动控制和认知功能活跃的脑区出现神经纤维缠结。

由于创伤性脑损伤所致的神经认知障碍

斯蒂芬是一名 28 岁的已婚异性恋男性，自从六年前大学毕业后，他就一直参加美国国家橄榄球联盟。在一场比赛中，当一名球员抢他的球时，他受了特别严重的伤。斯蒂芬的头盔掉了，导致了脑损伤。他被带离赛场，由队医检查伤情。在检查的过程中，他记不清自己的年龄、出生地、是否结婚，也记不清前两周发生的任何事情。无法回忆自己的过去让斯蒂芬非常苦恼。但是，他回忆起去医院的救护车或第一次检查他的队医的名字却毫不费力。住院治疗三天后，斯蒂芬被转送到康复机构，在那里他接受为期三个月的记忆治疗以学习记忆策略，回忆重要信息。

物质／药物以及由于艾滋病病毒感染所致的神经认知障碍

许多种传染病都可能导致引发神经认知障碍的改变。这些疾病包括神经梅毒、脑炎、结核病、脑膜炎、人类免疫缺陷病毒（human immunodeficiency virus，HIV）和大脑局部感染。肾功能衰竭的人可能会有神经认知障碍的症状，这是因为肾脏无法从血液中清除有毒物质的积累所致。患有某些脑肿瘤的人也会经历认知损伤和其他神经认知障碍的症状。

个体的认知功能也可能受到缺氧（大脑缺氧）的负面影响，缺氧可能发生在全身麻醉的手术中或者一氧化碳中毒时。缺氧会对许多大脑功能产生严重影响，因为如果发生缺氧，那么神经元很快就会死亡。因为大脑神经元不能自我更新，而神经元的大量缺失会导致具象思维和多种功能的损害，比如学习新事物的能力、注意力、专注度和追踪等。缺氧导致的大脑损伤引起的情绪影响包括情感迟钝和缺乏抑制。这些变化会极大地降低人们计划、启动和执行活动的能力。

接触某些药物和环境毒素会导致大脑损伤，并导致一种名叫"物质／药物所致的神经认知障碍"的情况。这类毒素可能来自室内涂料、塑料制造中使用的苯乙烯以及从石油中蒸馏的燃料产生的浓烟。

营养不足也会导致认知能力下降。严重营养不良的人容易缺乏一种重要的营养素——叶酸，从而导致进行性脑萎缩（progressive cerebral atrophy）。如果不能通过改善饮食来弥补这种缺陷，那么个体可能会变得抑郁，并且表现出各种认知障碍，例如记忆力下降和抽象推理能力受损等。

如果患者接受及时且适当的治疗，躯体障碍和中毒反应引起的认知受损可能是可治愈的。但是如果在早期阶段没有对可治疗的神经认知障碍进行干预，脑损伤将不可逆转。大脑结构损伤的范围越广，人们能够恢复已丧失的功能的可能性就越低。

在采取抗逆转录病毒疗法治疗人类免疫缺陷病毒引起的获得性免疫缺陷综合征（acquired immune deficiency syndrome，AIDS）之前，神经认知障碍是艾滋病晚期的一种常见的、毁灭性的并发症。随着治疗方法的进步，这种被称为艾滋病痴呆综合征（AIDS dementia complex）的情况已经不那么常见了；然而，在未经诊断和治疗的人群中，这种病例还在持续上升，而且在发展中国家尤其普遍。

由于其他一般躯体疾病所致的神经认知障碍

遗忘症（amnesia）是不能回忆以前学习的信息和生成新的记忆。在《精神障碍诊断与统计手册（第五版）》中，遗忘症患者被诊断为由于其他一般躯体疾病所致的重度神经认知障碍（major neurocognitive disorder due to another general medical condition）。他们的记忆丧失可能是因为各种各样的躯体疾病，包括头部创伤、缺氧和单纯性疱疹。

名词解释

遗忘症　不能回忆以前学过的信息或生成新的记忆。
由于其他一般躯体疾病所致的重度神经认知障碍　认知障碍，包括不能回忆以前学习的信息或生成新的记忆。

当毒品或药物引起严重记忆损害时，就会引起由物质所致的持续性遗忘障碍。处方药、违禁药品、工业溶剂，以及铅、汞和杀虫剂等环境毒素，这一系列物质都可能会导致上述这种情况。这种神经认知障碍最常见的原因是长期酗酒。记忆丧失必须持续一段时间，临床医生才会给出由于其他一般躯体疾病所致的神经认知障碍的诊断。对一些人，特别是长期酗酒的人来说，由于一般躯体疾病所致的神经认知障碍会持续终生，造成严重的损害，以至于他们需要长期看护。对于其他人，如那些由药物所致的情况，则可能会完全康复。

神经认知障碍：生物－心理－社会视角

我们可以从生物学视角更好地理解本章所讨论的障碍所造成的认知损害。但是生物学的视角尚无法产生一个可行的治疗方案，来治疗这些障碍中最具破坏性的一种疾病——阿尔茨海默病。在研究者找到治疗方法前，生活中受到疾病影响的个体及其家人必然愿意尝试各种方法以减轻痛苦。为了探索减少照料者压力的方法，许多研究项目目前正在进行中。其中一些方法采用了诸如计算机网络等创新的高科技方法。其他方法则采取更为传统的方式，为阿尔茨海默病患者及其家人提供情感支持。运用认知行为和其他疗法来帮助治疗阿尔茨海默病是另一种有效的方法。由此看来，在所有关于认识和治疗阿尔茨海默病患者的研究中，关键在于心理学家没有必要等待生物医学研究者发现一种治愈方法之后再采取行动。他们可以做很多事来改善阿尔茨海默病患者的生活质量，帮助他们尽可能长时间地维持他们的功能和尊严。

 个案回顾

艾琳·海勒

艾琳的核磁共振显示，她的大脑皮层和皮层下结构有多个血管团，证实了对她的血管疾病导致的神经认知障碍的诊断。由于她在症状发作时，曾有过四处游荡的行为，因此在诊断增加了"伴有行为障碍"的标注。

确诊之后，艾琳立即开始服药。几周后，她和家人开始注意到她已经恢复到"病前"（以前）的功能水平。在她求助的神经心理学家的推荐下，艾琳开始参加一个由她所在城市的社区中心为那些被诊断为血管疾病导致的神经认知障碍患者提供的支持小组。艾琳每周都积极参加，并且她反馈说自己获益于这一组织的社会支持，也对这种疾病对个体的不同影响有了更多了解。支持小组还教艾琳注意自己认知或运动方面的一些变化，如果出现任何新的困难，应该立即咨询医生。因为记忆力提高了，艾琳现在记得按照处方注射胰岛素，所以她的健康状况保持稳定。艾琳对能够重新参加日常活动感到享受，并且和家人一起欢度时光，不再受到运动障碍的困扰。艾琳每六个月将接受一次简短的神经心理学测试，以检查她的认知能力是否进一步恶化，并且评估她的治疗方案疗效如何。

托宾医生的反思： 中风可能导致血管疾病所致的神经认知障碍。因为艾琳的症状表现为不规则的部分功能恶化，所以她的症状很可能是由于脑血管疾病的渐进过程造成的。在很多情况下，成年人会有一段时间的轻度神经认知障碍症状。艾琳很幸运有细心的孩子，他们在症状出现后很快就注意到了她的症状。而且她能够寻求治疗，我希望这种治疗能够减缓她疾病的发展。她也很幸运，因为她的诊断是结合多方面检查的仔细思考的结果。但有很多因血管疾病导致神经认知障碍的老年人被错误地诊断为阿尔茨海默病，这种疾病不可治愈，而且需要不同于血管性神经认知障碍的治疗和病例规划。

总结

◎ 神经认知障碍（以前被称为"谵妄""痴呆""遗忘症"和"其他认知障碍"）是指脑损伤、疾病或接触有毒物质等原因导致的，以认知损伤为核心特征的疾病。

◎ 谵妄是一种暂时的状态，在这种状态下，个体会经历意识的模糊。他们不知道正在发生什么，无法集中注意力。他们经历了记忆模糊、无法定向等认知变化，并且可能有诸如胡言乱语、妄想、幻觉和情绪障碍等其他症状。谵妄是由大脑新陈代谢改变引起的，可以由物质中毒或戒断、头部损伤、高烧和缺乏维生素等多种因素导致。一般起病迅速，病程短。

◎ 这些障碍中最著名的是由于阿尔茨海默病所致的神经认知障碍，其症状的特征是渐进性认知损伤，包括一个人的记忆、沟通能力、判断能力、运动协调能力和学习新知识的能力。除了经历认知上的改变，患者还会经历个性和情绪状态的改变。因为血管性神经认知障碍和重性抑郁障碍等疾病与阿尔茨海默病的症状相似，所以阿尔茨海默病的诊断是很难的。

◎ 在有关阿尔茨海默病病因的理论中，生物学观点占主导地位。目前的研究主要集中在神经系统的异常，尤其是大脑中两种结构的变化。第一个变化是神经纤维缠结的形成，在这种缠结中，神经元胞体内的细胞物质被密集的、扭曲的微纤维蛋白或微小的蛋白质链所取代。第二个变化是淀粉样斑块的形成，它是由死亡或者濒死的神经元与蛋白质分子碎片混合而成的团簇。尽管目前尚无疗法可以治疗这种疾病，但是胆碱酯酶抑制剂药物可以减缓认知功能下降的发展。在缺乏生物疗法的情况下，心理学的观点已经指导使用精神药理学药物来缓解抑郁等继发症状。研究者正在探索社会因素，例如某些行为在预防疾病发展中的作用。另外，专家们正在改进管理症状的行为技术，并制定减轻照料者负担的方法策略。

◎ 其他疾病以及物质或药物治疗的结果也可能导致神经认知障碍，它们也可能和人类免疫缺陷病毒感染导致的艾滋病等传染性疾病有关。

◎ 研究者愈发意识到创伤性脑损伤（创伤性脑损伤）是精神和生理功能障碍的一个重要原因。

◎ 由其他一般躯体疾病所致的重度神经认知障碍是一种人们无法回忆以前学习过的信息或生成新记忆的障碍。这种疾病是由于物质使用或诸如头部损伤、缺氧、单纯疱疹等躯体问题导致的。

第 14 章

人格障碍

通过本章学习我们能够：

☐ 描述人格障碍的本质和《精神障碍诊断与统计手册（第五版）》中的选择性诊断系统；

☐ 识别 A 类人格障碍的特点、理论和治疗方法；

☐ 识别 B 类人格障碍的特点、理论和治疗方法；

☐ 识别 C 类人格障碍的特点、理论和治疗方法；

☐ 从生物－心理－社会的观点分析人格障碍。

©Thinkstock Images/Getty Images

个案报告

哈罗德·莫里尔

人口学信息： 21 岁，单身，异性恋，高加索男性

主诉问题： 由于自我报告的自杀意念，即一种强烈的、普遍的自杀欲望，哈罗德在他大学的咨询中心接受了一次紧急入院评估。他表现得很愤怒，情绪很不稳定，在整个访谈过程中，他很频繁地表现出对咨询师感到懊恼。哈罗德报告说，这不是他第一次想要自杀，而且在未经提前说明的情况下，他向咨询师展示了他左前臂上的一个巨大的垂直疤痕，表明他以前曾试图自杀。他说他割腕时只有 17 岁，当时他受到酒精和可卡因的影响，而且几乎不记得这件事了。在那次自杀未遂后，哈罗德被送入精神科住院病房，并通过药物治疗来稳定病情，但他在出院后未遵循医嘱，自行停止了药物治疗。

在评估过程中，当被问及有关他过去的问题时，哈罗德变得非常激动，一度对咨询师大喊大叫，并威胁要冲出房间。咨询师让他平静下来后，哈罗德含泪说"我真是受够了这种感觉"，并同意继续进行评估。

哈罗德报告说，他很少有亲密的人际关系。他说他在学校没有任何亲密的朋友，仅在大一期间就换过四次宿舍。他含糊其辞地描述了原因，只说"我所有的室友都是混蛋"。哈罗德继续谈论他在过去四年中的恋爱史。每段关系都仅持续了几个星期，最长的是两个月，通常都会因为"爆发性"的争吵而结束。当被问及争吵的性质时，哈罗德说在每段关系中，他都指责女方不忠，并立即结束了这段关系。他描述说："我觉得没有人能够让我幸福。我甚至不知道为什么我要尝试。我所做的一切都不能让我感觉更好，所以我不断尝试新的东西，寻找新的人，但都没有效果。"他将此与他反复出现的自杀意念和过去的自杀行为联系起来。当被问及他的家人时，哈罗德报告说，他对他们以及他们在儿童时期对待他的方式感到"厌恶"（见"既往史"）。

哈罗德报告说，他经常酗酒（每周多达七天），而且他通常会喝到昏过去的程度。他描述说，他主要喜欢去酒吧，并在 21 岁之前用假身份证去酒吧。他解释说，他喜欢结识新朋友，喝酒"可以让我不至于一直这么无聊"。哈罗德还报告了自 13 岁以来的物质滥用史，包括大麻、可卡因和摇头丸。他曾在校园里被警察抓到携带药物，不过他免于被捕。他在大一期间因酒后驾车被捕，并参加了酒精使用的教育课程，他称这"完全是浪费我的时间"。被捕后，哈罗德失去了他的驾驶执照，这让他非常沮丧，因为当他对自己的城市感到厌倦时，他通常喜欢开车去其他城镇的酒吧。之后他重新获得了驾照，并一直频繁出入酒吧，大量饮酒，直到本次收治评估前的三周。

哈罗德解释说，在过去的三个星期里，他大部分时间都独自待在房间里。他说："怎么会有人愿意和一个这样糟糕的人待在一起？这就是我想死的原因。"他还辞去了在一家杂货店的兼职工作，每周只上几节课。他无法回忆起引发他目前抑郁症状的具体事件，当被问及此事时，他泪流满面，向咨询师恳求帮助："我只知道我要杀了自己。"他展示了他腿上的烧伤痕迹，似乎是最近造成的。临床医生评估了哈罗德目前的自杀意念，和他签订安全协议，这意味着他同意不伤害自己，并承诺如果他的自杀意念越来越强烈，他会打电话给急救室或咨询中心。然后哈罗德问咨询师她是否可以成为他的治疗师。咨询师说明了咨询中心的政策，即作为收治入院的临床医生，她不能接待正在接受心理治疗评估的来访。"就像一个典型的女人，"他反驳道，"你就是不想和我在一起。反正我觉得你的工作做得很糟糕。"

既往史： 哈罗德说，他过去曾参加过心理治疗，但在解释自己为什么没有长期接受心理治疗时，他提到了他的治疗师，他"讨厌每一个（治疗师）"。从 14 岁开始，他见过大约五位不同的治疗师，但他将这些经历描述为"不舒服，只是奇怪。他们并不了解我"。当医生问哈罗德为什么在青少年时期接受治疗

时，他说："我想是我妈妈认为我搞砸了。我觉得我不需要它。"他将自己的童年描述为"一场灾难"，他的父亲是一个严重酗酒的人，经常在感情上以及有时在身体上对他进行虐待。他报告说，他的母亲要做两份工作以支持家庭，因此，他小时候大部分时间都是一个人。

个案概念化： 哈罗德在评估过程中的行为和报告符合《精神障碍诊断与统计手册（第五版）》定义的人格障碍的诊断标准，具体来说，他的症状符合边缘型人格障碍的诊断标准。虽然他经常滥用物质，但哈罗德的人格障碍不是物质使用的结果，而是一种冲动和无力应对强烈情绪的反映，这是典型的边缘型人格障碍。

他过去三周的抑郁症状符合重性抑郁障碍发作的标准，但尚不清楚这些症状是否频繁发作或者是一次单独的、严重的发作。考虑到他之前的自杀企图，他有可能有周期性的抑郁发作，然而，这可能与他的边缘型人格障碍的特征——不稳定性更密切相关。因此，重性抑郁障碍被排除在诊断之外。

治疗方案： 辩证行为疗法是目前治疗边缘型人格障碍的首选方法，它是由强化的个体心理治疗和团体治疗相结合。在哈罗德与咨询师制订了一个安全计划之后，他被推荐到一个离他的大学校园两英里的私人辩证行为疗法门诊部门。哈罗德还被转介到学校的精神科医生那里进行药物咨询。

萨拉·托宾博士，临床医生

在这一章中，我们的重点将转移到一组代表个人自我理解、与他人联系的方式和人格特质方面长期存在障碍的精神障碍。正如我们在第4章"理论视角"中所讨论的，人格特质是对环境和他人的感知、联系和思考的一种持久模式，这种模式是一个人的大部分互动和经历的特征。大多数人能够以灵活的方式运用他们的个性特征，根据情况的需要调整他们的反应。然而，当人们僵化地固定在某一特定的特征上时，他们可能会将自己置于人格障碍的风险之中。

人格障碍的本质

人格特征何时会成为一种障碍？可能当某种特定的反应方式发展成一种固定的模式，损害一个人正常的工作能力的时候。也许你是那种喜欢让你的房间看起来"恰到好处"的人。如果有人把你的书搬来搬去或改变你衣架上衣服的排列，你可能会感到有点困扰。但是在什么情况下，你对物品顺序变化的不满意会变得如此棘手，以至于你已经从一个有点挑剔的人变成了一个以极端死板为特征的人格障碍呢？这种行为模式是否应该将你归入一个有一套独特标准的诊断类别，将你与具有其他人格特征和相关行为的人区分开来？这些都是在本章中你将读到的障碍的诊断中提出的问题。

《精神障碍诊断与统计手册（第五版）》中的人格障碍

人格障碍（personality disorder）是一种根深蒂固的与他人、情境和事件相关的模式，其特点是内心体验和行为的僵化与不适应，可追溯到青少年时期或成年早期。在《精神障碍诊断与统计手册（第五版）》的概念中，人格障碍代表了一组可区分的行为，分为10个不同的类别（加上一个额外的"未特定"的诊断）。符合心理障碍的一般定义，人格障碍的患者明显地偏离了个体的文化，并导致了痛苦或功能损害。人格障碍所代表的行为类型可以是过度依赖、对亲密关系的过度恐惧、强烈的担忧、剥削或无法控制的愤怒，为了符合目前的诊断标准，这些行为必须在认知、情感、人际功能和冲动控制这四个领域中的至少有两个表现。作为这些行为的后果，个人经历了痛苦或功能损害。

名词解释

人格障碍 与他人、环境和事件相关的根深蒂固的模式，涉及一种僵化的、不适应的内在经验和行为模式，可以追溯到青春期或成年早期。

《精神障碍诊断与统计手册（第五版）》根据这10种诊断的基本特征，将其分为三个类别。A类包括偏执型、分裂型和分裂样人格障碍，所有这些人格障碍都有奇怪和古怪的行为特征。B 类包括反社会型、边缘型、表演型和自恋型人格障碍，其特点是过度紧张、情绪化、反复无常或不可预测的态度和行为。C 类包括回避型、依赖型和强迫型人格障碍，它们都表现出焦虑和恐惧的行为。第 11 个人格障碍是为那些没有明确满足其他 10 个诊断标准之一的人保留的，这就是为什么它被贴上了"未特定"的标签。

由于每一种人格障碍都被定义为一个独特的障碍，临床医生在评估个人的诊断时，必须确定来访者在每个类别中符合多少个标准，并在此基础上做出诊断。临床医生可以首先尝试将个人最突出的症状与诊断标准相匹配。如果来访者不符合该障碍的标准，临床医生可能会转向另一种障碍，或者诊断来访者患有"未特定"的人格障碍，因为它不能被单独的诊断。

目前，在美国和英国的研究中，全国代表性样本中人格障碍的总流行率为 9%~10%。人格障碍与物质依赖高度共病。例如，在反社会型人格障碍患者中，酒精依赖的终生流行率为 27%，尼古丁依赖为 59%。

《精神障碍诊断与统计手册（第五版）》中有什么

人格障碍的维度化

人格障碍与其说是疾病，不如说是个人与他人关系和自我体验的核心方式的特征。它的历史反映了那些支持分类诊断的人和那些支持人格特质评级系统的人之间的矛盾。支持按维度分类的人认为，我们不能把人格的许多复杂方面概括为一组离散的单位。然而，临床医生习惯于用分类的方式来思考这些障碍。把来访者描述为符合"边缘型人格障碍"的诊断类别，比列出特定个体所表现出的所有人格特征更方便。因此，分类系统的支持者认为，这些诊断是捕捉人格障碍本质的一种更合法的方式。

在等待《精神障碍诊断与统计手册（第五版）》最终修订版的过程中，人格障碍领域或许受到了临床医生和研究人员最大的关注，这也反映了这些争论。为了满足两种方法的支持者，《精神障碍诊断与统计手册（第五版）》的作者最初提出了一个折中方案，包括对六种人格障碍的分类诊断以及对病态人格特征的维度评定系统。然而，这些变化并没有被落实。当美国精神医学学会委员会就批准《精神障碍诊断与统计手册（第五版）》的修改进行最后表决时，他们拒绝了对《精神障碍诊断与统计手册（第四版-修订版）》系统的任何修改。

虽然人格障碍的维度系统被否决了，但美国精神医学学会委员会决定它可以被纳入《精神障碍诊断与统计手册（第五版）》的第三部分，在那里它可以接受继续测试。如果这被普遍接受，未来的《精神障碍诊断与统计手册（第五版-修订版）》可能会采用维度来代替分类诊断。

《精神障碍诊断与统计手册（第五版）》第三部分中的备选人格障碍诊断系统

正如你所看到的，人格障碍代表了不同的诊断实体。人们可以在某个特定的人格特征上表现得很高或很低，比如外向性或尽责性，而他们要么有要么没有某个特定的人格障碍。

那些对《精神障碍诊断与统计手册（第五版）》持批评态度的人认为，《精神障碍诊断与统计手册（第五版）》中的 10 个诊断需要对现实中作为一个连续体出现的行为和特质做出太多精细的区分（见上文《精神障碍诊断与统计手册（第五版）》中有什么"）。事实上，由于该系统要求强制选择类别，临床医生发现他们最常使用的是诊断类型是"未特定的人格障碍"这一不太精确的诊断。

为了回应这些批评和质疑，尽管保留了分类诊断系统，但《精神障碍诊断与统计手册（第五版）》的作者决定在实验的基础上加入对病态人格特征的维度评定。临床医生可以利用它，从六种最容易区分的人格障碍的维度来评估每一种人格障碍相应的人格特质和人际功能，这个评估系统如表 14-1 所示。它仍然保留在《精神障碍诊断与统计手册（第五版）》的第三部分，允许临床医生和研究人员测试这一新系统，并帮助决定它是否应该取代分类诊断系统。

表 14-1　　　　　　《精神障碍诊断与统计手册（第五版）》第三部分中人格障碍的维度评分

人格障碍	人格功能		人际功能		人格特质
	身份	自主性	同理心	亲密关系	
反社会型人格障碍	以自我为中心，以能够获得权力为基础的自尊	根据个人需要设定目标；不遵守法律或道德标准	缺乏理解他人感受和需求的能力	无法投入到双向的亲密关系中	对抗的 / 去抑制的
回避型人格障碍	低自尊，认为自己在社会上低人一等	无法承担风险或参与涉及与他人接触的新活动。	沉浸于被批评或被拒绝	除非确信自己被喜欢，否则难以建立亲密关系	情绪消极 / 疏离
边缘型人格障碍	发展不良和不稳定的自我形象；慢性空虚感	不稳定的目标、抱负和计划	无法理解他人的感受	紧张、冲突和不稳定的关系	情绪消极 / 去抑制的 / 拮抗的
自恋型人格障碍	过度依赖他人的赞赏	设定过高或过低的标准	由于极度的自我关注，无法判断他人的感受	肤浅的人际关系；只从自己的自尊心出发，与他人建立联系	对抗的
强迫型人格障碍	主要从工作或生产中获得身份认同	由于标准过高而难以完成的任务	难以理解他人的感受	将工作看得比人际关系更重要	极端尽责的 / 情绪消极 / 疏离
分裂型人格障碍	无法区分自我和他人的界限	没有明确的目标	误解他人的感受	对亲密关系不信任并感到焦虑	神经质 / 疏离

为了使用第三部分的维度评级，临床医生从六个人格障碍诊断中指定一个给他们的患者，然后从上述五个维度（分为三组）来评估他们。第一组维度反映的是"人格功能"，定义为个体的身份认同和自主性。第二组包括对"人际功能"的两个评级，即对患者理解他人观点（同理心）和建立亲密关系（亲密感）的能力进行评估。临床医生在这些领域对个人进行从轻度到极端的评级。第三组实际上是对患者在六种人格障碍中的每一种相关特征的单一评分。

表 14-2 简要总结了如何使用维度标准诊断人格障碍，表 14-3 定义了表 14-1 中列出的每个人格特征。请记住，这个系统，作为目前正在使用的《精神障碍诊断与统计手册（第五版）》分类系统的替代，还没有完成，但正在被积极研究。到目前为止，证据普遍支持第三部分维度评分系统，但它也表明，在该系统能够完全取代分类系统之前，还需要进一步完善。

表 14-2　　　　　　　　　　　第三部分中人格障碍的一般标准

- 自我和人际功能表现为中度或重度人格障碍（表 1）
- 一种或多种病态人格特质（表 3）
- 这些障碍相对不灵活，在各种情况下普遍存在，在不同时期都很稳定，而且至少可以追溯到青少年时期或成年早期
- 另一种精神障碍不能更好地解释这些损害，也不能归因于某种物质或其他医疗状况的生理影响
- 就个人的发展水平或社会和文化背景而言，这些障碍不能被更好地理解为正常情况

注：这段描述总结了《精神障碍诊断与统计手册（第五版）》中第三部分人格特征标准。

表 14-3　　　　　《精神障碍诊断与统计手册（第五版）》第三部分评分系统中的人格域

情绪消极：频繁而强烈地体验消极情绪
疏离：远离他人和社会交往
拮抗：使人与他人发生冲突的行为
去抑制：冲动行事，而不考虑潜在的未来后果
神经质：有不寻常和奇怪的体验

资料来源：Few, L. R., et al. (2013). Examination of the Section III DSM-5 diagnostic system for personality disorders in an outpatient clinical sample. *Journal of Abnormal Psychology, 122*, 1057–1069.

当你读到《精神障碍诊断与统计手册（第五版）》中人格障碍目前的分类结构时，也回想一下这个替代系统，考虑一下你是否认为维度评分有助于或阻碍对那些长期存在的适应性不良的个体的准确诊断。

A 类人格障碍

《精神障碍诊断与统计手册（第五版）》中的 A 类人格障碍包括那些以古怪和反常的行为为特征的障碍。患有这些障碍的人有一些特质，表明他们会和常人有不一样的感受，不讨人喜欢，无法融入朋友、家人、同学和同事的社交圈，这让他们倾向于回避人际关系。

小案例

偏执型人格障碍

安妮塔是一名 34 岁的单身非洲裔美国女性，她认为自己是同性恋。她是一名计算机程序员，总是担心别人会利用她的知识。她将自己正在编写的新数据库管理程序视为"最高机密"，甚至担心当她晚上离开办公室时，有人会溜进她的办公桌，偷走她的笔记。她对别人的不信任弥漫在她所有的人际交往中，甚至在银行和商店的常规交易中，她都怀疑自己被欺骗了。安妮塔通常认为自己是理性的，能够客观地做出决定。她认为自己无法信任他人，是对这个充斥着她所说的"机会主义和虚伪的公司晋升者"的世界的自然反应。

偏执型人格障碍

偏执型人格障碍（paranoid personality disorder）患者对他人极度怀疑，时刻警惕潜在的危险或伤害。他们对世界的看法是狭隘的，总是寻找证据来证明自己的预期，或者相信其他人会利用他们，这使得他们甚至几乎不可能相信他们的朋友或同事。

名词解释

偏执型人格障碍　一种人格障碍，其显著特征是个体对他人过度怀疑，并总是对潜在的危险或伤害保持警惕。

举个例子，一个有这种障碍的人，即使没有确凿的证据存在，也会认为自己的配偶或伴侣不忠。看到伴侣的手机上有不明原因的短信时，这样的人就会认为这是伴侣有外遇的证据。事实上，由于他们的多疑和戒备行为，那些偏执型人格障碍患者很难建立起有助于长期维持亲密关系质量的那种人际关系。

偏执型人格障碍的另一种表现是，无法为错误承担责任，反而认为是别人的错。这种障碍还表现为认为一个无恶意的评论或眼神中包含有隐藏的意义。一次在现实或想象中受到轻视的经历会导致他们怨恨多年。

从积极的一面来看，这种障碍的患者在某些要求他们对自己、同事或公共威胁保持警惕的工作中可能会相对成功。在危险的政治环境中，人们为了生存必须保持警惕，这些特征可能是具有适应性的。然而，在普通情况下，个人的过度谨慎和高度怀疑意味着他们很难信任其他人，即使是那些爱他们和关心他们的人。

不幸的是，由于偏执型人格障碍患者不认为自己是问题的根源，他们拒绝寻求专业帮助。如果他们真的寻求治疗，他们的僵化和防御使临床医生很难建立取得进展所需的工作关系，并朝着任何一种持久的改变努力。

分裂样人格障碍

分裂样人格障碍（schizoid personality disorder）的特点是对社会关系和性关系漠不关心。由于情感体验和表达的范围受限，患有这种障碍的人更喜欢独处而不是与他人待在一起，他们似乎缺乏对接纳或爱的欲望，即使是对于他们的家人。他们甚至对与他人发生性关系不感兴趣。反过来，别人也会认为他们冷漠、矜持、孤僻、退缩。

名词解释

分裂样人格障碍　一种人格障碍，主要特征是对社会关系漠不关心，以及有限的情感体验和表达。

在他们的一生中，分裂样人格障碍的患者都在寻求只需要与他人进行最低限度互动的环境。能够忍受工作的患者喜欢那些所有工作时间都独自度过的工作。他们选择独居，保护自己的隐私，避免与邻居进行最基本的交往以外的更多交往。

小案例

分裂样人格障碍

德米特里是一名 45 岁的单身希腊裔美国异性恋男性。他是一家银行的夜班保安，他喜欢这份工作，因为他可以进入自己私人的思想世界，而不受其他人的干扰。尽管他多年的工作经历使他有资历得到一份在白天工作的保安工作，但德米特里一再拒绝了这些机会，因为白天的工作需要他与银行员工和客户打交道。20 多年来，德米特里一直居住在一栋公寓的一间小房间里。他没有电视或收音机，也一直拒绝其他住户邀请他参加的任何社交活动。他明确表示，他对闲聊不感兴趣，更喜欢独处。邻居、同事甚至他的家人（他也会避开他们）都认为他是一个奇特的人，似乎非常冷漠和超然。哥哥死后，德米特里决定不参加他的葬礼，因为他不想被亲戚和其他人表达同情的愿望打扰。

在新的《精神障碍诊断与统计手册（第五版）》系统中，偏执型和分裂样人格障碍都将被删除。研究者认为，现有的研究不支持将它们继续纳入精神病学诊断的命名，因为它们的鉴别是非特异性的。它们的名字也有些具有误导性，因为它们听起来好像是指精神分裂症的一种变体，而事实上，具有这些特质的人并没有与现实脱节。

分裂型人格障碍

分裂型人格障碍（schizotypal personality disorder）患者的信念、行为、外表和人际关系都很古怪。与"分裂样"这个词不同，"分裂型"这个词意味着与精神分裂症有关，符合这一诊断的人如果遇到挑战其应对能力的艰难生活环境，就很容易发展成为全面的精神病。

名词解释

分裂型人格障碍 一种主要包括奇怪的信念、行为、外表和人际关系风格的人格障碍，患有这种障碍的人可能有奇怪的想法或先占观念，比如对魔法思维或超自然现象的信仰。

分裂型人格障碍患者的病理性人格特征处于精神质维度极端不适应的一端。因此，患有这种障碍的个体可能持有古怪的想法，有不同寻常的信念和经历，对他们的世界难以形成准确的感知和认知，导致对自己的负面看法多于客观数据所证明的，在开放性这一人格特质上，他们还表现出对经验的高开放性倾向，特别是对不寻常的想法。如表 14-1 所示，分裂型人格障碍患者的情感体验也是受限的，并表现出退缩倾向，这反映了疏离的病态人格特征。

小案例

分裂型人格障碍

罗南是一名 21 岁的单身白人无性恋男性。他是一名大学三年级学生，他设计了一个复杂的系统，根据课程编号来决定选修哪些课程。他不会去上编号有数字五的课程，因为他认为如果他这么做，他可能不得不"援引第五修正案"。他很少和宿舍里的人说话，认为别人想窃取他学期论文的想法。由于他古怪的穿着，离群索居的倾向，以及在他房间的门上张贴的不祥的动物图画，人们觉得他是"怪人"。他声称，附近电梯的声音实际上是唱着圣歌的声音。

B 类人格障碍

B 类人格障碍患者的行为方式最适合被描述为戏剧性、情绪化和不稳定的。这些人行为冲动，似乎对自己的重要性或自我价值有一种夸大的看法，并且非常渴望寻求刺激。

反社会型人格障碍

《精神障碍诊断与统计手册（第五版）》中的**反社会型人格障碍**（antisocial personality disorder）过去是"精神病患者"或"反社会者"的同义词，描述的是一种特征是不尊重社会的道德或法律标准，生活方式冲动且有风险的人格障碍。这种障碍的患者精神病态（psychopathy）程度很高，因此被认为是能够利用他人、极度以自我为中心、没有能力去爱、不可靠、有欺骗性、有魅力但不真诚、无法感到懊悔的。他们会做出冲动和好斗的行为，不顾负面后果去冒险，不遵守社会或道德规范。他们的反社会生活方式也可能包括早期行为问题或青少年犯罪史。

人格研究者还认为，与精神病态相关的是一种无畏的支配性特质，这是一种大胆的倾向，包括对社交场合的支配欲、魅力、愿意承担身体风险以及对焦虑感的免疫力。研究人格的研究者们创造了一个合适的术语——"暗黑三角"（dark triad），来反映精神病态高发人群的人格构成，他们是高度自我中心的，把其他人视为被利用的对象。

典型的反社会行为包括撒谎、欺骗和偷窃。
©D-Keine/Getty Images

名词解释

反社会型人格障碍 一种人格障碍，其特征是不尊重社会的道德或法律标准，生活方式冲动而冒险。

精神病态 构成反社会人格核心的一组特征。

暗黑三角 包括精神病态、极度自我中心和倾向于把别人当作被利用的对象的人格特征。

小案例

反社会型人格障碍

汤米是一位单身的 38 岁白人异性恋男性。他在一个混乱的家庭环境中长大，他的母亲与一系列有暴力倾向的男人生活在一起，这些人频繁参与毒品交易和卖淫。18 岁时，汤米因残忍地抢劫并刺伤一名老年妇女而入狱。这是他一系列被逮捕经历中的第一次，这些被捕经历涉及的犯罪范围从贩毒到偷车到造假。有一次在刑期满期后，他在酒吧遇到了一个女人，第二天就和她结婚了。两周后，他殴打了她，因为她抱怨他不停地喝酒，还和坏人有牵连。汤米在她怀孕后离开了她，他拒绝支付孩子的抚养费。从他现在作为毒贩和儿童卖淫团伙头目的"高位"来看，汤米对自己的所作所为没有任何后悔，声称生活"肯定给了我一个错误的方向"。

你来做判断

反社会型人格障碍与道德谴责

如果反社会型人格障碍是一种精神障碍，那么符合诊断的人应该对他们可能犯下的犯罪行为负责吗？那些有精神病性人格特征的人呢？他们是否比其他人更应该受到谴责？关于反社会型人格障碍和与之相关的精神病性人格特征的伦理文献中，都渗透着刑事责任问题。根据加拿大心理学家罗伯特·黑尔（Robert Hare）的说法，当司法系统将"精神病"一词而不是"反社会型人格障碍"一词应用于罪犯时，罪犯很可能会受到更严厉的判决，因为法庭认为这个人（通常是男性）缺乏悔过自新的品质。加拿大哲学家伊斯提亚克·哈吉（Ishtiyaque Haji）对"精神病态程度高的人的心理健康程度是正常的，因此他们同样要为自己的罪行负责"的观点提出了质疑。他认为，相较于那些精神病态程度更低的个体，这些人应该更少地为他们的罪行承担道德责任。根据哈吉的说法，情感上的不敏感是精神病态的一个特征，它使一个人更不能够理解他的行为的道德后果。

继续深入讨论这个观点，考虑那些可能导致个人发展出高水平的精神病态特质的因素。也许正如一些研究者所指出的那样，他们对情绪敏感性的缺乏与大脑发育异常有关。如果他们真的无法产生同理心，他们又如何能理解自己可能给受害者造成的伤害呢？同样，如果他们缺乏学习恐惧的神经基础，就不太可能避免犯罪活动的负面后果，大脑发育的这种缺陷是否使他们与患有身体疾病的人相似？没有意识到犯罪后可能受到的惩罚的能力，精神病态程度高的人无法从他们的经历中吸取教训，似乎注定要继续"在情感上堕落"（用哈吉的话来说）。

　　毫无疑问，精神病态程度高的人是否有真正的缺陷，阻碍他们认识到自己行为的道德含义，这个问题将继续被争论。每一个有反社会型人格障碍或精神病态特质的连环杀人犯似乎都再次提出了这个问题。随着越来越复杂的证据表明，神经发育因素使个体倾向于发展这种障碍，我们可能最终会更清楚地理解这个问题。

你来做判断： 有反社会型人格障碍的人应该为他们的违法行为负责吗？为什么应该或为什么不应该？

真实故事

泰德·邦迪：反社会型人格障碍

　　臭名昭著的连环杀手泰德·邦迪（Ted Bundy）1946 年出生于美国佛蒙特州的伯灵顿。尽管他父亲的身份未知，但各种证据都指向可能是他的祖父，他对泰德的母亲有暴力和虐待行为。人们认为，泰德一生都怨恨他的母亲，因为她从未透露过他父亲的身份。然而，他崇拜他的祖父，他的祖父以偏执和暴力倾向而闻名。泰德的母亲回忆说，泰德还是个孩子的时候，就会做出一些奇怪的行为，包括在她睡觉的时候把刀子放在她的床边，当她醒来时，就会发现他站在她身边微笑。

　　泰德 4 岁时，他的母亲举家搬到了华盛顿州，在那里她遇到了约翰尼·邦迪（Johnny Bundy）并嫁给了他，邦迪正式收养了泰德。约翰尼和泰德的母亲有四个自己的孩子，虽然他们很重视让泰德参与他们所有的活动，但他更喜欢远离家庭事务，大部分时间都是自己一个人。泰德向传记作家们讲述了他早年的种种经历，但总的来说，他在那些年里展现的形象是一个迷人、外向的年轻人。然而，在内心深处，他并不想与他人建立任何联系，也很难和朋友或恋人保持关系。

　　从大学退学后，泰德开始在一个自杀热线工作，并进入一所社区大学学习心理学。最终，他去了犹他大学的法学院学习，不过在第一学年结束时，他就不再上课了。他搬回了西北太平洋地区，从事政治活动。大约在这个时候，有年轻女性开始失踪。负责女性被害案的侧写员把泰德列入了嫌疑人名单，尽管他们很难相信这样一个迷人而积极的年轻人会犯下这样的罪行。1974 年至 1978 年间，泰德在犹他州、华盛顿州、俄勒冈州、爱达荷州和佛罗里达州杀害了至少 30 名妇女。凯文·M. 沙利文（Kevin M. Sullivan）在他的《邦迪谋杀案》（*The Bundy Murders*）一书中描述了这些谋杀案：

　　他对受害者的策划、狩猎、绑架和随后的杀害（更

1989 年，泰德·邦迪因谋杀罪被处决，他承认对至少 30 人的死亡负有责任。
©*Anonymous/AP Images*

不用说他有恋尸癖的嗜好）被证明是一个耗时的过程。

据报道，泰德会在公共场所接近年轻的女性受害者，通常是在光天化日之下，然后假装成权威人物或受伤了，然后把她们带到一个更隐蔽的地方，在那里他会猥亵、攻击，最终杀害她们。

泰德在第一次被捕后越狱，但最终因为谋杀金伯利·利奇（Kimberly Leach）被判刑。沙利文对这起谋杀的描述是：

他沉醉了，但不是因为酒精。他是沉醉于那种很久以前就让他屈从的，一种深深的、恶毒的渴望。这种渴望完全控制了他生活的方方面面，只要他还活着，就永远不会停止寻找受害者。

在审判期间，泰德试图利用他在法学院的经验为自己辩护，以摆脱有罪判决。韦恩州立大学精神病学教授伊曼纽尔·塔纳伊（Emmanuel Tanay）博士对泰德进行了一次临床访谈，目的是以精神错乱为由判定他无罪。下面是采访摘录：

在我和邦迪先生相处的将近三个小时里，我发现他的心情非常轻松，甚至可以说是愉快的。他机智而不轻率，说话时畅所欲言。然而，我们从未建立有意义的交流。我问他为何表现得如此漠不关心，

这与他面临的指控不符。他承认自己可能面临死刑判决，但他说，船到桥头自然直。邦迪没有能力认识到对他不利的证据的重要性。如果把这仅仅描述为撒谎，那就太简单了，因为他的行为就好像他对证据重要性的感知是真实的……在做决定的过程中，邦迪受情感需求的引导，有时会损害他的法律利益。邦迪先生病态地需要违抗权威，操纵他的伙伴和对手，这给他提供了"刺激"，损害了他与律师合作的能力。

最后，泰德决定不以精神错乱为由进行辩护。沙利文写道：

泰德不相信他的行为符合精神错乱的法律定义。在他看来，摘除和保存受害者的头颅以及与死者发生性关系并不构成精神失常。他只会把这类事情称为"我的问题"。

在法院驳回他的最后上诉后，泰德·邦迪于 1989年 1 月 24 日早晨被电椅处决。关于他的死刑，沙利文描述说，泰德有一种"和解"和接受的态度，而且显然对最终终结他生命的法律程序缺乏负面情绪。"当谈到他最后的遗言时，"沙利文写道，"他只说了把他的爱'给我的家人和朋友'。"

资料来源：*The Bundy Murders: A Comprehensive History* by Kevin M. Sullivan.

多年来，变态心理学领域的共识是，反社会型人格障碍患者是不可治疗的，而且不幸的是，目前的治疗有效性研究仍在继续证明与这一人群合作的难度。因为他们似乎无法体验到同理心，也无法从自己行为的负面后果中吸取教训，所以他们拒绝使用内省或行为干预的方法。事实上，与这些人一起工作的问题包括障碍本身的特点：似乎缺乏改变的动机，有欺骗和操纵的倾向，无法从其他人的角度看待世界，以及缺乏深刻或持久的情感体验。

那么，合理的治疗目标是什么样呢？研究人员是否应该根据再次被捕或累犯（症状的复发）来衡量治疗的有效性，还是应该转而关注工作表现的变化、与他人的关系以及非犯罪活动（如运动或爱好）的参与？

反社会型人格障碍患者可能会因为对伤害他人缺乏悔恨而进行操纵行为。
©*James Lauritz/Digital Vision/Getty Images*

目前，没有一种公认的治疗方法被证明能有效地减少该障碍的核心特征，这反映了在与该人群合作和确定合理的治疗目标方面的许多困难。然而，治疗师可以采取务实的方法，帮助来访者通过亲社会的方式满足他们的需求，如合作，而不是剥削和操纵。动机性访谈，聚焦于为来访者提供连接核心价值和满足需求的机会，也可以作为帮助这些来访做出更好的生活决定的一种手段。

边缘型人格的人可能会经历长期的空虚感。
©Corbis

边缘型人格障碍

自我和人际关系的不稳定性是边缘型人格障碍（borderline personality disorder，BPD）的核心特征。边缘型人格障碍的诊断依赖于患者至少表现出 9 种症状条目中的 5 种：（1）疯狂地努力避免被遗弃；（2）不稳定和紧张的人际关系；（3）身份紊乱；（4）在性、消费或驾驶等方面的冲动性；（5）反复发生的自杀行为；（6）情感不稳定；（7）慢性的空虚感；（8）难以控制发怒；（9）短暂的妄想或精神分裂症状。

名词解释

边缘型人格障碍　一种人格障碍，其特征是冲动控制能力差，情绪、人际关系和自我不稳定。

边缘型人格障碍的症状在许多重要方面影响患者的生活。他们的不安全感达到了一个极端，以至于他们依赖他人来帮助自己感觉"完整"。即使他们已经经历了大多数人在青春期经历的身份怀疑，这些人仍然对他们的人生目标感到不确定和矛盾。他们长期的空虚感也导致他们几乎将自己的身份融入与自己亲近的人的身份中。不幸的是，他们越是寻求他人的安慰和亲近，他们就越会让这些人疏远自己。结果，他们不安的情绪只会变得更加强烈，他们变得越来越苛刻、情绪化和鲁莽。这样，障碍的症状就变成周期性的和自我延续的，经常升级到需要住院治疗的程度。

小案例

边缘型人格障碍

阿纳斯塔西娅是一位单身的 28 岁白人异性恋女性。她是一名客户经理，在办公室里，同事们认为她非常喜怒无常，难以捉摸。有时她兴高采烈，但有时她表现出无法抑制的愤怒。她对上司前后不一的态度常常给人留下深刻的印象。她可能今天吹嘘主管的才华，第二天却对其发表激烈的批评。她的同事与她保持距离，因为他们对她不断要求关注的行为感到恼火。阿纳斯塔西娅在办公室里也因与各种各样的人，包括男性和女性的滥交而名声大噪。有好几次，她的同事因为阿纳斯塔西娅不恰当地介入客户的私人生活而斥责她。一天，在失去了一个客户后，她悲痛欲绝，割腕自杀。这一事件促使她的主管坚持要求阿纳斯塔西娅寻求专业帮助。

一个恰当描述边缘型人格障碍患者与他人关系的词语是分裂（splitting）。这意味着当爱的对象拒绝他们时，他们对爱的感觉的专注很容易转变成极端的愤怒和仇恨。他们可能会把这种非黑即白的二分法应用到其他经历和人身上。他们可能陷入的强烈的绝望感，并可能因此导致他们做出自杀的姿态，作为一种获得关注，或者从行动引起的身体疼痛中获得现实感的方式。这些所谓的准自杀（parasuicide）行为可能导致住院治疗，临床医生发现，这种行为实际上是一种姿态，而不是真正想要结束自己的生命。

分裂 一种防御，常见于边缘型人格障碍患者，指个体认为他人或自己是完全好的或完全坏的，通常导致人际关系紊乱。

准自杀 指自杀未遂，通常是一种求救信号。

曾经，研究人员认为女性比男性更有可能患有边缘型人格障碍，但现在他们认为男女之间的患病率是一样的。然而，在具体症状和与边缘型人格障碍诊断相关的其他障碍方面存在性别差异。患有边缘型人格障碍的男性更有可能有物质使用障碍和反社会的人格特征。女性患有情绪和焦虑障碍、进食障碍和创伤后应激障碍的比例则更高。这些差异可能解释了先前认为女性患这种障碍的比例更高的原因，临床医生更可能在心理健康相关的项目中遇到这种情况。相比之下，男性则更多的出现在那些与物质使用障碍相关的项目中。

在 19 岁之前诊断为边缘型人格障碍可能意味着个人将面临艰难的生活。在对 18 项关于儿童和青少年边缘型人格障碍长期预后的研究综述中，研究者发现，在成年之前诊断边缘型人格障碍预示着未来几年会有重大的社会、教育、工作和经济损害。

然而，总体而言，边缘型人格障碍患者在其生活过程中有一个改善的趋势，即他们的症状会变得不那么严重。在对 175 名成年边缘型人格障碍患者进行的为期 10 年的研究中，85% 的人在研究结束时不再有症状，尽管他们改善的速度比重性抑郁障碍或其他人格障碍患者要慢。此外，随着时间的推移，他们的社会适应能力仍不如其他人格障碍患者。因此，尽管边缘型人格障碍患者在精神障碍的功能方面有所改善，但他们仍然在工作和人际关系等领域面临挑战。

情绪功能障碍是边缘型人格障碍诊断的一个重要组成部分，因此研究者将他们的努力集中在识别导致这些障碍的特定心理过程上。患有边缘型人格障碍的人似乎无法控制情绪，被称为**情绪失调**（emotional dysregulation），承受痛苦的能力有限（痛苦耐受），以及避免情绪上不舒服的情况和感觉（经验性回避）。

你可以想象，当边缘型人格障碍患者在日常生活中遇到压力时，这些困难会如何转化为边缘型人格障碍的症状。他们比其他人更不喜欢情绪紧张的情况，在沮丧时会感到不舒服，当事情出问题时很难控制自己的愤怒。研究者在一份年轻成人门诊患者样本中调查了这三种情绪障碍之间的关系，发现在控制了抑郁症状后，经验性回避与边缘型人格障碍症状的关系最高。

儿童早期经历在边缘型人格障碍的发展中起着重要的作用，这些因素包括童年被忽视、创伤经历、家庭中的婚姻或精神问题。缺乏安全依恋的儿童成年后也更有可能患上边缘型人格障碍。

被证明最有效的治疗是辩证行为疗法，它是一种行为疗法。心理学家玛莎·莱恩汉专门开发了辩证行为疗法来治疗那些可能对传统心理治疗没有反应的边缘型人格障碍患者。在辩证行为疗法中，临床医生将支持性和认知行为治疗结合起来，目的是减少患者自我毁灭行为的频率，提高他处理情绪困扰的能力。

通过一种叫作核心正念的过程，辩证行为疗法临床医生教他们的来访者在面对生活问题时平衡自己的情绪、理性和直觉。尽管对任何类型的心理治疗都很重要，但在辩证行为疗法中建立治疗联盟似乎尤其重要，特别是在减少自杀企图的可能性方面。

心智化疗法（mentalization therapy）会帮助来访者识别他们的感受，也可以帮助这些患者控制他们非适应性的想法和相应的情绪。在早期阶段，治疗师提供支持和同情，这是很多心理治疗的基本成分。然后，治疗师通过将他们当时的感受用语言表达出来，帮助来访者澄清和详细阐述他们的感受。从此之后，他们可以开始识别自己的感觉以及它们的来源。最后，来访者会学习如何在治疗之外的人际关系中利用他们学到的东西。

另一种有证据支持的边缘型人格障碍疗法是**以移情为中心的心理治疗**（transference-focused psychotherapy），它以咨访关系为框架，帮助客户更好地理解他们的无意识感受和动机。这是一种以精神病学为基础，作为辩证行为疗法疗法的发展，结合了家庭干预和药物治疗的心理动力疗法。

名词解释

情绪失调 对情绪缺乏认识、理解或接受；不能控制情绪的强度或持续时间；在追求目标时不愿意体验情绪上的痛苦；以及在经历痛苦时无法进行目标导向的行为。

心智化疗法 这是一种帮助患者通过控制他们非适应性的想法来识别自己感受的治疗方法。

以移情为中心的心理治疗 一种边缘型人格障碍的治疗方法，以咨访关系为框架，帮助来访者更好地理解他们无意识的感觉和动机。

无论他们采用哪种具体的治疗方法，如果临床医生遵循一套基本原则（见表 14-4），就能获得最大的疗效。这些原则为临床医生给来访者提供帮助搭建了舞台，因为它们侧重于提供对这种特定障碍的人有治疗作用的关键特性。虽然这些原则中的很多条也可以适用到患有边缘型人格障碍的来访者之外，但建立明确的界限、期望、结构和支持的需求对于患有边缘型人格障碍的患者来说尤为重要。

表 14-4   对边缘型人格障碍患者进行有效治疗的基本原则及所涉及的需求

临床医生需要	解释
在治疗中起主要作用	一个临床医生需要讨论诊断，评估进展，监测安全性，并监督其与其家庭和他从业者的沟通
提供结构性的治疗	临床医生建立并维持治疗目标和治疗师的角色。特别强调他在现实中的有益性。制订计划来应对患者可能的自杀冲动或其他紧急情况
支持来访者	临床医生确认患者痛苦和绝望的情绪，说明改变是可能的，以为来访者带来希望
让患者参与治疗过程	临床医生需要认识到治疗的进展取决于患者主动控制自己行为的努力
在治疗中发挥积极作用	临床医生在治疗中是积极的，专注于此时此地的情况，并帮助来访者将他的感受与过去的事件联系起来
处理来访者的自杀威胁或自残行为	临床医生对威胁表示关切并耐心倾听，但要审慎地采取行动（即：不总是建议患者住院治疗）
要有自知之明，并随时准备与同事协商	当咨访关系出现问题时，临床医生可能需要会诊

资料来源：Gunderson, J. G. (2011). Clinical practice. Borderline personality disorder. *New England Journal of Medicine, 364*, 2037–2042

最后一条原则鼓励临床医生在患者的症状导致治疗困难时寻求支持。例如，边缘型人格障碍患者表现出的分裂症状可能会导致他们贬低或理想化临床医生。在这些情况下，临床医生可能会经历复杂的反应，并可能受益于督导或其他咨询师的外部视角。

表演型人格障碍

临床医生将那些对成为关注的焦点表现出极大的兴趣，并以任何必要的方式来确保这一点发生的人诊断为**表演型人格障碍**（histrionic personality disorder）。这种障碍的标准包括过分关注外表，不断地、极端地努力吸引人们对自己的注意。这种障碍的人轻浮而诱人，如果没有得到他们想要的关注，他们会变得愤怒。他们希望自己的愿望得到立刻的满足，甚至对轻微的挑衅也以夸张的方式做出过度的反应，如哭泣或晕倒。

名词解释

表演型人格障碍 一种人格障碍，其特征是在日常行为中表现出夸张、近乎戏剧性的情绪反应。

即使对于那些流于表面的关系，表演型人格障碍的人也会将它们视为是亲密无间的。即使是萍水相逢，在他们眼里也是"好朋友"。他们的认知风格是模糊和印象主义的，容易受他人影响，无法独立解决问题。在某种程度上，因为他们外显的自信和引人注目的行为，具有这些特质的人可能会取得成功，但从长远来看，他们的轻浮、调情的倾向和肤浅的特性会导致他们亲密关系的不稳定，包括更高的离婚率。

小案例

表演型人格障碍

琳内特是一名 44 岁的已婚非洲裔美国异性恋女性。

她是当地一所大学的行政人员，因行为古怪和不恰当的调情行为而闻名。她迎接学生时经常表现出难以抗拒的热情和对学生福祉的强烈关注，这使得一些人一开始觉得她很吸引人、很有魅力。然而，当他们意识到她的浅薄时，他们就会开始感到厌烦。在她的同事面前，她把自己的小成就当作巨大的成就来吹嘘，但当她没有达到预期的目标时，她就会生闷气，大哭起来。她是如此渴望得到别人的认可，以至于她会篡改自己的故事，以契合当时与她交谈的人。因为她总是制造危机，从不回报别人的关心，人们对她频繁的求助和关注变得免疫和无动于衷。

这种障碍一度被视为弗洛伊德对"歇斯底里"个体（通常是女性）的描述的同义词，随着精神分析思潮的衰退，它已经不再被使用。它很少被诊断出来，而且很难与其他人格障碍被可靠地区分开来。事实上，在修订《精神障碍诊断与统计手册（第五版）》时，它差点被删除，但作为保留《精神障碍诊断与统计手册（第四版－修订版）》人格障碍分类的决定的一部分，它被保留了下来。

尽管其作为一种诊断的有效性存在疑问，研究人员仍在继续调查与这种障碍相关的人格特征。例如，"多彩"人格包括那些没有被诊断出患有该障碍，但喜欢以一种戏剧性的方式表达自己的人，他们很难倾听他人，喜欢打断别人，喜欢成为注意力的焦点。

自恋型人格障碍

符合 **自恋型人格障碍**（narcissistic personality disorder，NPD）诊断标准的人的核心特征是极端的自我中心主义，他们认为自己是宇宙的中心。"自恋"是一个现在被广泛使用的术语，指的是过度的自我喜爱和浮夸，被认为是自恋型人格障碍的主要特征。任何有和

真正的自恋型人格障碍（相对于高度自恋）患者交往经历的人都知道这样的人是多么难以忍受。自恋、傲慢、无法从别人的角度看世界，除了他们自己，自恋型人格障碍的人似乎很少关心关心其他的人。然而，具有讽刺意味的是，他们高度依赖于他们相信别人对他们的看法，因此他们需要不断的被奉承、关注和安慰。

权力感是自恋型人格障碍最突出的症状之一，但它是一把双刃剑。因为患有这种障碍的人认为自己与众不同，他们可能会把自己的标准设定得不切实际的高，无法满足于不完美的事物；或是相反，他们可能认为自己配得上他们想要的任何东西，因此不会尽可能地逼迫自己，把自己的标准定得太低，同时认为自己值得别人提供的最好的东西。

自恋型人格障碍最大的悖论是自我意识中浮夸和脆弱的结合。有些自恋型人格障碍患者似乎认为，自

患有自恋型人格障碍的人经常把他们的生活投入到寻求他人的认可上，而对他人的幸福却很少关心。
©CSP_karelnoppe/AGE Fotostock

己完全处于一种膨胀和自我扩张的状态，这些就是临床医生所说的高度 **浮夸的自恋**（grandiose narcissism）的自恋型人格障碍个体。相比之下，那些 **脆弱的自恋**（vulnerable narcissism）者内在的自我意识很弱，所以当他们感到被他们重要的人羞辱或背叛他们时就会变得沮丧。《精神障碍诊断与统计手册（第五版）》中没有明

确做出这种区分，但临床医生和研究人员坚持认为这是一种重要的区分。

自恋型人格障碍 一种人格障碍，其主要特征是不现实的、夸大的自负感以及对他人需求缺乏敏感性。

浮夸的自恋 自恋型人格障碍的一种形式，个体完全以一种膨胀和自我扩张的方式来看待自己。

脆弱的自恋 自恋型人格障碍的一种形式，个体内在的自我意识很弱，因此当他们觉得对他很重要的人羞辱或背叛他们时就会变得沮丧。

小案例

自恋型人格障碍

查德是一名单身的 26 岁白人男同性恋者。在过去的几年里，他一直在拼命地努力成为一个成功的演员。然而，他只做过一些次要的表演工作，不得不靠当服务员来养活自己。尽管他没有成功，但他向别人吹嘘他拒绝过的所有角色，因为这些角色对他来说不够好。为了进入演艺圈，他一直自私地利用任何他认为可能有联系的人。他非常讨厌那些获得了角色的熟人，并贬低他们的成就，说他们只是幸运而已。如果有人试图对他提出建设性的批评，查德会做出愤怒的反应，连续几周拒绝与此人交谈。因为他认为自己长相出众，他认为自己应该得到每个人的特殊对待。在餐厅里，他经常和上司争吵，因为他坚称自己是"专业人士"，不应该因为清理桌子上的脏盘子而受到贬低。他总是要求别人对他的衣着、发型、智慧和机智大加赞赏，这让别人很恼火。他太专注于自己了，几乎没有注意到其他人，对他们的需求和问题极不敏感。

一些研究人员认为，社交媒体的存在越来越多，实际上创造了一个自恋者群体。无论我们在这方面的辩论中采取什么立场（这也是一个值得商榷的问题），自恋者与自恋型人格障碍患者是不一样的。此外，自恋也可以以积极的自尊感展现出一种健康的形式。

传统的弗洛伊德精神分析理论认为，自恋是个体未能超越性心理发展的早期、高度自我关注的阶段，那时我们只从自己的内心获得满足。现在，人们不再从这个角度来看待这个障碍。在客体关系疗法（object relations approach）领域活跃的理论家认为自恋的个体没有形成一个连贯的、完整的自我意向。自相矛盾的是，当自恋的个体在试图弥补早期父母的支持时，会以一种膨胀的自我优越感来表达不安全感。缺乏健康自我的坚实基础，这样的人会发展出一个虚假的自我，摇摇欲坠地建立在对他的能力和受欢迎程度的浮夸和不切实际的概念上。

目前的心理动力学观点结合了客体关系的观点，认为自恋型人格障碍是成年个体对童年时期不安全感和关注需求的表达。按照这种逻辑，临床医生试图提供修正性的发展体验，用共情的方式来支持来访者对认可和钦佩的寻求。同时，他们试图引导来访者更加现实地认识到，没有人是完美无缺的。当来访者感到他们的治疗师越来越支持他们，他们会变得不那么浮夸和自我中心。这个过程的一部分可能是一种重新养育的形式，治疗师与来访者一起满足早期的、未被满足的需求。

认知行为理论家关注的是他们的来访者持有的适应不良的信念，尤其是那些患有各种各样的障碍的人持有的信念，他们认为自己是出类拔萃的人，理应得到比普通人更好的治疗。这些信念阻碍了他们现实地感知自己经历的能力，因此，当他们夸大的自我观念与现实世界中的失败经历发生冲突时，他们就会遇到问题。

在认知行为视角下，临床医生的工作不是简单地让他们面对自己的错误信念，他们不会和来访者的信念进行直接对抗，而是对来访者的自我膨胀和自我中心倾向进行干预。这使得个体能够接受治疗师的帮助，因为干预似乎没有那么危险。例如，与其试图说服来访者表现得不那么自私，治疗师可能会试图证明有更好的方法来实现重要的个人目标。与此同时，治疗师避免屈从于来访者对特殊照顾和关注的要求。有趣的是，这种方法与当代的心理动力学观点并没有太大的不同，后者支持个体需要感到被认可和被接受，同时仍然帮助他发展更现实的自我意识。

不幸的是，自恋型人格障碍很难治愈，因为他们往往对自己的障碍没有洞察力。此外，由于他们自大和权力感的症状的性质，使他们批评和贬低他们的治疗师，因此，治疗师可能会经历强烈的负面反应。他们的极端完美主义也会阻碍治疗。自恋型人格障碍的来访者用成功和成就充实了他们的生活，维持了他们的自尊，避开了他们的不安全感。因此，他们尤其难以面对自己的焦虑和不安全感。

C 类人格障碍

　　C 类人格障碍的人往往非常克制，可能很少引起别人的注意，这与 B 类人格障碍的人形成鲜明对比。C 群中的每一种障碍都有其独特的品质，但作为一个群体，他们都有这种内在的指向性。

回避型人格障碍

　　顾名思义，回避型人格障碍（avoidant personality disorder）患者会远离他人，认为自己缺乏社交技能，也没有让别人愿意和他们在一起的理想品质。他们的症状不仅是害羞，还表现为强烈的羞愧感和不足感，以至于他们不愿与他人相处。他们几乎完全远离社交场合，会尤其避免任何可能让他们尴尬的场合。他们可能会给自己设定不切实际的高标准，这反过来又导致他们避免那些他们觉得注定要失败的情况。亲密关系对他们来说是一种严重的威胁，因为他们害怕在伴侣面前暴露自己的缺点会受到羞辱或嘲笑。

名词解释

回避型人格障碍　一种人格障碍，个体对自己的社交能力评价很低，害怕反对、拒绝、批评或感到羞愧或尴尬。

　　研究人员认为，回避型人格障碍是一个连续的集体，从正常的害羞人格特征延伸到社交焦虑障碍。根据这种观点，回避型人格障碍是一种更严重的社交焦虑障碍。一项针对 34 000 多名成年人

的纵向研究数据发现，即使在控制了一些人口统计学变量后，回避型人格障碍患者仍更有可能继续经历社交焦虑障碍的症状。社交焦虑障碍和回避型人格障碍之间的联系可能是，两者的特征都是过度的自我批评，这反过来导致这些障碍的人预期会从他人那里得到同样程度的批评。

　　当前研究这种障碍的心理动力学理论将其视为亲密关系中对依恋的恐惧表达。患有这种障碍的人避免与他人亲密接触，因为他们害怕被抛弃或忽视，就像他们在童年早期被照顾者抛弃或忽视一样。

小案例

回避型人格障碍

　　爱德华是一名 53 岁的单身非洲裔美国男性，他认为自己是同性恋。他在一家大型设备公司当送货员。爱德华的同事称他是一个孤独的人，因为他不花时间与人闲聊，也不与别人出去吃午饭。他们几乎不知道的是，每天他都在与他们互动的欲望中挣扎，但又大害怕而不敢付诸行动。最近，爱德华拒绝了一个晋升经理职位的机会，因为他意识到这需要每天与别人进行大量的

有回避型人格障碍的人，由于过度害怕尴尬或被他人拒绝，会在相当长的一段时间内远离任何形式的社会接触。
©Juta/Shutterstock

接触。最让他烦恼的是，他犯的错误可能会被别人注意到。爱德华几乎没有约会过，每次他对一个男人感兴趣时，他就会因为担心和他说话而陷入"宕机"，更不用说邀请他去约会了。当同事和他说话时，他会脸红，紧张地试图尽快结束谈话。

从认知行为角度看，回避型人格障碍可能反映了个体对羞耻的过度敏感。这种过度敏感会导致他们曲解看似中立甚至正面的评论。被感知到的拒绝所伤害，他们向内退缩，使自己与他人之间的距离更远。

在认知行为框架下工作的治疗师的主要目标是打破来访者回避的消极循环，来访者学会清晰地表达妨碍他们与他人建立关系的自动化思维和适应不良的信念。尽管临床医生会指出这些信念的不合理性，但他们是在一种支持的氛围中这样做的。然而，为了使这些干预措施取得成功，来访者必须学会信任治疗师，而不是把他当成另一个可能嘲笑或拒绝他们的人。

认知行为治疗师也可能使用逐级暴露向来访者呈现越来越难以面对的社会情境。他们可以对来访者进行旨在改善其亲密关系的特定技能练习。与适应不良的认知是该障碍的重要因素这一理论相一致的是，一项短程认知治疗的初步研究表明，它可以改善有回避型人格障碍症状的人的负面情绪和生活质量。

依赖型人格障碍

有**依赖型人格障碍**（dependent personality disorder）的人很容易被他人吸引。然而，他们是如此的执着和被动，以至于当其他人对他们缺乏自主性变得不耐烦时，最终达到的效果可能与他们的愿望背道而驰。他们深信自己的能力不足，甚至连最微不足道的决定都不能独自做出。

名词解释

依赖型人格障碍 *一种人格障碍，其主要特征是个体极度被动，倾向依附于他人，以至于无法做出任何决定或独立采取行动。*

另一些人可能会将依赖型人格障碍患者描述为"粘人的"，事实上，当这些患者独处时，他们会感到沮丧

和被抛弃。他们可能会全身心地投入到一段感情中，因此当一段感情结束时，他们会感到崩溃。他们的极度依赖性导致他们迫切地寻求另一种关系来填补空虚。即使与他人在一起时，他们也会因为害怕被抛弃而惴惴不安。他们担心除非别人指导他们的行动，否则他们会犯错，因此，他们不能自如地独自开始新的活动。

小案例

依赖型人格障碍

贝蒂是一位已婚的 52 岁白人异性恋妇女。她从来没有独立生活过，甚至在 30 年前，当她还是一名大学生时，她每天都要往返于家中。贝蒂被她的同学们称为依赖他人的人。依靠别人为她做选择，她对朋友的建议言听计从，无论是选择课程还是选择每天应该穿的衣服。毕业后的一周，她嫁给了她整个大四都在约会的肯。她对肯特别有好感，因为他的霸道作风使她免去了做决定的责任。正如她对生活中所有亲密的人所做的那样，贝蒂对肯的任何建议都顺从，即使她并不完全同意。她担心如果她摇摆不定，他就会对她生气并离开她。虽然她想在外面找份工作，但肯坚持让她继续做全职家庭主妇，而她也顺从了他的意愿。然而，当她独自在家时，她会给朋友打电话，拼命恳求他们过来喝咖啡。来自肯、她的朋友或其他人的最轻微的批评都会让她感到沮丧和难过一整天。

正如你可以想象的那样，这种障碍的患者会为了避免别人讨厌他们而走向极端。例如，即使他们并不同意别人的意见，他们也会声称自己同意别人的意见。这些人也可能通过承担别人不想承担的责任来寻求认可，但如果有人批评他们，他们会感到崩溃。

对依赖型人格障碍个体的人格特征的研究表明，他们具有异常高的宜人性水平。虽然我们倾向于认为宜人性是一种适应性特征，但在过高水平上时，它可能会变成一种过度温顺、自我牺牲和执着的倾向。焦虑、顺从和不安全依恋类型是依赖型人格障碍相关的病理特征。

认知行为疗法对于依赖性人格障碍患者似乎是有效的，特别是当临床医生需要在改变来访者行为和挑战来访者的错误信念之间进行交替时。正念练习也可以

帮助患有这种障碍的人识别和管理他们的人际焦虑。

强迫型人格障碍

强迫型人格障碍（obsessive-compulsive personality disorder，OCPD）患者有一系列的症状，这些症状都围绕着用他们的工作效率来定义他们的自我意识和自我价值。强迫型人格障碍患者是完美主义者，他们很难完成任务，因为他们总能从自己所做的事情中发现缺陷。他们的工作成果永远都达不到他们不切实际的标准。他们也可能有过高的道德感，因为他们坚持几乎任何人都难以达到的过度严格的标准。

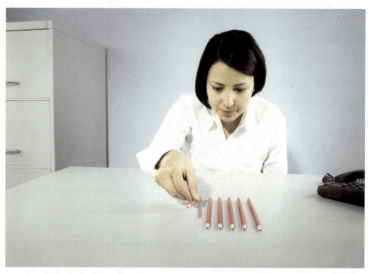

一个患有强迫型人格障碍的女性对秩序和完美的追求非常强烈，以至于她无法容忍环境中出现杂乱无章的物品。
©Anthony Lee/Getty Images

名词解释

强迫型人格障碍　一种人格障碍，特征包括强烈的完美主义和缺乏灵活性，表现为担忧、优柔寡断和行为僵化。

强迫型人格障碍患者的人际关系也会受到影响，因为他们难以理解他人的感受，尤其是当这些感受与自己不同的时候。因为他们对自己有很高的标准，强迫型人格障碍患者对他们认为不符合自己期望的人很挑剔。而相应的，别人则认为强迫型人格障碍患者是顽固的。

"强迫"一词在强迫型人格障碍与强迫障碍中有不同含义。与强迫障碍患者不同的是，强迫型人格障碍患者不会经历特定的强迫的观念和行为；相反，他们会有严格的强迫性（比如固守特定的惯例），并痴迷于追求完美的需要。这是一个重要的澄清，虽然在未来，强迫型人格障碍可能有一天被重新分类到这一组障碍中。

在从老派心理动力学的角度探索强迫型人格障碍的成因时，弗洛伊德认为，具有强迫特质的人并没有从性心理发展的肛门期完成发展，或者不断地回到肛门期。当代心理动力学理论家不再仅仅关注性心理阶段，而是把更多的注意力放在认知因素和先前的学习经验上，作为强迫型人格障碍发展的核心。

强迫型人格障碍作为一种非适应性的人格倾向，也可以从特质理论的角度来解读。强迫型人格障碍患者并

非在整体尽责性上得分高，而是尤其可能在追求成就和秩序需求方面得分高。从认知行为理论的观点来看，这种障碍患者对完美和避免错误有不切实际的期望。他们的自我价值感取决于他们的行为方式是否符合完美主义的抽象理想。如果他们无法实现这个理想（不可避免地，他们必须实现），他们就会认为自己毫无价值。在这个框架下，强迫型人格障碍是基于一种有问题的看待自我的方式。

小案例

强迫型人格障碍

特雷弗是一名42岁已婚拉丁裔异性恋男性。从他记事起，特雷弗就一直专注于整洁和秩序。小时候时，他就会把自己的房间打扫得一尘不染。朋友和亲戚们指责他过度条理化。例如，他坚持把玩具柜里的玩具按照颜色和类别摆放。上大学时，他严格的家务管理制度让室友们既惊讶又恼火。他专横地坚持要使房间保持整洁，没有杂物。特雷弗在他的成年生活中一直延续着这种模式。作为一名档案员，他为自己即使在遇到健康问题和家庭危机时也从未请过一天假而感到自豪。然而，他的老板不会给特雷弗升职，因为她觉得特雷弗过于关注文件归档过程的细节，因为他对于自己做的每一件事都要一再检查，拖累了办公室的工作速度。特雷弗在办公室里通过寻找控制局面的机会来增强他对于自己重要

性的感觉。例如，当他的同事在计划一个聚会时，他往往会放慢进度，因为他担心活动的每一个细节，比如聚会开始的时间、要订多少食物及装饰等。通常情况下，他的同事会尽量避免让他介入，因为他们反对他在这种琐碎事情上的僵化。

因为这种人格障碍的特点，临床医生尝试使用认知行为疗法治疗强迫型人格障碍患者时面临着挑战。强迫型人格障碍患者倾向于理智化，反复思考过去的行为，担心犯错。认知行为疗法侧重于检查来访者的思维过程，可能会加强这种反刍倾向；相反，元认知人际治疗可以帮助强迫型人格障碍患者"思考他们的想法"。在这个过程中，临床医生帮助他们的来访者后退一步，在建立支持性治疗联盟的前提下，学习识别他们有问题的反刍性思维模式。

人格障碍：生物－心理－社会视角

人格障碍表现为长期存在的个体的性格和行为模式，以及身份和人际关系中的困扰。

尽管我们倾向于关注这些障碍在某个时间点发生的情况，但显然它们是在个人生活中不断发展的。即使不再采用原有的分类方式，《精神障碍诊断与统计手册》的作者还是很可能会继续完善和详细阐述它们的科学基础。我们可能希望心理健康专业人员不仅能更好地理解这种形式的障碍，而且能对那些在生活中促成正常人格成长和变化的因素有更丰富的认识。

个案回顾

哈罗德·莫里尔

哈罗德在当地一家辩证行为疗法诊所签了一份为期一年的协议，每周参加两次个体心理治疗和三次团体治疗。该项目的重点是教授情绪调节技能、正念、人际关系的效能和承受痛苦的能力。通过与哈罗德建立支持性的关系，他的治疗师能够示范正确的情绪调节方式并对各种情绪进行验证，这样哈罗德就不会觉得需要为了获得他人的关注而采取极端措施。

托宾医生的反思：和许多边缘型人格障碍患者一样，哈罗德在一种被称为"无效环境"的环境中长大——他的父母或多或少缺席了他的成长过程。他发现，以极端的方式行事是他能够从他们那里获得关注的唯一方式，所以这成为他与他人联系的唯一方式。他甚至在入院评估中展示了这一点，向临床医生展示了他自残的痕迹，威胁要冲出房间，并不由自主地大哭起来。此外，他还表现出人际关系的不稳定性，他要求收治时的临床医生做他的治疗师，当被告知她不能对他进行治疗时，他立即对她发火（或"贬低"她）。与患有边缘型人格障碍的女性不同，男性患者倾向于表现出一种愤怒的情绪，更有可能以滥用物质作为应对机制。女性边缘型人格障碍则通常表现出抑郁情绪。女性也更有可能使用滥交或进食障碍的行为，来应对她们的极端情绪。

典型的情况是，患有边缘型人格障碍的人只有在自杀未遂或有强烈的自杀意念后才来接受治疗，因为这种障碍是自洽的。也就是说，个人很少理解这种行为是不正常的。通过适当的治疗，哈罗德持续经历高度不稳定和反复无常的情绪和关系模式的可能性大大减少了。

你可能想知道为什么哈罗德没有接受物质滥用治疗。入院医生认为他的物质滥用，尤其是酒精滥用，次于哈罗德的人格障碍。典型的辩证行为疗法治疗方案会要求患者在治疗过程中避免滥用物质。此外，如果有更适当的情绪调节技能，哈罗德的物质滥用可能会有所缓解。如果他在整个治疗过程中继续滥用物质，那么他就会被转介到一个特定的物质使用障碍的治疗项目。

总结

◎ 人格障碍是一种根深蒂固的模式，它以一种僵化的、非适应性的内心体验和行为模式与他人、环境和事件发生联系，可以追溯到青少年时期或成年早期。在《精神障碍诊断与统计手册（第五版）》中，人格障碍代表一组可区分的行为，分为10个不同的类别。这10种诊断根据共同的特征被分为三个类别。A类包括偏执型、分裂型和分裂样人格障碍，它们的共同特点是行为奇特古怪。B类包括反社会型、边缘型、表演型和自恋型人格障碍，它们具有过度戏剧化、情绪化和反复无常或不可预测的态度和行为。C类包括回避型、依赖型和强迫型人格障碍，它们都有焦虑和恐惧的行为。

◎ 由于人格障碍被分为离散的类别，临床医生在评估个体的可能诊断时，必须决定来访者在每个类别中符合多少标准，并在此基础上进行诊断，患者是否患有这种疾病。临床医生可能首先尝试将患者表现出的最突出的症状与诊断标准相匹配。如果患者不符合该障碍的标准，临床医生可以转移到另一种障碍，或者诊断患者患有"未特定"的人格障碍。

◎ 加拿大心理学家罗伯特·黑尔开发了"精神变态检查量表修订版"（PCL-R），这是一种评估工具，其两个维度是核心的精神变态人格特征和反社会的生活方式。核心人格特征包括油嘴滑舌、肤浅的魅力、浮夸的自我价值感、病态的谎言、对他人缺乏同情心、缺乏懊悔或内疚，以及不愿为自己的行为承担责任。

◎ 边缘型人格障碍是指个体的自我意识和人际关系极度不稳定。情绪调节障碍是理论研究的重点，有效的治疗方法有辨证行为疗法和心智化疗法。

◎ 自恋型人格障碍分为两种类型：浮夸型和脆弱型，但两者都涉及不切实际的高度自我关注和先占观念。

◎ 人格障碍历来被认为是很难治疗的，但事实证明它们对认知行为疗法有反应。认知行为疗法帮助患者质疑他们长期以来存在的假设，并改变他们紊乱的行为。随着《精神障碍诊断与统计手册》越来越多地转向维度诊断的方法，对这些障碍的理解可能会发生变化。

第 15 章

伦理与法律问题

通过本章学习我们能够：

☐ 解释伦理标准，包括胜任力、知情同意、保密性、与来访者 / 学生 / 研究合作者的关系以及记录保存；

☐ 解释提供服务时的伦理和法律问题，包括来访者的承诺、治疗权、拒绝治疗权和最小限制性替代措施；

☐ 解释心理治疗中的司法问题，如精神错乱辩护、受审能力和惩罚的目的。

个案报告

艾莉森·扬

人口学信息： 19 岁，异性恋，亚裔，美国女性

主诉问题： 艾莉森在一次抑郁障碍发作后开始接受治疗，8 个月以来，每周都在一家私人门诊接受个体心理治疗。艾莉森以前从未接受过精神障碍治疗，由于学院没有咨询中心，在她向宿舍主任表达了自己在适应大学的过程中所遇到的困难后，主任向她提供了附近治疗诊所的信息。在艾莉森开始治疗后的不久，临床医生将她转介给了一位精神科医生，并给她开了 5—羟色胺再摄取抑制剂。治疗和抗抑郁药均产生了较好的效果，尽管她仍持续地感到情绪低落，但她的症状在大约四周后有所缓解。她继续每周来进行一次心理治疗，以解决她抑郁障碍背后的问题。自开始治疗以来，她的情绪相对稳定，并在大部分时间内很少抱怨抑郁障碍的症状。艾莉森开始更多地参与到学校的课外活动中，并开始进行更多的社交活动。

然而，三个疗程过去后，艾莉森出现了更多的抑郁症状。据她所说，即便每晚睡 10 ~ 12 小时，她仍然感觉得不到休息。她每天只吃一顿饭，注意力不集中，并经常无缘无故地哭泣。这些症状与她最初接受治疗时所报告的症状相似。艾莉森还表示，除了来接受治疗外，她从不离开宿舍。在艾莉森最近的一次治疗中，她表现出明显的情绪低落和沮丧。她泪流满面地说，她感到越来越绝望，并且反复想结束自己的生命。她无法确定当前症状的特定压力源，她说"突然之间，事情变得如此地……毫无意义。"艾莉森说她已经有自杀的想法两周了，但是在过去的几天里，这种想法越来越强。

在治疗过程中，艾莉森的医生对她的自杀报告进行了安全评估。他问艾莉森是否想过她准备如何自杀，艾莉森回答说，她在家里有一根绳子，打算在宿舍的天花板横梁上吊死自己。治疗师紧接着问她自杀的意图有多强烈，艾莉森回答说她计划当天早上上吊自杀，但在此之前决定来参加最后一次治疗并来道别。

最近在治疗中，艾莉森一直在讨论自己因家人希望她在大学取得好成绩而感到的巨大的压力。作为一名经济学和政治学双主修的学生，她发现自己很难跟上所有课程的进度并获得"可接受"的分数。她在治疗中的大部分工作都集中在她较低的自我意象以及她对自己成就和在擅长领域的表现的低估倾向。艾莉森一直在与她的医生合作，学习建立自尊感并找到为自己的成就感到自豪的方法。她把自己的低自我价值感归因于她的父母，她解释说："不管我做什么他们都认为我不够好，我总是需要做得更好，他们永远不会满足。"艾莉森没有兄弟姐妹，这也成为她父母过度挑剔的原因之一。虽然艾莉森意识到这是她痛苦的来源，但她发现很难"反击"，也很难重视自己，因为她从来没有学会如何自己去做这件事。在整个治疗过程中，艾莉森和她的临床医生讨论了改善她与家人关系的方法。艾莉森觉得这很难，因为她和她的父母在电话里发生了争吵。有好几次她曾想过要和他们断绝联系，然而，她还得依靠父母的经济支持。由于集中精力于学业，艾莉森在大学里几乎没有时间交朋友，经常独自呆在宿舍里。她说，即使在休息时，她也经常担心学业上的问题，这使得她很难放松下来。

既往史： 艾莉森在开始治疗前经历了三次抑郁发作。第一次持续了大约 8 个月，并在没有干预的情况下好转，另外两次分别持续了大约 2 ~ 3 个月，也都自行消除了。尽管这两次的发作比第一次短得多，但它们之间的时间间隔却非常短。从艾莉森首次治疗到她本次抑郁发作之间的时间间隔是迄今为止发作间隔时间最长的。尽管她在之前的抑郁障碍发作期间曾有过自杀的想法，但她从未有过自杀的计划或明确的意图。艾莉森本人也不确定她的家族是否有抑郁障碍或双相情感障碍的病史。

个案概念化： 由于艾莉森之前有抑郁发作，并且没有躁狂发作，她被诊断为重复发作的重性抑郁障碍。此外，她目前符合重性抑郁发作的标准。由于她

的自杀意图和计划，我们在诊断中加上了"严重"的限定词。

治疗方案：根据艾莉森报告中的自杀计划和意图，临床医生确定她对自己的生命构成了重大威胁。临床医生问艾莉森是否同意签订一份协议来保障她的安全。只有在艾莉森同意在她感到自杀意图加重时拨

打 911，临床医生才允许她离开治疗。由于如果回到家中，艾莉森无法保证自己的安全，临床医生告诉艾莉森她必须立即去医院。临床医生拨打了 911，救护车将艾莉森送往附近的一家精神病医院进行稳定治疗。

萨拉·托宾博士，临床医生

心理学家在临床和研究工作中都受到主要的专业组织——美国心理学会制定的专业指南的指导，这些指导方针并不具有法律效力，但美国的各个州和地区都制定了严格的行为准则，要求心理学家和其他心理健康服务的专业人员获得并持有执照。心理健康专业人员不仅需要遵守这些标准，还必须定期接受继续教育并重新认证他们提供服务的能力，以确保他们能够按照最高标准执业。

伦理标准

在美国，许多州都要求个体必须通过一系列严格的许可要求才能被承认为一名心理学家。美国所有州都设有心理学家委员会，负责监督获得和保留执照的法律要求。这些要求通常包括通过考试、获得一定时间的督导培训、受到其他持证心理学家的推荐，以及为了保持持

证状态，也要参加一定时间的继续教育。

如第 2 章"诊断与治疗"所述，心理学家需要遵循美国心理学会编制的《心理学家伦理原则和行为准则》。一般性原则不是需要强制执行的规则，而是心理学家在达到伦理道德要求的过程中可考虑的准则；相反，伦理标准是需要强制执行的准则。不遵守这些规定可能会受到惩罚，包括失去美国心理学会成员资格和职业执照。在做出职业决策时，心理学家必须考虑伦理守则以及所属州立心理委员会设立的相关法律法规。

伦理标准中包含 10 项标准（见表 15–1）。自 1953 年编写第一版以来，为了跟上电子通信的变化，美国心理学会也对伦理守则进行了修订，最近还制定了军队心理学家应遵循的规范，来禁止心理学家参与审讯恐怖分子嫌疑人。同时，美国心理学会还积极制定基于互联网的心理治疗行为准则。

表 15–1　《心理学家伦理原则和行为准则》概述

标准	概要
1. 解决伦理问题	建立心理学家解决伦理冲突、报告违反伦理行为以及与职业伦理委员会合作的准则
2. 胜任力	要求心理学家必须根据其所受到的培训、经验、咨询和监督在其能力范围内工作；描述心理学家在紧急情况下应该做什么；规定将工作委托给他人的标准；描述如何解决对服务能力产生影响的个人问题和冲突
3. 人际关系	提供心理学家在与员工、来访者和受训人员交往过程中必须遵循的标准；描述心理学家应如何避免利益冲突；规定研究、临床实践或咨询中知情同意的性质，包括通过组织对心理服务进行管理
4. 隐私和保密	阐明保护研究被试和来访者的原则；要求任何公开信息（如已发表的研究）都要包括合理的步骤以隐藏个人或组织的身份
5. 广告和其他公开声明	指导心理学家不可通过广告或其他公共渠道、媒体或证词中提供错误陈述；规定了对潜在来访者或需要帮助的人的亲自招揽的限制
6. 记录保存和费用	提供心理学家在储存记录、向来访者收取服务费用以及向服务付款人或研究资金来源提供报告时必须遵守的条件
7. 教育和培训	规范心理学家作为主管或培训师，以及作为教育和培训计划的制订者在课堂上的活动
8. 研究和出版	为开展研究的心理学家提供具体指导，包括告知被试他们的权利、为参与研究提供激励、在研究中使用欺骗手段、研究后向被试提供反馈、为动物提供人道关怀、报告研究结果、避免剽窃以及在发表研究文章时采取预防措施

续前表

标准	概要
9. 评估	描述心理学家进行评估的准则，包括评估数据的收集方式、知情同意的使用、测试数据的发布、测试结构的原则、测试结果的评分和解释以及测试安全性的维护
10. 治疗	为提供治疗的心理学家制定守则，包括获得知情同意；对个体、夫妻、家庭和团体进行治疗；中断和终止治疗；避免与来访者、来访者亲属和过往的来访者发生性关系

胜任力

从标准 2 中可以看到，心理学家应该具备适当的能力来进行治疗、咨询、教学和研究。首先，他们可以在毕业后的培训中获得这种能力。美国心理学会为美国的临床博士培训项目提供认证，以确保这些项目为未来的心理学家提供足够的广度和深度，为他们提供心理健康服务的职业生涯奠定基础。正如第 2 章“诊断与治疗”中简要提到的，在完成课程后，博士和心理学博士毕业生必须作为实习生和博士后学员接受强化督导。然后，他们必须通过国家管理的执照考试，并完成其所在州的任何附加要求。为了继续持有执照，他们必须在获得执照后的每一年或两年内参加并完成所需数量的继续教育课程，并提供参与证明。

这种强化培训的结果是，心理学家有能力进行评估、概念化并为他们接受治疗的来访者提供干预。与此相关的一点是，标准 5 还要求心理学家对自己的专业领域保持诚实。例如，声称自己是运动心理学家的临床医生应该接受过这一领域的培训，最好在具有适当培训证书的专业人员的监督下接受过培训。当临床医生宣传他们的专业时，他们应该具备适当的专业知识，并保证自身目前对该领域的熟悉程度，以便有能力提供这些服务。

至于专业培训的其他要求，临床医生还应具备能够为来访者提供服务的**情绪胜任力**（emotional competence）。这意味着，在可接受的变化范围内，他们应该没有可诊断的心理障碍。如果临床医生患有某种心理障碍，他们应该接受治疗，并考虑暂停行医，直到他们的症状得到缓解或至少得到控制。为确保心理健康专业人员达到这些能力标准，他们应定期进行自我审查，客观评估其开展工作的能力。他们还可以从寻求其他专业人士的督导或咨询中获益，比如一个更有经验或专业知识的专业人士。

> **名词解释**
>
> **情绪胜任力** 临床医生所需要的素质，表示其没有可诊断的心理障碍。

《精神障碍诊断与统计手册（第五版）》中有什么

新诊断系统的伦理道德意义

在 2011 年底《精神障碍诊断与统计手册（第五版）》草案发布后，数个心理健康专业组织撰写了一个联合回应，以应对他们认为增加或删除某些诊断可能带来的灾难性后果。例如，批评人士认为，消除阿斯伯格综合征这一类别可能会导致成千上万的阿斯伯格障碍患者得不到治疗。在 13 章“神经认知障碍”中，我们讨论了将痴呆诊断范围扩大到包括轻度认知障碍患者的潜在问题，而这样的改变会产生相反的问题，使那些正在经历与年龄相关的正常记忆变化的人被贴上错误的标签。

《精神障碍诊断与统计手册（第五版）》的编写方式旨在以尽可能客观的方式提供最新的科学证据。然而，不可避免的是，当研究人员和临床医生审查现有的研究和他们从与来访者的合作中推断出的证据时，将会有争论的余地。诊断系统的变化也会对社会和政治产生影响。如果个体没有得到诊断，例如那些以前被诊断患有自闭症的儿童，他们将就没有资格获得某些类型的保险来支付他们的教育、治疗和药物费用。政客们将随之面临如何为医疗、教育和研究分配公共资金的问题。

《精神障碍诊断与统计手册（第五版）》中，另一个具有广泛影响力的变化是对于所爱之人逝去后正在遭受哀伤的丧亲者，他们的重性抑郁障碍诊断标准的改变。在《精神障碍诊断与统计手册（第四版－修订版）》中，具有哀伤症状的人被排除在重性抑郁障碍诊断之外，这种情况被称为丧亲排除。这一排除的取消可能意味着临床医生会将一个在亲近的人死亡后出现抑郁症状的人诊断为重性抑郁障碍，即这个人将被诊断为患有精神疾病，这也可能会影响他在某些部门的就业。

然而，如果医生没有对临床症状明显的来访者做出诊断，这是否意味着来访者将无法获得治疗其症状的药物？相反，为了继续向可能不再符合诊断条件的来访者提供服务，临床医生是否应该找到办法绕过不断变化的指导方针，确保他们的来访者确实得到诊断？

不幸的是，由于在许多情况下，心理症状比身体症状更难识别，因此关于适当诊断类别和标准的争论无疑将在《精神障碍诊断与统计手册》的后续版本中继续进行。对这些争议保持关注可以帮助你和你认识的人得到最好的治疗。如果你继续从事心理健康方面的专业工作，为了给你的来访者提供最好的治疗，掌握最新的文献和最新的诊断问题也是至关重要的。

在法庭上，律师经常要求心理学家提供专家证词，如解释目击者记忆的局限或精神障碍诊断的性质。如果心理学家这样做了，他们必须清楚自己专业领域的局限。如果心理学家不具备某一特定领域的专业知识，他们必须向具备相关知识的专家咨询。

比专家证人更复杂的是对儿童保护案件进行评估的任务。为了保证儿童福利，这种评估是必要的。例如，如果有虐待的证据或指控，法院可能会请心理健康专家就儿童福祉提出建议。法官可以指定一名临床医生作为法院或儿童保护机构的代理人，或者父母之一可以雇佣临床医生。在某些情况下，临床医生是**诉讼监护人**（guardian *ad litem*），是法院指定的在民事法律程序中为法律上无行为能力的未成年人或无行为能力的成年人代理或做出决定的人。

证人在法庭听证会上作证，以保护患有心理障碍的亲属。
©Heide Benser/Corbis

名词解释

诉讼监护人　在民事法律程序中，由法院指定的代表未成年人或无行为能力的成年人或为其做出决定的人。

当寻求临床医生服务的来访者有超出临床医生能力范围的需求时，就会出现其他的挑战。在这些情况下，临床医生应该进行转介或获得适度的督导。例如，一位临床医生可能会收到一位中年来访者的转介，由于母亲存在记忆方面的问题，来访者向临床医生寻求帮助。但该医生无法治疗患有神经认知障碍的老年人，所以除非临床医生有资格对老年人进行心理评估，否则他应该建议其他人对来访者的母亲进行评估。

为了帮助心理学家评估他们在专业领域之外的能力，美国心理学会制定了具体治疗领域的指导方案。美国心理协会已经批准了一系列的实践指导方针和相关标准的政策，包括男同性恋、女同性恋和双性恋来访者的治疗，见表 15–2；儿童保护评估，见表 15–3；老年人的心理实践，见表 15–4；女孩和妇女的心理实践，见表 15–5；以及对残疾人的评估和干预，见表 15–6。这些指导方针旨在教育从业人员并提供有关职业行为的建议，它们是心理学家在实践中发展和保持其能力和 / 或学习新的实践领域的有效工具。

表 15–2   **男同性恋、女同性恋和双性恋来访者心理治疗指南**

1. 心理学家要知道同性恋和双性恋并不是精神疾病的征兆
2. 鼓励心理学家认识到他们对女同性恋、男同性恋和双性恋的态度和知识是如何与评估和治疗相关，并在需要时寻求咨询或进行适当的转介
3. 心理学家需努力理解社会污名化（如偏见、歧视和暴力）对女同性恋、男同性恋和双性恋来访者的心理健康和幸福感构成风险的途径
4. 心理学家需努力理解对同性恋或双性恋的不准确或有偏见的观点如何对来访者在治疗过程中的表现产生影响
5. 心理学家需努力了解并尊重男同性恋、女同性恋和双性恋关系的重要性
6. 心理学家需努力了解男同性恋、女同性恋和双性恋来访者所面临的特殊情况和挑战
7. 心理学家需意识到男同性恋、女同性恋者和双性恋者的家庭可能包括了法律上或生理上没有亲属关系的人
8. 心理学家需努力了解一个人的同性恋或双性恋倾向如何对他的原生家庭及其与原生家庭的关系产生影响
9. 鼓励心理学家了解性少数群体，男同性恋、女同性恋和双性恋成员面临的多重且往往相互冲突的文化规范、价值观和信仰有关的特定生活问题或挑战
10. 鼓励心理学家认识到双性恋个体所经历的特殊挑战
11. 心理学家需努力了解男女同性恋和双性恋青年需面对的特殊问题和风险
12. 心理学家需考虑男同性恋、女同性恋和双性恋人群的代际差异，以及男同性恋、女同性恋和双性恋老人可能经历的特殊挑战
13. 鼓励心理学家认识到男同性恋、女同性恋和双性恋个体在身体、感官和认知情感方面遇到的特殊挑战
14. 心理学家需在女同性恋、男同性恋和双性恋问题上提供专业教育和培训
15. 鼓励心理学家通过继续教育、培训、督导和咨询增进他们对同性恋和双性恋的知识和理解
16. 心理学家需做出适当的努力来熟悉男同性恋、女同性恋和双性恋者的相关心理健康、教育和社区资源等话题

伦理守则

即使一个人可能处于极度痛苦之中，但对于将该个体送入精神病院的问题上，临床医生必须获得知情同意

资料来源：American Psychological Association. (2012b). Guidelines for psychological practice with lesbian, gay, and bisexual clients. *American Psychologist, 67*, 10–42.

表 15–3   **儿童保护事项的心理评估指南**

1. 评估的主要目的是在儿童心理健康和福祉可能已经受到和 / 或将来可能受到损害的情况下，提供相关的、专业上合理的结果或意见
2. 在儿童保护案件中，儿童的利益和福祉至关重要
3. 评估涉及儿童和 / 或父母与儿童保护问题相关的特殊心理和发展需求，如身体虐待、性虐待、忽视和 / 或严重的情感伤害
4. 进行评估的心理学家的角色是努力保持不偏不倚的客观立场的专家
5. 儿童保护问题中心理评估的严重后果给心理学家带来沉重的负担
6. 心理学家需获得专业能力
7. 心理学家要意识到个人和社会偏见，并在实践中做到不歧视
8. 心理学家要避免多重关系
9. 根据转介问题的性质，由评估人员确定评估范围
10. 在儿童保护问题上进行心理评估的心理学家要获得所有成年参与者的适当知情同意，并酌情告知儿童参与者。心理学家需要对同意问题特别敏感
11. 心理学家要告知参与者信息披露和保密原则的限度
12. 心理学家要使用多种方法收集数据
13. 心理学家既不会过度解读也不会不适当地解读临床或评估数据
14. 对儿童保护问题进行心理评估的心理学家，只有在对个体进行了充分的评估后才能够对其心理功能提出意见，即心理学家的评估需是足以支持其给出的陈述或结论
15. 如果提供建议，需根据儿童的健康和福祉是否已经和 / 或可能将受到严重损害提出
16. 心理学家要澄清财务安排
17. 心理学家要保存适当的记录

资料来源：Committee on Professional Practice and Standards Board of Professional Affairs. (1998). *Guidelines for psychological evaluations in child protection matters (published report)*. American Psychological Association.

表 15-4　　　　　　　　　　　　　　　　　　　老年人心理实践指导方针

态度
准则 1. 鼓励心理学家在其能力范围内与老年人合作
准则 2. 鼓励心理学家认识到他们对老龄化和老年人的态度和信念可能与老年人的评估和治疗相关，并在需要时寻求关于这些问题的咨询或进一步教育

关于成人发展、老化和老年人的一般知识
准则 3. 心理学家要努力学习关于老化理论和研究的知识
准则 4. 心理学家要努力认知到老化过程中社会／心理因素的动态影响
准则 5. 心理学家需力求了解老龄化过程中的多样性，特别是性别、种族、社会经济地位、性取向、残疾状况和城乡居住地等社会文化因素如何对日后健康与心理问题的体验和表现产生影响
准则 6. 心理学家要努力熟悉有关老化的生物学和健康相关方面的最新信息

临床问题
准则 7. 心理学家要努力熟悉现有关于老年人认知变化的知识
准则 8. 心理学家要努力理解老年人日常生活中的问题
准则 9. 心理学家致力于了解老年群体的心理病理学，并需在为老年人提供服务时了解该心理障碍的患病率和性质

评估
准则 10. 心理学家需力求熟悉针对老年人的各种评估方法的理论、研究和实践，并熟悉适合老年人使用的心理测评工具
准则 11. 为了提供针对老年人适当的评估，心理学家需理解用为年轻人设计的评估工具去评估老年人所存在的问题，并发展适应老年人独特特征和背景的评估技能
准则 12. 努力培养心理学家识别老年人认知变化的技能，以及进行和解释认知筛查和功能能力评估的技能

干预、咨询和其他提供的服务
准则 13. 心理学家需力求熟悉针对老年人的各种干预方法的理论、研究和实践，尤其需要熟悉当前对该年龄组的疗效的相关研究
准则 14. 心理学家要努力熟悉并精进对老年人及其家庭应用特定心理干预和基于环境做出改变的技能，包括对干预措施进行调整以适用于该年龄组的技能
准则 15. 心理学家要努力理解与如何在老年人通常所处或遇到的特定环境中提供服务相关的问题
准则 16. 心理学家需力求理解与为老年人提供预防和健康促进服务有关的问题
准则 17. 心理学家需力求了解与提供咨询服务帮助老年人相关的问题
准则 18. 在与老年人合作时，鼓励心理学家认识到学科交叉的重要性，并酌情转介至其他学科和／或在不同场所与其他学科进行合作
准则 19. 心理学家要努力了解为老年人提供服务所涉及的特殊伦理和／或法律问题。

教育
准则 20. 鼓励心理学家通过继续教育、培训、监督和咨询来增进他们与老年人合作的知识、理解和技能

资料来源：American Psychological Association. (2018). *Guidelines for psychological practice with older adults (published report)*. Retrieved from http://www.apa.org/practice/guidelines/older-adults.aspx.

表 15-5　　　　　　　　　　　　　　　　　　　女孩和妇女心理实践指导方针

准则 1. 心理学家努力意识到社会化、刻板印象和特殊人生经历对不同文化群体中女孩和妇女发展的影响
准则 2. 鼓励心理学家了解和利用关于压迫、特权和身份认同发展的信息，因为这些信息可能会对女孩和妇女产生影响
准则 3. 心理学家要努力理解偏见和歧视对他们所面对的人的身心健康的影响
准则 4. 心理学家要力求在向女性提供服务时采用对性别和文化敏感的、积极肯定的做法
准则 5. 鼓励心理学家认识到他们的社会化程度、态度和性别知识会如何影响他们与女孩和妇女的工作
准则 6. 鼓励心理学家采用已被发现能有效处理女性关切的问题的干预措施和方法
准则 7. 心理学家要努力促进治疗关系和实践，以提高女孩和妇女的主动性、赋能并扩展女孩和妇女的选择范围
准则 8. 心理学家需力求在对女性的工作中提供适当、公正的评估和诊断
准则 9. 心理学家要努力在社会政治背景下考虑女性问题
准则 10. 心理学家要努力熟悉和利用与女性相关的心理健康、教育和社区资源
准则 11. 鼓励心理学家理解并努力改变可能影响女性的体制和系统偏见

资料来源：American Psychological Association. (February 2007). *Guidelines for psychological practice with girls and women.* Retrieved from https://www.apa.org/practice/guidelines/girls-and-women.aspx

表 15-6 残疾人评估和干预指南

认识残障人士、培训、无障碍和多样性

准则 1. 心理学家需力求了解有关残疾人的模型，并了解这些模型如何影响他们提供服务的方式

准则 2. 心理学家要尝试去检验自身对残疾人的信念和反应，并了解这些会如何影响他们的工作

准则 3. 心理学家需寻求教育和咨询以提高他们与残疾人进行工作的知识和技能

准则 4. 心理学家要试图用恰当的语言和行为来表达对残疾人的尊重

准则 5. 心理学家致力于提供无障碍环境以确保残疾来访者能够获得服务

准则 6. 心理学家要试图理解影响残疾来访者的普遍经历和个人经历

准则 7. 心理学家要努力认识和了解残疾人经历的多样性，包括残疾如何影响个体的毕生发展

准则 8. 心理学家要了解残疾人家庭拥有的优势和面临的挑战

准则 9. 心理学家要努力认识到哪些因素会增加残疾人受到虐待的风险

准则 10. 心理学家要试图了解如何使用辅助技术使残疾人受益

测试和评估

准则 11. 在对残疾来访者的评估中，心理学家需努力将残疾视为多样性中的一种形式，并努力提供适当的评估工具，以获得有效的测试分数

准则 12. 心理学家需力求通过一系列方法来评估他们的残疾来访者，以了解他们的优势和劣势

干预

准则 13. 心理学家要努力与他们的来访者以及酌情与他们的家人合作，规划、制定和实施心理干预措施

准则 14. 心理学家要努力意识到进行治疗的环境会如何影响他们与残疾来访者的工作

准则 15. 心理学家要努力为残疾来访者提供干预措施，以增强他们的福祉，减少痛苦，并帮助改善任何技能缺陷

准则 16. 在与较大的治疗或教育系统合作时，保持从来访者出发的视角可以使心理学家帮助他们实现自决、融合、选择，并获得限制最少的替代方案

准则 17. 心理学家要致力于增进残疾人的健康水平

资料来源：American Psychological Association. (2012a). Guidelines for assessment of and intervention with persons with disabilities. *American Psychologist, 67*, 43–62.

越来越多专攻某一特定领域的心理学家开始寻求具有"资格证书"的委员会认证。美国职业心理学委员会（American Board of Professional Psychology，ABPP）制定了准资格证书的认证标准，并安排每个特定专业的专家进行测试。如果你在一位心理学家的签名后看到"ABPP"，这意味着此人已受到该官方认证。临床心理学博士生最好对受过的训练进行追踪记录，以便在职业生涯早期就有资格获得这一证书。

美国心理学会还具有专业领域内更广泛的认证资格，提供临床培训课程的认证、专业领域（如神经心理学或老年心理学）的批准，以及高中至心理学研究生培训课程标准。

知情同意

虽然当听到"知情同意"这个词时，你可能只会想到科学研究，但这个伦理守则也适用于包括治疗的其他情况，这是因为临床心理学家被期望提前告知来访者在治疗中可能会发生什么。在治疗开始时，临床医生应向来访者提供一份书面声明，其中要概述治疗目标、治疗过程、来访者权利、医师责任、治疗风险、他将使用的技术、来访者应支付的费用以及保密原则的限度。如果治疗包括药物治疗，那么临床医生应让患者了解潜在的药物短期和长期副作用。临床医生有责任确保来访者了解以上问题、回答来访者的所有问题，并告知来访者他们有权力拒绝治疗，基于以上信息，患者再决定是否继续治疗。

有一些因素可能使得情况变得更加复杂。心理治疗并不是一个确定的过程，并不总是能够预测其过程、风险或收益。然而，临床医生的工作是在治疗开始时给出最佳估计，并随着治疗的进行提供进一步的信息。大多数人都能够与临床医生讨论这些问题，并做出明智的选择。但是，在某些特殊情况下，如果临床心理学家预计来访者无法理解这些问题以做出知情同意，比如儿童以及因认知或其他心理障碍而无法完全理解可能接受的治疗性质的人。在这些情况下，临床医生必须与个人的家人或其他法定监护人合作。